地质勘探工程与资源开采利用

李兴兵　刘　鹏　陈永平　著

吉林科学技术出版社

图书在版编目（CIP）数据

地质勘探工程与资源开采利用 / 李兴兵 , 刘鹏 , 陈永平著 . -- 长春 : 吉林科学技术出版社 , 2024.3
ISBN 978-7-5744-1124-1

Ⅰ . ①地… Ⅱ . ①李… ②刘… ③陈… Ⅲ . ①地质勘探②煤矿开采 Ⅳ . ① P624 ② TD82

中国国家版本馆 CIP 数据核字 (2024) 第 059791 号

地质勘探工程与资源开采利用

著　　　　李兴兵　刘　鹏　陈永平
出 版 人　宛　霞
责任编辑　王凌宇
封面设计　周书意
制　　版　周书意
幅面尺寸　185mm×260mm
开　　本　16
字　　数　475 千字
印　　张　23.5
印　　数　1~1500 册
版　　次　2024 年 3 月第 1 版
印　　次　2024年12月第1次印刷

出　　版　吉林科学技术出版社
发　　行　吉林科学技术出版社
地　　址　长春市福祉大路5788 号出版大厦A 座
邮　　编　130118
发行部电话/传真　0431-81629529 81629530 81629531
　　　　　　　　　81629532 81629533 81629534
储运部电话　0431-86059116
编辑部电话　0431-81629510
印　　刷　三河市嵩川印刷有限公司

书　　号　ISBN 978-7-5744-1124-1
定　　价　84.00元

前　言

　　工程地质学是地质学的分支学科，它是一门研究与工程建设有关的地质问题、为工程建设服务的地质科学，属于应用地质学的范畴。地球上现有的一切工程建筑物都建造于地壳表层一定的地质环境中。地质环境包括地壳表层和深部岩层，它影响建筑物的安全、经济和正常使用；而建筑物的兴建又反作用于地质环境，使自然地质条件发生变化，最终又影响建筑物本身。二者既相互联系，又相互制约。工程地质学就是研究地质环境与工程建筑物之间的关系，促使二者之间的矛盾得以转化、解决。

　　随着我国工业化和城镇化建设的快速发展，土地、能源、矿产等资源供需矛盾日益突出，生态环境恶化等问题进一步加重。经济社会健康、稳定和可持续发展对地质勘探提出了更高要求。为了破解资源瓶颈约束、提高国内矿产资源保障能力，政府有关部门在全国范围内组织实施了以"3年实现找矿重大进展，5年实现找矿重大突破，8~10年重塑矿产勘查开发格局"为目标的找矿突破战略行动。找矿突破战略行动的实施，不仅要求有关部门加大找矿力度、加快找矿进度，更重要的是利用技术方法创新提升地质找矿水平，实现找矿的更大突破。同时，随着地质找矿难度日益增加，找矿工作重心已经转向寻找深部矿、稳伏矿、难识别矿。

　　矿物资源综合开发利用涉及矿产开发的各个领域，是科学发展、节能减排、建设资源节约和环境友好型社会的重要体现和实际工作。矿物加工工程及相关技术的综合利用，为煤炭矿山资源综合利用提供了各种手段。统筹计划，变"废"为宝，实现"三有"，即"有价元素提取、有益组分与有用矿物分离、富集和直接利用、组合利用"，是应对矿产资源形势的重要技术路线，是发掘煤炭矿山企业在矿业开发方面独具的巨大优势的需要，其技术路线日益明确，其产品涉及国民经济各个领域，因而具有良好的产业发展前景和市场潜力。采取"产、学、研合作，组成技术联盟"等措施，立足于"无尾排放""绿色矿业"；实施"梯级加工、联产系列产品""高、中、低档产品并举"，真正实现矿产资源的高效"综合利用"，获得最佳的经济效益、社会效益和环境效益。

　　本书围绕"地质勘探工程与资源开采利用"这一主题，以探矿工程技术为切入点，由浅入深地阐述钻探工程技术的基本概念、分类、发展和探矿工程在资源开采利用中的研究应用，系统地分析了就矿找矿的地质理论、土样及岩（矿）心的采取、水文水井钻探、工程地质钻探，诠释了煤炭开发与利用、地质灾害治理工程常用施工工法、硐室爆破设计与施工等内容，以期为读者理解与践行地质勘探工程与资源开采提供有价值的参考和借鉴。本书内容翔实、条理清晰、逻辑合理，兼具理论性与实践性，适用于从事相关工作与研究的专业人员。

最后，由于作者水平有限，本书难免存在疏漏，在此恳请同行专家和读者朋友批评指正。

目　录

第一章　钻探工程技术概述

第一节　钻探工程技术的基本概念

一、钻探工程技术的基本概念

钻探工程是指为探明地下资源、地质条件，以及其他目的（地下水开采、工程施工等）而使用一定的工具，在地壳内按照一定的工艺技术破碎岩石形成钻孔的整个施工工程。

钻孔是指根据地质条件或工程要求，在岩石中开凿的圆形断面空间。一般是孔径较小的柱状圆孔。

钻进是指钻入地层形成钻孔的过程。在钻进过程中，只有按照一定的工艺技术和施工措施，才能有效查明地质条件，达到工程施工要求的目的。所以，钻探工程技术是一门应用性很强的工艺技术。

所谓钻探工艺，是指钻孔施工所采用的各种技术方法、措施及施工过程。在钻探工程范畴内，各种钻探工艺相互渗透、相互促进。钻探工程技术作为各种钻探工艺的知识基础和技能方法，不可避免地涉及地质学、有机化学、物理学及工程力学、水力学及液压技术、电工电子学及脉冲技术、电子计算机原理与应用和其他高新科学技术以及与上述学科相联系的其他科学技术。所以，钻探工程技术的发展是和其他科学技术的发展分不开的。现代工程技术科学领域的新技术、新工艺、新材料、新方法等已广泛地引入钻探工程，因而进一步促进了钻探工程技术的发展。

二、钻探工程技术的应用

利用钻机和钻具，钻头在地壳中实施钻进的工作称为钻探工作，简称为钻探。当今钻探工程应用领域十分广泛，主要有以下三方面。

（1）勘察领域。以探为主，有目的地勘察地下或海底各类矿产、能源和地下水资源、地质环境灾害形成的可能条件，各类基础工程的地基条件等，如矿产勘探钻探、水文地质钻探、工程地质钻探等。

（2）生产领域。以生产为主，包括各类生产井孔和观测井孔，开采油气、地热、地下水，盐类矿产和其他矿产，处理污水，观测地震、地面沉降与地下水污染等，如油井、水井、盐井等。

（3）施工领域。用钻探技术进行各项岩土工程施工和处理，包括各类桩墙基础、井孔隧涵、管线铺埋、钻孔爆破和注浆处理等，如钻孔灌注桩施工、帷幕注浆施工等。

三、钻探工程的施工

钻探工程的施工过程，就是从平整地基开始，直到钻孔终孔后将设备拆卸完为止的全过程。它包括钻进前准备、钻进过程和终孔三个阶段。

钻探工程的施工过程主要是钻进过程。钻进过程是指钻孔从开孔钻进到终孔的施工过程。钻进过程的主要工序包括：①钻进破碎岩石。②取心排粉。把破碎后的岩石用取岩心和排除岩粉的形式从孔底排至孔口外，以保证钻进继续进行。③升降钻具。提取岩心或更换钻具。④加固井壁。保证井壁稳定，不坍塌埋卡钻具。⑤测试工作。对钻孔内的各项特征进行测试，以了解孔内情况，如电测、测孔斜、止水等。

第二节　钻探工程技术的分类

钻探工程技术本身是一门应用性非常强的综合性技术。随着科学技术的进步和发展，钻探工程技术迅速提高和发展，其应用范围也越来越广泛。为了达到预期的要求和目的，要选用合适的钻井设备和工具，采取相应工艺措施，以最优的钻进方式、最低的钻探成本钻出一个一定直径和孔深的钻孔。因此，产生了不同类型的钻进方法。按分类依据的不同，钻探工程技术有如下分类。

一、按照应用范围分类

（一）地质勘探

（1）普查找矿钻探：在普查找矿工作中，为了探查表土层下基岩的性质、产状，了解地层，探明地质构造，验证物探资料而进行的钻探。在普查找矿中应用的钻探一般为取样钻探或轻便的浅孔钻探。

（2）矿产勘探钻探：随着勘探阶段的加深，对一个矿区需要进一步了解其地质构造、矿层的埋藏深度存在的产状及矿层的品位，以获得有用矿产的储量并圈定其分布范围，而有必要按照一定的勘探线、勘探网进行的钻探。矿产勘探钻探中布置的孔相对比较集中，且用较大型钻探设备进行钻探工作。

（3）水文地质钻探：为找水和探明地下水赋存规律、水质、水量及其运动情况而进行的钻探。一般水文地质钻探孔多为探、采结合的钻孔，即在达到勘探任务后，下管成井，钻孔作为供水井用。

（4）工程地质钻探：为探明某些建筑工程的地下基础及地基的承载力而进行的钻探，如查明高层、大型建筑、港口、水库的地基基础或查明路基、坝基、桥基等。

（5）石油、天然气钻探：为勘探石油、天然气等矿层而进行的钻探，一般钻孔较深。

（二）开采矿产资源钻探

开采矿产资源钻探是为了开采液、气体矿产资源而进行的钻探，包括开采水资源——打水井，开采地热资源——打热水井，开采海洋或陆上石油、天然气资源——石油钻探。

（三）工程施工钻探

工程施工钻探是为工程施工而进行的钻探。目前，我国施工建设的项目愈来愈多，工作量愈来愈大，再加上钻探技术本身具有简单、易行的突出优点，采用钻探技术施工的领域愈来愈广。例如，钻孔灌注桩孔；整治滑坡、危岩坍塌、泥石流的钻孔锚桩；钻孔注浆处理加固；打各种敷设管道、电线电缆的技术孔；利用钻探技术打矿山的竖井、通风井及各种辅助井，并可代替开挖隧道打大断面的地下坑道；用于军事工程，如发射导弹的发射井等。

二、根据钻进时取心的特点分类

根据取心的特点，钻探分为岩心钻探和无岩心钻探。

岩心钻探可以从钻孔内取出圆柱形的岩样——岩心。无岩心钻探（或称为不取岩心钻探、全面钻进钻探），在钻进过程中将孔底的岩石全部破碎成岩粉（屑）并排出孔口。

三、根据钻孔的用途分类

根据钻孔的用途将钻探分为普查测量钻探、勘探钻探、开采钻探及辅助钻探。

在下列情况下进行岩心钻探：①地质测量和普查固体矿产；②在不同的钻孔深处定期采取矿样的普查和勘探液态、气态矿产；③钻进构造填图钻孔和基准钻孔；④工程地质勘察；⑤圈定可采矿层（开采勘探）；⑥为了研究地壳深部地质和揭示地球覆盖层而进行的超深孔钻进；⑦在月球和其他星球上采取岩样等。

钻进深度在几米到几千米不等。如油、气勘探和开采的钻孔深度较大，一般在4000～5000m；研究地壳科学的超深井，深度已超过10000m。

钻孔直径的大小取决于钻孔的深度、钻孔的用途和地质构造的自然条件。勘探钻孔直径一般为76～146mm，但特殊用途的钻孔直径则可达5000mm。

四、根据钻孔中心线的倾角和方位角分类

根据钻孔中心线的倾角和方位角，地表钻探可以分为垂直孔钻进、倾斜孔钻进和水平孔钻进。

在地下坑道中可以钻进初始倾角为0°～360°的钻孔。在现代条件下，有可能借助钻探的技术手段和钻进工艺来控制钻孔的方向。

除了上述的垂直孔钻进、倾斜孔钻进和水平孔钻进，还可按以下方案进行钻探。

（1）丛状布孔。用安装在一个孔位上的钻探设备钻进几个钻孔，每个钻孔都是在钻机立轴转动一定角度时开始钻进。

（2）多井筒钻进。用一套钻探设备通过移动天车架上的滑车来钻进两个或两个以上的钻孔。每个钻孔都有自己的地面起点（孔口）。这种布井方案主要用于石油的开采，并称其为多井筒布井。

（3）多孔底钻进。由一个从地表钻进的基本井筒中，依次钻出几个附加的孔底，以便多次在不同的水平上穿过矿体。为了详细勘探固体矿床，以及根据所得岩心材料更可靠地取样时，可采用这种多孔底钻进方法。

五、根据孔位位置分类

根据孔位位置可以将钻探分为地表钻探，水上钻探（河上、湖上、海上）和地下坑道钻探。

六、根据破岩形式分类

根据破岩形式通常可以将钻探方法分为物理破岩钻进、化学破岩钻进和机械破岩

钻进。

（1）物理破岩钻进。①用高温（1400～3500℃）、高压（200～250MPa）使岩石破碎熔化，高温高速的火焰气流一边破碎岩石，一边将岩屑吹至孔外；②用超声波和低声波破碎岩石；③用爆破、高压水射流等方法破碎岩石。

（2）化学破岩钻进。此法使用较少，如溶解、软化岩石等。

（3）机械破岩钻进。这种方法目前应用最广，主要是在岩石中产生很大的局部应力（冲击力、压力和剪力，或者一定频率的振动力）使岩石破碎。

七、根据钻进使用的冲洗液分类

根据目前，采用的冲洗液，可以将钻进分为以下几种形式。

（1）清水钻进。在孔壁稳定的岩层中钻进时使用。

（2）泥浆钻进。在弱稳定性岩层或破碎岩石中钻进时使用。

（3）加重冲洗液钻进。为防止地下水、石油和气体从孔内喷出，为防止弱稳定性岩石从孔壁上塌落，可用加重冲洗液钻进。

（4）充气冲洗液钻进。为降低冲洗液的比重、减小液柱对孔壁的静液柱压力，为在裂隙和有洞穴的岩石中减少冲洗液的漏失，可用充气冲洗液钻进。

（5）乳化液钻进。为降低钻具与孔壁的摩擦系数、降低钻具振动、减少钻具回转功率及实现高速钻进等，可用乳化液冲洗钻孔钻进。

（6）饱和盐溶液钻进。当钻进盐类地层时用同样成分的饱和盐溶液，可以防止岩心和孔壁的溶解。

（7）冷却压缩空气（气体）钻进。用于永冻地层钻进，对供给孔内的空气进行冷却和脱水处理、吹洗钻进时可以避免岩心和孔壁暖化。

八、根据冲洗液循环方式分类

根据冲洗液循环的方式，可将钻进分为冲洗液正循环钻进和冲洗液反循环钻进。

（1）冲洗液正循环钻进。冲洗液或压缩空气先通过钻杆柱中间的内孔送到孔底，然后携带孔底已破碎的岩屑沿着孔壁与钻杆柱外表面的环状间隙流回到地表，把岩屑排到地面。这种循环方式称为正循环钻进。

（2）冲洗液反循环钻进。冲洗液或空气经过孔口的密封装置先沿着孔壁与钻杆往外表面的环状间隙送到井底，然后携带孔底的岩屑经过钻杆柱中间的内孔返回到地表，再排除携带的岩屑。这种循环方式称为反循环钻进。

除上述循环方式外，还有孔底反循环钻进。

第三节 钻探工程技术的发展

钻探工程是一门古老而不断发展的科学技术。大约在公元前3世纪，汉人便开始在四川南部开挖取盐水的深井，当时这些盐井中不时喷出天然气，从而以"火井"闻名。公元前1世纪，我们的祖先已开始有组织地钻这种井来采盐水，同时提取地层深处的天然气用于燃烧和照明。先民们用传统的方法于清道光十五年（1835年）钻成了第一口超1000m（1001.42m）的燊海井，使钻井技术达到了新高峰，该井被联合国教科文组织定为19世纪中期前的钻井世界纪录。在人类历史上，我国勤劳智慧的人民为钻探工程技术的发展做出了杰出的贡献。因此，在美、英、德、俄等国出版的石油钻井教材和钻探手册中，开篇总是介绍一些中国的古代钻探史料。有的学者还将中国这一伟大的创造誉为继指南针、火药、造纸术，印刷术之后中国古代的第五大发明。

随着工业技术的进步，直接破碎岩石的磨料、钻具形式及与之相适应的钻探设备都在不断改进。

19世纪初期，硬质合金的问世使钻探工程开辟了新时代。以碳化钨为基体的硬质合金比以前各种钢制切削具有更高的硬度和耐磨性。利用这种切削具做成不同类型的钻头，在7~8级以下的岩层中可以有效进尺。

19世纪末期，美国工程师提出在硬岩，特别是在裂隙性岩石中使用钢粒钻进。因为钻进这种岩石时，昂贵的天然金刚石钻头消耗量甚大。苏联、东欧和我国在推广人造金刚石钻进之前，也是主要采用钢粒作为磨料来钻进坚硬、研磨性高的岩石。钢粒钻头可以在8级以上的岩层中取得不错的钻探效率。即使在金刚石钻井技术已普及的今天，由于成本关系，钢粒钻进仍在硬岩大口径钻进中得到应用。

金刚石是世界上最硬的矿物，是钻进深孔和坚硬、强研磨性岩石最理想的磨料。但是，天然金刚石资源有限、价格昂贵，从而制约了它的大面积推广和普及。

1953年、1954年瑞典和美国通用电气公司分别宣布用人工方法合成了单晶人造金刚石，几年后投入了工业生产，从此世界各国的人造金刚石产业有了突飞猛进的发展。苏联1966年开始研制人造金刚石孕镶钻头。我国1963年成功地合成了第一颗人造金刚石后，逐渐掌握了人造金刚石钻头的制造技术，20世纪70年代末开始大批量生产。把人造金刚石钻头用于硬岩钻进是我国钻探领域的一大突破，在短短十几年的时间里普及率和生产效率迅速提高，在国际上得到了一致好评。

除碎岩材料的长足进步外，绳索取心工艺、反循环连续取样工艺、多孔底定向钻进技术钻探和掘进生产过程的自动化与最优化、高分子聚合物材料护壁堵漏技术等技术创新，都在多年的钻探实践中经受了考验，并产生了明显的经济效益。

钻探工艺的技术进步，促进了钻探设备的更新换代。19世纪中期，制造出了可以采取岩心的回转式钻机，这种钻机在基岩中钻进效率高、地质效果好，因而逐渐在地质找矿和工程施工的钻进领域中占据了主导地位。目前，各类新型液压钻机、转盘钻机和轻便多功能钻机，无论在功能上、结构上还是自动化程度上都与老一代钻机截然不同。

随着科学技术的进步和经济的高速发展，钻探工程在技术上向纵深发展，进入了高新技术应用阶段；在业务上向横向拓宽，进入了各种施工领域。特别是在近三十年，在注浆施工和治理自然灾害的过程中，发展更为迅速。现在无论在国内还是在国外，钻探工程不仅在地质矿产资源和地质环境资源的勘察中广泛应用，而且在科学研究和建设施工领域越来越得到重视和发展。

第四节　钻探工程发展趋势

一、大陆科学钻探

大陆科学钻探是地学界举世公认的深化地球科学研究的前沿学科。

1991年，地矿部深部地质研究项目"中国大陆科学钻探先行研究"启动，标志着正式开展大陆科学钻探研究工作。

1995年，地矿部开始申报国家重大科学工程项目，旨在通过在我国的大别——苏鲁超高压变质带实施科学钻探获取信息，研究这一世界上规模最大、为国际地学界广泛关注的超高压变质带。1997年，地矿部第三次参加国家计委、科委组织的国家重大科学工程专家评议会，申报的项目"中国大陆科学钻探工程"受到了专家的好评。此后，国家科技领导小组讨论了由计委选出上报的项目，将"中国大陆科学钻探工程"列入"九五"第二批实施的国家重大科学工程项目。

1997年8月，"中国大别——苏鲁超高压变质带大陆科学钻探工程国际讨论会"在青岛举行，会议的中心议题是"中国大陆科学钻探工程"的科学目标和选址。经过深入交换意见，达成了较为一致的认识，确定首选江苏东海县作为实施中国第一项大陆科学钻探工程的地区。

1997年9月8日，国家科技领导小组办公室以第42号简报公布批准作为"九五"国家重大科学工程第二批项目之三。

21世纪初，我国形成了大陆科学钻探施工与地质学研究高潮，此前围绕具有中国特色的钻探先进工艺启动以下重点科研与开发项目：

（1）适应坚硬（7～12级）强研磨性岩层的金刚石钻头；

（2）实现全孔取心钻探工艺；

（3）采用满眼钻具高稳定性绳索取心钻具；

（4）采用孔底动力机驱动钻具；

（5）采用小口径钻孔结构；

（6）研制顶部驱动钻机；

（7）研制并实行自动控制钻进系统。

二、实施新一轮国土资源大调查

按照国土资源部的安排，新一轮国土资源大调查要突出一个"新"字，要有新的理论、新的目标和新的技术方法，要在以往地质调查的基础上全面创新。钻探工程界认为要实施"立体国土资源大调查"的新方法。

其指导思想：充分利用国土资源部在人才、设备、科研、成果、工种等方面的优势，为21世纪的钻探工程做出更大的贡献。

（1）利用遥感航测飞机有计划地拍摄地面航片，航片可以显示地形、地貌、地裂缝、植被、土壤颜色，以及其他地质现象，在实验室将航片图按比例尺测绘出地质图，这样做不仅效率高，而且信息量比人工测绘和填图要快且准确得多。

（2）地面利用各种实用而有效的地球物理、地球化学方法完成对各种地下磁、电、地应力、地热等参数的测量。

（3）充分利用从浅到深的各种钻探设备取得自零米至一定深度的土壤，获取地质第一手实物信息。

①用手提式2m浅钻采取地磁样品；

②用手提式2～3m浅钻采取土壤或矿物露头样品；

③用轻便式（5～30m）钻机系列采取较深层次的土壤矿物露头样品；

④在有矿物资源前景的地区（重点图幅），打1～2口基准钻孔（或地层钻孔）以了解深部地层实况，为找深部矿产资源做好储备；

⑤重要矿点和特殊地质点要用GPS测出地理坐标；

⑥淡水资源事关人类生存，特殊缺水地区应配备200～1000m车装钻机探求水源。

（4）工作重点瞄准：

①全国矿产资源潜力调查；

②能源矿产远景评价；

③西南三江地区特别找矿计划；

④欧亚大陆桥西段矿产勘查；

⑤西部找水特别计划；

⑥海洋矿产战略调查；

⑦参与国外矿产勘查；

⑧地质灾害调查预警工程；

⑨环境生态工程调查等。

三、21世纪是开发海洋固体矿产的新时代

随着陆地矿产资源消耗的日益增多，储量的日益减少，科学家们预言，海洋将成为人类深入广泛开发的一个新领域。海洋覆盖了地球表面的70%～71%，是全球人类与生物的支持系统的基本组成部分之一，是各种固体、油气、生物资源的宝库，又是地球和大气环境的巨能调节器。中国拥有海岸线超过18000km，海域面积在300万平方千米，海岛5000多个，岛岸线约14000km。1994年11月，《联合国海洋法公约》正式生效后，中国以"先驱投资者"资格被联合国批准，继印、俄、法、日之后，居第五位，在北太平洋上西经138°～158°、北纬7°～15°区域内拥有一块15万平方千米的多金属结核矿区，由我国进行勘探开发。按照联合国海洋法公约规定，于1999年要交回一半矿区作为联合国的保留区，余下的7.5万平方千米的高丰度矿物区则由我国作为专属开发区，面积相当于渤海那么大。据估计，在这块矿区内，锰结核的资源量约9.7亿吨，属于富矿区，预计开采期为20年，可综合回收锰、铜、镍、钴四种金属，大约11年以后就可以收回成本，矿区水深为5000～6000m。

那么深海多金属结核钻探开发的进展如何呢？

①我国政府成立了协调管理国际海底矿产钻探开发的专门机构，并把大洋矿产勘探开发列为国家长远发展项目给予专项投资，我国科研、探矿、海洋地质调查力量雄厚，参与这项深海采矿工作具有深刻的历史意义。

②大规模钻探已经展开，地矿部广州海洋地质局的海洋4号远洋科学考察船已于1997年11月12日胜利完成DY-95-7航次，勘察了东区多金属结核，力争探明部分储量，并圈出1999年先期交还联合国的20%地区，采集了3489.7kg的金属结核样品。

据介绍，我国对国际海底区域的勘查工作始于20世纪70年代中期。为了在这一领域更有效地开展工作，1990年我国成立了中国大洋矿产资源研究开发协会，并于1991年在联合

国登记为"先驱投资者"，在东北太平洋拥有一块面积为15万平方千米的开发区。经过"八五""九五"共9个航次的海上勘查和大量的室内分析和测试工作并结合一批科研课题的成果，中国大洋矿产资源研究开发协会按《联合国海洋公约》的有关要求，进行了卓有成效的工作，使我国最终取得了面积达7.5万平方千米的多金属结核矿区。

这一成果是在国家计委财政部的大力支持下，在国家海洋局、地矿部、冶金部、有色金属总公司这4个业务依托部门的通力合作下取得的。

③列入"863"计划的6000m水下无缆自动机器人已多次深入海底做矿产、地形、地貌的探察，其成果震惊全世界。

④1997年12月结束的中国大洋矿产资源开发工作会议认为：通过"八五"计划期间广大科技人员的努力，我国已具备了开发研究深海海底资源的基础和能力。根据已有信息资料，有多种深海采集矿石方法可以按已有钻探工艺和坑道铲运机原理进行研制。

四、南极洲、北极周边岛屿及冰川、冻土钻探

南极洲冰盖的冰心钻探始于20世纪30年代，开始是美国、日本，后来是智利、澳大利亚和苏联等国家，都从事了这项研究工作。研究南极冰盖和冰川对一系列极地科学，如地理学、冰川学、古气候学、地质学、地球物理学、地球化学、微生物学以及南极大陆冰层下的矿产资源、水资源、生物资源等有重要意义。

南极科学研究是在长期综合计划：《国际南极冰川计划》《极地试验计划》《全球大气作用研究计划》等范围内进行的。南极集中了近3000万立方米冰，大陆中心部分厚度超过4.5km，引起了各国的特别兴趣。对南极进行有计划的综合研究已经50多年了，参与此项研究的有中国、美国、日本、法国、新西兰、阿根廷、巴西、智利、德国、波兰、印度等国。中国在1970年参与了此项研究。

全部取心钻探是研究极地部分冰层结构、构造、物质成分和变化的最重要和最有效的方法。利用这种方法可以对深部位的冰进行晶体形态研究，对孔内进行地球物理观测，研究氧、碳及各种包体（如地尘、宇宙尘、火山灰、细菌、植物孢子等）的同位素含量。在冰川和冰川下面的岩石中进行矿床地质勘探有着很大的意义。

南极环境特殊、路途非常遥远、没有道路、气候恶劣，这都会影响了研究工作的开展，并对钻探设备、钻探工艺、钻探工作的组织和钻探人员提出了特殊的要求。多年来，世界上只有两个钻孔的深度略超过2000m：一是南极美国贝尔德站打的一个钻孔（2164m），二是苏联东方站打的钻孔（2202m），事实说明冰中钻探是非常难的。

20世纪80年代，全球出现厄尔尼诺现象，且危害范围越来越广，一个研究全球性气候变化的热潮在全世界兴起。以我国为例，先后实施过黄土高原季候风计划，青藏高原一带冰川、冻土层的一系列取心（取样）计划，最高海拔取冰心高度达7000m，堪称世

界之最。在南极的中国长城站已在广泛领域开展了冰心、冰雪取样工作，但钻探设备、工具、技术都十分落后，亟待进一步提高。1999年2月，我国南极冰盖科考队，行程超过1000km，克服重重困难，第一次到达南极冰盖，成为世界上第一个到达冰盖的科考队。

值得一提的是，国际上自1990年开始执行了一项宏伟的格陵兰国际冰心钻探研究计划（GRIP），由法、德、英、比、意、冰岛、丹麦和瑞士等国的40多位科学家共同参加，欧洲科学基金会提供了800万美元的经费。钻探的目的是钻透经过20万年积压起来的雪而形成的厚冰层，从而揭示过去20万年期间气候变化下的密封气泡和埋没的各种冰晶体，探求火山喷发及历次核爆炸微尘等对冰层的影响。

中国第十五次南极科考创造了我国南极科考史上的多项第一：

①首次深入南极内陆冰盖1100km，抵达冰盖最高区域——海拔4000多米的DOME-A区域，从而成为国际横穿南极计划实施以来第一支闯进这一"禁区"的考察队。

②在冰盖最高区域，考察队首次利用钻机钻取了百米冰心、冰屑，创造了新的纪录。初步判断冰心年龄超过600岁，为南极科学和气候变化研究提供了宝贵的科学数据。

③由地质、测绘、遥感等专业4名科学家组成的格罗夫山地质科学考察队，首次挺进距中山站500km的格罗夫山，完成了在这一区域的地质调查，而且在该地区首次发现了4块南极陨石。

④首次在南极附近海域释放了自动浮标——沉积物捕捉器，捕捉器将在1年的工作时间里，自动定时收集海水中的沉积物和悬浮体，以及大气中的尘埃等物质。

⑤首次在中山站附近海域发现了适合考察船停泊的锚地，结束了我国在东南极无锚地的历史。

⑥"雪龙"号科学考察船不仅首次利用陆缘海水完成大型物资卸运，还通过长达4n mile的作业，首次完成预定浮水区的观测站位调查。

⑦中山站首次启用了具有国际先进水平的污水处理站，并首次将建站10多年来积存的200多万吨垃圾和废弃物装运上船且随船运回国。

五、大规模交通基础建设为钻探工程提供良好机遇

近几年，国家对交通基础建设进行了空前大投入，以大大提高公路、铁路、地铁等基础的客货运输能力，同时拉动长期处于低迷状态的钢铁、机械、化工、勘察等大型工业，有力地促进了国民经济的良性循环。

交通基础建设投资规模巨大，工程种类繁多，施工地点遍及全国，给钻探工程提供了前所未有的机遇。

①钻探工程队伍遍布全国，有长期在野外工作的锻炼，各地的队伍可以就近参与或支援交通建设。

②交通建设运用钻探、掘进工程的地方很多，过去十几年的实践证明，钻探队伍在人才、技术、科研、设备上有足够的优势。例如，北京地铁西单站的浅埋暗挖的设备和技术与北京西客站配套的鹰山特大型隧道（断面$223.5m^2$，堪称亚洲第一），上海地铁隧道内部整修安装各种电缆和管道，都是钻探队伍承担施工的。

③我国钻探行业有大型机械制造工厂能制造各种钻探工程机械，节约大量外汇。

④我国钻探行业的科研院所有雄厚的科研与开发能力，能解决施工中出现的新技术问题。

⑤我国钻探行业的咨询机构可以承担工程的评估、咨询任务。

六、城市地下管网非开挖铺设技术

我国煤炭资源十分丰富，煤炭年产量连续20多年居世界首位，但洁净煤的工程技术滞后。因此，我国已到了非采用高效洁净替代性能源不可的时候了。

专家们预言：21世纪将是中国逐渐使用天然气的新时代。这里以天然气指的是油气田产的天然气和煤层气。

（一）我国发展使用天然气资源的有利条件

①"八五"期间，我国天然气勘探获重大突破；

②世界已探明天然气资源的75%在亚洲，如邻近我国以西西伯利亚、中亚、东北亚等地都发现了大气田；

③邻近我国的能源缺乏的国家，如韩国、日本，想借助我国与周边国家的合作，解决它们的部分需求；

④我国煤层气储量23万亿立方米，在"九五"期间开发10亿立方米，2010年开发100亿立方米。

（二）国内自建的天然气输气管道工程

①陕北—北京管道，全长862km，已铺通，年供气能力30亿立方米，华北油田日供气30万立方米；

②吐鲁番—哈密—乌鲁木齐管道已铺通；

③陕北—西安输气管道已铺通；

④川东—武汉管道正在铺设；

⑤琼东—湛江—深圳—广州管道计划铺设；

⑥东海平湖井—上海浦东海底管道全长386km，已完工；

⑦新疆准噶尔彩南油田—克拉玛依管道已铺通，是我国第一条跨越沙漠的输气管

道，全长290km，其中贯穿沙漠180km，日输气180万立方米。

（三）国际合作长距离输气管道铺设初步方案

①库页岛—哈尔滨—长春—沈阳；

②伊尔库茨克—日照—上海；

③西西伯利亚—武汉—上海；

④哈萨克斯坦的阿克纠宾斯克—克拉玛依—上海。

我国大规模采用高效洁净天然气，大量铺设长距离输气管道，无疑对改善环境，发展工业生产，为"下游"工程用非开挖技术大规模铺设进入城市和家庭的管网，开辟了广阔前景。我们期待着天然气工业的大发展给钻探工程带来宽广而良好的机遇，要抓住大好机遇发展非开挖铺管技术。

①应该积极研制大功率、多功能、大拖力的水平制导钻机和深尺无线探测仪（探测深度至少20m）；

②积极研制微型（直径0.5～1.0m）全断面掘进机，为铺设过江过河管道做准备；

③积极充实中国非开挖技术协会（CSTF），CSTF已参加了国际非开挖协会（ISTT），应积极组织我国的工程施工公司参加ISTT；

④重点引进或研制城市急需的非开挖钻探设备仪器，以及大型气动夯管锤等关键设备；

⑤加速培养非开挖铺管工程的工程师和技术工人；

⑥可寻求与外商合作，建立管线工程公司；

⑦积极开展宣传活动，向有关政府部门、市政部门、设计院所大力宣传非开挖铺管技术工程，充分发挥该技术保护环境、保护生态、不阻塞交通和施工速度快等优点；

⑧积极参与开发我国煤层气的资源。

七、大力发展钻探工程新设备

我国是钻探工程技术装备的生产大国，在21世纪高速发展中，我国钻探工程技术装备应采用新理论、新工艺、新材料（如智能材料、新型钢塑复合材料、纳米材料等），研究设计制造液压、全自动、轻便、自行、多功能的钻探、掘进机（TBM）及工程机械，扩大服务领域，并在国际钻探工程装备界占领一席之地，成为中国出口创汇的一个新增长点。

我国钻探工程设备的设计研究潜力很大，水平也很高，这表现在机器人化自动钻机和爬管机器人出世。

由中国矿业大学与哈尔滨工业大学共同研制的国家"863"高科技攻关项目——机器人化自动钻机，已在徐州煤矿井下试验成功。该机全部实现自动控制，操作人员能够在井外1000m范围内，通过电缆传输系统，遥控指挥机器人自动化钻机作业。该机带有瓦斯和温度传感器，配备摄像机和显示器，使操作人员能够远距离对钻机进行监控。据专家介绍，该机正式投入使用后，可有效地避免过去钻机操作人员在坑道内现场操作时，由于瓦斯、矿井水、煤浆突出所导致的人员伤亡。

爬管机器人最近在哈尔滨工业大学机电工程学院研制成功并通过验收。爬管作业机器人可爬进管道内准确涂抹、修补钢铁水泥管道破损面。

八、大力发展岩土钻掘工程

国家建设事业的发展，促进了岩土钻掘工程的发展。在隧道工程方面，隧道类型的增多和断面的增大，使我们创造性地运用并发展了新奥法；在控制爆破方面也发展迅速，有了许多新的工艺；锚固工程技术进步更显著，为许多灾害治理提供了技术条件；岩土钻掘工程已经成功地应用于岩土钻探、掘进、地质灾害治理、环境治理、控制爆破、道路桥梁建设、非开挖铺设管道工程、高层建筑装饰铺缆工程、双向施工中的基础工程、地下空间开发工程、水域工程钻探、国防工程、城市地面沉降等，并逐步延伸到飞机场与航空港改造工程，以及大型排污与污水处理工程、大型饮用水改水工程、沙漠与干旱地区地下水开采工程和矿山工程等。

九、环境与地质灾害治理工程

国际知名地质学家、国际地科联前主席费菲曾说人类只有一个地球家园，人口快速增长，环境日益恶化，动植物灭绝加快，人类面临严重挑战。"人口快速增长，环境日益恶化，动植物灭绝加快，人类面临严重挑战。地球科学家为了人类的未来，不仅仅要研究地球的"昨天"，更要重视研究地球的"今天"和"明天"。研究重点应放在人类赖以生存的水资源、矿产资源、能源、核废料处理、地震与火山喷发预报等方面。21世纪以后，咸水将成为最好的饮水。费菲只谈到了水，是因为水是生存环境恶化的集中表现。水、工、环三者是密切联系在一起的，今后水、工、环的研究应该从整体考虑，即从地球科学的整体考虑，单独从环境地质学角度去考虑已经非常不够了。环境的恶化与地质灾害是密切相关的，环境恶化是因，地质灾害是果。

近几十年来，环境科学研究已成为世界瞩目的课题。然而，环境恶化正在日益加重，环境科学研究已迫不及待。从地球科学的整体考虑，就是需要研究来自大气圈、水圈、生物圈和岩石圈中的各种影响，对生态环境的各种危害，也可以称之为"地球大环境的研究"，大环境的研究将演变成为一个"大科学项目"。大科学项目的实施，一是在现在的基础上逐步加以拓宽；二是由许多相关部门联合起来。

钻探工程技术的发展远景与未来的国土资源地质工作的前景密切相关。应着眼于21世纪人类对土地矿产资源、能源日益增长的需要，着眼于21世纪以后人类生存环境、生态环境的进一步恶化，治理预防地质灾害、保护环境与治理已污染的环境，将是一个迫不及待、势在必行的长期任务。因此，钻探工程的未来任务应该涵盖以下三大方面：

①勘探钻探与坑探工程；

②大陆科学钻探；

③岩土钻掘工程（又称为岩土工程）。

第五节　钻探工程在资源开采利用中的研究应用

目前，钻探工程在资源开采利用中的研究应用主要体现在以下六方面。

（1）保水开采技术的有效应用。在现阶段开采工程中，应用绿色开采模式首先需要对各类水资源进行全面保护，需要对开采区域周边的地下水资源进行关注，避免施工操作过程中对水源造成污染。从采矿工程实际建设发展现状来看，大多数采矿工程发展对于水源都会产生威胁，随着开采深度的扩大，实际污染从地面向地下延伸，对自然环境整体造成较大的破坏。针对此类问题，在目前开采工程施工中需要应用保水开采技术，优化各项施工环节的操作、降低对开采区域的水源威胁。开采过程中还需要注重保护地下水源，施工技术人员可以采用地面灌浆技术，这样能使水源避免受到开采活动的影响，形成有效的地下水源防护体系。保护水资源的同时，能使地下水的结构不受到破坏，对于社会发展也具有重要作用。

（2）对固体废弃物进行综合运用。在开采工程实际施工过程中，从过去的生产过程中可以看出，当前大量的污染主要来源于生产环节的固体废弃物污染。固体废弃物的存在对于采矿工程周边区域的影响较大，特别是矿渣等废弃物限制了采矿工程的绿色可持续发展。所以当前需要对开采工程的固体废弃物进行综合利用，可以通过相关技术手段来提升固体废弃物的应用价值，将其从生产区域进行转移放置。相关技术人员需要从固体废弃物中提取可用元素，通过基础性操作清除废弃物中存在的有害物质，同时不能随意丢弃，不然将会造成再次污染。

（3）磁铁矿提铁降硅技术。目前，在开采工程的铁矿开采活动中，为了全面提升铁矿实际提炼精度，有部分选矿厂从技术要素角度来逐步优化选矿过程，在铁矿提炼的过程中需要充分降低二氧化硅的含量，这样能够提升铁矿的精度。通过阴离子反浮选工艺能够达到"提铁降硅"的生产要求，不仅能够提高铁矿开采质量，而且对于生产环节具有较大的促进作。

（4）陡帮开采技术。我国大多数露天开采工程都是选用缓帮开采技术，技术要求就是在实际开采过程中需要将工作帮坡角范围控制在8°左右，因为帮坡角较为平缓，基础性建设工程量较大，对于建设成本造成了较大影响，也限制了实际开采效率的提升。所以当前通过陡帮开采技术能够将开采工程完整生产期均衡分开，降低基础设施建设投资费用，对于边坡的稳定性也具有重要作用。在具体开采过程中，需要运用穿孔设备的牙轮钻机，其能够更好地促进各类技术的应用。

（5）完善矿区各项预防工作。当前为了降低开采工程中安全事故以及污染问题的发生，需要做好综合性预防工作，相关采矿企业需要根据作业要求建立完善以安全防护制度，最大限度控制各类安全事故的发生，维护企业发展效益。目前，开采工程中顶板崩塌、瓦斯爆炸等安全问题较为突出，需要根据生产环节的要求完善防护性措施。在确保生产环节安全性得到保障的基础上需要做好生产环节的污染控制，做好施工现场的防尘防烟监管，安排管理人员定时检查。相关管理部门需要制定生态保护性措施，根据开采工程实际建设区域拟定矿产运输线路，避免长期性运输施工对地面造成扰动。施工部门需要严格执行国家各项生态保护措施以及水土保持监测方案，切实完善各项生态保护性工作。

（6）实现高效开采，对资源综合利用。各类资源与现代社会发展之间是相互共生的关系，在不合理开采的过程中会造成资源浪费。比如，对煤炭进行开采时，会产生瓦斯气体，一般开采情况下为了获取煤炭会释放瓦斯气体，这将造成瓦斯气体的浪费，长期释放对于自然空气也会造成较大污染。所以，目前在开采过程中，通过绿色开采技术对开采环节中产生的各类化学物质进行综合利用，这样不仅能够使自然资源得到有效保护，还能保护自然环境。

第二章　就矿找矿的地质理论基础

就矿找矿一直是简便而有效的方法。这种方法的要点在于根据已知矿体的三维几何特征和成分变化规律，揭示成矿作用的基本控制要素，进而预测潜在的未知矿体。就矿找矿方法具有由近及远、由此及彼、层层深入的特点，能够达到认识、开发、利用成矿系统中全部自然产物的目的。本章试图通过对矿床成矿作用规律的分析，阐明就矿找矿方法的地质理论基础，为就矿找矿方法提供依据。

第一节　就矿找矿的地质自然基础

地球科学研究对象的基本属性是具有时空不可及性、复杂性和系统相关性，这些属性取决于自然系统发展的循序渐进性、矛盾主导性和系统整合性。根据阶梯式发展理论的基本原理，一个前导性事件没有发生之前，后续事件就不可能发生；该前导性事件发生之后，后续事件的发展具有多种途径，取决于当时的环境条件。特别是，由于后续地质过程或时间可以部分或全部清除前导性过程或事件的记录，认识自然系统的过程中将难以收集到完整的地质记录。尽管影响成矿作用的因素很多，成矿系统演化历史的某个具体阶段以关键作用的因素归结起来只有一两个。抓住了这个主要矛盾，就可以顺藤摸瓜发现其他控矿因素，从而构建整合的地球动力学事件链。对找矿预测来说，突出一个"矿"字，矿是所有矛盾的统一体，不仅表明区内的确发生过成矿作用，而且明确指示成矿作用的四维空间规律。

这里以内生金属矿床为例。

一、内生金属成矿系统的时空结构及成矿过程

研究表明，所有的内生金属矿床都具有强烈的围岩蚀变，后者以含水（挥发分）矿物取代无水矿物为特征，因而成矿作用的基本解是成矿金属从流体中析出。据此，可以说内生金属成矿系统的核心是流体子系统。但是，由于流体的强烈活动性和地壳浅部构造裂隙的广泛发育，含矿流体通常要求与熔体相耦合才不至于大规模散失。由此可见，内生金属成矿系统的基本组成是熔体和流体组成的二元系，称为岩浆相关成矿系统或岩浆成矿系统，其他元素可以看作影响系统行为的环境条件。

成矿系统的演化总是在外部条件发生变化的时刻强烈改变路径。换句话说，岩浆成矿系统不可能在封闭条件下自然衍生出矿床或矿体，成矿作用是系统遭遇了某种或某些外部条件之后导致系统行为发生非线性变化的结果。众所周知，矿床的基本属性是品位和吨位，这要求成矿金属在有限的空间范围内大规模堆积。因此，成矿作用不可能是一种理想的平衡过程，而应是一种非平衡、非线性过程。

成矿系统遭遇其他外部条件的约束也将发生非线性变化。不管这种外部条件具有什么样的属性，只要能触发成矿系统的行为发生非线性变化，就是有利的成矿因素。

这样的演化特征为就矿找矿方法提供了坚实的理论基础。一旦在某处发现了某种矿床，就意味着成矿作用的先决条件已经存在，富含金属的含矿流体曾经来到这里，并在这里发生了成矿金属的大规模堆积。

所有岩浆成矿的系统经过成矿金属的降压卸载和成矿金属的化学卸载而成矿。

二、金属卸载过程的振荡变化

从金属卸载机制可以看出，含矿流体遭遇任何一种强烈的环境约束都可以导致成矿金属大规模卸载。在岩浆成矿系统的演化历史上，含矿流体有可能遭遇多次环境约束，也可能只遭遇一次强烈的环境约束。在遭遇多次环境约束的条件下，含矿流体将会在相应的空间位置上卸载成矿金属。上述成矿地质条件可以出现振荡式变化，并因此导致金属卸载过程出现振荡式变化。即使只遭遇一次强烈的环境约束，成矿系统也可能发生自组织振荡变化。假设成矿系统快速上升并就位于某一构造屏蔽层之下，将导致含矿流体的强烈相分离。相分离产生的气体可导致流体超压，使成矿系统承受比其实际深度上更大的压力，称为流体超压。如前所述，由于流体中成矿金属的溶解度与压力正相关，流体超压将会导致成矿金属再溶解而不是沉淀。直到屏蔽介质发生破裂，气体沿裂隙释放，成矿系统承受的压力条件才恢复正常，成矿金属发生大规模沉淀。然而，在气体沿裂隙运动的过程中，所溶解的物质也会因冷却而卸载，从而堵塞通道，再次导致流体超压。如此反复，流体中的成矿金属卸载过程发生震荡式变化，直到整个系统失去活力。

第二节 就矿找矿的客观依据

众所周知，矿产资源是客观存在的，但是，哪里存在矿产资源？怎样才能找到矿产资源？这不仅是技术问题，也是理论问题。"存在于自然界中的矿产资源，并不是杂乱无章的，而是有其自身的客观规律"，包括矿产形成规律、矿产分布规律和矿产变化规律。

人们经过长期探索发现，矿床形成受一定地质条件控制，矿床产出分布常具有一定的地域性特色。人们从不同的角度，如从要素及其组合，归纳和总结研究矿床的思路与途径：①从地质历史演化角度探讨不同地质演化时期区域成矿特点及其产出分布的规律；②从研究划分构造单元入手，阐述不同构造单元中矿产分布规律；③以全球板块构造活动为基础，研究不同活动时期与不同条件下成矿作用及其产出特征；④在地球物理场（重力或磁场）和地球化学场研究基础上，阐述矿产形成与分布规律；⑤通过矿产综合数据，如品位、储量、产状、含矿性等的处理，展示并阐述矿化与矿床形成的趋势与富集规律等。

一、成矿作用及其控制因素

成矿是自然过程，是成矿的内因和成矿的外因相互作用的结果。成矿的内因主要是成矿元素地球化学特征，成矿的外因主要是由成矿地质作用引起的环境物理化学条件的变化。成矿作用的本质是成矿物质在物理化学条件变化时由迁移到沉淀而形成不同类型矿床的过程。矿体位于物理化学条件发生变化的部位，而物理化学条件变化都有各种标志，这些标志都是可以识别的，而且和矿体以关系是确定的。

矿床的形成受到多种因素的制约，主要包括化学元素成矿、构造成矿、岩浆成矿、流体成矿、地层成矿等，多种有利成矿因素在一定的地质环境中相互耦合导致成矿作用发生。对于不同类型的矿床，不同的控矿因素所起的作用也不尽相同。构造、岩浆、流体对内生矿床的形成相对重要，而地层、岩相、古地理、古地貌、古气候等因素对外生矿床的形成更为重要。地球化学涉及成矿物质的来源和演化，对内生矿床和外生矿床以形成都非常重要。

大部分矿床在其形成后都经历了较长的演化过程，对于一些古老矿床更是如此，如地形地貌、地下水、生物活动、次生富集、变质作用等都可对矿床的形成产生一定的影响。为了找矿和采矿的需要，除了研究矿床的成因、类型、所在位置、产状等外，还要研究其所经历的变化，如矿体被断层错失、硫化物矿体在地表氧化变成铁帽、低洼区矿体被后来沉积物覆盖等。矿床变化与保存的研究内容很广，包括矿床形成后控制其发生变化的因素、发生了哪些变化、变化的作用过程、变化后的结果等。不同矿种、不同类型矿床有不同的演变轨迹，不同地质环境中产出的矿床的变化与改造方式也不一致，不同时代形成的矿床也有不同的演变历史。

在就矿找矿活动中，不同矿种、不同类型的矿床中这些因素的作用或大或小，应区分哪些是主要的因素，哪些是次要的因素。要注意将具体的控矿因素与成矿作用过程相联系，善于将具体条件转化为对源、运、储、变、保的相应控矿功能，主要探讨成矿区带、矿集区形成后矿床、矿体的保存条件，以便全面认识矿床分布的规律性，提高成矿预测的能力。

二、岩浆相关矿床的时空分布

这里所指岩浆相关矿床主要包括岩浆矿床、部分伟晶岩矿床、接触交代矿床及与岩浆活动有关热液矿床等，具体体现在岩浆岩的成矿专属性上。岩浆岩成矿专属性系指一定类型的岩浆岩经常产有相应的一定类型的矿床，二者之间存在内在的岩石化学和地球化学的联系。不同岩浆岩的成矿专属性是有差别的。该类矿床的区域时空分布受控于地质不同时期特定的大地构造环境和不同大地构造环境的不同演化阶段。

另外，根据多年找矿实践和理论研究，人们根据不同的分类标准提出了不同类型的矿床成矿谱系及其分布等的空间域划分方案，为深入研究和找矿提供了新的依据。例如，陈毓川等（2006）采用五分法将全国的成矿区（带）划分为成矿域（又称为Ⅰ级区带，包括古亚洲成矿域、滨太平洋成矿域、前寒武纪地块成矿域）、成矿省（又称为Ⅱ级区带）、成矿区（带）（又称为Ⅲ级区带区）、成矿亚区（带）（又称为Ⅳ级带区）、矿田（又称为Ⅴ级带区）。

三、沉积固体矿产的空间分布

沉积矿床如同沉积岩一样，它们的形成都经过了一个复杂的过程，其成矿过程分为沉积—同生阶段、成岩阶段和后生阶段。大部分沉积矿床（如铁、锰、铝、磷、盐类等矿）主要是在沉积—同生阶段形成的，在成岩阶段和后生阶段，物理化学条件的变化不仅使沉积物发生改造和进一步富集，甚至有外来物质的加入，从而产生交代作用及新条件下的矿物相平衡，出现穿越层理和层面的矿脉。沉积矿床产于沉积岩系和火山—沉积岩系中，矿体和其顶、底板岩层同属沉积成因。矿体多呈层状、似层状和透镜状，具有明显的层理。矿体与围岩产状一致，常为整合接触关系。

沉积矿床在区域沉积岩系中有特定的地层层位。沉积矿床一般规模较大，矿层沿走向展布很广，可达数千米，分布面积可达几万甚至几十万平方千米。沉积矿床是在地壳表层水体中形成的，属于占地球表层的水域与大气圈、生物圈和地壳浅部圈层相互作用的产物。大陆表层的风化产物是沉积岩和沉积矿床的主要来源，另外，还有火山喷出物和生物残骸等。这些物质经沉积分异作用在水体内的特定地带沉积下来，并富集成矿。生活在湖海盆地里的硅藻摄取水中的硅，死亡后遗体的大量堆积可形成硅藻土矿床；生物的钙质骨骼堆积形成生物灰岩。气候因素对某些沉积矿床的形成有重要影响。沉积矿床形成和储存于沉积岩系特定的岩性岩相中。

沉积矿床和含矿岩系中岩性岩相的组合和变化取决于如下控制因素：①沉积过程；②沉积物补给；③气候；④大地构造；⑤海平面变化；⑥生物活动；⑦水化学条件；⑧有无火山作用等。这些因素的相对重要性在不同的沉积环境之间是有变化的。气候和大地构造条件是两个重要的因素。气候条件在大陆和浅海环境中是重要的，但在较深的海洋盆地中则很少有直接的影响。

任何沉积矿床和含矿岩系都是地壳运动的产物，因为沉积盆地的发育严格受大地构造条件所控制。

四、油气资源的空间分布

中国大陆和沿海大陆架拥有沉积岩面积670万平方千米，分布在485个大小不同的各类盆地中，截至1998年，发现大、中型含油气盆地16个，占勘探盆地数的15%。从盆地地理位置和动力学性质上考虑，认为中国东部含油气盆地属拉张型盆地，中部含油气盆地属过渡型盆地，西部含油气盆地属挤压型盆地。在勘探中发现工业性油气田的盆地的共有特征：①有相似的板块构造成因背景；②有相同的盆地动力学特征；③有相同的主要产油或产气时代；④多数含油气盆地成带分布。

（一）中国盆地类型

据中国板块构造的研究成果，可把中国沉积盆地分为八类。根据地球动力学观点，按中、新生代盆地定型时的主要应力状态，又可把它们归属于挤压和拉张两种地壳动力区，有些盆地形成可能与走滑运动有关。

（二）中国含油气盆地分布规律

中国现已勘探过的盆地，盆地的地理分布有一定的规律性，如在区域上有相同或相似的板块构造演化背景，在油气田类型上有相同的构造样式，在含油气盆地地理分布上常成群、成带分布等，包括：以富集石油为主的裂谷盆地带、以富集天然气为主的克拉通盆地。

1.以富集石油为主的裂谷盆地带

中国大陆纬向石油富集裂谷盆地带西起新疆，经甘肃、宁夏、内蒙古到黑龙江，绵延3300多千米，位于中天山北缘断裂和雅布拉山—峰断裂以北到国境线的广大地区。从西向东包括准噶尔盆地、吐哈盆地、银根盆地群、二连盆地、海拉尔盆地和松辽盆地等。在中西段涉及天山和祁连山北缘一些侏罗系盆地。它们共处在准噶尔—内蒙古—松辽缝合带板块背景中，沿古亚洲华力西褶皱带分布。从西向东有裂谷前期的石炭系至侏罗系的火山喷发。具有早期断陷晚期上叠坳陷裂谷盆地的构造类型，均以侏罗系—白垩系为主要产层，产油层位由西向东，从中、下侏罗统到上白垩统抬升，成为横贯中国东西的纬向产油带。本带以产油为主，拥有石油资源量占全国石油总资源量的24%，石油储量占全国石油储量的73%。中国大陆经向石油富集裂谷盆地带夹持于太行山东断裂和郯城—庐江断裂，以渤海湾盆地为主体的地区，北延到东北的依兰—依通盆地，南延包括南华北盆地、南阳和江汉盆地，构成一个南北向的经向裂谷盆地带。从北向南横跨三个板块地域，新生代受太平洋板块俯冲的影响，在区域性的张扭应力作用下，形成陆内裂谷盆地。古近纪为断陷期，新近纪为坳陷期，第三系发育，最大厚度可达9km。裂谷盆地拥有的石油资源量占全国石油资源量的20%，石油储量占全国石油储量的36%。中国东南沿海大陆架"镶边"石油富集裂谷盆地带由东海、台湾西部、珠江口、莺歌海—琼东南、北部湾诸陆架盆地组成，成串珠状分布在中国东海和南海大陆架上，成为中国大陆架"镶边"裂谷盆地油气富集带。它们是在弧后或被动大陆边缘，在地壳伸展背景上形成的裂谷盆地，以第三系产油气为主。估算其天然气资源量占全国资源量的21%，探明程度仅为3.2%，具有巨大的潜力。

2.以富集天然气为主的克拉通盆地

在古生代，中国就存在前寒武系基底的塔里木、华北和扬子3个古板块，游弋于特提斯洋中，沉积了巨厚的海相碳酸盐岩，经过中、新生代大陆板块汇聚的变动，形成塔里木、鄂尔多斯和四川三个克拉通盆地，在其腹地保留有较完整的古生代地层，成为中国富集以天然气为主的克拉通盆地。

第三节　内生金属矿床的成矿模型

成矿模型是一组相似（或同一类型）矿床地质特征的综合。通过对同一类型的代表性矿床地质特征的系统整理，归纳出具有一定理性认识的、能反映该类型矿床共性的标准样式。主要包含以下几点：①矿床模式所描述的不是单个矿床，而是"一类"矿床系统有序的本质属性信息；②"本质属性"意味着这类矿床必须具备的而且能够确定这类矿床存在的属性；③模式是系统排列的有特定结构的信息群体组合，而不是单一的信息；④依据地质过程对矿床本质属性信息结构的解释。

矿床模式的建立，生动地反映了人们在认识矿床方面从感性到理性，从个别到一般，从实践到理论再到实践的认识运动过程，用已建立的矿床模式来指导找矿，又是找矿哲学中类比分析法在更高阶段上的应用。

构成矿床成因模式的要素一般为：矿床区域成矿背景、主要控矿条件、矿质、矿液来源、矿质迁移和聚集、矿质沉淀过程及状态、矿床形成的物理化学条件等。

矿床模型一般用图表、文字、公式等形式描述一组矿床本质属性的系统有序的信息，如矿床特征、主要控矿条件及形成过程，明确表述出现成矿物质的源、运、堆积的动力学机制。矿床类型是建立各类矿床模型的地质前提，矿床模型的应用方向是建立模型的关键，经验模型与理论模型交叉与融合是建立矿床模型的核心。内生金属矿床成矿模型包括岩浆矿床的成矿模型、矽卡岩型矿床成矿模型、斑岩型矿床成矿模型、热液矿床的成矿模型、海底喷流沉积矿产的成矿模型等。

就找矿而言，重要的是在确立矿床成因模型基础上，根据不同区域（一般为矿区）的构造控矿规律和矿体的剥蚀程度等建立找矿模型。所谓找矿模型，不管其成熟度如何，均以经验模型与理论模型的各类信息的兼收并蓄为基础，以找矿为目的，以特征、标志等事实资料为基本内容，以标志、特征、数据组合（不是成因和假设）为依据，形成准则和判据指导找矿。从广义上说，找矿模型包括区域找矿模型、局部找矿模型、矿床找矿模型。

应用矿床模式指导地质找矿工作成效显著。自20世纪60年代以来，矿床模型在矿床学研究和找矿中起到了越来越重要的作用，它不仅可以综合成矿理论，而且在找矿实践中由此获得了丰硕的成果，如美国圣玛纽埃—卡拉马组斑岩铜矿、享德逊和崂山铜矿。我国应用石英脉型黑钨矿床的"五层楼"矿床模式，有效地指导了脉状钨矿床的普遍评价和找矿勘探工作，发现了一大批隐伏钨矿床。20世纪80年代，山东焦家破碎蚀变岩型金矿床模式的建立，使我国金矿找矿工作突破了单一寻找石英脉型金矿的找矿模式，在全国发现了一大批破碎蚀变岩型金矿床。应用卡林型矿床模式发现和评价了黔西南地区的多处金矿床等。现在，矿床模式在地质找矿工作中日益发挥着重要指导作用。

在实际工作中，必然要建立不同级次的找矿模型，不仅仅是研究对象规模大小（涉及面积）的区别，更有基本地质依据和相关特征、标志、研究重点的差别。一般来说，区域找矿模型以地质建造和区域大地构造分析为基本依据，区域概略普查主要寻找成矿带、大型矿集区等；局部找矿模型以赋矿岩系和控矿构造的成矿标志和成矿特征为主要依据；矿床找矿模型则以矿化、成矿作用的各种标志、特征及其空间分布规模为主要依据。在此过程中，要对地质、地球物理、地球化学等相应特征与标志进行研究，形成相应的专业找矿模型，以发挥其不同的优势和效用。

同时，我们要清醒地认识到，矿床模型是对不同矿床综合特征和成矿信息的概括和抽象属于一般属性，但是，对于具体地区、寻找具体矿产、矿体属于特殊性。因此，在利用矿床模型寻找具体矿产时要根据工作区的综合地质、矿产等特征，实事求是、具体问题具体分析，处理好一般和特殊的关系。

第四节　内生金属矿床的成矿预测

可供利用的各种矿产资源，是产出于一定地质背景的特殊地质体，无疑受地质背景的制约，也受各种地质作用和地质因素的控制。成矿地质背景泛指大范围地质作用对矿产资源的宏观控制。控矿地质因素是更具体地分析构造、岩浆、地层等诸因素对矿床的控制，即将各个基础学科的理论广泛应用于矿产预测的实践。

控矿的主要地质因素（包括地质构造、岩浆活动、地层、岩相、古地理、古水文地质等诸因素）在成矿过程中的作用不同，它们互相联系，一个矿床的形成和保存条件，往往是多种地质因素综合作用的结果。对内生矿床而言，构造因素往往决定了矿床的空间展布，而岩浆活动和多种成矿流体的活动，决定了成矿物质迁移、沉积特点；对外生矿床地层因素决定了成矿的时间分布，岩相古地理因素（包括前述构造因素）决定了成矿的空间展布。最新研究结果表明，内外生矿床彼此是互相联系的，查明各因素与成矿的生成联系，则该因素将成为预测矿床的重要地质原则和前提。

一、成矿地质背景

我们已经知道，地壳演化具有两个性质不同的端元：相对稳定的地块与相对活动的造山带。它们具有不同的成矿作用。事实上，区域构造对成矿的控制是通过它所产生的各种成矿地质环境来体现的；一旦某种成矿地质环境消失了，与其有关的成矿作用及特征（包括成矿时期、成矿类型、主要矿种和空间展布等）也就不复存在，这种成生依存关系将造就不同地区的成矿规律。

区域成矿都是在一定的成矿地质环境中进行的，并且由于成矿地质环境性质的不同，将对各种矿产形成时期、产出部位、矿床类型等给予严格的控制与规定，从而显示出该成矿地质环境中区域成矿的基本特征。构造环境是成矿作用更为根本性的控制因素，在地球表面可以识别，并且结合一定程度的推断解释可以对地球和亿年左右的历史做出判断。无论哪种构造环境形成的岩石都会受到后期地质作用的影响而发生如变形、变质，有的被抬升，有的被剥蚀等，岩石的强度又常常取决于不同的构造环境，因此，岩石及有关矿产形成时所处的构造环境，在一定程度上决定了形成矿床的类型和保存潜力。

二、成矿动力学条件

（一）能量来源及其作用方式

本质上，地质过程可以看作地球动力学系统的做功表现。有许多变量可以用来度量地球动力学系统做功的大小，这些变量（如温度、压力、体积、组分、深度、密度等）常常是相互关联的，其共同的特征是都会影响体系体积的变化。一般情况下，认为岩浆的发生是因为体系获得了足够的热能。现在我们知道，压力和挥发分含量的变化也是同样重要的。现在我们已经知道地质过程必定受到来自地球深部的热能控制，这些热能主要来自D"层（D"层指的是地球2700~2890m层）或外地核。深部热能向地球表层的传递形式可以划分为三种：传导、对流和物流，其中物流是最有效的热传递形式。地幔深处的物质受热膨胀后将获得正浮力，这是全球构造中地幔物质上升的基本动力。

岩石圈不断向太空散发热量将导致其自身逐渐冷却、密度增加，从而获得负浮力（位能）。一旦这种负浮力达到某种极限，岩石圈物质就会沉入深部地幔中。

地幔物质上升和岩石圈物质下沉将会导致压力差，驱动地幔物质的水平运动，构成巨大的全地幔对流系统。

（二）地球动力学事件链

由于研究对象的时空不可及性，要建立一个全谱系的地球动力学系统是不可能的。通常，研究者只能收集到一些零散的证据，如何将这些零散证据有机地组合在一起关系到研究工作的成败和效率。罗照华等提出了地球动力学事件链的概念，深部地质过程—幔源岩浆活动—壳源岩浆活动—陆壳增厚—地表隆升—表层剥蚀与沉积。在这个事件链中，每一个事件都被看作链的一个节点，节点之间必然是紧密相关的，其中深部地质过程被认为是一个构造旋回或阶段的起始，因为地质过程的能量支撑主要来自地球深部。但是，我们并不能直接观测到地球深部发生的过程。地球物理方法只能获知现今的情况。对于地质历史时期发生的过程往往是通过做一定简化的数字模型来进行推断。

就成矿作用来说，这种粗线条的事件链显然是不够的。但是，我们可以借助这样的思想构筑一个更详细的知识网络。我们知道成矿作用的关键所在：第一，成矿物质在混沌边缘大规模堆积；第二，成矿物质主要来自含矿流体；第三，流体中成矿金属的浓度强烈依赖于压力，因而流体的成矿潜力与其上升速率有关；第四，岩浆是含矿流体快速上升的通道和载体，而岩浆体的规模远远大于矿体，因而火成岩是找矿预测的良好标志；第五，快速上升的岩浆具有特殊的局部构造应力场特征，后者的规模远大于岩浆体本身，详细分析区域构造场中的局部构造场是必需的；第六，大规模成矿作用需要有一个流体库，其体积大小与岩石圈稳定时间有关；第七，深部流体的释放需要一种动力学机制，如何理解这类机制及其造成的构造效应是区域成矿预测的基础。将这些知识有机地组合在一起，是成矿预测的关键所在。

三、六级成矿预测体制

根据上述，成矿作用涉及不同层级的地质过程，既涉及全球动力学系统，也涉及具体的触发机制；成矿预测过程中既要注意区域规模的地质产物特征，也要重视小到矿物尺度的标型指示。据此，初步可以得出一个用于成矿预测的找矿网络，其基本思路是从大处着眼，从小处入手。因此，罗照华等建立了六级成矿预测体制，包括成矿带、成矿阶段、成矿域、矿集区、成矿中心、矿床与矿体，分别归属于成矿地质背景部分和成矿作用控制部分。

第三章 土样及岩（矿）心的采取

第一节 土样及岩（矿）心的采取概述

钻探工程是地质勘探工作获取实物地质资料【土样、岩（矿）样、水样和气样等】的重要手段。在钻探工程中，不仅仅要求提高钻进效率，更重要的是要保证钻孔的质量。采取样品的质量直接影响工程地质调查、地质构造判断、矿产资源评价、水文地质调查，以及提交矿产储量的准确性与可靠性。因此，从钻孔中取全、取准可靠的实物地质资料是保证钻探工程质量的关键技术之一。在钻探工程中，主要采取土样和岩（矿）样来获取实物地质资料，而对水样和气样的采取比较特殊，因此，本章重点介绍土样和岩（矿）样的采取。

一、土样的种类及质量要求

（一）土样的种类及质量要求

工程地质钻探的主要任务之一是在岩土层中采取岩心或原状土试样。土样在采取过程中保持试样的天然结构和状态的称为原状土试样；如果土样的天然结构和状态受到破坏，则称为扰动土试样。

土样的质量实质上是土样的扰动问题。土样扰动表现在原位应力状态、含水率、结构和组成成分等方面的变化，它们产生于取样之前、取样之中及取样之后直至试样制备的全过程中。土样扰动对试验成果的影响也是多方面的，使之不能确切表征实际的岩土体。

从理论上讲，除了应力状态的变化及由此引起的卸荷回弹是不可避免的外，其余的都可以通过适当的取样器具和操作方法来克服或减轻。实际上，完全不扰动的真正原状土样是无法取得的。有的学者从实用观点出发，提出对"不扰动土样"或"原状土样"的基本质量要求：①没有结构扰动；②没有含水率和孔隙比的变化；③没有物理成分和化学成分的改变。此外，还规定了满足上述基本质量要求的具体标准。由于不同的试验项目对土样扰动程度有不同的控制要求，因此，许多国家的规范或手册中都根据不同的试验要求来划分土样质量级别。《岩土工程勘察规范》（DGJ32/TJ 208—2016）参照国外的经验，对土样质量级别做了四级划分并明确规定各级土样能进行的试验项目。其中，Ⅰ、Ⅱ级土样相当于原状土样，但Ⅰ级土样比Ⅱ级土样有更高的要求，该规定是定性的和相对的，没有严格的定量标准。

目前，虽已有多种评价土样扰动程度的方法，但在实际工程中不大可能对所取土样的扰动程度做详细研究和定量评价，只能对采取某一级别土样所必须使用的器具和操作方法做出规定。此外，还要考虑土层特点、操作水平和地区经验，来判断所取土样是否达到了预期的质量等级。

（二）对土样采取的要求

土样的质量，不仅取决于取土器具，还取决于取样全过程的各项操作。

1.钻进要求

（1）使用合适的钻具与钻进方法。一般应采用较平稳的回转式钻进；若采用冲击、振动、水冲等方式钻进时，应在预计取样位置1m以上改用回转钻进；在地下水位以上一般应采用干钻方式。

（2）在软土、砂土中宜用泥浆护壁。若使用套管护壁，应注意旋入套管时管靴对土层的扰动，且套管底部应限制在预计取样深度以上大于3倍孔径的距离。

（3）钻孔内的水头应等于或稍高于地下水位，以避免产生孔底管涌，在饱和粉土细砂土中尤应注意。

2.取样要求

（1）到达预计取样位置后，要仔细清除孔底浮土。孔底允许残留浮土厚度不能大于取土器废土段长度。在清除浮土时，需注意不致扰动待取土样的土层。

（2）下放取土器必须平稳，避免侧刮孔壁。取土器入孔底时应轻放，以避免撞击孔底而扰动土层。

（3）贯入取土器力求快速连续，最好采用静压方式。如采用锤击法，应做到重锤少击，且应有导向装置，以避免锤击时摇晃。饱和粉土、细砂土和软黏土，必须采用静压法取样。

（4）当土样贯满取土器后，在提升取土器前应旋转2～3圈，也可静置约10min，以使土样根部与母体顺利分离，减少逃土的可能性。提升时要平稳，切忌陡然升降或碰撞孔壁，以免土样失落。

二、岩（矿）心采取的要求

采取岩（矿）心是岩心钻探的主要目的，是检验钻孔质量的一项重要指标。通过对岩（矿）心的观察、鉴定、化验和分析，可以了解矿体的埋藏深度、厚度、产状、分布规律、矿物组成、矿石晶位、化学成分、矿物与岩石的结构构造、矿石选治性能和水文地质特性等。

由此可见，岩（矿）心采取数量的多少、品质的好坏，直接影响判断地质构造、评价矿产资源、提交矿产储量和矿山开采设计的准确性和可靠性。在钻探施工中，不仅要求提高钻进效率，而且要求重视采心质量，力求准确地从钻孔中采取能够全面代表相应孔段岩（矿）层的岩（矿）心，在数量上要有足够的体积，在质量上能够保持原生结构和含矿晶位，即保证取上的岩（矿）心具有最大的代表性。

工程地质钻探的目的在于获得准确的工程地质资料，即通过所取样品来了解土层的层序、深度、厚度、天然结构、密实度、自然湿度、节理程度、抗剪强度、压缩系数密度、渗透系数等，从而确定土层的承载能力和稳定性。因此，必须做好采取样品的工作。根据工程地质的要求，通过钻探手段，必须在土层中取出扰动土样和原状土样。用一般钻进工具（如勺钻、麻花钻、管钻等）所取的土样，其天然成分和结构已被破坏，称为扰动土样。

用这种样品可获得部分工程地质资料，但用这种样品获得的试验分析资料不准确。所以，凡是进行工程地质勘察，都必须专门采取必要的原状土样。所谓原状土样，是指天然成分和结构未被破坏的土样。用原状土样可以测定土层在自然状态下的各种物理力学性质，为各类工程建筑提供可靠的设计依据。如缺乏地基土壤的精确资料，在设计时被迫采用较大的安全系数，势必浪费大量的人力和物力。因此，用简单易行的办法在一定的深度取出原状土样，具有重要的经济意义。

（一）采取岩（矿）心的难易程度

在地质矿产勘探中，钻探的主要目的之一就是从孔内取出具有良好代表性的岩（矿）心，通过它可以了解矿体的埋藏深度、厚度、产状，矿石的品位、岩性，以及构造及成矿条件等。

岩（矿）层取心的难易程度（也就是岩心的坚硬、完整程度）分类，有利于根据不同的岩（矿）层类型选择相应的取心工具和取心措施。我国目前按取心难易程度不同，把岩（矿）层分为五类。

（二）岩（矿）心采取的要求

岩（矿）心采取不足、失真会直接影响对矿产资源的评价，严重影响矿产储量和矿山开发的准确性和可靠性，造成巨大的经济损失。对岩（矿）心质量的基本要求如下。

1.岩（矿）心采取率

岩（矿）心采取率即实际自孔内取上的岩（矿）心长度与实际钻进进尺的比值。对于岩（矿）心的一般要求：岩心不低于65%，矿心不低于75%，如果不足，应进行补取。

2.完整性

要求取上的岩（矿）心保持原生结构和原有品位，以便划分矿石类型，观察矿物原生结构和共生关系；尽量避免人为破碎、颠倒和扰动。

3.纯洁性

要求取上的岩（矿）心不受外物的侵蚀、污染和渗进，以免影响矿石的品位、品级和物理性质。如煤心混入黏土将使样品的灰分增加，滑石混入泥浆将使二氧化硅含量提高等。

4.避免选择性磨损

矿心的选择性磨损，会使其内在物质成分发生变化，造成矿物人为贫化和富集，歪曲原品位和品级。

5.取心部位准确

要求取上岩（矿）心的位置准确，以得到岩（矿）层准确的埋藏深度、厚度和产状，进而准确地计算矿产储量和确定其地质构造。

（三）影响岩（矿）心采取的因素

影响岩（矿）心采取的因素很多，包括地质因素、工艺因素和人为因素。

1.地质因素

影响岩（矿）心采取的地质因素主要有岩石的强度、硬度、完整度、胶结性、研磨性和易溶度等。钻进坚硬、致密、完整的岩（矿）心时，岩（矿）心不怕冲刷，不怕钻具振动，取出的岩（矿）心完整能保证其原生结构，而且采心率也高；钻进松散破碎、节理发育的岩（矿）心时，取出的岩（矿）心多呈粒状、块状和粉状，不仅原生结构遭到破坏，而且岩（矿）心的采取率也低，甚至取不上岩（矿）心。钻进研磨性强的地层时，切削具易磨钝，钻进效率低，回次时间长，岩（矿）心受外力作用时间也长，因而增加了岩（矿）心振动破坏的可能性，也影响岩（矿）心采取的品级和采取率。

2.工艺因素

（1）岩心管的回转和振动。采用单管钻具时，岩心管的转动带动岩心转动，岩心质量不同时，岩芯与岩芯之间可能产生相对运动，使其相互摩擦而发生磨损。在裂隙发育地层，这种磨损较强烈。

（2）冲洗的冲蚀和淋蚀。当冲洗液量过大时，对岩心有较强的冲蚀作用，正确选择冲洗液在孔底取心处的循环方式有助于减少岩心的损失。

（3）碎岩方法和钻进规程参数。当钻压过大时，在松散岩层钻进会造成岩心堵塞，在坚硬岩层会导致钻头变形和孔底钻具弯曲，加速岩（矿）心破坏；而钻压不足和转速过低则机械钻速过慢，延长岩（矿）心经受破坏的时间。

（4）回次时间和回次进尺长度。回次时间过长，进尺过多，则岩（矿）心被破碎、磨损、分选和污染的机会越多，不利于岩（矿）心的采取。

3.人为因素

（1）钻进方法选择不合理。

钢粒钻进时振动大、孔壁间隙大、钻出的岩（矿）心细、对岩（矿）心的磨损作用最大；硬质合金钻进时磨损轻微；金刚石钻进时最小。

（2）钻具结构选用不合理。

钻进中使用弯曲或偏心的岩心管钻杆或钻头时，钻进中钻具回转运动，产生离心力和水平振动，使岩心受到冲撞、磨损而破坏。此外，若能根据所钻岩（矿）层性质选择合适的取心工具，就可能取得采取率高和代表性好的岩（矿）心。

（3）钻进规程不当。

①压力。压力过大将加剧孔底钻具的弯曲和振动，使岩（矿）心受到强烈的机械破坏；压力不足则进尺慢，延长了岩（矿）心在孔底岩心管内受破坏作用的时间。

②转速。转速过高，钻具振动幅度增大，对岩（矿）心的破坏加剧；转速过低，则钻速低，延长了岩（矿）心受破坏作用的时间。

③泵量。冲洗液量过大，则冲刷力也大，加剧了岩（矿）心被冲毁和磨耗的破坏作用。循环方式的不合理也会造成岩（矿）心被冲刷破坏和重复磨损。

（4）操作方法不正确。

钻进中盲目追求进尺，回次时间过长，提钻不及时，都会增加岩（矿）心在孔底被破坏的可能性。提动钻具过猛或采心方法不当，则易造成岩（矿）心脱落；退心时过分敲打易造成岩（矿）心的人为破碎和上下顺序颠倒，影响岩（矿）心的完整性，歪曲岩（矿）心的层次。

三、影响岩心、土样的采取因素

影响岩心、土样的采取因素很多，但归纳起来不外乎地质、地层方面的因素和工程技术方面的因素。

1.地质、地层方面的因素

钻进完整、坚硬、致密、均匀、稳定而又不怕冲洗液冲刷、不怕钻具振动的岩（矿）层时，采取岩（矿）心较容易，而且由于岩（矿）心多呈柱状，易于得到完整的、代表性高的岩（矿）心。

钻进节理发育、松散、破碎、经过构造错动、风化破坏、胶结性差或岩质酥脆的岩（矿）层时，岩（矿）心易被冲毁搅碎、磨细、淋蚀和污染，岩（矿）心往往呈块状、粒状、片状、粉状甚至淋蚀和流失。这类岩（矿）层不易获得有足够代表性的岩（矿）心，甚至取不到岩（矿）心。

地质条件是客观因素，利用其规律和特点，选用适应地质条件的取心方法和工具，改进操作技术，可以减少或消除客观因素的影响，不断提高岩（矿）心的采取质量。

2.工程技术方面的因素

工程技术方面的因素主要是指根据不同的地层条件合理选择钻进方法、钻进规程参数、取心工具及冲洗液类型等。

例如，钻孔的垂直度、孔内的清洁度、取土器切入土层的速度、土样的封装、保存和运输等都是影响土样采取质量的技术因素。

第二节　土样、岩（矿）心的采取方法

一、取土的方法

（一）压入法

压入法，分为连续压入法和断续压入法两种。前者是用滑轮组合装置将取土器一次快速地压入地层中，适用于较软土层中的取样；后者是将取土器分两次或多次压入地层中。

（二）击入法

击入法一般适用于较硬与坚硬的土层取样，分为孔外击入法和孔内击入法两种。孔外击入法是在地表用吊锤打击钻杆上的打箍，将取土器击入地层中；孔内击入法是在孔内用重锤打击圆柱形定向器，将取土器击入地层中。孔内击入法结构简单，操作方便，取土效率高，土样扰动小，故一般常采用该法。

（三）回转击入法

对于坚硬土层中的土样或岩样，若采用上述取土方法无法采取，可采用机械回转钻进用的回转压入式取土器（双层取样器）。若需在岩层中采取原状样品，则可在岩心钻探的岩心中直接挑选原状样品。

二、常用岩（矿）取心方法

（一）卡料卡取法

当用硬质合金和钢粒钻进中硬及中硬以上、完整的岩（矿）层时，通常采用卡料卡取岩（矿）心，其具体方法是在钻进回次终了时，从钻杆内向孔底投入卡料（小碎石、铁丝、钢粒等）卡紧并扭断岩心。

用卡料卡心时，要注意卡料的粒度、长度、粗细、硬度和投入量，卡料的粒度和粗细应与岩心和岩心管之间的间隙相适应。一般卡石选2～5mm不等，铅丝选10号或8号的，长度为岩心直径的1.5～2倍。卡石应具有一定的强度和硬度，以免在卡心时挤碎。卡石的投入量为100～130cm³。投卡料时应将钻具提离孔底70～100mm，将卡料按粒度或粗细不同，按先小后大的顺序逐个投入，并用铁锤不断敲打孔口钻杆。卡料投完后，开泵冲送，泵量可由小逐渐增大。泵送一定时间后，将钻具慢慢放至孔底，观察水泵压力变化的情况，如果泵压增高，并有憋水现象，说明卡石已到孔底。此时停泵开车转动数转，上提钻具200～300mm，再放至孔底，如果在下放过程中没有阻滞的现象，说明卡取成功，便可提钻。

卡料由钻杆内下入钻头部位所需的时间与卡料质量冲洗液的密度、流速及黏度有关。因此，要掌握好卡料到孔底的时间，不能在卡料未到孔底时便进行提断岩心的作业。

铅丝卡料多用于比较坚硬的岩（矿）层，特别适用于钻粒钻进卡心。铅丝卡料可以根据粗细不同选用单股或多股拧成麻花状。采用铅丝卡料卡心时，为使卡心牢固，可以补投一些钢粒，卡料到孔底后，继续钻进5～6min，当发现蹩水或钻进受阻时，证明卡料已起作用，即可提钻。

（二）卡簧卡取法

卡簧卡取法是一种利用装于钻头上部的卡簧（也称为楔断器）卡取岩心的方法。采用金刚石钻进时，由子钻头出刃较小，无法投入卡料。此时要为保持孔底清洁，防止金刚石的崩落，也不宜投入卡料，通常采用卡簧卡取岩心。当采用针状硬质合金钻头钻进时，最好也使用卡簧取心。卡簧装于钻头的内锥面上，它主要在金刚石钻头、针状硬质合金钻头上使用，适用于岩心完整、直径均匀的中硬及中硬以上地层。卡簧一般用调碳钢40Cr或弹簧钢65Mn加工，并经淬火处理。应注意卡簧与卡簧座、卡簧与岩心之间必须配合良好。

在钻进过程中，卡簧套于卡簧座内并处于卡簧座上部直径较大的位置。当需要提取岩心时，将钻具稍稍上提，由于卡簧内壁与岩心间存在一定的摩擦阻力，因此，当卡簧座随钻具上提时，卡簧相对下移，受卡簧座锥度的影响而收缩，楔紧岩心，并随钻具上升而提断岩心。由此看出，在正常钻进时，不能任意提动钻具，否则会在钻进中途提断岩心，造成岩心堵塞。

根据结构的不同，目前常用的卡簧有三种形式。

（1）内槽式卡簧：是一种常用的卡簧，多用于普通单、双层岩心管。这种卡簧在加工时需要用专门的胎具。

（2）外槽式卡黄：是用于单、双层岩心管的卡簧。其加工比内槽式卡簧简单。

（3）切槽式卡簧：多用于双层岩心管及绳索取心钻具。这种卡簧与岩心的接触面积较大，卡心效果较好。同时，内外侧无须加工槽子，其上下切口可用砂轮切割，加工比较简单。采用卡簧卡取岩（矿）心要注意卡簧与卡簧座、卡簧与岩心之间的间隙。

（三）干钻卡取法

以硬质合金钻头钻进松散、软质和塑性岩（矿）层（如页岩、黏土、高岭化粉砂矿等）时，用卡料和卡簧都卡不住岩心。可用干钻法采取岩（矿）心，即在回次终了时，停止送水，干钻一小段（20～30cm），利用没有排除的岩粉挤塞住岩（矿）心，再通过回转将其扭断提出。

（四）沉淀卡取法

沉淀卡取法是一种岩粉挤塞卡取岩心的方法，在回次钻进终了时，停止冲洗液循环，岩心管内的岩粉沉淀，挤塞于岩心周围将岩（矿）心卡牢。此法适用于反循环钻进和松软、脆、碎的岩（矿）层。

使用沉淀法要注意岩粉的沉淀时间，一般根据岩粉颗粒的大小、多少、密度及冲洗液的黏度而定，通常沉淀10～20min。沉淀法常与干钻法结合使用。

（五）楔断器卡取法

在钻进回次终了时将钻具提出孔外，下入楔断器，利用吊锤冲击楔子将岩心楔断，再下入夹具将岩心提出。该法适用于大直径和岩石比较坚硬、完整的岩（矿）层钻进。

（六）岩（矿）心的补取

在岩心钻探中，由于某些原因，致使某孔段取出矿心的数量和质量未能满足地质目的要求时，需进行矿心的补取工作。

在硬、脆碎岩（矿）层钻进时，如遇岩心未被采取上来，可采用专门补取矿心的钻头配合单管、双管或喷反钻具捞取孔底的残留岩（矿）心。这些钻头的共同特点是在钻头底端装一些具有弹性的倒刺状的材料（簧片、钢丝、胶皮爪等），当这种钻头下入孔底后，通过钻具缓慢回转，将残留岩（矿）心收拢于岩心管内，由于具有倒刺的材料可以防止岩（矿）心脱落，便可将岩（矿）心捞出。

1.补取矿心的工具

对于一些矿心（如煤心）的补取，常用刮煤器、水力冲煤器、压煤器等器具在孔壁补取岩（矿）心。

2.补取岩样的方法

补取岩样的方法有侧壁取样和偏斜取心。

（1）侧壁取样。侧壁取样器的类型很多，有弹簧压筒取样器、水力刮刀取样器、水力冲射取样器和放炮取样器，下面仅介绍弹簧压筒取样器。弹簧压筒取样器的外壳侧面开有切槽，内藏弹簧和取样压筒，压筒可围绕轴销转动。补取岩样时，用钻杆或钢绳（在此情况下要增加重锤）下入孔内补取岩样处，压筒靠弹簧拉力紧贴于孔壁，上提取样器，压筒压进孔壁岩（矿）层，装满样品并转动大约180°，压筒朝下，卡簧将岩样保持在压筒内，万一岩样从压筒中脱落，也会掉在取样器底座内。

（2）偏斜补心，当需要补取矿心并且采用上述方法达不到补样要求时，可采用人工偏斜补取矿心，即在已钻过的岩层上补打一个偏斜度约2°的斜孔，再重新钻穿岩层取样。其方法有水泥胶结法和偏心楔法。前者用于软岩，但须注入10~20m水泥柱，成本较高，时间较长，使用不是很广泛。后者与人工造斜法相同，主要利用各种偏心楔在已钻过的岩层上部打一个斜孔，再重新钻穿岩层取样，这种方法使用较多。

第三节　常用的取心工具

一、常用取土工具

取土器是用来提取土样的一种常用工具，取土器的技术参数是影响土样质量的重要因素，所以勘察部门都注重取土器的设计、制造。对取土器的基本要求：尽可能使土样不受或少受扰动；能顺利切入土层中，并取上土样；结构简单且使用方便。

（一）取土器的基本技术参数

取土器的取土质量，首先取决于取样管的几何尺寸和形状。目前，国内外钻孔取土器有贯入式和回转式两大类，其尺寸、规格不尽相同。取土器的主要技术参数有取样管直径、面积比、内间距比、外间距比、取样管长度、刃口角度等。

1.取样管直径（D）

取土器的内外径尺寸是否合理，关系到土样质量的好坏。若直径过小，取上来的土样是扰动土，若直径过大，则给施工带来不便。因此，选择取土器的直径时要考虑取土方法、土层性质及试验环刀直径。

2.面积比

面积比是指取土器最大断面与土样断面之比的百分数。面积比越大，土样被扰动的可能性越大。一般采取高质量土样的薄壁取土器，面积比取10%；若采取低级别土样的厚壁取土器，面积比可取30%。

3.内间距比

内间距比即取土筒内径、刃口处内径之差与刃口处内径之比的百分数。内间距比是取土器内侧与土样间摩擦力的标志，摩擦力的作用是使土样周围发生扰动，并阻止土样进入。故内间距比过小，将造成扰动宽度增加；若内间距比过大，摩擦力小，提取时土样容易由土样筒内脱落。

4.外间距比

外间距比是指取土器筒靴外径、取土筒外径之差与取土筒外径之比的百分数。外间距比是取土器外侧与土壤摩擦力的标志。外间距比大，取土器易于进入土层，但外间距比太大将会增大其破土面积，增加面积比。对于一般黏性土和老黏性土，外间距比以1%为宜；对于软黏土，外间距比取零。

5.取样管长度

取样管长度要满足各项试验的要求。考虑到取样时土样上、下端受扰动及制样时试样破损等因素，取样管长度应较实际所需试样长度大些。

6.刃口角度

刃口角度也是影响土样质量的重要因素。该值越小则土样的质量越好。但是刃口角度过小，刃口易于受损，加工处理技术和对材料的要求也更高，这势必会提高成本。国内生产的取土器刃口角度一般为5°～10°。

（二）常见取土器类型

1.贯入式取土器

贯入式取土器取样时，采用击入或压入的方法将取土器贯入土中。这类取土器又可分为敞口取土器和活塞取土器两类。敞口取土器按取样管壁分厚壁、薄壁和束节式三种，活塞取土器分为固定活塞、水压固定活塞、自由活塞等几种。

2.回转式取土器

回转式取土器的基本结构与岩心钻探的双层岩心管相同，分为单动三重管取土器和双动三重管取土器。回转式取土器可采取较坚硬、密实的土类以至软岩的样品。单动三重管取土器适用于软塑—坚硬状态的黏性土和粉土、粉细砂土，土样质量Ⅰ～Ⅱ级。双动三重管取土器适用于硬塑—坚硬状态的黏性土、中砂、粗砂、砾砂、碎石土及软岩，土样质量亦为Ⅰ～Ⅱ级。

二、常用取心【岩（矿）心】工具

（一）单层岩心管钻具

单层岩心管钻具简称为单管钻具，它是最简单的取心钻具。为提高岩（矿）心采取率，防止提钻过程中岩（矿）心脱落，常在单管钻具中增加分水投球接头和活动分水帽，也就是在干钻卡取法中用的钻具——活动分水投球钻具。

其工作原理是：正常钻进时，冲洗液通过活动分水投球接头的中心孔直接进入岩心管内，边缘开有若干水口的活动分水帽呈伞形，保护岩心不受冲洗液直接冲刷，且活动分水帽随岩心一起上移。提钻前由钻杆柱内投入球阀落于带阀座的活塞上，将中心水道封闭，在水压作用下球阀活塞向下移动，当超过小卡的位置时，小卡在弹簧作用下伸出，将活塞挡住，这时通水孔被打开，冲洗液由此孔排出，使孔底形成干钻条件。

（二）双管钻具

双层岩心管钻具是提高岩（矿）心采取率和采样质量的重要工具，在复杂地层和金刚石钻进中应用较为普遍。为了适应各类不同特点的岩（矿）层，双管钻具的结构又分为双动双管钻具和单动双管钻具。

1.双动双管钻具

双动双管钻具是内外岩心管同时回转的钻具，主要由双管接头、内外岩心管、内外钻头和止逆阀组成。一般用于钻进1～7级的松散易坍塌和怕冲刷的岩（矿）层。在钻进时，内外管带动内外钻头同时回转并破碎岩石，冲洗液经双管接头进入内外管间的环状间隙，冲洗孔底后再沿外管与孔壁的间隙返至地面，避免了对岩（矿）心直接冲刷。内管中的冲洗液随岩（矿）心的进入冲开球阀，经回水孔排至外环间隙，同时球阀隔离了钻杆内冲洗液液柱的压力对岩（矿）心的相互挤压和磨损的影响。

为了保护岩（矿）心根部不被冲刷，双动双管钻具的内钻头大都超前于外钻头，一般为20～50mm，岩层越松散，胶结性越差，超前距离就越大。

2.单动双管钻具

在钻进过程中，外管转动而内管不转动的双管钻具称为单动双管钻具。单动双管钻具比双动双管钻具优越，主要表现为钻进中不仅仅避免了冲洗液直接冲刷岩（矿）心，更重要的是，避免了振动、摆动和摩擦力对岩（矿）心的破坏作用。另外，有些单动双管还设有防振、防污、防脱及退心的装置。因此，岩（矿）心的采取率、完整度、纯洁性等均有较大提高，代表性更好。

单动双管钻具种类繁多，可适应不同类岩（矿）层取心的需要，典型的金刚石钻进单动双管取心钻具主要由上接头、单动部分、调节心轴、内外管、卡心装置和钻组成。

（三）绳索取心钻具

绳索取心钻具是一种不提钻取心的钻进装置，在钻进过程中，当内岩心管装满岩心或岩心堵塞时，不需要把孔内全部钻杆柱提升到地表，而是借用专用的打捞工具和钢丝绳把内岩心管从钻杆柱内捞取上来，只有当钻头被磨损需要检查或更换时，才提升全部钻杆柱。

绳索取心钻具的应用范围很广，不受钻孔深度的影响，从几十米的浅孔直至超万米的超深孔均可使用，而且钻孔越深越能显示其优越性；可以钻进任意方向的钻孔和钻进各种地层，在6～9级中等硬度的岩层中效果尤为显著；针对不同的地层，该钻具既可用清水，又可用优质泥浆，还可采用泡沫等作为冲洗介质。

1.特点

（1）钻进效率高。由于减少了升降作业的辅助时间，能使钻进时间相对增加，因而提高了台月效率。

（2）延长钻头寿命。由于提钻次数少，钻头损坏的机会也相应减少，加之绳索取心钻杆与孔壁的间隙小，钻头工作稳定，因而提高了钻头的寿命。

（3）提高岩（矿）心采取率。绳索取心比提钻取心简便得多，钻进过程中能够做到遇堵即提，有利于提高岩（矿）心的采取率和质量。

（4）有利于孔内安全和钻穿复杂地层。这是由于钻杆与孔壁间隙小，岩粉上升速度快，保证了孔底清洁。加之提钻的次数减少，孔壁裸露机会少，所以有利于孔内安全和穿过复杂地层。

（5）减轻了劳动强度，降低了钻探成本。绳索取心也存在一些缺点，例如，要求钻杆的材质好，加工精度高，使钻杆成本加大；钻杆柱与孔壁间隙小，冲洗液阻力大；钻头壁较厚，切削孔底岩石的面积较大，因此钻进时功耗大。

2.结构原理

目前，使用的绳索取心钻具型号较多。这里仅介绍结构较简单的SC—56型钻具。该钻具分为单动双层岩心管和打捞器两大部分，双管部分由外管总成和内管总成组成。外管总成包括弹卡挡头、弹卡室稳定接头（扩孔器）外管、扩孔器和钻头；内管总成包括捞矛机构、弹卡机构、缓冲机构、单动机构、调节机构、内管及卡取岩心机构。主要机构的组成和工作原理如下：

（1）捞矛机构。由矛头和回收卡簧组成。取心时，打捞器在钻杆内下放到内管总成上部，打捞钩抓住捞矛，向上提升打捞器，回收卡筒上提，并向内压缩弹卡，使弹卡收拢，这样内管总成和外管脱离，从而把内管总成提升上来。

（2）弹卡机构。主要由弹卡架、弹卡弹簧等部件组成。其作用是内管坐到外管中时，弹卡借助弹簧的弹力胀开，贴在弹卡室的内壁上，使钻具实现定位。

（3）缓冲机构。由弹簧、锁母、开口销组成。当拉断岩心时起保护内管的作用。

（4）单动机构。由两副推力轴承实现钻具的单动。

（5）调节机构。内管总成和外管总成的长度，通过下轴与锁母进行微调，达到卡簧座端部与钻头内台阶所要求的间隙。

（6）打捞机构，又称为打捞器。主要由打捞钩、重锤和安全绳等组成。打捞钩在打捞内管时用来夹持矛头，重锤的作用是加速打捞器的下降速度，以节省打捞时间。

安全绳是一段细绳，当内管因某种原因被卡死而提不上来时，可强力提断安全绳，再提钻处理。内管是靠自重投放的，为了加快下降速度可借助水泵压力推送。在其他新型钻具上还增设了悬挂机构、岩心堵塞报信机构、内管到底报信机构、内外管扶正机构、安全脱卡机构等。在进行绳索取心钻进时，还必须配置专用的绳索取心钻杆、专用的绳索取心绞车、孔口夹持器、提引器等辅助设备和工具。

（四）反循环取心钻具

在钻探施工中，冲洗介质从孔底外环状空间进入，冲洗孔底并携带岩粉由内环状空间离开孔底的循环方式称为反循环。反循环冲洗能避免冲洗液对岩（矿）心的正面冲刷和液柱对岩（矿）心的压力所产生的挤压和磨损，从而利于保全岩（矿）心，减少流失和减轻选择性磨损。但是，由于岩心管内水流起着严重的分选作用，岩（矿）心比重、颗粒小，容易向上流动，造成层次混乱。反循环钻进取心适用各类松散破碎怕冲刷的岩（矿）层，包括硬、脆、碎岩煤层。

1.无泵反循环钻具

无泵反循环属于孔底局部反循环，指在钻进中不用水泵冲洗钻孔，而是利用孔内的静水柱压力和上下提动钻具在孔底形成局部反循环而实现冲洗孔底的钻进。

无泵反循环钻具的结构比较简单，通常由无泵接头、球阀、取粉管、岩心管接头和岩心管等组成。

其工作原理是：回转钻进的同时，每分钟数十次地上下提动钻具数十厘米。上提时，球阀关闭，则粗径钻具在孔中有类似活塞的抽吸作用，将混有岩粉的冲洗液吸入岩心管中；迅速下落时，被吸进来的冲洗液在压力作用下冲开球阀，并从其上的回水口流出，岩粉即沉淀于取粉管中。由于反复提动钻具，使冲洗液在孔底形成局部反循环，从而达到清除岩粉，冷却钻头和提高采心质量的目的。其卡取岩心是采用干钻和沉淀相结合的方法。

2.喷射式孔底反循环钻具

使用喷射式孔底反循环钻具（简称为喷反钻具）时，不必频繁地上下提动钻具，而是利用射流泵的工作原理形成孔底反循环。

喷反钻具是在一般钻具上增设一个喷反元件，喷反元件通常由喷嘴、混合室、喉管、扩散管分水接头等组成。

其工作原理是：当水泵送来的高压冲洗液沿钻杆经接头进入喷嘴时，由于喷嘴内腔为锥形，且喷嘴口断面较小，因此，冲洗液以高速（达13～15m/s）射入扩散器中。在高速射流的作用下，喷嘴与扩散管所组成的喷射器周围的液体，被射流带走一部分而形成负压区，在压力差的作用下，下部岩心管中液体被抽吸到喷射器里，高速液流和吸入的液体便在混合室内混合，进行能量传递和交换（高速液流的动能变为压力能，被吸液体的压力能变为动能）后流入喉管，再经扩散器和出水孔或弯管排出。排出的冲洗液一部分在剩余压力作用下，沿钻杆与孔壁的环状间隙返回地面；另一部分在负压作用下流向孔底，进入岩心管内形成孔底反循环，从而冲洗孔底。

改变冲洗液量或调节喷射器元件的参数，就能控制孔底反循环冲洗的强弱。

3.全孔反循环取心钻具

全孔反循环取心也称为反循环连续取心，它是一种不提钻，利用循环介质把岩心（或岩屑）经钻杆的中心通道连续不断地输送到地表的取心方法。

（1）全孔反循环取心的分类。

全孔反循环取心的分类方法很多，主要有如下几种：

①根据输送岩心（或岩屑）的原理不同可分为气举反循环泵吸反循环和泵压反循环。

②根据反循环的冲洗介质不同可分为空气反循环和清水（泥浆）反循环。

③根据所排出的样品不同可分为反循环取心和反循环取屑。

（2）全孔反循环取心的工作原理。

冲洗液由水泵压入经双管水龙头进入双层钻杆内外管的环状间隙，到达孔底而开始分流，其中，大部分进入内管中，以反循环方式向上流动（水的上升速度约3m/s，空气一般为25m/s或更大），把岩心及岩屑携带到水龙头处，再通过岩心和岩屑回流软管将岩心排至岩心收集器内；另一小部分冲洗液从钻杆与孔壁之间狭小的环状间隙，按正循环方式缓慢地向上流动，起到稳定孔壁和润滑钻具的作用。改变所用碎岩钻头形式，可分别得到岩心和岩屑，若采用取心钻头，在钻具的内管下部装有岩心切断器，当钻成的岩心达到一定长度（直径的2倍）时，即被岩心切断器所切断，这样，岩心就被成段地、连续不断地从孔底输至地表。若采用牙轮钻头，那么就是岩屑被输至地表。

第四节　岩（矿）心的整理、编录与保管

一、岩（矿）心的整理、编录

（一）概念

岩心的编录是在钻井过程中将地下岩石取上来并对其进行分析、研究而取得各项资料的过程。取上来的岩心是最直观、最可靠地反映地下地质特征的第一手资料。通过岩心分析，可研究钻进地层的岩性、物性、电性、含矿性质；掌握地层特征及其地球化学指标；

考察地层岩性和沉积构造，判断沉积环境；了解构造和断裂的情况，如地层倾角、地层接触关系、断层位置；查明施工或开发过程中所必需的资料和数据；为安全施工和矿物生产及增产提供地质依据。

岩心编录是钻探地质工作中比较复杂和细致的工作，编录的质量，将直接影响取心任务的完成。因此，要做好取心前的准备工作。在取心时必须注意以下事项：①准确丈量；②合理选择割心位置；③分工协作，注意安全；④编录地质师应做好配合工作；⑤积极与钻工配合。

（二）岩心整理

岩心出筒时，其方法很多，如钻机或"电葫芦"提升岩心法、手压泵顶出岩心法。但目前一般采用悬空顺序接心出筒法。用岩心卡分段卡住岩心并按出筒顺序放好。此方法既安全，又简便。

1.岩心清洗

对于致密岩性直接可用水龙头冲洗，洗掉岩心表面的泥浆膜即可。当岩心为疏松砂岩时应缓缓冲洗，以防将疏松的砂岩冲散。对于一出筒即为松散的岩心，应分段用铁盆或其他盛水容器冲洗并用塑料桶或岩样袋装好后放回原处，切不可随意堆放。

2.岩心丈量

一般情况下，岩心丈量很简单，但有时也会出现磨损、斜平面接触、破碎的现象，给丈量工作带来一定的困难。①斜平面接触：当岩心自然段之间为斜平面接触时，应尽量使二者在最大限度内吻合后方可丈量，否则，可能会丈量过长。②磨损面接触：要处理适当。③斜平面与磨损面接触：应按最大长度来丈量。

如果丈量出的岩心长度与取心进尺不符，常出现以下两种情况：①出筒长度小于取心进尺，常常因为有破碎或挤压现象而引起，此时应适当将破碎或挤压部位"拉长"。但当岩心确实很完整时，应以丈量长度为准计算岩心采取率。②出筒长度大于取心进尺，常因破碎、余心等因素引起，此时可适当地"压缩"破碎部分或泥质岩部分。

一般情况下，岩心采取率往往达不到100%，所以每取一筒岩心都应计算一次采取率。当一口井的岩心取完时，应计算出总的岩心采取率。

3.岩心的整理

（1）整理。将岩心按顺序放在岩心槽里，认真仔细地将其断处对好，如斜口面、磨损面、冲刷面、层面等。在丈量时，依次从顶到底丈量，用彩色蜡笔沿钢尺画一直线，并在每块岩心从上至下标上箭头，以防顺序颠倒或难以对齐。

（2）描述。按回次根据颜色岩性等特征描述岩性，划分岩性段，并重点描述含矿异常岩心特征和岩心采取率。

（3）封蜡。对需进行防止失水、风化的样品应及时用玻璃纸裹好并封上熔化的石蜡，以免样品失水、风化。选取封蜡的岩心长短要适中，位置要具代表性。对于保存完整的有意义的化石或构造特征应妥善加以保护，以免弄碎或丢失。

（4）编号。根据取心回次和该回次的岩心总块数，一一对应地给岩心编上号。岩心编号：在一回次岩心范围内，按其自然段块自上而下逐块编号。

（5）装入岩心盒。上述工作完成后即可装入岩心盒，若是疏松的散砂，或是破碎状，可用塑料袋或布袋装好，并贴上标签，放在相应的位置。

（6）贴标签。装好岩心后还应在其顶部、底部分别放上回次标签。填好标签后可贴在同等大小的硬底纸板和薄木板上。

二、岩（矿）心的保管

岩心是钻探工程的重要成果，是提供地层剖面原始标本的唯一途径，是研究地质成因最完整、最直观的重要资料。岩心能够得到真实的地质和工程资料，可以用来研究具有使用价值的许多地质现象，而且是进行室内试验的重要原始样品。因此，必须妥善保管岩心。岩心在入库前，要按顺序摆好，防止搞乱、摔坏、风吹、雨淋、日晒及丢失，需用帆布盖好。一般情况下，不要让人随便搬动、观看和取样。如因工作需要，需经有关单位领导同意后，才能观看或取样。采样后，应填写入库清单，送专用岩心库房，长期保管。

第四章　水文水井钻探

第一节　水文水井地质钻探

水文水井钻探工程包括水文地质勘探钻探工程、地下水源开发钻探工程以及地下水的防治钻探工程，主要任务是揭露勘探区的地下水，确定主要含水层的位置、数目，查明含水层与隔水层的岩性、埋藏深度及其变化规律，并通过地下水动态观测及抽水实验，获得水文地质参数，为地下水源的开发、综合利用、制定防治措施提供依据。

一、水文钻孔概述

（一）水文钻孔特点

水文地质钻探工作的任务，决定了水文钻孔的特点。

（1）钻进地层复杂。常见的地层有：①第四系。以松散沉积物为主，多为表土、黏土层、砂层或卵砾石层；其厚度不一，有的很薄甚至没有，有的厚600~800m；不成岩，可钻性多在1~2级，孔壁易坍塌。②厚度大的煤系地层等。包括三叠系、二叠系、石炭系等，岩性以泥页岩、砂岩、泥质砂岩、灰岩和煤层为主。其中，泥页岩等水敏性岩层易坍塌，石英砂岩和某些致密灰岩岩性坚硬。③奥陶系和寒武系。大部分基岩水文水井以奥陶系或寒武系灰岩含水层为目的层，其岩性以石灰岩、白云岩、角砾状灰岩、泥灰岩以及砂岩为主。这些岩层中裂隙、岩溶发育，常会出现冲洗液严重漏失的现象。泥灰岩、角砾状灰岩等岩层容易坍塌掉块，出现卡钻等事故，可钻性差异很大，如泥灰岩为2~3级，而致密基岩可为9~10级。

（2）钻孔深度大。水文地质勘探孔的钻孔深度由主要含水层的埋深来确定，除第四系钻孔外，一般均要钻穿煤系直到奥陶系或寒武系地层。因此，钻孔深度大。

（3）钻孔孔径大。水文地质勘探钻孔揭露勘探区主要的含水层，要求试验层段有相当大的孔径，以保证地下水顺利进入钻孔，要求下泵段或观测段有足够的孔径，以满足下泵抽水试验或进行地下水动态观测的需要。所以，水文地质勘探的抽水孔和观测孔的孔径均比地质勘探钻孔要大，一般试验段孔径不小于108mm，下泵段孔径大都在168mm以上。

（4）井身结构复杂。为了获得不同含水层（段）的水文地质参数，需要下入多层套管对不同的含水层（段）进行隔离，有时为3~4层。因此，水文钻孔的井身结构比一般勘探探孔复杂。

（二）水文钻孔类型

按钻孔用途不同，水文地质钻孔可分为抽水孔、观测孔，观测孔又分为临时观测孔与长期观测孔，有时也将简易抽水孔转为观测孔。抽水孔和观测孔的用途不同，孔身结构也不同。

水文地质钻孔按主要含水层的层位可分为第四系勘探钻孔和基岩勘探钻孔。按钻孔深度不同，水文地质钻孔分为浅孔、中深孔和深孔。孔深小于60m的钻孔为浅孔，60~200m的钻孔为中深孔，大于200m的钻孔为深孔。

在水文地质勘探中，为了满足供水的需要，常将有供水意义的勘探抽水孔作为长期供水孔使用，即探采结合的钻孔。

（三）水文钻孔结构

水文地质勘探孔的钻孔结构，包括开孔孔径、中间各次变径、终孔孔径及各段孔径的设计深度。钻孔结构设计得合理与否，直接影响钻探工程施工的难度和经济效益，而影响钻孔孔径、深度的因素有以下几个：

（1）钻孔预计出水量。根据预计出水量和地下水主要含水层（段）的埋藏深度与水位深度，确定抽水孔抽水设备的种类及型号，根据这些参数确定下泵段井管的直径。下泵段井管的内径必须保证顺利放入抽水设备（如深井泵、潜水电泵、风管水管等），并能进行水位观测。

（2）根据预计出水量和成井工艺要求确定抽水试验段的孔径。在同一含水层位，过滤器直径增大，则出水量也增大，但当过滤器直径增大到一定程度后，出水量的增加比例减少。而孔径的增大，则相应增加了钻探施工的难度，并使钻探成本大幅增大。水文勘探基岩抽水孔试验段的孔径应不小于108mm；在松散层中宜大于200mm。

（3）确定了抽水试验段的孔径后，对于松散层勘探抽水孔，可根据设计要求的填砾厚度确定钻孔直径；对于基岩勘探抽水孔，如需放入过滤器，则可根据过滤器的类型和实际外径来确定钻孔直径。

（4）岩层条件复杂或要做多个含水层抽水试验的钻孔，应根据最后一个主要抽水试验层段的钻孔直径（一般为终孔直径），逐级向上设计上部各层套管的直径及相应孔段的钻孔直径。

（5）根据井管直径确定钻孔直径时，还应考虑钻进工艺。回转取心钻进，采用与井管同径或大一级孔径钻进。如果采用牙轮钻头、刮刀钻头或其他全断面钻进工艺，则钻孔直径应比井管大一级或大二级。

（6）对于勘探观测孔，一般以满足试验段的正常观测及上部封孔止水要求为原则，设计井管直径及钻孔直径。对观测孔无下泵段、滤水管进水流速等要求时，孔径可比抽水孔小，一般不小于89mm。

（7）水文勘探孔的终孔深度，一般以钻穿有供水意义的主要含水层或含水构造带为原则，抽水试验段的长度按含水层的厚度确定。最下部抽水试验段以下，应留有一定的沉淀段长度，大口径深水井以及含砂量较大的水井，沉淀段长度为10~20m；浅孔和小径水井，沉淀段长度以2~10m为宜。

（8）在设计抽水孔下泵段深度时，应考虑抽水孔的预计最大水位降深因素，确定下泵或下管深度，还要考虑抽水设备的类型。

（9）各层套管的设置深度及长度，以保证有效封隔各含水层或隔离复杂岩层为原则。在确定各层套管的设置深度和封孔止水层位后，换径部位必须选择在岩层完整的地段，以保证封孔止水的可靠性和套管底脚的稳固。

二、水文地质钻探设备

水文地质钻探的主要设备包括：钻机、泥浆泵、水泵、空气压缩机等。

（一）钻机

钻机是水文地质钻探的主要设备，常用的钻机有钢绳冲击钻机、转盘式回转钻机、全液压动力头式钻机，本节重点介绍钢绳冲击钻机与轮盘式回转钻机。

1.钢绳冲击钻机

钢绳冲击钻机有CZ、CJ、150、冲抓锥等类型，其中CZ系列有3种型号：CZ-20、CZ-22、CZ-30，钻孔直径500~1000mm、钻孔深度120~250m。150m钢丝绳冲击钻与冲抓锥多用于农业凿井，适用于松散地层砂砾石、砂卵石、黏土层。

现以CZ-22为例说明其主要技术参数。

CZ-22型钢绳冲击钻机：钻孔直径有两种情况，采用泥浆护壁钻进时为750mm，套管钻进时为550mm，孔深200m。钻具自重1300kg，冲程350~1000mm，冲击次数40~50次/min。卷筒类型：钻具卷筒起重能力19.6kN，选用钢绳直径21.5mm，平均卷速1.28~1.47m/s；抽筒卷筒起重能力12.74kN，选用钢绳直径15.5mm，平均卷速1.26~1.56m/s；

辅助卷筒起重能力14.7kN，选用钢绳直径15.5mm，平均卷速0.81～1.02m/s。桅杆高度105m，起重量117.6kN，电动机功率30kW，钻机质量8200kg。

CZ-22型冲抓锥：钻孔直径可达1100mm，最大钻进深度33m，卷筒提升力15kN，钢绳直径12.5～15.5mm，主机质量800kg，适用于含卵石地层中钻进。

2.转盘式回转钻机

该钻机型号较多，在水文水井钻探中应用广泛，较常用的型号是SPC-150型，其主要技术参数如下：

钻孔直径150～350mm，孔深200m，钻杆直径60～114mm。转盘转速32.6～107r/min，主卷扬机提升速度0.6～2.08m/s，抽筒卷扬机提升速度0.6～1.40m/s，钻塔8.5m。额定负荷78.5kN，钻机总质量9900kg。泥浆泵型号为4/3C-AH渣浆泵，排量2000L/min，压力0.2MPa。柴油机提供动力，型号4105，功率为48×0.736kW。

（二）空气压缩机

空气压缩机的种类较多，在水文水井钻探中常用的空气压缩机有：W-6/7、AW-6/7、BW-6/7、YV-6/8、LY-10/7等。

W-6/7型空气压缩机为W型二级单动风冷移动式，为空气冷却，压缩级数2，排气量6m/min，工作压力0.7MPa。吸入空气温度40℃时，第一级排气温度小于1500℃第二级排气温度小于1650℃、第三级排气温度小于1800℃。储气容量0.25m³，最大拖动速度15km/h，最小转弯半径5m，全机质量3200kg。

三、水文地质钻进方法

目前，水文地质钻探常用的钻进方法可分为：

（1）按碎岩原理不同有回转钻进、冲击钻进、冲击回转钻进。

（2）按碎岩形式不同有环面破碎取心钻进、全面破碎不取心钻进。

（3）按切削工具类别不同有合金钢钻进、钢粒钻进、牙轮钻进。

（4）按钻进工艺程序不同有小口径（常规口径）取心钻进、大口径扩孔成孔、大口径一次钻进成孔。

（5）按冲洗液（气）循环方向不同有正循环钻进、反循环钻进、部分反循环钻进。

（6）按钻进地层不同有第四系地层钻进、基岩地层钻进。

水文水井地质勘探钻孔以回转钻进、冲击钻进为主。对于需要取心的钻孔或孔段，小口径段采用回转取心钻进，而大口径段则多采用回转取心扩孔钻进。有时大径孔段虽然不要求取心，但受钻探设备能力限制，也采用回转取心钻进工艺。对于施工区地质资料掌握较多而不需要取心的钻孔或孔段，只要条件允许，均可采用全断面回转钻进。在水文地质钻探中，钻孔直径大于225mm为大口径，常用于水量大的水文勘探和探采结合孔。钻孔直径小于170mm为小口径即常规口径，多用于水文地质孔、水文地质观测孔及水量小的水文地质勘探孔，本节重点讲述。

（一）取心钻进

1.第四系地层取心钻进

在第四系松散层（以黏土、亚黏土、卵砾石层及砂层为主）、泥岩、泥灰岩及断层破碎带等松软、破碎地段钻进时，易发生坍塌、漏失、缩径等现象，不易取心。因此，钻进中应合理选择取心工具，使用优质泥浆，正确选用钻进技术参数和控制一定的钻速。

（1）钻头和取心工具的选择。钻进松软岩层时，钻头的选择：一是要有较大的底出刃，以保证有较大的切入深度；二是要有较大的外出刃，以保证有较大的外环状间隙，防止埋钻和糊钻；三是要有合适的水口，对双管取心钻头，软岩层多采用底喷水眼以防冲毁岩心。

在软岩层中取心多采用肋骨钻头，如阶梯式肋骨钻头、螺旋式肋骨钻头和普通内外肋骨钻头等。

对于破碎岩层或卵砾石层，常采用在筒式取心钻头内壁焊有径向短钢丝的钢丝绳筒式取心钻头。岩层取心钻进，对于较完整岩层可使用普通单筒取心工具，对于松散、破碎、不易取心的岩层，应使用双管单动取心工具或井底局部反循环钻具。

（2）钻进技术参数的选择。

①钻压。软岩层取心钻进，钻头刃具易于切入岩层，钻压过大，刃具切入过深，扭矩增大，易折断硬质合金，造成钻具事故，或者损坏设备。所以对于软地层，钻压的选择要考虑钻具和设备的抗扭能力。另外，钻压大，切入深，钻速过快，如果洗井泵量小，岩粉不能及时带走，易发生泥包钻头或埋卡钻事故。钻进软岩层应选择适当钻压，控制钻速。

②转速。硬质合金取心钻进，钻速和转速成正比，高转速对提高钻速非常必要。但还必须考虑洗井条件、设备和钻具能力等因素。由于水文勘探钻孔直径大，不宜统一规定转速，一般以钻头硬质合金旋转的线速度在1～1.5m/s选择转速，岩层松软取上限，岩层较硬取下限。

③泵量。其大小对于岩心采取率的影响很大。确定泵量：一是根据所钻岩层情况，对于易糊钻的黏土、泥岩泵量应适当大些；二是要利于取心，对不易取心的泥灰岩、松散砂层、破碎岩层泵量要适当减小，或者采用井底局部反循环取心钻进（采用无泵接头）。

2.基岩地层取心钻进

（1）硬质合金取心钻进。

①钻头和钻具的选择：硬质合金取心钻进适用3～6级软到中硬岩层，常用普通筒式取

心钻头，但要考虑钻孔直径较大的影响。由于孔径大，单位孔深破的岩石量大，要求水文取心钻头耐磨性好、强度大。钻头上硬质合金外出刃选为1.5～2mm，内出刃1～1.5mm，底出刃1.5～3mm。硬质合金的布置常采用双排单粒或双排双粒方式。由于水文地质勘探孔钻进地层溶洞，裂隙发育，硬质合金容易崩断，所以，较多采用中八角或大八角柱状硬质合金。

硬质合金镶焊的数量，取决于岩层硬度和钻头直径。由于水文水井钻头直径大，不能只按4组或6组合金布置，一般在钻头圆周上每距离50～80mm镶焊一颗合金，岩层较软时，间距可稀些，岩层硬则密些。在3～6级砂岩、砾岩层中，也采用普通四肋骨八角柱状合金取心钻头或六肋骨八角柱状合金取心钻头。

②钻进技术参数：在实际作业中，常以每块合金的承压来计算钻压，硬质合金为方柱状小八角，每块合金承压为980～1176N，中八角硬质合金每块承压为1176～1470N，大八角硬质合金每块承压为1764～1960N；的确定原则与钻进软岩层相同，常以钻头刃具旋转的线速度来确定，线速度范围为0.5～1.5m/s；由于孔径大，环空间隙大，因此要求有大的泵量；钻井液在环形间隙中的上返速度应能有效地携带岩屑。实践证明，冲洗液的上返速度，对于性能较好的泥浆应不低于0.25m/s，对于清水则不应低于0.5m/s，这一数值与大口径孔较为接近。

（2）金刚石取心钻进。金刚石取心钻头很少用于水文水井钻探，其原因主要有两个：一是金刚石钻头钻进要求高转数，而常用的水井钻机转数都较低，无法满足高转数的要求；二是大径金刚石钻头费用昂贵，在没有相当高进尺的情况下，成本高，难以普遍使用。

（二）全断面钻进

全断面钻进适用于地质情况清楚、不需取心的钻孔或孔段。全断面钻进在大口径钻孔中与逐级取心扩孔钻进相比较，钻效高、成本低，有明显的优势。因此，在钻探工程中，愈来愈多地采用全断面钻进工艺。全断面钻进可分为回转钻进、冲击钻进和冲击回转钻进，而以回转钻进为主，有代表性的回转钻进是刮刀钻头钻进和牙轮钻头钻进。

钢丝绳冲击钻进、空气钻进、气动冲击器钻进在水文地质钻探中占有重要地位，本节作为重点讲述。

四、钢丝绳冲击钻进

在重力作用下，钻头从一定高度落下周期性冲击孔底，破碎岩石。每次冲击之后，钻头在钢丝绳带动下回转一定角度，钻孔形成规则的圆形断面。被冲击破碎的岩粉，用抽筒捞取，获得进尺。冲击钻进是传统的钻进方法，主要有以下特点。

（1）耗功小，效率低。岩石动载破碎强度比静载要小得多，冲击动载荷破碎岩石消耗的功也就小。在坚硬、有裂隙发育的地层及大卵砾石层中钻进，效果尤为明显。但是，钻头在孔内上下运动，定期停歇，有效破碎岩石时间少，降低了钻进效率。

（2）钻头磨损较慢。在冲击钻进中，大部分时间钻头是在孔内上下运动，与岩石接触的时间短，磨损慢。普通碳素钢制成的钻头，只要及时修整补焊，即可长期使用。

（3）设备少，成本低。钻进不用钻杆、循环冲洗液，免去了钻杆、水泵等附属设备，缩短辅助时间，减少事故，减少水量消耗，降低成本，对缺水地区非常适宜。

（4）钻具自由下落钻进。只能钻进垂直钻孔，且不能取得完整岩心，只能采取岩粉。

（5）易操作，搬迁方便。

（一）钢丝绳冲击钻具

钢丝绳冲击钻具由冲击钻头、钻杆、钢丝绳接头、抽筒等组成。

（1）冲击钻头。由颈部钻、头体、底部组成，颈部通过粗锥形丝扣与钻杆连接，岩粉从钻头体的沟槽流过，底部有多种刃角。

按钻头刃部形状可分为："一"字形钻头，适宜在大卵石、漂石、坚硬的黏土层和完整软岩层中钻进；"工"字形钻头，适宜在发育小裂隙的较硬地层中钻进；"十"字形钻头，适宜在砂卵石、砂砾石、裂隙发育的较硬地层中钻进。抽筒钻头，适宜在松软的砂层、土层、砂卵石层中钻进，它是在抽砂筒基础上加焊肋骨片制成的。钻进时，边冲击破碎土层，边掏取岩粉。当遇到小于抽筒内径的卵石时，卵石直接套入抽筒内，钻进效率能提高1~2倍。但是，遇到大于抽筒内径的卵石地层，冲击钻头效率比其他钻头要低。

钻进一段时间后，钻头受到磨损，当钻头刃部直径比原尺寸小15mm时，应停钻并提出钻具，进行补焊。使用钨钢粉焊条，补焊后耐磨强度提高1~3倍。

（2）冲击钻杆。钻杆下端内锥形丝扣与钻头连接，上端外锥形丝扣与钢丝绳接头连接。钻杆两端的方形卡槽，用来拧卸钻具。钻杆一方面用来加重冲击钻具的质量，提高在坚硬地层钻进时的效率，另一方面起导正钻具作用，避免钻孔弯曲。

（3）钢丝绳接头。钢丝绳接头下端内锥形丝扣与冲击钻具连接，使钻具在钢丝绳扭力作用下，钻头冲击一次后自动回转一定角度。当钻具提升时，钢丝绳接头与钻具一起因受钢丝绳拉伸作用扭转一个角度；当钻具下落冲击孔底时，钢丝绳因不受力而恢复原来状态（扭紧），连接钢丝绳的带环螺杆在垫圈间隙内滑动，实现钢丝绳扭紧而不带动钻头转动，形成钻头每冲击一次就回转一定角度。

（4）抽筒，钻头冲击破碎钻进一定进尺后，孔内存有大量岩粉，需下入抽筒清除孔内岩粉。

（二）钢丝绳冲击钻进技术参数

合理确定钻进技术参数，对提高钻进效率，保证钻孔质量，降低施工成本有重要意义。影响钢丝绳冲击钻进效率的因素主要是钻具质量和冲击末速度。冲击钻进的速度与钻具质量、提升高度、冲击频率、钻具在孔内下降的速度成正比，与钻孔直径的平方成反比。冲积末速度取决于钻具在孔内的下降加速度和冲击高度。因此，保证钻具在孔内的最大加速度，使其力求接近自由落体时的速度是提高钢丝绳冲击钻进效率的有效方法。钢丝绳冲击钻进技术参数包括：钻具质量、冲击高度、悬距、冲击次数、岩粉密度等。

（1）钻具质量。根据岩石的坚硬程度选择钻具质量，一般情况下地层越坚硬，钻具质量应越大。在松软的砂土层中钻进，钻具质量一般为500~800kg；在卵石、漂石、砾石等坚硬地层中钻进，钻具质量为800~1200kg。当钻头自重不足时，需要在钻头上部连接加重钻杆，增大钻具质量。

（2）冲击高度。增加冲击高度，能得到较大的钻头冲击速度，对岩石冲击破碎效果比增大钻具质量要好。一般情况下，坚硬地层采用大冲程，软地层用小冲程，但在加大冲击高度时应考虑钻具的质量、硬度、承受能力。

（3）悬距。当冲击梁处在上死点位置时，钻头距孔底的高度称为悬距。由于钻具重力作用，钢丝绳弹性拉伸变长，当钻头与孔底接触时，便发生剩余长度，钢丝绳处于松弛状态，钻具易发生摆动；当提升钻具时，钢丝绳负荷突然增加，易造成抖动现象，并且钻具丝扣连接减弱，容易造成事故和孔斜。悬距的大小取决于岩石的硬度、一次冲击岩石破碎的深度及钢丝绳的拉伸长度。钻进软岩时，钢丝绳伸长距离与钻具切入岩石的深度相当，钻头正好放置在孔底，故可不必留悬距；钻进硬岩时，冲击一次切入的深度很小，因此必须留有悬距。悬距的大小主要根据操作者的感觉来确定，当悬距不合适时，钢丝绳抖动剧烈，进尺缓慢；悬距合适时，钻机运转平稳，进尺较快，比非正常时提高效率50%以上。

（4）冲击次数。冲击次数越多，单位时间对岩石的破碎作用次数越多，钻进效率越高。但是冲击次数与冲击高度相互制约，增加冲击次数就必然减小冲击高度。一般在坚硬地层中钻进时冲击次数应低，在松软地层中钻进时冲击次数应高。

（5）岩粉密度孔内岩粉密度过高时，将会降低孔内钻具的下降加速度；当岩粉密度过低时，则在孔底形成一层岩屑垫，减弱钻头在孔底的冲击作用。合理的岩粉密度应该使岩粉呈悬浮状态，孔底岩粉较少，一般最优的岩粉密度应控制在1.7~2.3。

（三）不同地层冲击钻进技术

（1）黏土、黏质砂土和砂质黏土中钻进。该类地层黏软、透水性差，钻进时孔内造浆能力较强，孔壁不易坍塌，易产生缩径现象。因此，适宜选用清水水压保护孔壁，即钻孔中水柱的压力对孔壁进行液力支撑。

钻具宜选用肋骨抽筒，促使钻孔孔壁圆滑。由于地层黏软，对钻具有一定抽吸力，在操作时一定要闸紧闸把，采用中冲程、中频率、短回次进尺，一般0.5m一回次。黏土层的塑性较大时，弹性也较大，进尺困难。此时，可向孔内投入一些较软的碎石，破坏黏土的结构，提高钻进效率。

（2）砂砾砂卵、漂石地层中钻进。该类地层比较松散，孔壁稳定性差。在中粗砂、砾、卵石地层中钻进，采用清水水压护壁，肋骨抽筒钻进，中冲程，回次进尺控制在1m以内。

在大卵石、漂石地层中钻进，孔内严重漏水时，采用泥浆护壁，钻头冲击钻进。孔壁稳定时，采用高冲程，加大冲击力以捣碎或挤套较大的卵、漂石；孔壁不稳定时，可向孔内投入黏土球或优质泥浆护孔。遇有较大卵石、漂石，钻进困难时，可采用孔内爆破法，加快施工进度。

（3）松散易坍塌地层中钻进。该地层的特点是极不稳定，钻进中易发生坍塌掉块，造成卡钻、埋钻等事故。因此，应采用泥浆护壁，泥浆黏度和相对密度要适当加大，以增大对孔壁的压力，形成良好的孔壁泥皮，防止浆液漏失。如果漏失严重，可直接投入黏土球堵漏。钻进流砂层时，采用短冲程、短回次，适当控制钻具提升速度，防止孔内产生过大的抽吸力而造成孔壁坍塌。

（4）基岩裂隙地层钻进。在基岩裂隙地层中钻进，易发生坍塌、掉块、卡钻、夹钻事故，如砂岩、石灰岩等。在该类地层钻进时，钻机安置平稳，钻头的悬距不要太大，冲击频率和冲击高度要适当，减少钻具抖动次数、摆动幅度，少碰孔壁。遇有漏水现象时，应不断向孔内注水，保持孔内一定高度的水柱；当漏失、坍塌、掉块严重时，可向孔内投入黏土球，堵塞捣实后再继续钻进。

五、空气钻进

以压缩空气代替钻进时的循环冲洗液，循环压缩空气一方面带走热量、冷却钻头；另一方面吹洗钻孔，把岩屑携带至地表。该方法工艺先进、效率高，特别适用于干旱缺水地区、常年永冻层、孔内严重漏水地层中钻进，在北方省市、西北地区，空气钻进具有很大的现实意义。空气钻进在国外普遍使用，用于矿山开采、水文水井钻探、工程地质钻探等，我国目前处于研试阶段，获得了一定的钻进经验与效果。空气钻进具有以下特点：

（1）钻进效率高。其效率是一般钻进法的9～11倍。钻孔内没有循环冲洗液，孔底岩石不承受液柱静压力，处于一种负压效应状态。在切削具的碎岩作用下，岩石呈"爆炸"形式崩离岩体。另外，压缩空气高速吹洗孔底，孔内干净，岩屑不重复破碎，效率显著提高。

（2）钻头寿命长。其寿命是一般钻进法的10倍以上。当压缩空气流经钻头时，空气压力骤然降低，能大量吸收热量，快速冷却钻头，防止烧钻。

（3）空气钻进以空气为循环介质，不污染岩石和孔壁，在后期洗井、抽水实验时，清孔洗孔工作量少，而且获取的水文地质资料准确可靠。

（4）空气钻进不用水，节约水资源。

（一）空气钻进设备

在其他钻进设备基础上，增加1台移动式空气压缩机、孔口防尘及除尘设备。

（二）空气钻进工艺

空气钻进可分为：干空气钻进、泡沫钻进、泡沫泥浆钻进充气泥浆钻进4种钻进方法，可以采用正循环钻进，也可以采用反循环钻进。

（1）干空气钻进。该方法主要适用于完全干燥无水地层和含水量较少能被气流吸收的基岩地层或第四系覆盖层。在完全无水地层中钻进，当孔底岩石所承受的压力等于压缩空气柱的压力与钻孔内岩屑总质量之和时，返回到地表的岩屑为粉尘状，此时钻进速度最优，经济效果最好。此时孔底压力远低于用冲洗液钻进时压力的几倍到几百倍。

空气钻进技术参数包括：钻头压力、钻头回转速度、空气量和空气压力。

钻头压力和回转速度：空气钻进无液体浮力，孔内钻杆承受较高的静载荷和动载荷，在深孔中尤其突出。因此，空气钻进压力不宜过高，应比冲洗液钻进低1/3～1/2，干空气钻进压力一般控制在（12～200）× 10^7 Pa。

因为没有冲洗液润滑，钻头回转阻力加大，所以回转速度不宜过快。一般来说，在松软地层中，回转速度为80～160r/min；在坚硬地层中，回转速度为30～80r/min。

空气量：空气量与钻杆直径、孔径、孔深、钻进效率有关，钻进越深、钻进效率越高，所需空气量越大。一般钻进时，空气量为6～9m³/min。

空气压力：空气压力与孔深、孔径、钻进效率有关，一般在中、浅孔中，压力控制在不超7× 10^5 Pa，深孔所需压力可达十几个大气压力。随着钻孔深度的增加，空气密度和岩屑质量也增加，孔内压缩空气的压力值必须保持一定水平，环状间隙空气上返速度达到一定值时，才能有效地排除岩粉。空气上返速度为15m/s，当钻速超过15m/h时，上返速度应提高到20m/s，才能及时有效地将孔内岩屑带出地表。

另外，需要指出的是：在钻进过程中，空气压力能帮助操作人员随时判断孔内情况。如孔内压力突然增高，说明孔内可能出现掉块、坍塌、岩粉过多，或进尺太快、岩粉堵塞；如空气压力突然降低，可能发生钻具折断或接头处漏气等现象，应及时提钻处理。

空气钻进所用钻头与冲洗液钻进基本相同，采用硬质合金钻头、钢粒钻头、牙轮钻头、气动冲击器。

（2）泡沫钻进。孔内渗水较多，又不能被压缩空气吹干，干空气钻进遇到困难时，采用泡沫钻进。泡沫是水与泡沫剂的混合物，通过压力泵以雾状喷入压缩空气气流中，送到孔底。该方法具有较大的携带岩屑能力，但所需空气量约增加30%。

（3）泡沫泥浆钻进。破碎地层、稳定性较差的地层时，采用泡沫泥浆钻进。泡沫泥浆是一种比较稳定的"泥浆包气"乳化剂，由泥浆添加剂和泡沫剂配制而成。使用时在足够的空气量中，喷射少量的稀泥浆，空气与泥浆的配比为1/300～1/100，避免干空气钻进时，孔内坍塌、掉块，以致无法钻进。其特点是：钻速高，所需空气量少，在水敏地层效果较好。

（4）充气泥浆钻进。钻孔内出现涌水，空压机风量不足，不能把孔内水柱吹出地表，或钻孔内出现漏失严重时，采用充气泥浆钻进。充气泥浆由空气与泥浆组成，其状态稳定、质地均匀。进入孔底后，降低钻孔内泥浆柱的密度，保护孔壁，减少孔内循环液漏失。

六、气动冲击器钻进

气动冲击器钻进是以压缩空气作为循环介质，压缩空气驱动孔内冲击器产生冲击力的一种冲击回转钻进，习惯上称为潜孔锤钻进。气动冲击器即为潜孔锤，其钻具组成基本同液动冲击回转钻具，即钻机通过钻杆对孔底钻具施加钻压和转速。同时，空压机通过钻杆向孔底潜孔锤供气，产生连续不断的冲击，破碎孔底岩石，实现冲击回转钻进。该方法可用于不取心全面钻进，也可用于取心钻进。这种钻孔方法不但具有空气冲孔和液动冲击回转钻进的一般特点，而且具有如下特点：

（1）冲击功大，以冲击碎岩为主，钻进效率高，是钻进坚硬岩层、卵砾和漂砾层的有效方法。潜孔锤的单次冲击功一般可高达数百焦耳，甚至1000焦耳，以冲击碎岩为主，在石灰岩和花岗岩中钻速分别可达20m/h和40m/h。气动潜孔锤钻进被视为提高坚硬岩层、卵砾和漂砾层钻进效率最有效的方法。

（2）空气上返流速高，孔底清洗干净，钻头冷却好，钻头寿命长。钻杆与孔径配比适当，空气在环状间隙上返流速在15m/s以上，确保了孔底岩屑及时排出孔口。同时，压缩空气以超声速通过钻头喷嘴，其体积骤然膨胀并吸收热量，而后沿环状间隙返回地面，对冷却钻头和延长钻头寿命十分有利。

（3）气动潜孔锤钻进要求钻压小，转速低，扭矩小，明显减少钻杆折断和磨损，钻孔防斜和保直效果好，并可用于水平孔和斜孔的施工。

（4）气动潜孔锤钻进，遇到潮湿层和含水层时，采取泡沫钻进或雾化钻进。备有逆止阀结构的潜孔锤可用于有地下水的井孔及水域施工。

（5）多工艺钻进，具有广泛的适应性。气动潜孔锤与多种钻具适当组合，可实现多工艺钻进，如反循环钻进、跟管钻进、取心钻进、中心取样钻进、扩孔钻进等。若将多个（3~8个）潜孔锤组合在一起，构成捆绑式潜孔锤，可用于大直径井孔施工。

（6）钻进时的噪声随孔深增加而下降，地面粉尘可通过孔口密封与集尘装置有效控制。因此，各指标均能符合要求。

（一）J系列气动冲击器

该系列型号有：J-80、J-100、J-150、J-200、J-250，应用比较广泛，属于中心排气阀式冲击器。

冲击器在工作时，压缩空气由接头压开止逆阀进入缸体分为两路：一路直吹排粉气路，经活塞的中孔通道，吹洗孔底岩屑；另一路进入阀片的配气机构，使阀片翻转，实现上、下进排气转换，推动活塞往复运动，活塞的冲击动作通过钻头传给孔底岩石。

（二）W型无阀式冲击器

该系列型号有：W-150、W-200，属于中心排气无阀式冲击器。

压缩空气先经上接头、止逆阀进入进气座的后腔，然后压气分两路前进：一路经进气座和喷嘴进入活塞和钻头的中空通道，在孔底冷却钻头和喷吹岩屑；另一路进入内缸和外缸之间的环形腔，位于进气室的压气，经气缸的径向孔和活塞上的环形槽进入前腔，推动活塞开始返回行程。

第二节　水井成井工艺

通过钻进形成井身以后，还必须通过一系列的成井工艺流程，水文地质勘探钻孔和水源开发水井才能成为完整有用的水文勘探孔或供水水井。成井工艺是水文水井钻探的重要组成部分，成井工艺的成败直接关系到水文水井钻探工作的成败，这也是与其他地质钻探的要不同点。成井工艺的目的，是通过井管安装（下管）、封孔止水、填砾、洗井、抽水试验等工艺过程，使水文地质勘探钻孔达到地质勘探的设计目的和要求，使水源开发井成为质量良好、符合设计要求长期供水的水井。在钻进过程中，为地质目的或工程技术要求而下的中间井壁管及其相应开展的封孔止水工作也属于成井工艺范畴。下井管是成井的第一个工艺流程。下井管前，必须对钻孔（井）进行检查，换浆洗孔，具体要求如下：

（1）确定含水层位置。用丈量钻具的方法严格测量井孔，确定含水层位置，防止因井深误差导致下入井管后滤水管与含水层错位。

（2）检查井孔壁是否圆滑、规整，防止井管遇阻，造成下管事故。探孔器直径应与井孔直径相同。

（3）换浆洗孔。将钻杆下入井内接近孔底，用水泵压入稀泥浆（黏度为 16 ~ 18Pa·s），自下而上逐渐替换井内稠泥浆，直到返出泥浆的黏度与稀浆的黏度相近时，换浆工作结束。在换浆时，要不断清除返出泥浆中的岩屑，并随时测试返出泥浆的黏度。

换浆不彻底时，井内泥浆黏度比较大，含砂量高，井壁泥皮较厚，井底残留少量钻屑。

如下入井管，过滤器的缝隙和网眼容易被封堵。填砾时，砾料在下沉过程中容易黏滞在孔壁泥皮上，造成中途堵塞。洗井时也比较困难，出水量相应减少。

（4）检查设备工具。下管前，认真检查井管。钢质井管、铸铁井管，要用柴油或汽油清洗井管丝扣，丝扣的弹簧要逐根调整。混凝土管、石棉水泥管等井管，要检查管口是否平整，管身有无裂纹。还必须对钻塔、钻机离合器、升降机制带、游动滑车、钢丝绳、钢绳卡等仔细查验，查点包扎材料（竹片、铅丝、棕皮等）和黏结剂是否齐全。

（5）井管丈量与编号。丈量井壁管和过滤管，并编号排序。调整井壁管的长度，必须使过滤管与含水层部位对应。

一、下井管

井管是下入孔内的井壁管、滤水管和沉砂管的总称。井管是地下水进入水井和在井内流动的通道，也是于以封孔的主要器材，井管对水文水井质量有十分重要的影响。

（一）井管的种类

1.井壁管

按材质，井壁管可分为钢管、铸铁管、非金属材料管。

（1）钢管。水文地质勘探和水源开发用水井，普遍应用钢管，钢管可分为无缝钢管和螺纹焊缝管。直径在325mm以下者采用无缝钢管，直径在325mm以上的大口径孔多采用焊缝管。无缝钢管采用管螺纹或矩形螺纹（方扣）连接，直径在325mm以上的大口径无缝钢管或管壁很薄、无法车扣的无缝钢管也采用电焊连接。焊缝管多数采用电焊连接。钢管强度高，适应范围广，操作、运输均较方便，但钢管成本高，抗外挤能力较低。水文地质勘探孔临时下井管材大部分均要回收，而钢管便于起拔、回收，连接和运输也较方便。

（2）铸铁管。在第四系浅井和中深井中，常采用铸铁井壁管。铸铁管抗拉强度低于钢管，但抗外压能力和抗腐蚀能力均高于钢管，而且相同质量时，铸铁管的成本较钢管低。虽然铸铁管的加工、运输和下管工作均较钢管困难，但因其成本低，仍能得到广泛应用。

（3）非金属材料管。非金属材料井壁管种类繁多，如水泥石棉管、玻璃钢管、硬塑料管等。一般只在第四系浅孔或社会服务性水文水井中，才采用水泥石棉管。非金属材料管的优点是耐腐蚀，抗外挤能力强；非金属材料管的缺点是运输、下管均较困难，而且作为滤水管，其孔隙率一般较低。

2.滤水管

按材质不同，滤水管可分为无缝钢滤水管、铸铁滤水管、非金属滤水管（如水泥石棉滤水管、塑料滤水管、玻璃钢滤水管）等；按滤水通道类型分为圆孔骨架滤水管、条缝骨架滤水管、缠丝滤水管、包网滤水管、缠丝包网滤水管、贴砾滤水管等。滤水管的类型选择主要依据水井含水层的岩性情况，以能有效地挡住砂及进水阻力，尽可能小为原则。

（1）圆孔骨架钢管滤水管。以无缝钢管或焊缝钢管作主体，在钢管上按一定方式均布滤水圆孔。其特点是：强度较高，容易加工制作，下管和运输也较方便，其孔隙率（单位长度滤管上滤水圆孔总的截面积与管表面积之比）容易达到设计要求。圆孔骨架钢管滤水管主要用在基岩深水孔的出水段（抽水试验段）或观测段，也常作为其他类型滤水管（如缠丝管、包网管等）的骨架管。

（2）条缝骨架滤水管。沿钢管轴线方向加工出一定宽度和长度的条缝。因条缝的宽度和长度可调范围大，故此种滤水管可适用于不同的岩层，应用范围广。条缝管的孔隙率为30%～40%。条缝可用车铣、气割等方法加工，但过窄的条缝加工困难。

（3）缠丝钢管滤水管。它的骨架管用圆孔滤水管或条缝滤水管，在圆孔钢管或条缝钢管外面沿轴向垫钢筋，外缠镀锌铁丝。

（4）包网钢管滤水管。其骨架管用圆孔筛管或条缝筛管，管外轴向垫钢筋。然后包裹一定网目的网布。网布种类很多，常用的有尼龙网布、镀锌铁丝网布、不锈钢网布等。网布外每隔30～50mm用铅丝扎牢。包网滤水管较多用在水文勘探临时观测孔中。

（5）贴砾滤水管。其用打孔钢管或打孔塑料管作为骨架管，将一定粒度的粒料（如石英砂）和石膏、化学黏结剂按一定比例混合，粘贴在管外。待干燥后用溶解剂溶去石膏，即形成有一定孔隙度的贴砾滤层。在较薄的滤水层，使用贴砾滤水管，达到相当于填砾层厚75～100mm的作用，且透水性好、挡砂可靠、省去填砾、简化了成井工艺，钻孔直径可比普通填砾法小，成本较低。因此，贴砾滤水管近年来得到广泛应用，特别是在难以投砾的深水井中，贴砾管更为方便。由于贴砾管抗弯、抗震动能力差，因此运输和使用中必须严格防止贴砾层崩落。下管时，地面连接长度不宜太大，以免因自重弯曲造成贴砾层脱落。井身质量差、井内情况复杂时也应慎用。

滤水管参数包括滤水管的长度与孔隙率。滤水管的长度依据含水层的厚度确定。对于抽水孔，在管径、滤水孔孔隙率确定后，还要根据允许的进水速度和管内水垂向流速对滤水管长度进行校核。对于水文勘探观测孔，滤水管长度可小于含水层厚度，以能准确反映目的含水层水位变化为标准，但最少应下到可能的最低水位2~5m。对于特厚含水层，滤水管长度可小于含水层厚度。

滤水管的孔隙率按滤水通道类型确定。圆孔滤水管的孔隙率一般在15%~30%，圆孔直径不宜太大，一般取10~20mm。孔隙率过大会降低滤水管的强度，圆孔直径过大会影响挡砂效果。条缝式滤水管，条缝常采用顺轴向规则排列，缝长150~300mm，条缝宽度由含水层沙砾直径决定，条缝常用宽度为2~5mm。常用宽度为2~5mm。缠丝滤水管的缠丝间距与含水层沙砾筛分10%的粒径相当，过小的缠丝间距离加工制作困难，常用的缠丝间距为1~1.5mm。外部包网时，缠丝间距可适当放大。

（二）井管的安装

成井钻孔经换浆洗孔，最大限度清除井壁泥皮，使含水层的岩性孔隙与裂隙恢复初始状态，并且精确测量出含水层的位置后，应立即下井管。

下井管方法有多种。施工中应根据井深、井管的材质、起重设备的提吊能力来选择下井管的方法。

1.升降机提吊下管法

此法适用于钢管、铸铁管、塑料管等有足够抗拉强度的井管安装，下管方法与下钻具相同。根据井管的长度、设备的提吊能力，分为一次提吊下管法和二次提吊下管法。

（1）一次提吊下管法适用于长度小于200m的井管安装，且井管的总重力不超过自身的抗拉能力和设备的提升能力。

（2）二次提吊下管法适用于长度大于200m的井管安装。将井管总长分为两段，分两次提吊下入，两段井管在井内实施对接。下段井管的上端用管箍连接锥形短管，锥形短管上端通过反扣与钻杆相连。先把下段井管下到井底后，拉直井管填砾，填砾达到一定高度后，正转钻杆，钻杆与锥形短管脱开。然后，提出钻杆，在上段井管的下端连接导向喇叭管。当上段井管下入后，短管锥面正好套入喇叭管内锥面，并压紧，实现两段井管井内对接。

2.钻杆托盘下管法

此法适用于抗拉强度低的水泥管、石棉水泥管的安装。根据井管长度、井管自重、钻杆抗拉能力、设备抗拉能力分为一次下管法和二次下管法。

（1）钻杆托盘一次下管法适用于长度小于200m的井管安装。钻杆下端与比井管内径大的托盘连接，井管套入钻杆后坐在托盘上，提吊下入井内。

下管的具体步骤：①将一根比沉淀管稍长的钻杆通过反丝接头与托盘连接，沉淀管穿入钻杆坐在托盘上；②挂上提引器，用升降机将沉淀管提起下入井内，在井口叉好扇形垫叉；③把穿入钻杆的第二根井管通过扇形垫叉固定下端，用升降机提至井口；④用人力或钻机的副卷扬通过滑车和绳索吊起井管，使它和扇形垫叉分离；⑤抽掉扇形垫叉，将钻杆与井内钻杆连接；⑥提升钻杆，使井内井管露出井口，在管端浇热灰砂沥青，并与被绳索吊起的井管相接。待黏合后，用一条涂有热砂沥青的塑料薄膜（或麻袋片、棕皮）在接口处缠绕数圈，将4～6根竹片均匀地绑在接口外壁处，用铅丝绑扎牢固，防止接口错位。灰砂沥青是用水泥、细砂、沥青和少许食盐配制而成的。

如此反复操作，直到下完全部井管。

（2）钻杆托盘二次下管法适用于井深大于200m的井管安装。将井管分为两级，第一级井管长度应大于第二级。

首先，在第一级井管上端用铅丝绑扎母对口器和井管扶正器，并在井管上部钻杆的适当位置安装防砂罩及其固定器。其次，按照钻杆托盘一次下管法下第一级井管，第一级井管放到井底后，将井内钻杆与机上钻杆连接，开动泥浆泵，用优质稀泥浆冲孔并填砾。在砾料填至略低于第一级井管上端口时，停泵，正转卸开托盘反丝接头，上提钻杆。当带出防砂罩后，钻杆不再上提，卸下防砂罩及其固定器，钻杆连接导正器、托管钩子（起第二级井管的托盘的作用）。托管钩子与捆绑在第二级井管下端的公对口器连接后，下入第二级井管。在两级井管的对口器在井内对接完成，填砾固定后，脱钩提出钻杆。

（三）钢丝绳托盘下管法

钢丝绳托盘下管法设备简单，可进行人力下管，广泛用于混凝土井管、石棉水泥井管的安装。但施工时应特别注意人身安全。

钢丝绳托盘下管法用三根兜底钢丝绳取代钻杆提拉托盘，承受井管的全部重量。通过简易绞车下放钢绳，将井管一根接一根地下入井内。因兜底钢绳是通过连接心绳的销钉固定在托盘上的，在当把井管下到井底，经校正无误后，固定管身，拉出销钉便可将兜底钢绳取出。

二、填砾

填砾指在滤水管与含水层孔壁之间，填入直径大于含水层砂粒的砾石，形成人工过滤层。这些砾石填料，经过洗井和抽水试验后，有规律地进行排列，由滤水管向含水层方向砾料由大变小，减少了进水时的水头损失，可增大单井出水量。人工过滤层的形成，起挡砂滤水作用，可延长水井使用寿命。

填砾工作必须在下完井管后立即进行，如拖延时间过长，易出现孔壁坍塌、涌砂、缩径等现象，严重时会造成钻孔报废。砾料必须一次投完，不能中途停歇，以免造成砾料分选或孔壁坍塌。

（一）砾料的选择

砾料的规格、形状和材质，直接影响人工过滤层的透水性和井水中的含砂量。

（1）砾料规格。砾料直径为含水砂层粒径的6～10倍时，填砾层的滤水性能最佳，涌砂最低，能取得最大出水量。当该比值过大时，虽然渗透性能好，但挡砂作用差。水中含砂量大，细颗粒易堵塞间隙；当该比值过小时，挡砂作用好，但砂层中的细砂会堆积在砾料周围，增加进水阻力，渗透性能差。砾料必须进行筛选，先清除较大直径的砂粒杂物等，然后用水淘洗，清除细泥。

（2）砾料材质与形状。砾料材质以坚硬，不易被腐蚀的石英砂砾最佳。砾料形状为浑圆状，浑圆状砾料具有较高的透水性和阻挡砂砾的能力。棱角状人工碎石，易使井水中含砂量增加。

（二）填砾厚度及高度

填砾厚度一般为75～100mm，厚度越大，出水量越大。填砾高度应超过含水层顶板，一般要求超过含水层顶板3～5m。若被开采含水层靠近咸淡水界面，填砾高度要低于咸淡水界面5m以上，防止因洗井、抽水实验后砾料密实下沉造成填砾高度不足。

开采两个相邻含水层且两个含水层相距在15m以内时，应在两个含水层之间填入不同的砾料，中下部（约为全段的4/5）填入与下含水层相同规格的砾料，上部（约为全段的1/5）填入与上层含水层相同规格的砾料；如两含水层相距超过15m，则下部12m高度孔段填入与下含水层相同规格的砾料，上部3m填入与上含水层相同规格的砾料，中部孔段可填入不合规格的砾料。

（三）填砾方法及注意事项

（1）先冲后填法。填砾前先进行彻底换浆，同时全部砾料运至孔口，做好备料工作。

投砾时速度应慢，并要沿着井管周围均匀填入，使砾料顺畅进入滤水管底部。随着填砾数量的增加，管内水位逐渐上升，并高出孔口管外流。孔内砾料不断升高，滤水管外露长度逐渐减短，则孔口返水流量逐渐由大变小，流速由急变缓，在填砾把滤水管全部埋没后，管口停止返水。

填砾时要注意观察孔口返水的变化，借以判断砾料在环状间隙内是否迅速下沉、畅通无阻，滤水管是否被堵塞。若孔口返水突然消失或变小，可能是砾料中途遇阻堵塞，一般采用在井管内提水，使地下水流动，促使砾料下沉；或在井管内采用拉活塞的办法，使井管外的液柱振动，促使砾料下沉；也可采用下钻杆透穿堵塞砾料层的办法处理砾料堵塞。

（2）边冲边填法。下井管工作结束后，先将钻杆下入管内，密封管口开泵送水，在泵压下，水穿过滤水管，进入井管与孔壁的环状间隙，并返回孔口流出。然后边送水边投砾料，随着砾料不断填入，水泵的压力将逐渐升高。在砾料面超过滤水管后，整泵现象加剧，准确测出围填高度。

这种填砾方法因有水循环，减少了砾料中途堵塞的机会。同时，还可以使混入砾料中的杂物，如草、泥皮、砂土等随水排出孔外。

（3）边抽边投法。边从井管内抽水，边在井管外部投砾，这样砾料充填较密实，还可将孔底岩屑及浓泥浆抽出地表，有利于填砾及洗井工作。当出水量突然变小时，说明砾料已全部埋没了滤水管，填砾工作即告结束。

三、止水

止水指对目的含水层以外的其他含水地层或非含水层进行封闭与隔离，防止目的含水层受到干扰或污染。止水工作完成后，才能取得可靠的含水层水位、水量、水质、水温及岩层的渗透系数等资料，能够有效封闭有害含水层，防止地表水与地下水串通，保证井水不受污染。有时为了合理利用地下水，需要分层开采，也需要进行止水工作。因此，止水工作是水文地质钻探工作的主要质量指标之一。

根据钻孔施工目的不同，进行不同位置的止水工作。对观测孔，应在观测层与非观测层之间进行止水；对水文抽、压水试验的钻孔，应在试验层与非试验层之间进行止水；对供水井，应在开采层与非开采层之间进行止水。

（一）止水材料

水文地质钻孔和供水钻孔一般均采用套管隔离的方法进行止水，即用止水材料封闭套管与孔壁之间的间隙。选用的止水材料必须经济、耐久、可靠，供水钻孔不能选用对水质有污染的材料。

常用的止水材料有下列几种：

（1）水泥。水泥具有良好的隔水性，能在水中硬化，并且与孔壁岩石有一定的胶结力，是一种很好的止水材料。

（2）黏土。黏土在地下水承压不高、流量不大的松散地层或基岩中做止水材料。其操作方便，成本低，止水效果可靠。将黏土搓成直径为30～40mm的小球，阴干后投入孔内，投入厚度一般为3～5m。

（3）桐油石灰。桐油石灰具有良好的黏性、塑性、不透水性，取材容易，成本低廉，是一种良好的止水材料。其适用于松散地层及基岩钻孔中止水，对不规则孔壁和发育小裂隙的孔壁，桐油石灰能挤进孔壁裂隙起到止水作用。

桐油石灰的配制与使用：生石灰加水分解成熟石灰后，用50～70网目的筛子过筛。把桐油加热至250℃，桐油表面呈枇杷色时，将桐油与石灰按比例加入碓臼中冲捣。一般桐油与石灰之比为1∶3至1∶1.5，桐油含量越大，黏性和可塑性越强，但干固时间延长。冲捣时间越长，石灰捣得越细，油灰的黏性和塑性越好。冲熟的油灰断面光滑、细腻，能用手搓拉成很长的细条，在水中长时间浸泡不松散。冲制时间不足的油灰，遇水石灰膨胀，使整个油灰松散成豆腐渣状。为增加桐油石灰的强度，可在油灰中加一定量的麻刀、废棉丝、羊毛等纤维物质。一般加入量为油灰质量的2%，在油灰中加入白芷、陀杉、土子等中药，可增强油灰与孔壁的黏合力，一般加入量为0.5%。

（4）海带。海带遇水膨胀，4h趋于稳定，体积增大3～4倍，压缩后不透水气，是临时性止水材料，多用在松散地层与基岩钻孔，要求钻孔直径应比止水套管大2～3级。先将海带编成密实的辫子，缠绕在止水套管外壁上，形状似枣核状，长度一般为0.5～0.6m，海带束外部再包一层塑料网或纱布等，两端用铁丝扎紧。为防止海带束下管时向上滑动，应在海带束上端的套管上焊4根钢筋起阻挡作用。海带止水的最大优点是起拔套管时，海带容易破坏，减少了拔套管阻力。

（5）橡胶。橡胶止水一般适用于较完整的基岩孔或探采结合孔的管内止水，在松散地层中也可使用。将橡胶制成一定几何形状，如胶球胶圈、胶囊等，固定在止水管外部。用充水、充气等方法使之膨胀，将止水管与孔壁环状间隙封闭，达到止水目的。

（二）止水方法

下入套管前，首先，要准确掌握隔水层的厚度和深度，选择合适隔水层作为止水位置。隔水层厚度应大于5m，且分层准确、隔水性能好，该处孔径较规整。其次，要丈量下入孔内的管材，保证止水器能准确地放在止水位置。检查止水套管的所有连接处，必须密封，可用缠棉丝、涂油或沥青等封严，防止接头漏水。再次，要做好探孔工作，排除孔内障碍，保证不致因杂质混入止水器影响止水质量。最后，下入套管时，操作应平稳，套管上带有止水物时，严禁上下串动。若中途遇阻，可将止水套管提出孔口，查明原因，排除后再下入孔内。异径止水时，套管应坐在完整岩石上，如无台阶或在破碎地层同径止水时，套管应在孔口夹牢，以防止套管下滑或坠落。凡是不需要拔出套管的钻孔，止水物上部必须围填到孔口为止。对临时性止水，为便于起拔套管，必须在止水物上部环状间隙内灌满优质泥浆，再将孔口封严，以免从孔口掉入杂物。

止水有效期：应保证在观测或抽水试验过程中有较好的止水效果，开采孔的止水效果应保证长期可靠。

止水方法：托盘止水法、围填止水法、下塞止水法、胶塞止水法等。

（1）托盘止水法用于临时性止水，适用于在钻进时，分层观测水位和分层抽水试验。该方法有上托盘止水法与下托盘止水法两种形式。

上托盘止水法：将止水材料如海带、橡胶、桐油石灰等，包缠在变径接头上，上、下两端用细铁丝或麻绳扎牢，防止下管时中途脱落。将此变径接头下至孔内变径台阶处，通过套管自重或孔口加压，托盘压挤止水材料，止水材料填堵止水套管与孔壁环状间隙，达到止水目的。

下托盘止水法：将托盘接在套管底部，下入孔内止水部位，套管在孔口用夹板固定。从孔口投入黏土球或桐油石灰球，落在托盘上。投入速度不宜过快，以防中途堵塞，每投1～2m时，用平底工具捣实一次，直到止水物厚度达到要求。

（2）黏土球围填止水法适用于松散地层大口径孔、长期观测孔、抽水试验孔。利用黏土球止水经济效果好，使用广泛。围填前，用提筒或活塞提拉洗井，使砾石填实压紧。围填时，直径不同的黏土球混杂投入，投入速度不宜过快，以防中途堵塞。在投球过程中，要经常测量孔深，如发现中间架桥，要及时处理。投球结束后，再投入1～2m黏土碎块，遇水溶化后充填在黏土球间隙中，增强止水效果。投入黏土球必须揉实、风干。

（3）下塞止水法适用于第三、第四纪地层止水，止水物可用黏土、桐油石灰或水泥浆。止水物从孔口投入或采用专门工具送入或泵入。压实后，下入底部带有木塞的止水套管，压挤止水物填堵环状间隙，达到止水目的。止水工作结束后，再钻透木塞。

（4）胶塞止水法适用于基岩地层，止水孔段位置选择在完整基岩中，变径台阶要平整。将胶塞套在止水套管的底端，外面用铁丝扎牢，下端内楔入木塞，使胶塞的内圈紧压于套管内壁上，胶塞在套管自重作用下，挤压在变径台阶上，达到止水目的。

（三）止水效果检查

常用压差法、食盐扩散法检查止水效果。

（1）压差检查法。首先测得止水管内外的稳定水位，然后从止水管内抽水降低水位，造成止水管内外水压差达到一定值，稳定30min后，测量管外水位，水位变化幅度不超过0.2m时，则止水效果符合要求。该方法常用于抽水试验钻孔。

（2）食盐扩散检查法。先测定地下水的电阻率，然后将浓度为5%的食盐溶液倒入止水管与井壁之间的环状间隙内。2h后再测定管内地下水电阻率，若与未倒入食盐溶液时的电阻率相差不大，说明水效果符合要求。

四、洗井

为清除钻进过程中孔内残余岩屑、含水层孔壁泥浆，抽出滤水管周围含水层中的泥土、粉砂、细砂，疏通水路增加出水量，在完成下管、填砾、止水工作后，应立即进行围填和洗井工作。做好洗井工作，还可以在滤水管周围形成一层由粗到细的良好的人工滤水层，以增大滤水管周围的渗透性能，使其达到应有的出水量和使用寿命。长时间搁置会导致井壁泥皮硬化，造成洗井困难。

洗井前应做好下面几项工作。做好孔口围填工作，在洗井过程中发现围填物下沉，应立即进行围填补充至井口。检查洗井用的钻具，要连接牢固，以防钻具脱落。活塞洗井时，下降速度要适当，钢制井管内壁光滑、强度大，下降速度可高些；铸铁管、金属管强度低、内壁粗糙，活塞上下速度应适当降低，一般提升速度应控制在0.6～1.2m/s。

（一）洗井质量标准

（1）孔口排水的水质符合含水层中固有的成分，水虽浑浊，但不是泥浆岩屑或钻粉等污染物质时，洗井完成。

（2）每半小时观测一次出水量，连续2～3次出水量无明显变化。

（3）经过2次或3次降深，单位涌水量无反常现象。否则，应重新洗井。

（4）与附近抽水孔涌水量资料对比，基本近似。

（二）洗井时间

洗井时间的长短取决于多种因素，颗粒越粗，孔隙率越大，泥浆的渗透范围越大，洗井所用时间越长；颗粒越小，孔隙率越小，泥浆渗透范围越小，洗井所需时间越短。

另外，洗井时间长短还受钻进中使用冲洗液的性能、滤水管的结构、钻进时间的长短及采用的洗井方法等因素影响。

（三）洗井方法

洗井方法很多，在选择洗井方法时，应考虑含水层的结构、地下水头压力、井管材料、孔身结构等。常用的洗井方法有以下几种：

（1）活塞洗井法。在重力作用下，活塞迅速下降，活塞下部的高压水流通过滤水管、砾料层冲向孔壁，破坏孔壁泥皮。当活塞突然上提时，活塞下部孔段造成局部负压，含水层中的地下水迅速流过砾石层，进入滤水管内，使井壁泥皮再次受到破坏。活塞不断地上下运动，形成反复的抽压，达到洗井目的。在此过程中，一方面含水层中的细砂及泥浆被抽吸出来，另一方面砾料定向有规律排列，在滤水管周围形成一层良好的人工过滤层。

活塞洗井成本低，效果好，适用于中砂以上的含水层，但要求井管强度高。活塞洗井法分为：钻杆提拉下压洗井法，钢丝绳提拉法，抽拉洗井法。抽拉洗井法，即一边用空压机通过钻杆向孔内送气抽水，另一边提拉活塞，抽拉同时进行，将泥浆及时排出孔外。其适用范围广，配合化学洗井，效果更好。

（2）冲孔器洗井法。将冲孔器送入孔内含水层部位，开泵压入清水，冲孔器喷射的高压水流破坏孔壁泥皮，达到清除孔内泥浆的目的。

（3）液态二氧化碳洗井法。向孔内灌入的液态二氧化碳吸热气化，体积膨胀，产生的气体压力冲击含水层内的孔隙水或裂隙水，同时推动孔内水柱上升，并喷出地表。井喷后孔内水位迅速降低，孔内是负压状态时，在地层压力作用下，含水层内的孔隙水或裂隙水携带大量细颗粒岩屑、裂隙充填物及孔壁泥皮等涌入孔内，并随着井喷后期被排出孔外，清除岩层孔隙或裂隙中的沉积物或充填物，疏通水流通道，增大钻孔出水量。一般多用在第四纪粗颗粒地层及基岩裸眼孔、裂隙含水地层。在石灰岩地层，可先注入盐酸，静待一定时间后，再灌入液态二氧化碳。盐酸压入岩层孔隙或裂隙深处，起到溶解岩石扩大裂隙的作用。

操作方法与注意事项：

装有液态二氧化碳的钢瓶，通过高压软管连接在管汇上，管汇一端装压力表（0～100atm），另一端接孔内输送管道。安装完毕后，打开总阀门和钢瓶阀门。液态二氧化碳涌入孔内，在较短时间内就产生井喷。井喷后立即关闭总阀门，切断液态二氧化碳的输出通道。反复进行井喷2～3次后，开动空压机抽水排除孔内杂物。

使用该方法时要特别注意人员和设备安全，钢瓶必须符合有关国家规定，搬运时要防止冲撞，存放时要防止暴晒，以免发生危险；各管道要确保密封，不得有泄漏现象；钢瓶和操作人员，必须离开孔口20～30m等。

（4）空压机振荡洗井法。一般先用活塞或化学药剂对孔壁壁泥皮进行初步处理，然后采用空压机向孔内间歇地猛烈喷射高压空气，造成孔内的水位剧烈振荡，破坏孔壁泥皮并促使管外天然过滤层的形成。此法可用在任何井管和孔径内。

（5）抽灌洗井法。先抽出孔内的水，并把抽出来的水经过净化沉淀后再灌回孔内。这样，抽水与压水交替进行，比单纯抽水洗井效果更好。该方法多用于基岩裸眼孔。

第三节　水文地质钻孔（井）抽水试验

抽水试验是水文地质勘探和供水水井施工中的一项十分重要的工作。抽水试验是以地下水井流理论为基础，在实际钻孔中抽水和观测，取得水文地质数据，求得含水层和越流层的水文地质参数，达到水文地质勘探的目的或为供水水源开发提供依据。

抽水试验的成果，反映钻孔达到水文地质勘探设计的完善程度和供水水井供水的能力。它是水文地质勘探的最后阶段，是移交水井供水的重要依据。所以，抽水试验的质量直接影响一个钻孔的成果。

一、抽水设备

根据抽水试验的方法和要求，选择抽水设备和组织抽水施工。水文地质勘探常用的抽水设备有空气压缩机、潜水泵深井泵、离心泵、提桶等。

（一）空气压缩机

空气压缩机是水文地质钻孔抽水试验最常用的设备，其工作安全可靠，孔内无运动部件，易于维护保养，运输方便，不受水质浑浊、井管弯曲的影响。其不足是效率低，出水量不均匀，成本高。

（1）工作原理。空气压缩机排出的压缩空气，先经过送风管进入孔内，通过混合器进入出水管。然后在出水管内，压缩空气与地下水混合形成相对密度较轻的气水混合物，在气举作用下，气水混合物沿着出水管迅速向上运动，最后从孔口不断排出。

（2）安装和使用。主要指送风管与出水管的安装和使用。送风管下部接气水混合器。混合器的出气孔直径一般为5mm，出气孔的总面积为送风管截面积的3~4倍，长度一般为1.5~2m。送风管上端与空压机送风胶管连接。出水管上端出口处安装分离气水三通，以减少水的冲力，便于测量涌水量。送风管和出水管在孔内的安装方式有同心式和并列式两种。

同心式安装方式，用提吊下管法将出水管下到孔内动水位深处，在水位深、水量大的浅井，出水管可下到动水位以下20m处。出水管下完后先用夹板固定在孔口，然后将送风管下到出水管内。下入深度应比出水管浅3~5m，以防空气从出水管底部泄漏。同心式安装方式的效率较低，但井孔断面利用合理，多用于小口径钻孔抽水。

并列式安装方式，将送风管和出水管并列安装在井管内，出水管和送风管通过一个特制接头连接在一起，用提吊下管法将出水管和送风管同时下入孔内，下入深度与同心式相同。并列式安装抽水效率高，要求孔径较大，适用于大口径钻孔抽水。

空气压缩机具有结构简单、安装方便、质量轻、流量大、扬程高等优点。但需用电力作动力，在无电源地区受到限制。

（二）潜水泵

潜水泵由立式电动机和立式离心泵直接组装在一起，全部潜入水中工作，具有结构简单、安装方便、质量轻、流量大、扬程高等优点。但需用电力作动力，在无电源地区受到限制。

（三）深井泵

深井泵用于钻孔直径大、水位深、涌水量大的钻孔。一般扬程为70~80m，最大可达300m。

泵体沉没于孔内动水位以下，动力机装在地表，用长立轴传动。井孔水质必须清洁，不能含有砂粒等。常用型号有SD型和JD型。

（四）离心泵

离心泵适用于地下水位较浅、涌水量小的钻孔，抽水深度一般不超过6~7m。其体积小、质量轻、结构简单、安装方便、出水量大且均匀，能抽泥砂浑水，因而被广泛使用。

（五）提桶

提桶适用于地下水位较深、水量不大的钻孔。提桶抽水时，水位跳动较大，获得的资料可靠性差。因此，该法用在抽水试验精度要求不高的钻孔。

二、测量水量、水位

（一）测量水量

测量水量的工具有量水堰、量水箱、水表等，最常用的是量水堰。按堰口形状，量水堰分为三角堰、梯形堰、矩形堰。其中，三角堰用得最多。抽水时，井水先注入堰箱，再经堰口流出。测量水量就是先观察水流经过堰口时的高度，测量水量就是先观察水流经过堰口时的高度，然后计算涌水量。

（二）测量水位

测量水位的仪表有多种，常用电测水位计。观测时，一极接到井管上，另一极利用一根金属棒（周围用绝缘胶布包好，下端外露）用绝缘导线下入井内。当电极金属棒下端与水接触时电路即为通路，电流表的指针就摆动。这时，就可以从带刻度的导线上读出水位的深度。

（三）取水器

在抽水试验过程中，还须采取水样进行水质分析。孔内取水样的取水器有以下两种：

（1）虹吸取水器。虹吸取水器适用于浅水位井中采取水样，上端连接长胶管，用绳下入孔内。取样时，先将胶管上端折曲，使管内空气排出，然后将取水器沉入水中，松开胶管，使水流入筒中，待水注满后提出。

（2）定深取水器。用钢绳将下锤放入取水位置，沿钢绳下放筒。下锤为上小下大的锥体，筒上下都有密封垫，筒到达下锤后套在下锤上。再沿钢绳将上塞下入，上塞到达筒上端后将筒上口封闭。提出取水器，得到水样。

三、抽水试验的类型

按井流理论，抽水试验可划分为稳定流抽水试验与非稳定流抽水试验。稳定流抽水试验要求抽水的流量和水位降深都相对稳定，结果用稳定流的理论和公式来分析计算。该方法适用于地下水补给条件好、水量充沛且相对稳定的地段。非稳定流抽水试验只要求流量或水位降深中的一个因素相对稳定，结果用非稳定流理论和公式分析计算。非稳定流抽水试验更接近自然界的实际情况，应用较广泛。

按参加抽水试验的孔数，抽水试验分为单孔抽水试验、群孔抽水试验、孔组抽水试验。

（一）单孔抽水试验

只在一个钻孔中进行抽水试验，并且不带观测孔。单孔抽水试验方法简单、方便，但成果精度低，并且只适用于稳定流抽水，应用范围有限，多用于普查。

（二）群孔抽水试验

在一个钻孔进行抽水的同时，在距抽水孔一定范围内有一个或几个钻孔，作为观测孔进行水位动态观测。这种抽水试验得到的成果精度较高，能完成各项水文地质任务，但投入的人力、物力较多，主要应用于详查。

（三）孔组抽水试验

孔组抽水试验是由几个抽水孔组成若干孔组，每组均带有一定数量的观测孔的大型抽水试验。这种抽水试验观测孔多，分布范围广，一般要进行大流量、大降深、长时间的抽水，有时抽水时间长达一个月或几个月，形成一个大的人工流场，充分揭露勘探区的边界条件和区内的流场状况，取得完整准确的水文地质资料，为区域供水水源或地下水防治的技术设计和施工提供可靠的水文地质依据。孔组抽水试验需投入大量的人力、物力，整个试验过程对抽水试验的技术、组织、设备等均要求严格。所以，必须慎重对待，适用于涌水量很大、边界条件不清、水文地质条件十分复杂的区域。

按抽水层段，抽水试验划分为分层抽水与混合抽水。分层抽水是对一个钻孔中的某一目的含水层进行抽水试验，要求对其他非抽水层段进行严格的隔离，抽完一层后，再对其他目的含水层进行抽水试验。分层抽水的顺序可自上而下——正抽，也可以自下而上——反抽。混合抽水试验是对暴露在同一个钻孔中的若干个含水层同时进行的抽水试验，反映的是各含水层的混合出水状态。这种抽水试验只要求封隔非目的含水层，如有害含水层，比较简单、经济，但对各层的分层水文地质参数掌握不够。

根据抽水试验的目的与精度可分为试验抽水与抽水试验两类。试验抽水指在抽水试验前短时间内进行一次最大降深，目的是进一步清洗钻孔，检查抽水设备安装情况，获得初步水文地质评价依据。抽水试验是正式抽水试验，延续时间较长，要进行3次水位下降。

四、抽水试验

抽水设备安装完毕后，即可进行抽水试验。

（一）落程

从钻孔中抽吸地下水时要引起钻孔水位下降，下降深度就叫作落程，通常以S表示。根据地质勘探设计要求的最大降深来决定S值。

水位下降值太小时，得出的涌水量偏大，小于1m的落程应尽量不用。落程的间距也应尽量避免小于1m。水位下降值越大，所取得的抽水资料越准确。

（二）抽水试验的延续时间

抽水试验的延续时间一般取决于水文地质条件。富水地区的水位、水量易稳定，在贫水地区就不易稳定。如水位、水量容易稳定，则延续时间就可以短些；反之，时间需长些。

（三）抽水中的观测工作

抽水试验中的观测工作包括：观测静止水位、动水位和恢复水位，观测水质、水量、水温和气温等。

1.水位的观测

（1）应以一固定点为零点观测水位，抽水之前应先观测静止水位。

（2）静止水位应采用试验抽水后的恢复水位。

（3）开始时，抽水试验观测时间的间隔为1min、3min、5min、10min、15min、30min。水位稳定后，每隔30min观测一次。

（4）水位稳定标准：一般水位上下波动误差不超过落程的1%，即为稳定。

（5）恢复水位的观测时间间隔为1min、3min、5min、7min、10min、15min。待水位恢复到接近静止水位并等待30min以上无变化时，可结束观测。

2.水量的观测

（1）抽水过程中在观测水位的同时要观测水量。

（2）水量稳定标准：一般误差不超过涌水量的3%，即为稳定。

（3）堰箱安放要平稳，以免影响堰口水头高度，造成计算涌水量的误差。

（4）观测水量的位置要固定。

3.水温的观测

（1）水温最好是在钻孔内观测，如不能在钻孔内观测，也可在堰箱中观测。

（2）水温、气温要同时观测，观测的时间间隔为1h。

（3）观测时必须将温度计放入水中，10min以后才能取出读数。抽水试验进行过程中因故障停车时，必须观测恢复水位，记录停车时间。水量突然变化时，要详细记录，并找出变化原因，及时采取措施。

（四）采取水样

在抽水试验中除求得钻孔的涌水量之外，还要取水样进行水质分析。

1.化学分析时对取水样的要求

（1）水样应在抽最大落程水位稳定后采取。

（2）进行简易分析时要取500mL，进行全分析时取2000～3000mL。

（3）进行特殊项目分析时取3000mL，另取500mL加固定剂侵蚀性CO_2，取250～500mL加入大理石粉（$CaCO_3$）3～5g。

（4）取水样前应将水样瓶用清水洗净，水样不应装得过满，要留有3～5cm的间隙，装瓶后立即封闭，瓶塞子应采用玻璃或橡皮材质，禁止以他物代用。

（5）取水样后必须填写标签，写清编号、取样地点、日期、水温、气温及取样人的姓名等。

（6）取测量硫化氢（H_2S）的水样时，应先加入3～5g醋酸溶液后再密封。

（7）取含酚水样时，应加入硫酸铜稳定剂。

2.细菌分析时对取水样的要求

（1）取水样前应到卫生部门索取用来取细菌分析水样的高温消毒瓶。

（2）取水样时应先将瓶子放入水中后，再打开瓶盖，装满水后，盖好瓶盖再拿出水面。

（3）取完水样后应尽快送到化验室进行化验。在放置或运送时应尽量避免强烈振动和日晒。

3.气体分析时对取水样的要求

（1）避免水样与空气接触。

（2）取水样方法：用一根细管一端接在水泵的出水口上，另一端插入瓶子底部，待水充满并由瓶口溢出一定量后，迅速取出管子进行密封。

（3）气体分析最好在现场进行，否则应尽快送到化验单位。

五、增加出水量的措施

钻孔成井后，在抽水试验过程中，有时会出现与附近水井相比，出水量明显减少，与有关资料差距较大的情况；或水井投产使用一段时间后，水量逐渐减少，甚至不出水，严重影响地下水正常开采。研究影响井孔出水量的因素，并采取适应措施提高井孔出水量十分有必要。

（一）影响井孔出水量的因素

影响井孔出水量的因素分为自然因素与人为因素两类。自然因素指含水层富水性以及所处的水文地质条件，如含水层的补给能力，渗透性能，厚度及水位埋藏深度等。人为因素指工艺、设备、技术等方面，具体表现在：

（1）滤水管选择不合理。滤水管是地下水进入井内的通道，有关滤水管的类型、直径、长度、孔隙率等都将直接影响出水量。当滤水管类型选择不当时，将造成孔内涌砂、滤水孔被堵塞或淤塞等现象。当滤水管直径过小、长度短、孔隙率低时，出水量将明显减少。

（2）填砾。填砾级配不合理，砾料规格过大，滤水管安装偏靠井筒一侧，使滤水管外围填砾厚度不均，甚至一侧没有砾料；或填砾速度过快中途被堵，在滤水管外围形成没有砾料的空段，出现这种非正常现象后，抽水时，细砂进入井内，造成水井下部淤塞，而影响出水量。

（3）下管工艺。由于下管操作不当，造成井管接头错动，井管脱节或破裂，滤水管过滤网破损；焊接井管时由于焊接的不正，造成井管弯曲，给下管、填砾、洗井等工序造成困难，使出水量受到影响。

（4）钻进工艺及泥浆对出水量。在第四纪松散地层钻进，由于钻进工艺技术参数掌握不当，造成钻进或扩孔时间过长，并在钻进或扩孔中使用了劣质泥浆，使黏土颗粒大量渗入扩散到含水层缝隙，降低了地下水向井内渗透能力，使水井出水量受到影响。

（5）使用期。长期使用的开采井，由于溶洞、裂隙被砂土或其他物质充填、堵塞；过滤网眼或缠丝间隙被砂粒、黏土堵塞；地下水矿化度高、水质不良，含有对井管腐蚀的元素或物质，都会使水井出水量减少或不出水。

（二）增加出水量的措施

常用孔内爆破与酸化处理两种方法增大出水量。

孔内爆破增大出水量：裸眼井孔为基岩裂隙水，由于钻进工艺不当，含水层的溶洞、裂隙被充填或堵塞，导致水井出水量减少。可在主要含水层孔段，采用爆破法，使含水层的裂隙扩大、增多、延深、以与远处裂隙沟通，扩大和疏通含水层的通道，从而增大水井出水量。孔内爆破后，要用活塞、空压机、二氧化碳等方法进行洗井，以排出孔内堵塞物。孔内爆破有一定的危险性，必须有专人负责指挥，严格遵守操作规程，确保人身、设备安全。

酸化处理增大出水量：在碳酸盐类（如石灰岩、白云岩等）的裸眼井中，若含水层的溶洞、裂隙被岩屑或其他物质填塞，造成水井水量减少时，使用酸化处理方法增大水井出水量。一般多采用盐酸配制酸液。处理完后，用活塞或空压机洗井，排出酸化反应的残余物。一般酸处理后，出水量可增加2~3倍。

第五章　工程地质钻探

第一节　工程地质钻探概述

一、工程地质钻探的目的

工程地质钻探（简称为工程钻）是工程地质勘察的重要手段之一。在大型民用、工业或国防建筑的工程地质勘察过程中，需用钻探采取原状土样、岩心和在孔内进行各种工程地质试验，以获取建筑物基础的工程地质资料和岩土层的物理力学性质，为选择适宜的修建地点、确定建筑物的类型和结构、制定合理的施工方法以及为防止或治理滑坡、泥石流等不良工程地质灾害而采取工程措施提供必要的工程地质和水文地质依据。

二、工程地质钻探的特点

（1）工程地质钻探一般在地表覆盖层中进行，钻进深度不大，多为浅孔，大多数钻孔深小于50m，孔径不大，宜采用轻便化钻探设备，且要求安装拆卸方便。

（2）工程地质钻探是对建筑物的地基进行勘察，对其地质构造、各地层的承载能力、受载后的变形等方面进行了解。所以，钻进时不但要求查明岩石的种类、质、层位、厚度等一般地质情况，而且要查明岩石的天然状态，如岩石的裂隙发育程度、风化特点、含水情况、密实程度、受力后的应变等。因此，要求保证岩心完整、原状和较高采取率，并且要进行动力触探和静力触探等工作。

三、工程地质钻探的应用范围

所有地面建筑物包括大型设备安装，均需以地面基础的承载能力（基础的单位面积上所承受的载荷）为前提。现代建筑越来越高大沉重，要求基础深固。因此，在设计施工前首先要进行基础工程钻探，以便取得足够的工程地质资料与力学试验资料。这类工程基础勘察包括：

（1）高层楼房，超大型建筑，烟囱，碑塔基础；

（2）大型设备，重型机器安装；

（3）铁路和公路桥梁、港湾桥梁、水库电站、坝址、海港、码头、货栈等基础；

（4）大型输送管道（输送液体、气体、矿粉等）敷设等基础。

当前，现代化大城市发展的趋势是：一方面地面建筑向空间立体化发展；另一方面建筑工程越来越向地下发展。不久的将来地下铁道网、地下城市必然将大幅度增加，地下建筑工程基础勘察将更为复杂和重要。这类基础勘察包括：

（1）地下铁路、公路、隧道、涵洞、暗渠等基础；

（2）地下城市、街道、建筑物和防护设施等基础；

（3）越江、越海隧道工程等基础；

（4）地下核试验工程、国防工程等基础。

四、工程地质钻探技术

（一）工程地质钻探技术的种类

现代的工程地质钻探开展主要是为了了解工程地质情况，为后续一类设计工作提供有效参考依据，因此向地下钻孔破碎孔底岩石的方法及钻进工艺被总称为地质钻探技术。工程地质钻探设备主要由动力机、钻机、钻杆、钻头、泥浆泵等部分构成，其中，钻机是最核心的部分。根据钻探目的不同，所采用的技术装备和工艺也不同，机械方法破碎岩石是最主要的应用方式，但根据不同的区分标准，又可细分为多种钻探方法。例如，根据外力作用的性质和方式，可分为冲击钻探、冲击同向钻探、H转钻探、振动钻探、喷钻探；正循环钻探、反循环钻探、空气钻探、泥浆钻探、清水钻探等主要是根据钻探所采用的循环方式和冲洗液不同而区分的；硬质合金钻探、金刚石钻探、钢粒钻探则是根据钻探所使用的切削工具不同而区分的。主要常用的钻探技术有以下几种：

1.冲击钻探

冲击钻探是由中国人发明创造的古老钻井方法，主要通过用钢丝绳或钻杆连接一字形或十字形钻头以上下运动方式冲击岩石，捞出岩屑、岩粉，从而造出钻孔。

2.回转钻探

这是当前最为普遍的钻探方法，通过转盘、回转器或动力头驱动钻杆带动钻头回转的钻进，在轴向钻头压力作用下，回转破碎岩石，取出岩心或排出岩粉，造出钻孔。一般使用全面钻头、环状取芯钻头两种，钻机决定回转速度，如一般情况下石油钻机速度最高达160r/min，金刚石钻机最高达2400r/min。

3.冲击回转钻探

冲击回转钻探主要由钻杆和钻头两大部件构成，钻头在轴向压力作用通过钻杆中心的气体或液体所产生的冲击力带动下，以冲击和回转两种方式在50r/min的缓慢速度下左右回转击碎岩石并形成钻孔。

4.振动钻探

振动钻探顾名思义是由振动力来进行钻孔工作的。振动钻探主要通过自动形成的压力或者管柱上因两个偏心相反方向旋转产生的振动力和压力，不断振动和提上管柱从而在松散、非胶结岩层上形成钻孔，并取出岩心作为勘测样品。

5.绳索取心钻探

绳索取心的主要原理在于将岩心管满灌到岩矿心或是岩矿心出现堵塞的情况下，根据杆柱理念采用绳索以及有关工具来去除岩心容纳管，而无须提升桩内钻杆至地表面。在具体作业过程中，必须仔细检查钻头的磨损情况，方可将全部钻杆柱提升上来。该项工艺技术不但能够提高了钻井效率，并且还能降低在作业环节钻探设备的磨损程度，减小了钻杆柱对孔壁产生的作用，大幅提升孔内的安全系数。目前，在工程地质钻探过程中，金刚石绳索取心技术使用频率较高，不过当前在市面上该项技术还未获得普及。

在实际应用中先结合施工现场的实际情况来选择钻头，进而根据工程实际要求和地质实际状态来选择探头，不同的岩石状况有不同的选择规范。根据地层的划分需要，钻孔大小也有不同的规范，一般来说，终孔直径不宜小于33mm。若为采取原状土样，孔径应≥108mm；为采取岩心试样，软质岩石应≥108mm，硬质岩石应89mm。

（二）钻孔技术分类及应用分析

1.钻孔技术分类

工程地质勘探中最为重要的问题是如何合理地使用勘探工程，其中最快速、有效的勘探深部矿体的方法就是钻探，常见的钻探主要分为浅钻、岩心钻和地下钻（或称为坑内钻）这三种。

（1）浅钻。在埋藏不深且较接近地表部分的矿体勘探一般采用浅钻，因为在实际操作时容易涌出大量地下水，这时浅钻就可以代替浇井。浅钻实际应用类型较多，通常需要自行安装在汽车上，具有较强的整体机动性，便于搬运，因此非常便利，施工成本较低，经济性能较高。但由于孔浅，不适宜在岩层较硬地区开展施工。

（2）岩心钻。在寻找矿床、矿体过程中，需要了解矿床规模或矿体向地下深部延伸情况，对于复杂的矿种或矿体情况，岩心钻是主要的工程地质钻探技术手段。岩心钻主要是通过钻机在钻进过程中所穿过的岩石和矿床所接触或产生的岩心和岩粉进行取样并详尽检验，从而判断勘测对象的地质构造和质量。岩心钻对岩心的采取率一般大于

60%～70%，钻孔选取角度与矿体倾角有关，垂直钻孔一般用于矿体倾角较小的矿床地貌，而倾斜钻孔多用于矿体倾角较大的矿床地貌。对于一些特定情况，可根据施工所允许的弯曲范围来按照计划调整。随着钻头调整钻孔倾角，使其有规律地变化，使穿过矿体的定向钻达到设计的角度。

（3）地下钻。地下钻主要用于水平坑道位置的地质钻探，因此也叫坑内钻，主要用于地下矿体信息比较复杂的情形，如多种矿体产状复杂的矿床，对于这种复杂的地质勘探，其工作时效性良好，且经济成本较低。

2.钻孔技术应用

通过钻探设备向地下挖掘并形成直径较小且深度较大的柱状圆孔，这在地质勘查工作中被称为钻井。地质矿产埋藏的深度和其他具体情况影响钻孔的深度和直径大小。根据距离位置，从起始位置到底部分为孔口、孔底，孔壁在侧部。孔径即钻孔直径，孔口直径就称为开孔口径，孔底直径为终孔直径。从孔口至孔底的距离称为钻孔深度，简称为孔深，某一段称为孔段。钻孔的应用可分为以下几类。

（1）地质普查或勘探钻孔。钻孔作为地球物理测井通道，获取岩矿层的各种地球物理信息，主要是通过从钻孔取出岩心、矿心、岩屑或液、气等样品，或从孔壁补取测壁岩样矿样，以获取第一手地下地质实物资料，为找矿或探明矿产储量提供有效参考依据。

（2）工程地质钻孔。工程地质钻孔通过地质勘查为桥梁、道路、坝址、水库、厂基等建设探明工程基础状况，在对基础桩或管桩等建筑工程基础建设加固处理环节上，钻孔技术对于工程基础施工具有广泛的使用空间。

（3）水文地质钻孔。主要是作为人工通道来检测地下水层水文地质动态，或者作为水井为农业、工业、国防和生活开发利用或补给地下水资源并充实水文地质资料。

（4）开发钻孔。主要是结合探采技术，对石油钻井、地热钻孔等，开采地下水、地热、石油、天然气、地下卤水、地下煤炭等。

（5）辅助钻孔。主要是用于采矿或隧道等工程，为排水、探水、排气、探气、冻结、运输以及建筑和通信安装管线、爆破、取样、灌浆等施工时所需的钻孔。

五、多年冻土公路工程地质钻探技术探究

冻土地质作为一种较为特殊的地质类型，一般存在于高原地区。在公路工程开展施工过程中，最难处理、最为复杂的地质环境便是冻土地质。为了确保冻土上限及表征实际情况，积极地在公路工程施工过程中开展地质钻探意义重大。只有结合冻土地质的实际情况，科学合理选择取心工具，避免原状受到压碎、振捣、磨耗、污染等破坏，才能够全面结合冻土地质的特点，展现出冻土地质的实际情况，为公路工程建设提供良好的基础信息保障。对我国高原以及大部分西部地区来说，气候、海拔等诸多因素导致地质环境复杂、

冻土普遍存在。地质钻探技术是我国地质勘测工作中的重要技术手段，能够为我国公路工程建设工作打下坚实、良好的基础，最大程度地保障公路建设工作质量。准确获取冻土上限以及表征冻土状态、探索冻土温度场分布特征、了解冻土地域的地质条件、科学合理开展冻土试样，是冻土钻探工作的主要内容。高效开展冻土公路工程地质钻探技术，能够最大限度地为公路工程建设工作打下良好的基础、最大限度地确保公路工程自身的实际质量，从而科学合理地进行冻土工程治理。

（一）冻土公路工程地质钻探工具

1.管式取心工具

管式取心工具的主要设备是长为1m、直径为0.18m、壁厚为4.5mm的DZ-40号无缝钢管。管式取心工具与其他无缝钢管存在差异，其差异便是在加工好之后，需将具有排压和封浆功能的钻头焊接在无缝钢管上，以便最大限度确保管式取心工具的回钻进、取心效率。此外，管式取心工具可以顺利将无缝钢管中的气体和泥土进行排出，还能够将自钻杆柱的泥浆压力封存在管外，切实保障了采样岩心的精准度。在实际开展冻土公路工程地质钻探的过程中，利用取心工具非常方便，一般适用于路基、松散破碎土层、颗粒成分等冻土层的钻探。回转钻进、采取试样工作可以一次性开展，以便保障岩心采取效率。

2.半合式取心工具

半合式取心工具的主要设备也是无缝钢管，其实际长度为0.8m、直径为10.8cm、厚度为6.5mm、类型是DZ-65号。在开展半合式取心工具加工时，一般会将无缝钢管制造成台阶式的形状，并且将两个半管咬口进行连接扣合，构建出一个完整个体。半合式取心工具最大的优势便可以能拆开使用，在采样过程当中可以直接观测采样内容的岩性。此外，半合取心工具的适用范围较大，可以适用于富冰冻土、饱冰冻土、含冰冻土等较为难以采样的地质泥土，并且其采样效率较好。

3.抽心式取样器

在开展冻土公路工程地质钻探的过程中，为了最大限度避免出现人为破坏现象，确保采样冻土最为自然的状态，必须严格按照物理力学指标参数，通过层位原状试样的形式进行钻取工作。在利用抽心式取样器进行钻探工作时，抽心式取样器的类型可以选择双动双管抽心式取样器，在开展钻探取样时，可以利用回转钻进的形式进行钻进工作。在取样完毕之后，应及时抽出内管并擦干净，除去取样器周围多余的岩样，封上标签，将其放入保温箱中，以确保实验的真实性。

（二）冻土公路工程地质钻探工艺

1.合理选择开孔直径

在钻孔开孔选择过程中，应该严格结合道路工程地质规范的实际要求，满足物理力学实验条件，结合钻机性能科学合理选择开孔直径。一般情况下，开孔的孔深应该把控在0～15m，开孔直径应该保障100mm。针对孔深在15m以下的位置，直径应该选取91mm左右；控制性钻孔，孔深应该在0～15m，开孔直径应该保障130mm；针对具有特殊要求的公路地质，还应该切实结合具体问题开展具体分析。值得注意的是，为了避免岩融化的显现，在选择开孔直径时，应该尽量选择孔径大一级的开孔直径。

2.科学选用钻头

在选择钻头时，一般会严格结合地质岩性、设备能力、孔壁稳定情况、质量要求和经济造价等因素进行合理的考虑和分析。对多年的冻土来说，应该以冻土的骨架强度和含冰量的大小来决定钻头的选用形式。在笔者多年的地质钻探经验指引之下，在实际进行冻土地质钻探过程中，主要应该选择以下两种钻头。

（1）团结式硬质合金钻头。此类钻头一般非常适用于少冰冻土。其钻头的摩擦性非常大，并且每颗合金最大压力在15MPa，与低转速（40～100r/min）联合使用可以有效保障钻进效率达2.5m/h，并且其使用寿命相对较长。

（2）单粒式硬质合金钻头。单粒式硬质合金钻头相比之下更加适用于多冰冻土层的地质钻探。因为单粒式硬质合金钻头的抗钻进强度相对较低，所以在实际开展地质钻探的过程中可以使用造价相对较低的单粒钻头。此种单粒钻头每颗合金最大压力为12MPa，转配速为100r/min，其平均机械钻进效率可高达3.5m/h左右。干钻时使用可以达到15m。

综合来说，以上两种钻头作为适合冻土钻探的有效手段，可以切实有效保障钻探的实际效率。想要避免钻进工作开展过程中，外壁与孔壁出现摩擦的现象，有效延长钻头寿命，就应该科学合理地选择钻头。在钻头加工过程中，应该注意底部合金出刃为2～2.5mm，内外合金出刃不超过2mm，钻头总长度应该保障在100mm，壁厚应该大于取心工具的外径和内径各1mm。

3.冻土公路工程地质钻探方法

想要获取多年冻土岩心样品，并且保障样品质量，可以合理科学地划分地层，并且合理测量冻土界限。在冻土岩样鉴定过程中，针对冻土岩样的成分、产生状况、土质性质等各个环节进行严格的分析和鉴定，全面分析冻土岩样的实际情况，为公路建设打下良好的基础。此外，在冻土岩样钻探的过程中，还应该科学合理地选择钻探器械和钻探手段，尽量选择无泵干钻模式进行冻土岩样钻探。若开展桥基钻探工作时，还应该先去除冻土覆盖层，之后再利用无泵干钻的手段进行钻探工作。当钻探深度到达基岩之后，可以先利用套管形式隔离冻层，切实避免融化坍塌的现象，再采用冲洗液循环回转钻进。

4.冻土公路工程地质钻探操作技术

想要有效保障冻土公路工程地质钻探效率和质量，就应该科学选取技术参数和操作方法，保障岩心采取效率和试样质量。

（1）科学合理把控钻进回次。在控制钻进回次的过程中，应该严格把控各项技术指标，冻土回转钻进的次数应该把控在一定范围之内，钻进次数不能太多。

（2）轴心压力与回转速度。轴心压力与回转速度应该结合实际情况进行确定，确保冻土公路工程地质钻探的高效运行。

（3）冲洗液的适用范围。泥浆循环钻进一般会产生相对较大的热量，热量产生一般会对冻土造成影响，导致冻土融化等诸多问题，给冻土取样分析等工作带来了极大的困难。想要切实有效确保冻土公路工程地质钻探的效率，在深桥基钻探工作开展的过程中，必须使用冲洗液的手段，先下入套管隔住冻层，再采用冲洗液开展循环钻进工作。

5.地质钻探工艺操作注意事项

在开展地质钻探工艺操作过程中，必须认真判断钻探孔内的实际情况，在开展钻具升降的过程中，应该确保钻具上下移动的稳定性，切实避免钻具在升降过程当中出现岩心脱落的现象。在下钻的过程，应该扶正钻具，保障转速在一定规格中，钻头避免与钻孔、钻壁产生碰撞，避免出现钻头破坏的现象。扫孔的过程中，也应该注重压力大小，转速应该适当缓慢，当钻头到孔底之后，逐渐平稳增压。在开展地质钻探采心的过程中，若孔内残存岩心或者脱落岩心，应该想方设法地进行清孔工作，切实避免岩心脱落工作对钻探工作造成影响。若岩心残留孔中，则会导致摩擦生热的现象，直接对冻层结构造成破坏。此外，若外界的温度相对较高，下钻前应该将钻具进行合理的冷却，避免因为外界与钻孔内温差较大，破坏冻土状态的现象产生。在遇到融区时，若发现了地下涌水的现象，应该下入套管严密封闭，避免涌水渗入冻层中，避免出现岩性融化的现象。若存在机械或者其他影响因素造成停钻时间较长的问题，应该将钻具全部提出孔外，并且针对孔口进行保温处理，确保孔内温度不受到地面温度的影响。与此同时，孔口还应该增设保温盖，避免采样受到外界温度的影响。

六、岩溶地区工程地质钻探

（一）岩溶地区工程地质钻探目的

工程地质钻探主要目的是获得岩土工程的第一手的基础资料，通过钻机钻进地下，形成圆柱形的钻孔，由钻孔不同深度提取岩心，得到岩、土、水样，以对岩土的性质加以鉴别，明确地层埋藏的深度、厚度以及钻进深度内地下水赋存状态。

在岩溶地区开展地质钻探，可明确对工程场地安全、地基稳定存在影响的岩溶发育规律，区域岩溶形态规模、密度、空间分布的规律，熔岩顶部的浅层土体厚度、性质、空间分布以及岩溶水循环交替的规律，最终对场地适宜性、地基稳定性进行评价。

目前，工程地质钻探方法较多，主要分为以下几类：①回转钻探，如岩心钻探、无岩心钻探，螺旋钻探；②冲击钻探，如锤击钻探；③振动钻探；④冲洗钻探。在实际工程中，需根据地层特点合理选择钻探方法，确保钻进深度、岩土层的分层深度以及岩心采取率均满足要求。

（二）岩溶地区不同地层的钻探施工技术

1.红黏土覆盖层钻进技术

开孔后的前若干回次，一般采用锤击钻进；取土试样或是原位测试的钻孔，或是使用回转钻进、泥浆护壁回转钻进的方法，在必要的时候需要进行套管护壁。在实际钻进中，回次进尺不得超过2.0m，以确保达到分层精度的要求。

2.碎石土层钻进技术

（1）土层的厚度不大，可使用回转钻进、泥浆护壁回转钻进的方式，将碎石土层钻穿之后，打入套管，以有效保护孔壁。

（2）土层的厚度较大且密度较高，可使用回转钻进的方式，因为碎石土层内通常存在一定的地下水，碎石之间的孔隙比较大，在钻进施工过程中会产生孔内漏水的问题，以致孔壁坍塌，因此在钻孔内可加入适量的黏土，起到暂时的护壁效果。若在回转钻进时，没有发生塌孔问题，可继续作业；若发生塌孔，必须增大泥浆的浓度，或是改用套管跟管钻进的方式，也就是在钻进碎石土层的一定深度后（<2.0m），将钻具拔起，击入对应的口径套管，依次反复。因为碎石土层一般呈中密-密实状态，粒径较大，局部含有漂石，套管击入过程中，钻进阻力相当大，宜采用厚壁（壁厚1cm左右）套管、用重锤击入，效果较好；若用普通的套管，击入时易卷口，应加套管鞋，否则，达不到预定的深度。

（3）当碎石土层的粒径较大或含有漂石时，碎石颗粒之间有一定的孔隙，胶结程度较差，采用回转钻进，若碎石粒径大于钻具的口径，碎石颗粒往往会与钻具一起旋转（跟转），此时较好的处理方法就是增大泥浆的浓度、钻机下压力以及减小钻进速度，必要时可使用金刚石钻头，以获得良好的效果。

（4）击入套管以后，可能会在套管内留有碎石，此时回转钻进，就会导致个别的碎石卡在套管、岩心管之间，套管随着岩心管进行转动，采用正丝套管时，可能会产生丝扣滑脱的问题，以致套管脱落，对此可在管接头位置点焊套管加固；采用反丝套管时，通常不会产生丝扣滑脱的问题。

（5）厚壁岩心管击入钻探方法的应用优势在于，其无须考虑碎石厚度，进尺到碎石土层后，使用厚壁（壁厚约1cm）岩心管（长度超过2.0m），以重型吊锤（>100kg）反复击入，其进尺效果良好。重锤击入时，可对碎石进行击碎、挤压，同时岩心管是厚壁，一般不会出现卷口问题。在击入时，可适当加入黏土，以暂时护壁。当击入一定的深度，将岩心管拔起，带出岩心，依次循环，最终达到预期的深度。该作业过程中，因为泥浆护壁，不易出现塌孔问题，如果塌孔，则可下入第一级套管，下次进尺时变小径岩心管。

（6）先钻进、后击入套管法，该方法作业时必须确保孔径较大，一旦进尺到了碎石土层，则可以厚壁岩心管击进碎石土层一定的深度，将锤击停下，厚壁岩心管直接留于孔内，击入对应套管，套管击入深度必须小于岩心管的深度，起拔岩心管，将岩心取出，依次循环，获得良好的效果。如果出现碎石粒径超过岩心管口径的情况，主要表现为锤击反弹、久击不进，应以小口径的钻具进行超前掏心预钻，然后将套管击入。

3.软土（淤泥质土、土洞/土洞充填物）钻进技术

在实际钻进作业中，无论采用什么样的钻进方法，其进尺均十分快，一旦遭遇土洞或者是土洞充填物，极易出现掉钻的问题，也就是钻具在不加压的情况下向着孔内掉落。

因为淤泥质土较为松软，塑性低，因此提钻以后会产生孔内缩径的问题，在第二次下钻时无法达到原来的孔深；若是土洞内无填充物，或者是填充物比较少，则会存在一定的空间，以致于第二次下钻过程中产生偏移问题；若是土洞处于充填状态，因为土洞和下部灰岩的联系十分紧密，在钻进时会在孔内产生大量的漏水或是全泵量漏水，以致地下水位出现急剧变化，极易发生孔壁坍塌的问题。钻进软土层时，应使用肋骨钻头，增大孔径，钻探到软土之后，需立刻下入套管，实现对孔壁的良好保护。

4.岩溶石灰岩钻进技术

（1）岩土工程勘察时，特别是应用冲（孔）灌注桩基础的建（构）筑物，因为桩端的持力层必须处于完整性好、有一定厚度（实际工程应根据设计桩径、单桩承载力而定）、无岩溶发育的石灰岩上，故而必须查明设计深度范围中的石灰岩的岩溶发育规律，基本形态、规模，洞体顶底板的埋深、充填物以及岩石的完整性情况。在钻探时，钻至石灰岩面/接近石灰岩面，一旦孔内产生大漏失或是全泵量漏水、漏浆的情况，无返浆，特别是遭遇充填溶洞，极易出现孔内埋钻、坍塌的问题，产生安全事故。岩溶裂隙一般发育区，以膨润土粉、黏性黄土以及水泥浆进行护壁，即可获得良好效果，而溶洞、溶沟以及溶槽之类的岩溶发育区，上述护壁方法效果不佳。在实际作业中，岩溶石灰岩层钻探是关键，必须重视钻探时的孔内漏水、漏浆、塌孔、套管跟进、钻遇一/多层溶洞中成孔等问题。

岩溶区钻探施工主要方法为合金回转钻进、金刚石单动双管回转钻进、泥浆/套管护壁成孔钻进。钻探漏浆主要包括两种：岩溶裂隙漏浆和溶洞漏浆。

（2）泥球护壁结合套管法：岩溶裂隙（或是小溶洞）漏浆，膨润土粉、黄土、水泥

浆护壁效果不佳，则可朝着孔内填入湿黏土球，下入钻具在孔内进行上下活动挤压，使得泥球进入岩溶裂隙或是成为泥浆，其后将钻具转动进行扫孔，使得泥球不断挤压孔壁，达到填充裂隙、保护孔壁的效果。湿黏土球制作时，要求黏土具有较好的塑性、黏结性，不容易被冲洗液冲刷掉，达到堵塞岩溶裂隙、防止漏浆的效果，确保钻探作业的顺利开展。因为岩溶地下水的富水性良好，地下水的活动较为频繁，继续钻进过程中，极易因为地下水的稀释作用，导致泥浆的浓度下降，出现孔内渗漏问题，在未达设计钻孔深度时，应重复使用上述处理方法。如果溶洞内无或是少充填物（流软塑状态），可钻进第一层溶洞底或是继续向下钻进；如果是充填溶洞，因为充填物的结构十分松散，在钻进过程中极易出现卡钻、掉块、孔壁坍塌、二次下钻无法达到原孔位/孔深的情况，对此必须做好捞渣工作，下入第一级套管（不计上部覆盖层套管），然后继续捞渣，同时不断锤击套管持续跟进，依次循环至溶洞的底部。通常，同一层溶洞的钻具、套管均不宜改变径；第一层的套管到位之后变径，并在第二层的溶洞进行钻进，下入第二级套管。如此钻进方法的缺陷在于费时、费力。因此，存在口径限制问题，适用于只有2~3层的溶洞，可达钻探设计的深度。

（3）多层套管护壁法：溶洞规模较大的情况下，特别是空溶洞串（连续、多个溶洞）、溶洞半充填或是充填物呈现为"流塑—软塑"状态下，孔内投入泥球的护壁效果不佳，此时应采取跟管钻进的方法。钻探施工中，因为地层较为复杂多变，因此应使用综合处理措施，也就是先小径超前钻进、后大径扩孔，在钻探过程中多次变径并下入多层套管。在此钻探方法作业时，必须了解已有的、邻近的场地相关岩土工程资料全面掌握，如场地的溶洞发育程度与设计钻探的深度范围中可能出现的溶洞的个数，从而对钻孔结构、套管程序予以合理设计。

七、钻孔技术在未来的发展趋势

通过实践可以了解到，钻探技术在不断地应用与发展，钻孔技术同样随着钻探技术的发展而不断进步。在进行地质钻探的过程中，会不断引进先进的钻孔技术和钻孔设备，通过设备的使用和技术的提升，来提高地质钻探的精确性。随着科技的发展，钻孔技术也会逐渐地发展与完善，会逐渐升级成一个具有低投入成本、高回报效果、优质效率技术的全面的钻探技术。在进行公益性地质和商业性地质勘探过程中，也会逐渐应用钻孔技术。在钻孔技术发展中，在定向钻进与定向对接井方面，要加强钻孔技术的使用情况，同时也要合理地保证钻孔技术的自主知识产权；在天然气勘测方面，钻孔技术要加大研究力度和使用力度，使钻孔技术在根本上满足天然气能源的开采。在发展过程中，钻孔技术要不断地进行技术手法和技术能力的提升，科技的不断发展使得钻孔技术不能一直停留在传统的钻孔技术方面，钻孔技术要顺应时代的发展，引进适应当下社会发展的、完善的钻孔技术。

在我国科学技术和国民经济不断发展的社会影响下，钻探工程在探查、开采和施工方面的应用领域以及影响力逐渐增大。钻探工程在发展过程中的某个方面，和尖端科学还有实质性的联系。时代的进步与发展把钻探工程推动到了一个前所未有的领域，可能对整个地质学基础理论提出挑战性的认识，全面促进矿产、新能源、新材料、地质灾害等各个领域的突破。

第二节 钻进方法

一、振动钻进

振动钻进的实质是用振动器带动钻杆和钻头振动，使周围岩石或土壤也产生振动。由于振动频率较高，岩层或土壤的强度降低，在钻具和振动器自重以及振动力的作用下，钻头钻入岩土层，从而实现钻进。

用该振动器振击开有纵向槽的钻管，在土层中钻进，可达到每分钟2m或更高的钻进速度。

振动钻进孔深大多为10~20m，钻进效率比人力钻进提高3~4倍，而单位进尺的成本仅为人力钻进的1/10~1/8。此外，还可使用振动机械下套管和处理孔内事故，以减轻体力劳动强度。

（一）振动器的工作原理

目前，应用最广泛的是机械振动器。机械振动器是利用偏心重锤在旋转时产生的离心力而发生振动作用。

机械振动器能产生两类振动，即非定向振动（圆周振动）和定向振动。

（二）振动器

用于工程地质钻探的振动器应满足下列要求：

（1）振动力应足够大，以产生大的振幅，但不应超过设备和钻具的允许值。实践证明：使用直径为50mm的转杆时，双轴双轮振动器的最大允许振动力为60~65kN，单轴振动器约为45~50kN，超过允许值则易发生钻杆折断等事故。

（2）振动频率不低于1000次/min，一般为1200~2500次/min，振动频率小，则效率低。

（3）振动器自重应尽可能小，自重大将增加无益功和使钻杆上部变形。

（4）振动器所有零件要牢固可靠，焊缝在交变负荷作用下易损坏，因此在设计和制造时应尽量避免焊接。为了防止螺栓连接回扣脱落，所有连接螺栓应用开尾销固定。

振动器类型很多，有普通式振动器、带弹簧加重物的振动器、振动锤等。下面介绍两种常用于工程地质勘察的振动器。

（1）普通双轴双轮振动器。振动器所有零件均装置在外壳内，旋转偏心轮产生的离心力通过外壳和接头传给钻具。偏心轮与轴是一整体，偏心轮轴装在四盘滚珠轴承上。两个规格相同的用优质钢制成的齿轮用键装在偏心轮轴的一端，以使两个偏心轮的作用同步。先电动机装置在外壳上，然后用箍圈及螺栓与外壳固定，外壳两侧有夹板，其上端有供悬挂振动器用的孔。

振动器工作时，要求最大振动力应比钻具或其他下沉物的重力大20%至30%。随着钻孔的不断加深，钻具产生的重力不断加大。因此，振动器应能调节振动力的大小。由于振动器发出的最大振动力正比于偏心轮的质量、偏心距和转数的平方，因而改变这三个参数就能调节振动力的大小。常采用的方法是改变偏心轮的转数和质量。用于改变转数的动力机为直流电动机。在偏心轮上钻一些孔，在孔中固定重物或从孔中取下重物就可以改变偏心轮的质量和偏心距。

这种振动器的最大缺点是电动机和振动器一起振动，因而使电动机承受动负荷，工作条件变坏，振动频率也受到限制。为了克服这一缺点，可将电动机不直接安装在振动器上，而用弹簧隔开。弹簧的缓冲作用，可以大大改善电动机的工作条件。

（2）振动锤。振动锤由电动机（或液压马达）、振动器、弹簧、冲头、砧子和接头等组成。

振动锤的特点是振动器与钻具分离，故在工作中具有振动和冲击双重作用。

冲头与砧子可以接触，也可以不接触。在振动力的作用下，振动器产生振动并冲击砧子，由于弹簧的张力而引起冲击器上跳，即产生向上的振动力，故振动幅度比其他振动器大得多。振动器做周期振动运动，冲头亦周期性地产生向下的冲击作用。

振动锤钻进效率较高，特别适用于在致密土壤中钻进。

（三）钻进工艺

（1）钻具振动沉入的条件。振动破碎岩石仍属于机械破碎方式，破碎机理：对于较硬岩土，在高频振动力作用下，可能产生疲劳破碎；对于松软岩土，尤其是黏土质岩层，受到振动时会发生物理变化，使内摩擦系数和外摩擦系数降低，因而创造了有利的破碎条件。

钻具振动沉入的条件：振幅应不低于一定限度；振动力应足以克服土壤抗断强度，振动力大则允许振频稍有降低，反之则需增加振频；沉入压力（钻具自重）应足以克服土壤的摩擦阻力，并保证有一定的沉入速度。

振动钻进适用于砂、亚砂土、亚黏土、黏土等地层，在松软岩层中钻进具有很高的效率。

（2）振动钻头。其特点是管壁沿轴向开有纵切口，切口所对圆心角为10°～160°，其大小取决于岩层性质。在未黏结的含水层中钻进可取小一些，在黏结性的岩层中则应取大一些。切口长1.5～2m。用这种钻头钻进时，在纵切口外岩心（土样）沿其全部高度与岩层本体相连，为了取出岩心，应先将钻头转动一定角度，割断岩心与岩体的联系，然后才能将钻头和岩心一起提至地表。

试验证明：用不带纵切口的钻头钻进时，岩心上部松软，而下部却非常密实，以致钻速急剧下降，进尺很快停止，提钻后需将岩心打碎才能取出；用带一个纵切口的钻头钻进时，钻进深度增大，但岩心下部和切口对面的岩心仍被压实，而岩心上部和切口处的岩心则几乎未被压实；用带有两个纵切口的钻头钻进时，钻进深度更大，效率更高，但靠近钻头内壁部分的岩心仍有被压实现象。

在半干的黏土层中钻进，最好采用有两个或三个纵切口的钻头。但为了防止因强度和刚度减小而在钻进中被扭曲或劈开，应采取以下措施：钻头不宜过长；切口的宽度应为钻头直径的2/5～3/5；在切口上交错地留有若干横梁。

钻进干砂、湿砂、含砾砂层时，可采用不带纵切口或带一个不宽的纵切口的钻头。

振动钻头可用直径为89～168mm的套管制作，下端应接有可拆卸的带刃管鞋，管鞋外径比管体外径大2mm，内径则应小2～4mm。

采用振动钻进时，岩样的结构和构造会受到一定的破坏，湿度也稍有变化，但仍符合工程地质的要求，而所获得的地质剖面的准确度比人力钻进要高。

二、螺旋钻进

螺旋钻进是由螺旋钻杆在孔内带动螺旋钻头回转破碎孔底岩石而不断向下钻进，被破碎下来的岩粉不是用循环冲洗液清除，而是由螺旋钻杆与钻孔实际上组成的"螺旋输送机"，用螺旋钻杆不断将岩粉输送至地面。因此，螺旋钻进是一种干式回转全面钻进方法。

（一）螺旋钻进的优缺点及其应用

螺旋钻进具有以下优点：

（1）在无砾石及硬夹层的软岩中钻进，小时效率可高达几十米。这是因为螺旋钻杆能及时输送出所钻下的岩粉，孔底无重复破碎现象，也没有静液柱压力影响孔底岩石的破碎。

（2）不使用循环冲洗液，既减少了配制和输送冲洗液的辅助工作，又适于在缺水、无水地区和漏失层中钻进。

（3）螺旋钻杆回转时，向孔壁挤压岩粉，可在孔壁上形成一层致密的泥皮，岩粉中的小砾石也可楔入孔壁，故有加固孔壁的作用。

（4）全面钻进连续排粉，可节省升降工序的时间。

（5）随钻随取样，及时掌握地层变化情况，基本上能满足地质要求。

螺旋钻进的缺点：只能钻进松软岩层，在黏土层中钻进困难，钻进所需功率大，因而孔深受到限制。

目前，螺旋钻进已广泛应用于钻进1～4级软岩层，如工程地质勘察、大口径施工、水文地质勘察和构造普查等方面。螺旋钻进也是复合钻进的方法之一。

螺旋钻进的孔深一般为25～50m，最深不超过100m，孔径多为120～300mm。螺旋钻机有轻便式螺旋钻机、移动式或自行式的复合式钻机（如螺旋振动钻机、螺旋钻和钢丝绳冲击钻相结合的复合式钻机）等。

（二）螺旋钻具

螺旋钻具包括螺旋钻杆和螺旋钻头。

（1）螺旋钻杆。螺旋钻杆由心管、螺旋带和连接部分组成。心管为无缝钢管，外面焊有钢制螺旋带。钻杆上端有六角形杆，下端有六角形套，两根钻杆的套与杆套上后插入销子，并用防松定位装置固定。

对螺旋钻杆的要求是：应有足够的抗弯和抗扭强度，耐磨性高；易于将岩粉自孔中排出，钻杆连接要简单可靠，其连接部分不应妨碍岩粉的输送。

（2）螺旋钻头。螺旋钻头由钻头体、翼片、螺旋带和连接部分组成。翼片上镶有阶梯状布置的硬质合金切削具以破碎岩石。在钻头外径上也镶有合金片，以保持孔径。钻头体上焊有一段螺旋带，用于与钻杆上螺旋带衔接，便于输出岩粉。钻头直径应比钻杆直径大10～20mm，以减小钻杆柱与孔壁的摩擦阻力。

螺旋钻头可以按照硬合金翼状全面钻头的原则设计。钻头有二翼、三翼或四翼的，可以具有平底、锥形或阶梯式的刃部。

为了易于通过硬夹层和砾石层，也可采用牙轮钻头钻进。

（三）钻进工艺

螺旋钻进实质上是硬质合金钻头全面钻进，因此，影响钻进效率的因素与硬合金钻进相同。

　　螺旋钻进的轴心压力包括给进力、钻杆柱重力、被螺旋钻杆输送的岩粉重力以及排除岩粉与孔壁摩擦力的垂直分力。轴心压力的最优值应根据岩石性质、孔深、转数、动力机功率等因素确定。

第三节　采取样品

一、概述

　　工程地质钻探的目的在于获得准确的工程地质资料，即通过所取的样品可以了解土层的层序、深度、厚度、天然结构、密实度、自然湿度、节理程度、抗剪强度、压缩系数、容重、渗透系数等，从而确定土层的承载能力和稳定性。因此，必须做好采取样品的工作。

　　根据工程地质的要求，通过钻探手段，必须在土层中取出扰动土样和原状土样。用一般钻进工具所取出的土样，其天然成分和结构已被破坏，称为扰动土样。用这种样品可获得部分工程地质资料，但所获得的试验分析资料是不准确的。所以，进行工程地质勘察时，还必须专门采取必要的原状土样。所谓原状土样，是指天然成分和结构未被破坏的土样。用原状土样可以测定土层在自然状态下的各种物理力学性质，为各类工程建筑提供可靠的设计依据。如缺乏地基土壤的精确资料，在设计时被迫采用较大的安全系数，势必浪费大量的人力和物力。因此，用简单易行的办法在一定的深度取出原状土样具有重要的经济意义。

　　目前，在钻孔中采取原状土样的工具称为原状取土器，简称为取土器。

　　实际上，原状土样是相对而言的。因为，要取得完全不受扰动的原状土样是不可能的。在自然状态下，土体中任意一点的内应力都是平衡的。如将土样从土体中取出，则由于消除了土样周围土体的压力，应力条件发生变化，会引起质点间的相对位置和组织结构的变化，甚至出现质点间现有黏聚力的破坏，这种现象称为天然结构土样的"自然破坏"。因此，所谓原状土样实际上都遭受了不同程度的"自然破坏"。另外，无论采用何种形式的取土器，都有一定的厚度和体积，当切入土层时，会使土样产生一定的压缩变形，取样作业过程的一些因素也会扰动土样而改变其原有的结构。

二、原状土样的采取

（一）取土器基本技术参数的确定

用于采取原状土样的任何取土器，都必须满足以下基本要求：

（1）取土时不掉土样；

（2）能顺利地压入或击入土层，而且对土样的扰动最小；

（3）结构简单，便于加工制造，使用操作简便。

根据上述要求，设计取土器时，应正确确定取土器的各项基本技术参数，否则，将严重影响土样的质量和土样的采取。

取土器参数包括取土器直径、内间距比、外间距比、面积比、管鞋刃口形式及长度。

（1）直径。取土器的直径，直接影响土样的质量。直径过小，不能保证土样的尺寸和质量；直径过大，容易掉样。确定取土器直径时应考虑下列因素：

①扰动带宽度。采取土样时，土样与取土管内壁产生摩擦而造成土样边缘扰动，此扰动带的宽度与取土方法和土层性质有关。

②土层性质。在易受扰动的软黏土和黄土层中取样时，取土器直径应大些；在砂性土中取样时，则应采用直径较小的取土器，以防掉样。

③切制试样的环刀直径。土样取出后，还需用先用环刀切制成一定规格的试样，然后进行各种试验。目前，土工试验所用的环刀直径有61.5mm、64mm和80mm等。因此，应保证土样直径在除去扰动带宽度后稍大于环刀直径，从而确保试验的可靠性。

此外，还应考虑我国目前生产的管材直径系列和取土样的长度，土样越长，取土器直径越大。

取土器的适宜内径一般选用以下数值：在软黏土中约为100mm；在砂性土中约80mm；在砂中约为76mm。

（2）内间距比。内间距比的作用是减少土样进入取土器后，取土管内壁引起土样的压密扰动。内间距比越大，土样与取土管内壁的摩擦力越小，对土样的扰动就越小。但当内间距比增大到一定数值时，水容易流入土样周围，使土样含水量增加，自然湿度变化，而且其体积膨胀导致土样原状结构被破坏，同时，当提出取土器时，土样容易从管内脱落。因此，选择适当的内间距比既可减少对土样的扰动，提高土样的质量，又可避免土样脱落，保证土样的采取率。

实践证明，在不同的土类中应选择不同的内间距比。一般在软黏土中内间距比以0.5%～1%为宜；在黏性土中内间距比为1%～1.5%；在砂中内间距比应为零。

（3）外间距比。外间距比的作用是减少取土器外壁与孔壁之间的摩擦，从而减小取土器切入土层中的阻力。外间距比大，则取土器易于切入土层，但外间距比过大，就会增加取土器的面积比，从而增加对土样的扰动。因此，外间距比不宜过大，也不宜过小。用于黏性土的取土器，其外间距比以1%左右为宜；用于黄土的取土器外间距比以2%～3%为宜；用于砂及松散砂土的取土器，其外间距比应为零。

（4）面积比。面积比主要影响土样扰动程度以及取土器的强度和刚度。当取土器压入土层时，需要排开与取土器壁等体积的土，被排开的大部分土挤入孔壁内，少部分挤入土样内，同时，刃口下部的土也被压实，这些挤压现象都会使土样产生一定程度的扰动。不难看出，取土器的面积比越小，则土样受到的扰动程度就越小。而减小取土器面积比的主要途径是减小取土器的壁厚，因此，取土器的壁越薄则使土样扰动程度越小，但必须保证取土器具有一定的强度和刚度，以防其在压入土层的过程中发生变形或破裂。

试验资料证明：当取土器的面积比大于40%时，采取的土样有明显的扰动。为了保证土样的质量和取土器的强度，在不同的土类中应有不同的面积比。在较硬的黏性土中取样时，要求取土器强度高，管壁应厚，一般壁厚5～6mm，面积比小于30%；采取软土土样时，面积比要小于20%，壁厚3～4mm；采取砂样时，面积比小于10%，壁厚1.5mm左右。

（5）管鞋刃口的形式及角度。管鞋刃口的形式及角度对土样的质量有很大的影响。实践证明：在同一土层中，随着管鞋刃口角度的增加，对土样的扰动度增大。管鞋刃口的形式很多，概括起来有两种，即单倾斜刃口和双倾斜刃口。现场采用较多的是单倾斜刃口，刃口角度一般在100°左右。

为了减小管鞋内壁对土样的摩擦压密扰动，管鞋刃口内壁可制成倒圆锥形或阶梯状，前者与土样为线接触；后者使摩擦面积大大减少。使用这种形式的管鞋，在黄土中取样能获得良好的效果。

（6）取土管的形式及长度。

①取土管形式。常用的取土管形式有：圆筒式、半合焊接式和可分半合式。圆筒式取土管：有两个退土槽，退土时，将退土棍插入退土槽中，用退土器顶退土棍将衬筒顶出来。采用这种取土管及相应的退土方法会引起人为二次扰动，所以在软黏土和一般黏性土中不宜采用。半合焊接式取土管：由两个半管组成，一半的下端与管鞋焊接，另一半可插入管鞋，取土管上端用螺钉固定。取上土样后，拧下上端螺钉，取下插入管鞋的半合管，即可将土样取出。这种形式的取土管可以避免退土时人为二次扰动。可分半合式取土管，是目前使用最普遍的一种。取土管上端用丝扣与余土管连接，下端用丝扣与管鞋连接。卸土时，将余土管和管鞋拧下，打开半合管，即可取出盛满原状土的衬管。这种形式的取土管不宜过长，否则，在压入或击入取土时，取土管中部易胀开，影响土样质量。

②取土管长度。取土管的长度与取土器直径、试验对土样长度的要求和土的种类等有

关。取土器直径越大，则取土管长度应越长。但取样太长，其边缘扰动宽度增大。因此，当取土管的直径确定以后，除正常的边缘扰动外，不允许因取样过长而增大边缘扰动带的宽度。另外，取出的原状土样，因其上部受孔内残积土的扰动，下部受扭断土样时的扰动，只有中间一段土样的质量较好。因此，取样长度不宜过短，应保证中间段土样能满足进行一次物理力学性质试验的要求。另外，不同土类对取土管长度的要求也不同，砂层最短，砂性土及一般黏土次之，而较软黏土应适当增长。

（二）常用取土器

取土器的种类很多，根据取土器下端是否封闭可分为敞口式和封闭式；根据取土器上部封闭形式可分为球阀封闭式、活阀封闭式、活塞封闭式；根据取土器的壁厚可分为薄壁取土器和厚壁取土器。

下面是几种常用的取土器。

（1）限制球阀式取土器。在压入或击入土层中采取土样时，取土器内的液体或气体顶开球阀，自取土器中排出。当停止压入时，弹簧将球阀压回阀座，使取土器密封而与钻杆柱内的水柱隔离。限制球阀式较自由球阀式（上部无弹簧）密封可靠，但弹簧强度及压力应选择适当，球阀直径应与阀座排水孔的直径相适应。

（2）上提橡皮垫活阀式取土器。这种取土器的特点是联结帽与操纵杆为套接，橡皮垫活阀固定在操纵杆上，橡皮垫活阀随取土器的上提和下压而与联结帽封闭和离开，从而实现排出取土管内的气、水和隔离钻杆内的水柱。

使用时，用钻杆下压取土器，土样进入取土管中，土样上部的水、气则由活阀与联结帽之间的空隙中经联结帽的排水孔排出。提出取土器时，上提钻杆，橡皮垫活阀上升而压紧联结帽，封闭取土器上端，即可使土样安全提出。

这种取土器的优点是橡皮垫活阀与联结帽为线接触，密封性能好。另外，橡皮垫有一定的弹性变形，当橡皮垫与联结帽接触处有砂粒时，亦不致影响密封的可靠性。

（3）回转压入式取土器。回转压入式取土器实际是双层岩心管式取土器。外管底端焊有螺旋片或接有合金钻头，内管与一般球阀式取土器类似，有管鞋、取土管、余土管。上端用球阀封闭。取样时，外管回转钻进，内管压入取样。这种取土器可用于人力回转钻进和机动回转钻进的钻孔。

人力回转钻进时，采用焊有螺旋片的外管，一般不用冲洗液，在回转压入取土过程中所克取的废土则由外管外表面的螺旋片带出孔口。

机动回转钻进时，外管下端接有合金钻头破碎岩土，内管压入取样，孔内废土用冲洗液排出孔外。

（4）水压活塞式取土器。在取土器下入孔底压入土层前，取土器下口被活塞封闭。

采取土样时，开动水泵经钻杆送水，借助水泵的压力向下推动取土管，使其切入土层，取土管内的液体由活塞杆内排出，而外管只起缸套的作用。

这种取土器需用水泵压力取样，故只适用于机动钻进的钻孔中取样。由于活塞与取土管内壁配合紧密，使土样与钻杆内液柱完全隔离而不承受任何压力，可避免土样中途脱落。

（5）自由活塞式取土器。取土前，活塞用木梢固定在管鞋上，以封闭取土器下端。下入孔内取土时，用钢丝绳提动冲击锤，下击取土管，打断木梢，使取土管切入土层而取得原状土样，故又称为"简易打入式取土器"。这种取土器适用于在黄土层中取样。

（6）黄土层取土器。黄土层取土器实际上是一种简易取土器。它由接头、余土管、取土管、管鞋组成。取土样时，用钻杆将取土器压入黄土层中后提出即可。这种取土器适用于黄土颗粒均匀而细小，具有一定黏结力，其塑性与附着力也较强，而且位于地下水位以上的黄土层中采取原状土样。

（三）采取原状土样的方法

采取原状土样的方法很多，应根据设备条件和土层类别来合理选择。

（1）击入取土法。击入法就是采用吊锤或加重杆打击钻杆使取土器切入土层而采取土样的方法。这种方法最适用于较硬或坚硬的土层中。

根据打击位置的不同，击入法可分为上击式和下击式两种。

①上击式取土法：这是在孔上用吊锤打击钻杆而使取土器切入土层取样的方法。上击式取土是由钻杆传递冲击力，使取土器在冲击力的作用下切入土层。钻杆在垂直压力（包括自重力）作用下会产生纵向弯曲，而纵向弯曲的临界长度可由欧拉公式求得。

②下击式取土法：这是在孔上用人力或机械提动孔下重锤或重杆直接往复打击取土器，使其切入土层取样的方法，为在孔下取土器钻杆上套一个串心重杆，用人力或机械提动重杆使之往复打击取土器而进行取土。

在提动重杆或重锤时，应使提动高度不超过允许的滑轮距离，以免将取土器从土中拔出而拔断土样。

下击式取土法由于重锤或加重杆在孔下直接打击取土器，避免了上击式取土法所存在的缺点。因此，下击式取土法具有效率高、对土样扰动小、结构简单、操作方便等优点。

（2）连续压入取土法。此法是用组合滑轮装置将取土器一次快速压入土中进行取样的方法，故又称为组合滑轮压入取土法。

采用此法，由于取土器快速均匀地被压入土层，土样来不及产生压缩或膨胀变形就顺利进入取土管中，因而能很好地保持其天然结构状态，对土样的边缘扰动也小。

此法一般用于在浅层软土中采取土样。

（3）断续压入取土法。由于设备条件的限制，无法采用连续压入时，则可利用钻机的给进装置实现断续压入取土，如使用手把式钻机等。

（4）回转压入取土法。此法适用于取样钻孔较深，土层较硬，无法使用压入、击入法的机械回转钻孔中采取原状土样。

机械回转钻进时，可采用旋转式取土器进行干钻采取土样，即边回转边取土。

如需要采用冲洗液清孔钻进时，可用回转压入式取土器，即双层岩心管取土器，采取深层坚硬土样和砂样。取土时，外管回转克取土层，内管承受轴心压力而压入取土。由于内管与外管为单动，因此，内管只承受压力而不回转。外管克取的土屑由冲洗液循环而携出孔外。当泵量过小时，土屑不能全部排出孔口就会妨碍外管钻进，甚至进入内、外管之间造成堵卡，使内管随外管回转而扰动土样。

（四）影响原状土样质量的因素

影响原状土样质量的因素是多方面的，除取土器结构和取土方法等因素外，还应考虑下述因素对土样质量的影响。

（1）钻孔的垂直度。钻孔的垂直度直接影响土样的质量与试验资料的准确性。如钻孔倾斜，在下放取土器时，取土器会刮削孔壁而使余土过多，因而使土样受挤压而扰动。另外，由倾斜钻孔中取出的土样也是倾斜的，用这些土样进行试验所获得的物理力学性能指标不符合实际情况，用其进行工程计算就会产生差错。因此，在钻孔施工过程中采取预防孔斜措施，保证钻孔的垂直度，是获得质量良好的原状土样的一个重要因素。

（2）孔内清洁度。在采取原状土样时，如孔底残存的废土、碎屑过多，同样直接影响土样的质量与试验资料的准确性。一方面残存的废土、碎屑会使土样受挤压扰动；另一方面残存的废土、碎屑将被压入取土器中造成试验样品长度不足，如用该原状土样进行试验，则所获得的物理力学性能指标亦不符合实际情况。

因此，在采取原状土样前，必须进行清孔工作，只有彻底清除孔底残余的废土、碎屑才能保证采取原状土样的质量。

清孔工具有以下几种：冲击清孔器、砂土清孔器、套螺钻清孔器、人字肋骨钻头、鱼尾钻头。

（3）取土器切入土层的速度。在取土器进入土层的过程中，虽然取土器内壁平直而光滑，但如切入土层的速度较慢，则由于土样的侧向膨胀会使土样与取土器内壁摩擦而产生扰动；反之，如取土器切入土层速度快，不待土样膨胀，土样已顺利进入取土器中，因此，扰动程度就小。由此可见，提高取土器进入土层的速度，也是获得质量良好的原状土样的又一个重要因素。

取土器进入土层的速度与压入力或击入力的大小和土层结构（如天然孔隙率）等因素

直接有关。

（4）土样的封装、保存和运输。土样自取土器内取出后，如果不按规定要求进行封装、保存和运输，则会失去土样的原状结构及性能，严重时甚至会造成土样破裂。因此，原状土样的封装、保存和运输等工作应按以下要求进行。

土样自取土器内取出后，应立即用盖将衬管两端盖严，衬管内未填满土样时，可填入石蜡，以免土样在衬管内滑动。然后用胶布密封衬管接缝处，并在其上粘上标签，注明土样上下端，最后将整个衬管涂上熔化的石蜡。

封好的土样，应放入特制的土样箱内，并在其周围用稻草、废纱头等物塞紧，以防震动而使土样扰动。保存处的温度一般以5~20℃为宜，冬天应保持温度在5℃以上，以防土样结冰而破坏其原状结构。夏天应避免高温，最好在存土样箱周围盖以草垫等物，用以隔热，并洒水润湿，使之具有一定的湿度。

土样运输时应轻、稳和放置牢靠，以防止在运输过程中土样箱摆动或滑落。

沙砾石层、细砂及淤泥层取样对沙砾石层和细砂层的取样要求是：样品应保持原颗粒级配；不遗漏砾石间的细砂及土颗粒，以分清其中的夹砂层和夹砂泥层。

三、细砂层及淤泥取样器

细砂层及淤泥的特点是颗粒非常细小，松散，无黏结性，易流动，与取样器之间无附着力。因此，取样器下端必须有一定机构将样品从底部托住。

取样前，将取样器安装，此时钻杆接头的卡销置于外管接头中的卡槽内，取样管位于管鞋上端而将铆接在管鞋内的弹簧片藏于内管与取样筒之间。将取样筒下入钻孔中压入，取样结束后，先使钻杆回转一定的角度，则卡销脱离外管接头的卡槽，然后提升钻杆。开始，外管不动，而取样筒随钻杆上升，当取样筒与外管接头接触时，外管下端的弹簧片即自行封闭而将样品托住，再继续提升钻杆，则取样器即可提至地表。

实践证明：这种取样器能可靠地采取淤泥、细砂及其他附着力小的样品。

四、工程地质勘察钻探中的取样问题

我国的国土面积960多万平方千米，现代化进程逐渐加快，人口数量不断增长，土地资源日益紧张，这就使得社会上出现众多问题，因此需要加大对土地资源的开发，重视对土木工程的建设。在国家的各项工作中，对工程的勘察是一切工作的前提，只有做好对工程的地质勘察工作，才能够更好地建设祖国，满足人们对各项资源的需求，方便人们的日常生活，为国家的现代化建设做贡献，因此我们需要运用各项技术来精准地完成岩土工程的勘察，保证土木工程的良好建设。

（一）关于岩土工程的概述

1.岩土工程的含义

在对岩土工程进行介绍之前，必须先了解土木工程的含义。土木工程是人们生产和生活中所要用到的一切在地面上、地面下甚至水里面的工程建设的总称。而岩土工程则是土木工程内部所涉及一切土壤和岩石工程的总称，属于土木工程的一部分。因为我国幅员辽阔，岩土工程遍及全国，所以其数量众多，但规模却始终不大。另外，岩土工程作为土木工程的一部分，随着土木工程的发展而发展，土木工程建设中遇到的岩土问题促进了岩土工程的壮大。作为土木工程建设的基础工作，岩土工程主要是研究岩石和土壤，地球经历了亿万年的变化最终发展到现在，岩石和土壤当然也不断演变，在经历了各种地质作用的岩石和土壤上或内部进行一些工程建设当然要展开勘察，只有这样才能明确岩石和土壤的特性，才可以根据其特性制订专业化的工程建设方案，提高工程的科学性。

2.岩土工程的阶段

岩土工程的测试需要分为三个阶段：一是在室内开展实验，二是实地进行检测勘察，三是在工程建设过程中实施。在当前的岩土工程勘测中必须有精密仪器的运用，只有这样才能够精准地测量，撰写科学的报告，顺利地展开工程建设。

3.岩土工程检查的重要性

岩土工程的勘察是工程建设的基础，由于我国土地辽阔，各地的地质都不是完全相同的，甚至是千变万化的，因此在进行工程建设时开展岩土工程的勘察是绝对有必要的，如此才可以根据不同的地质特征制定不同的方案，促使工程顺利进行。另外，如果不对岩土进行勘测，那么当工程建设完成后，必定会因为地质因素而产生或大或小的问题，导致工程质量下降，所以岩土工程的勘察在工程建设中是必不可少的。

（二）地质钻探

地质钻探不同于煤田勘探，它属于钻探工程，主要使用钻探工具和机械设备以及相关技术来获取关于矿中信息。该工程的应用主要是为了明确地层的状况和地质构造类型，以便能够了解地下的地质状况。地质钻探工程在普通勘察和详细勘察中都会用到：一方面，在普通勘察中会使用地质钻探来了解地层和地质；另一方面，在进行详细勘察的过程中会使用地质钻探来明确矿区的产量和煤炭的品质。从这个角度来看，就可以明确发现地质钻探与煤田勘探的不同之处和关系，地质钻探作为一种工程，贯穿整个地质勘探的过程中。在地质钻探中的钻探技术十分重要，主要是应用相关的钻探设备来对地下层展开探测活动，在地表上钻孔，深入地下，通过存有的土壤状况来确定煤田信息。

地质钻探作为一种工程，一定具备众多不安全因素。首先，在工程前期的准备工作上，关于技术和设备的严格要求就有可能会出现问题，如果相关工作人员操作不当，就会对地质或者施工人员造成严重的危害，影响工程的顺利进行；其次，就是在钻探的过程中，可能会由于多种不可控因素导致施工中出现问题，这就会对人员的工作产生危害。在对工程地质的勘探过程中，普通勘探会对这三种结构展开全面的勘察，而具体勘探方式的选择是由盖层和基底的状况决定的，因此，为了能够展开工程建设，对地质的勘探工作是必需的。这个勘察过程可以分为普通勘察和详细勘察两种，普通勘察主要是为了了解地质的基本情况，然后确定其深度和时代，详细勘察是要确定其地质的详细信息，以便后续的建设工作能顺利进行。

（三）关于工程地质勘查钻探中的取样问题分析

1.影响地质勘查钻探取样工作的因素

地质勘查工作中，影响取样工作的重要因素就是选取样本的状况，如果样本受到破坏，就会对取样结果产生一定程度的影响，不利于之后的工程建设。

2.地质勘查钻探中的水样选取

在对水样进行选取的过程中，相关人员应该着重注意取水器的选择，不同的样本需要不同的取水器。

3.地质勘查钻探中的土样选取

在对地质勘查钻探工作中土样的取样过程中，结合取样对象的天然成分和结构未破坏组成，控制取土器的操作效果是主要的取样问题，相关人员应该根据实际情况进行分析和选取。

第四节　触探

触探是在外力作用下，使探杆下端连接具有一定形状和尺寸的探头插入土层，根据贯入、回转和起拔时的阻力来测定土层的物理力学性质的一种现场测试方法。触探具有设备简单、操作方便、速度快、劳动强度低、能较灵敏地反映土质的变化和较全面地提供土层的物理力学性能指标等优点。因此，触探已被广泛应用于工业与民用建筑的工程地质勘查工作中。

根据外力性质的不同，触探可分为动力触探和静力触探两大类。

一、动力触探

（一）圆锥动力触探

动力触探是利用一定的落锤能量，将一定尺寸的圆锥形探头打入土中，根据打入土中的难易程度来测定土的性质。

探头击入土中的难易程度，是用触探指标来衡量的。所谓触探指标，就是一定规格的探头在一定条件下击入一定深度的锤击数，或者是一定规格的探头在一定条件下每一锤击的贯入深度。

应用动力触探，可以达到以下目的：

（1）定性地划分土层。当土层的力学性质有明显的差异，而在触探指标上有明显反映时，可以根据不同的触探指标进行分层和定性地评价土的均匀性，检查填土质量以及探查滑动带和土洞等。

（2）定量地确定土的物理力学性质。利用触探指标与土的物理力学性质间已建立的经验相关关系，根据获得的触探指标确定土的有关物理力学性质，如确定砂土的密度、砂土和黏性土的容许承载力及变形模量等。但是，动力触探所用各项设备的参数、操作方法必须和建立经验相关关系的设备参数、操作方法基本相同，试验土层的地质成因、埋藏条件、岩性结构、物理性质等也必须和建立经验相关关系的土层基本近似。

由于动力触探是将一定形状的探头打入土中，因此，它一般只能适用于砂土、黏性土、黄土、人工填土和较松散的小颗粒碎石土。在基岩、密实的大块碎石以及含有块石、漂石的黏性土中，一般不能应用动力触探。

目前，动力触探设备的规格较多，用不同规格的设备所得的指标是不同的。因此，一定要利用与其设备规格相同的有关相关关系，才能根据触探指标确定土的有关物理力学性质。

动力触探试验的主要成果是锤击数和锤击数随深度变化的曲线。

（二）标准贯入试验

标准贯入试验，实际上仍是动力触探，其不同之处是触探头不是圆锥形，而是由两个半圆管合成的圆筒形。在贯入的同时，还可以采取土样。这种触探头一般称为贯入器。

标准贯入试验是利用落锤产生的一定重力将贯入器打入土中，根据贯入的难易程度来测定土的性质。一般可用于测定砂土的密度或黏性土的状态、确定砂土及黏性土（包括老黏性土和一般黏性土）的允许承载力，推算砂土及黏性土的抗剪强度，评价土在地震作用下强度降低的可能性。

标准贯入试验应与钻探配合进行。先利用钻探工具钻进到需要进行试验的土层，清孔后，使用外径为42mm的手摇钻钻杆将标准贯入器下至孔底，并量得深度尺寸；然后用63.5kg的重锤、76cm的自由落距将贯入器打入试验土层中。先打入的15cm不计击数，继续贯入土中30cm，记录其锤击数。此数即为标准贯入击数$N_{63.5}$。拔出贯入器，取出土样，并进行描述记录。

一次贯入完毕后，再换用钻探工具继续钻进至下一需要进行试验的深度，再重复上述标准贯入试验工作。一般可每隔0.5~1m进行一次试验。在不能保持孔壁稳定的钻孔中进行试验时，应下套管保护孔壁。

若土层比较密实，贯入30cm的锤击数超过50击时，亦可选用贯入量小于30cm的锤击数，但需按下式换算成贯入30cm的锤击数N：

$$N=30n/\triangle S$$

n——所选取的任意贯入量的锤击数（击）

$\triangle S$——对应锤击数n的贯入量（cm）

二、静力触探

静力触探是利用压力装置将探头压入试验土层，用电阻应变仪测量出土的灌入阻力，电测技术使测试贯入阻力的精度大大提高，能实现数据的自动采集和自动绘制静力触探曲线，反映土层剖面的连续变化。静力触探试验可评价土的岩土工程参数，对岩土工程问题（地基承载力、单桩承载力、砂土液化等）做出评价，是一种有效的原位测试手段。

静力触探装置的组成如下所述。

（一）加压系统

加压系统包括支架、触探杆、卡杆器等。其压入方式有两种：一是利用液压将探头压入土中；二是利用机械能将探头压入土中。

（二）反力系统

在将探头用加压机压入土层中时，由于地层反力作用，往往将加压机械抬起，故应采用反力系统抵消地层反力。

常用的反力系统包括：

（1）地锚反力：一般用2~8个地锚，但下地锚比较困难，且工作时地锚易于上拔。

（2）伞形锚反力：先用钻机打孔，再用扩孔器将伞形部分扩大，然后下入伞形锚，并使其张开。下入深度可根据所需反力大小确定。

（3）利用设备本身重力作为反力，如利用汽车自重等。

（三）测量系统

测量系统包括探头、电阻应变仪等。

（1）探头。探头有两种类型，一种是目前国内普遍采用的单桥探头。该探头由外套筒、顶柱和空心柱三部分组成。另一种是双桥探头。其构造原理与单桥探头基本相同，只是增加一组测量侧壁摩擦的电阻感应片。这种探头能分别测出探头尖端阻力和探头侧壁摩擦阻力，同时还有可能代替钻探解决土的分类问题。

探头安装后，应进行标定。其方法：先逐级加荷，并在应变仪上读出每级加荷的应变量，绘制标定曲线，作为实例计算时的依据；然后逐级卸荷，并读出相应的应变量，以便复核。标定工作应至少进行2~3次。对标定不合格的探头（不成直线）应重贴电阻应变片。根据每个探头所作的标定，把应变仪的读数换成贯入阻力值。

（2）电阻应变仪。电阻应变仪是在地面接收孔内电量变化而显示读数的仪器。其原理是接收因空心柱变形而输出的微弱电信号，这个信号经应变仪中的放大器放大（几百倍至几千倍后），由指示仪表显示出来。随着探头的压入，能在读数盘上直接读出空心柱的变化值，从而能在标定直线上查出不同深度土层的贯入阻力。

静力触探实测工作进行顺序如下：

①将设备安装好后，测读仪器的读数，然后将探头贯入地面以下0.4~0.5m深处提起探头约5cm，使探头在不受压状态下，记录初读数，然后开始贯入。

②贯入速度控制在0.5~2cm/s。

③每隔5~10cm，读一次微应变，但可视土层特点及工程要求而定。

④贯入0.5m后，提升探头，再测一次初读数，以便与第一次的初读数比较。若差值较大，应立即检查原因。在贯入过程中也应注意复查初读数，以确定可靠的初读数。

⑤接探杆时，切勿使入土探杆转动，以防止探头处电缆被扭断，同时严防电缆受拉而破坏密封装置。

⑥贯入至预定深度后，提起探头5cm，测一次初读数，然后才能起拔探杆。

三、工程地质的勘查中静力触探的应用分析

传统的土质勘查工作需要对土地进行钻探、取样、土工试验等环节对土层的状况进行分析，过程中需要技术人员有丰富的工作经验，对工作人员的技术掌握程度要求较高，且在勘查过程中，这种方法较为麻烦，工作效率较低。随着技术的进步，静力触探技术在土质勘查中得到了广泛应用，其具有操作简便、工作效率高、准确性高等优点，能够有效

地对土质信息进行提取，且工作流程较为简便，工作效率高，有利于对土层进行正确的分析，从而能够促进土地资源的合理利用，提高土地在利用过程中的安全性。静力触探利用电学、力学原理对土层性质进行分析，降低了工作难度，开创了一条地质勘查的新途径、新技术。

（一）静力触探结构及工作原理分析

1.静力触探的结构分析

静力触探是利用圆锥探头钻入地下，通过在钻入过程中受到的阻力，对土层进行合理的划分，对地下情况进行合理的判断和预测。触探主机是静力触探装置的基础部分，为测头钻入地下提供动力，主要采用液力驱动的方式，对钻入速度和驱动力进行有效的控制，使得测头能够匀速地钻入地下，保证测得的数据精度较高。测头主要有三种类型：单桥探头是对钻入地下时受到的阻力进行测定，根据受到的阻力不同能够有效地判断地底土层的类型，对土质进行有效的划分；双桥探头不仅能够测得钻入地下的阻力，还能够测定侧壁受到的摩擦阻力；空压探头除了能对上述两个参数进行测定外，还能够测定空隙压力。根据探头类型的不同，能够有效地针对探测目的选择合适的探头，使得静力触探的应用范围提高，具有广泛的适应性。要是静力触探能够有效地发挥作用，还应该配备相应的测定仪器，收集测头上传感器测得的数据，通过相应的力学分析、公式等对土质信息进行分析。

2.静力触探的工作原理

静力触探是原地测量装置，能够方便、快速地对地下土质空间分布、土质特性等进行精确的探测和分析，能够提高地质勘查的工作效率。掌握静力触探的工作原理，有利于更好地了解静力触探的工作，正确地进行相关操作，提高测量的准确性和精确性。通过触探主机提供的均匀的驱动力，保证圆锥测头能够匀速地钻入地下，由于地下土质的结构和特性有所不同，因此，测头在钻入过程中，受到的阻力就各不相同，在土质较软的土层中，受到的阻力较小，而在土质较硬的土层中受到的阻力相对较大。将受到的阻力数据收集到阻力分析仪器中，然后将变化的阻力值转化成图像，能够直观地体现出阻力的变化过程。通过对阻力值变化的分析，结合不同土质下特性和产生的阻力，能够对地下土层的结构和组成进行判断，从而实现对土质的勘查。

3.静力触探在工程地质勘察中发挥的重要作用

传统的工程地质勘察工作，流程繁多，操作复杂，对技术人员专业要求较高，勘察结构受勘察人员专业素质影响较大，工作效率不高，且对地下结构、土质分布等的预测不够精确，应用范围较小，在土质情况较为复杂、取样较难的情况下不利于地质勘察的进行。静力触探技术的出现，能够解决传统地质勘查中存在的问题，工作流程简便，操作容易，不易出现人工操作的失误，勘察结果灵敏、准确，能够在各种情况下进行地质勘察，适用范围较广，尤其适用于软土质、砂土、黏土及碎石土等土质的勘察，能够快速高效地对地下情况进行预测和分析。在黏土、砂土、软土为主要成分的土层中，使用传统的土质勘察方法，取样较难，且软土内部结构复杂，难以对软土的结构做出准确的判断，提高了勘察难度，而用静力触探的方法能够在任何难以取样做出准确勘察的地质条件下，完成工程勘察工作，促进了我国土质勘察工程的进步。

（二）静力触探在工程地质勘察中的应用

1.静力触探能够对地底土层进行精确的划分

根据静力触探时锥形探头在钻入过程中受到的阻力，结合不同土质情况下的特性，两者进行对照就能够对土层的分布情况做出判断。理论上，使用单桥探头能够采集到贯入阻力，即可以对土质进行分层，但是在实际测量过程中，单桥探头只能测得一个数据，对分析结果的准确性具有一定的影响，不利于对土质的正确分层。因此，使用单桥探头进行测试这种方法逐渐被淘汰，而在大多数的土质勘察过程中，采用双桥探头方法，根据探头受到的贯入阻力与侧摩阻力两组数据，通过不同土层特性的对比分析，能够对土层进行正确的划分。

2.静力触探在桩基勘察中的应用

可以通过静力触探对地底的桩端持力层进行探测和确定，将土质较为坚固的土层确定为桩端持力层，能够有效地为桩的安全稳定提供基础。静力触探的工作原理与桩的工作原理相对一致，因此，静力触探可以运用在桩基持力层的测定和单桩承载力的测定上，而且通过实验对比可以发现，静力触探测得的单桩承载力数值较桩载荷计算获得的单桩承载力精度较高。在实际工程运用中，使用静力触探能够更好地测定单桩承载力，对桩的工作性能和状态做出精确的判断，从而保证其工作性能始终正常，受到的载荷在额定承载力范围内，有利于工程的安全性和稳定性。

3.静力触探在工程施工中的应用

为了提高工程施工的安全性，保证建筑物使用过程中的稳定性，使用静力触探对施工地段的土层特性进行有效的分析，能够确定地下情况是否能够为建筑物提供安全可靠的支撑力，地下是否存在空洞、软土层等可能会导致地面的沉陷、建筑物的倒塌，一旦发现问题存在，应该采取有效的措施对地下进行加固，提高地基的稳定性，做好建筑的防变形设计，避免地面沉陷导致建筑倾斜、倒塌事故，有利于保障工程的安全施工和可靠使用。

（三）静力触探在工程地质勘查中的主要作用

1.根据静力触探结果划分地层

地层是指由于受常年地球内部运动的影响以及地下水的冲击、地质变化等情况，形成各种不同结构、不同厚度、不同成分的岩层。根据结构的不同，各层的承载力不一样，所以在触探头受压往下钻探的时候，受到各个地层的阻力是不一样的。

根据测量的阻力大小与原始的地质基准进行对比，就知道目前所钻探的是哪一个地层，根据测量时间的长度和变化的大小，来反映地层分布的厚度和部位。

以电流的形式传上来后，技术人员会把它翻译成数据，将数据编制成曲线或图表的形式，来反映地层的分布状况。值得注意的是，电流传输的过程中可能会发生很多微小的变化，这或许就是一个不同的岩层存在，所以技术人员一定要努力获取每一个数据，这样才能使地层的分布情况愈加精准和具有指导性。

2.静力触探为桩体的选型提供依据

目前，我国的地基处理方式种类繁多，根据不同的地质条件，应选择对应合适的方法。特别是随着超高层建筑的不断增多和越来越多的湖泊建楼、山体建楼，采用打桩的形式来加固基础已经应用越来越广泛。总体来说，桩体分为摩擦桩和端承桩，每个大类里面又有很多不同的具体分类。各种桩根据施工工艺和技术要求的不同，也适用于不同的地质条件。

静力触探可以根据以探测曲线的形式，反映不同地层的分布，并根据钻头深入的速度和阻力来反映各个底层的荷载承受能力。通过将这些数据有效应用于桩体的选择中，如桩体的深度、直径、分布位置、配筋情况、需承受的荷载值等，来满足整体上部建筑的需要，从而达到最优的质量和经济效果。

3.静力触探可以探测出地下是否有液化砂土

液化砂土在地质条件中属于恶性地质情况，由于在地震荷载或者地壳发生移动的过程中受到大的压力，而使原本非常松散的砂土挤压变得非常密实。如果变化的速度非常快，砂土内部含有的水无法及时排出，就会被高压挤压在砂土内部，形成强大的水压。如果在地质勘查的时候没有发现这种地层，或者是对它的水压判断不够精准，在土方开挖或者是桩体施工的时候，由于对外围土方的扰动，使得土体的压力小于液化土中水的压力，砂土就会在高度水压的压力下喷涌而出，使上部的建筑和人员造成较大的损害，甚至发生地陷或其他安全事故。

静力触探技术可以根据地下传出的电流分布，再根据砂土液化公式，计算出砂土液化的程度和水体压力，以便提前做好应对措施。

4.静力触探可以检测地下是否有古墓、文物或人防工程

我国是一个历史悠久的国家，在历史朝代更替的过程中，王公贵族根据习俗会在地下埋设大量的古墓和文物。特别是在战争时期，人民为了隐蔽挖掘了很多的地下通道和人防工程。在工程建设的过程中，如果没有能及时地发现这些历史文物，就很有可能对其造成破坏。

根据静力触探的原理，如果探头在地下探测的时候，没有遇到任何阻力，电流就会为零，所呈现的线条也会为直线。这就说明地下有空洞，马上采取其他的探测仪器来进行探测，如果发现有文物，就要及时进行保护。

5.可以探测出活断层的地质软弱带分布情况

活断层是指由于地震荷载作用，一个完整的岩层被破坏，形成断裂或滑动。如果上部荷载不一样的时候，断层就会发生更大的滑动，而影响上部建筑的安全。

通过静力触探的方式，如果相邻部位有相同的阻尼值，但是不是在同一个层面深度，这说明就很有可能是断层，那么就要采取加多探测点来进行细部的探测，以找出断层的部位，防止上部建筑刚好建在断层处而发生不均匀沉降甚至倒塌。

第六章　岩土工程钻探

第一节　工程地质钻探

一、概述

（一）工程地质钻探的目的

工程地质钻探是工程地质勘察的重要技术方法之一，其目的是：

（1）通过钻孔了解地层情况。

（2）采取原状土样及岩心，以备对其进行物理力学试验与分析。

（3）利用钻孔在孔内进行各种试验和原位测试。

（4）利用钻孔进行工程地质、水文地质观测。

（二）工程地质钻探的特点

工程地质钻探既不同于固体矿床钻探（岩心钻探），也不同于水文地质钻探，其主要特点有以下几个点：

（1）一般多在地表覆盖层中进行，钻孔深度较浅，一般不超过50m。

（2）钻孔直径较小，一般不超过150mm。

（3）钻进时不但要查明岩石的种类、性质、层位、厚度等情况，而且要查明岩石的天然状态，如岩石的裂隙发育程度、风化特点、含水情况、密实程度和受力后的应变等。因此，要求岩心保持完整，采取时要用专门取样工具，并应保持原状。

（4）孔内要进行各种试验和取样工作，占用的时间较多，往往比钻进的时间还要长；钻进条件变化大，勘察对象分散。

（5）钻探设备轻便化，以便拆装、搬迁。

（三）工程地质钻探的应用范围

工程地质钻探广泛应用于地面建筑物和地下工程的基础勘察。例如，地面建筑物包括大型设备安装，均应考虑基础的承载能力，使其基础深固，设计施工前要进行基础工程地质钻探，以取得足够的工程地质资料和力学试验资料，这类工程有高层楼房、重型设备安装、铁路、公路桥梁、大型输送管道等。工程有地下铁道网、地下城市、地下车库、地下油库、越海隧道，以及地下工厂、地下飞机场、地下核设施等。工程地质钻探还广泛应用于各种水工建筑物的基础勘察，如水库水坝、港口海堤、水电站等具有水下和水上相联系的工程设施。近年来，工程地质钻探又广泛用于地质环境灾害的治理勘察，如滑坡、地面沉降、岩溶塌陷等。

（四）工程地质钻孔的类型

根据所钻钻孔性质的不同，工程地质钻孔可以分为四种类型：

（1）测绘孔。为配合工程地质测绘施工的少量的浅孔。在孔内采取原状样品供室内试验用，以弄清建筑物基础的工程地质特征。

（2）勘探孔。在勘察阶段，用以了解建筑物基础的详细地质情况，为地基基础设计、地基处理与加固等提供资料而钻的孔。勘探孔分为一般性和控制性两类。一般性勘探孔的深度为6～12m；控制性勘探孔要深一些，为12～30m。控制性勘探孔的作用是了解较深部的地层、岩性及是否存在软弱地层或其他地质问题。

（3）控制孔。为了编制岩性和水文地质剖面，便于工程地质分区而钻的孔。

（4）试验孔。为进行原位测试或进行水文地质试验所钻的孔。

在工程地质钻探中，不管钻孔类型如何，对钻孔的基本要求是一致的，即要求从钻孔中能获得详尽可靠的建筑物基础地质及水文地质资料、物理力学性质资料，并能在钻孔中进行符合要求的试验工作。为此，进行钻孔结构设计时必须考虑钻孔的目的及用途，考虑现有钻机及其他设备的情况，考虑所使用的取土器规格及进行原位测试和水文地质试验所使用的设备规格。

二、工程地质钻探设备

随着工程地质勘察规模的增大和地下建筑的发展，适宜于工程地质钻探的钻机也在不断地发展。从初期的手摇钻机及利用岩心钻机进行工程地质钻探，发展到专门进行工程地质钻探的钻机。这种钻机的种类较多且功能各异，能适应不同的岩土钻进。

工程地质钻机的性能从单一功能向多种功能发展，钻机的用途从单纯的钻探向钻探和测试兼顾的多种用途发展，操作和运转从人力、机械传动向液压传动和电子自动控制的方向发展，钻机的类型从单一和分散的状态向适应不同要求和深度的系列化配套方向发展。

在工程地质勘察中，除使用工程钻机了解较深部的地质情况及使用取样器采取原状样品外，在浅部的工程勘察中还广泛应用了轻便取样钻机。轻便取样钻机可用于勘察浅部地下水，为土建、水利、桥梁、勘探勘察地基、土样试验提供工程地质资料，代替部分槽、井探工程。

三、工程地质钻探方法

在工程地质钻探中，常采用冲击、回转、振动、螺旋钻进。

（一）人力冲击和回转钻进

人力冲击和回转钻进，包括冲击与回转两种钻进方法，适用于松散的和具有可塑性的地层，如黏土、粉质黏土、黄土等。钻孔直径一般为90~130mm，其优点是设备简单、操作方便，但人的劳动强度大，生产中较少使用。

（二）机械冲击和回转钻进

机械冲击和回转钻进方法与前述的岩心钻进、水文水井钻进方法基本相同，只是在钻探设备上，使用较浅的岩心钻机和专门的工程勘察钻机。具体参见岩心钻探有关章节内容，此从处不再赘述。

（三）振动钻进

振动钻进的实质是用振动器带动钻杆和钻头振动，使周围岩石或土壤产生振动。由于振动频率较高，岩石或土壤的强度降低，在钻具和振动器自重及振动力的作用下，钻头钻入岩土层，从而实现钻进。

用该振动器振击开有纵向槽的钻管，在土层中钻进，可达到2m/min或更高的钻进速度。

振动钻进孔深大多为10~20m，钻进效率比人力钻进提高3~4倍，而单位进尺的成本则仅为人力钻进的1/10~1/8。此外，还可使用振动机械下套管和处理孔内事故，以减轻体力劳动强度。

（四）螺旋钻进

螺旋钻进是一种干式回转钻进方法，其钻进特点是用螺旋钻杆连续不断地将钻头破碎的孔底岩石输送至地面。在钻进过程中，螺旋钻杆与钻孔组成了一个"螺旋输送机"。它与普通螺旋输送机的不同点是：螺旋钻杆柱不是在金属管内而是在孔内回转钻进。

目前，国内外螺旋钻在工程施工钻孔中得到广泛应用，如建筑物的基础桩以及水坝工程、滑坡治理工程的挡土墙和滑坡桩、输电工程线杆的埋设、敷设工程管线的水平钻孔等。

1.螺旋钻进的特点

（1）钻进效率高。在无砾石及硬夹层的松软岩层中钻进，每小时效率可达几十米。这是因为螺旋钻杆能及时排除（输送）所钻的岩粉，无重复破碎现象，减少了为取心而上下钻具及其辅助工作，也无静液柱压力影响孔底岩石的破碎。

（2）低公害（无泥浆污染），低噪声（无振动），低成本（效率高），简化了钻进设备和工艺。

（3）不使用冲洗液。免去了配制冲洗液和输送冲洗液的辅助工作，简化了钻进设备和工艺，适于在缺水、高寒地区和漏失地层中的钻进。

（4）孔壁稳定。螺旋钻杆回转输送岩粉的同时，也向孔壁挤压岩粉，可在孔壁上形成一层较致密的硬皮，岩粉中的小砾石也可楔入孔壁，有加固孔壁的作用。因此，虽然不用冲洗液，但孔壁仍较稳定。

（5）可以随时取样，及时掌握地层变化情况，基本上能满足地质要求。

螺旋钻进的缺点是：只能钻进松软岩层，在黏土层中钻进困难，钻进所需功率大，因而孔深受到限制。

目前，螺旋钻进已广泛应用于钻进1~4级软岩层，如工程地质勘察、大口径施工、水文地质勘察和构造普查等方面。螺旋钻进也是复合钻进的方法之一。螺旋钻进的孔深一般为25~50m，最深不超过100m，孔径多为120~300mm。

2.螺旋钻具

螺旋钻具包括螺旋钻头和螺旋钻杆。

（1）螺旋钻头。螺旋钻头由钻头体、翼片、螺旋带和连接部分组成。钻头分整体式和可拆式两大类。钻头体上焊有一段螺旋带，与钻杆螺旋带衔接，便于输送岩粉。钻头上端用销子与钻杆连接，并用定位器定位。钻头直径应比钻杆直径大10~20mm，以减少钻杆柱与孔壁的摩擦力。

螺旋钻头可以按照硬合金翼状全面钻头的原则设计。钻头有二翼、三翼或四翼的，可以具有平底、锥形或阶梯式的刃部。为了易于通过硬夹层和砾石层，也可采用牙轮钻头钻进。

（2）螺旋钻杆。螺旋钻杆由心管、螺旋带和连接部分组成。心管为无缝钢管，外面焊有螺旋带，一端是六角形（或方形）杆，另一端是六角形（或方形）套，两根钻杆的套与杆连接后，插入销子，并用防松定位器固定。另外，螺旋钻杆也有通过丝扣连接的。

对螺旋钻杆的要求是：应有足够的抗弯和抗扭强度，耐磨性高；易于将岩粉自孔中排出，钻杆连接要简单、可靠，其连接部分不应妨碍岩粉的输送。

3.螺旋钻进的工艺参数

（1）钻进轴向压力；它包括给进力、钻具自重，被螺旋钻杆输送岩粉的重力以及输送岩粉与孔壁摩擦力的垂直合力。轴向压力的最大值应综合考虑岩土性质孔深、转速、动力机功率等因素来确定。对软土层，轴向压力由钻具自重提供就能满足；对较硬土层，除钻具自重外，还需增加给进力。

（2）转速：它是螺旋钻进的主要工艺参数。在螺旋钻进时，转速有双重作用：一方面直接影响钻头破碎岩土的效率，另一方面也影响输送岩粉的效率。

（五）钻进方法的选择

工程地质钻探钻进方法，主要应根据钻进地层的特点和钻孔深度、钻孔直径等因素而定。

四、样品的采取

工程地质钻探的目的在于获得准确的工程地质资料，因此，在钻探过程中必须采取样品。采取样品简称为取样，取样是从钻孔内采取岩土样品作为地质资料的工作。其目的是通过所取样品了解土层的层序、深度、厚度、天然结构、密实度、自然湿度、节理程度、抗剪强度、压缩系数、密度、渗透系数等，从而确定土层的承载力和稳定性。根据工程地质要求，必须在土层中钻取土样。取土样是利用各种取土钻具取出土样的工作，取土钻进工具一般是勺钻、螺旋钻和管钻，取出的土样有扰动土样和原状土样。其中，扰动土样是指天然成分和结构已被破坏的土样，原状土样是指天然成分和结构未被破坏的土样。用扰动土样进行试验所获得的分析资料往往是不准确的，而采取原状土样必须使用专门的取土工具，即取土器。有关样品采取的要求、方法等相关知识在第五章已介绍。在此仅强调影响原状土样质量的因素。

影响原状土样质量的因素是多方面的，除前述取土器的结构及类型外，还有以下因素：

（1）钻进方法。要取得保持原状结构的土样，首先必须保证孔底土样在采取前不会因采用不合理的钻进方法而受到压缩或扰动。这一点对结构极易破坏的土层来说更为重要。对于软塑土、饱和砂土、饱和黄土等应采用回转法钻进；对于可塑至坚硬的黏性土，如用冲击法钻进时，在取样前一次的回次进尺不得超过300mm。

（2）钻孔内残土。取土前应将钻进过程中孔内所残留的土清理干净，否则残土过多，取土时易挤压土样而影响土样质量。

（3）钻孔结构和垂直度。合理的钻孔结构是保证土样质量的一个不容忽视的因素，尤其是在软土层，由于土层遇水膨胀性强，造成钻孔严重缩径，使取土器下入时刮削孔壁，在压土时过多的废土将挤压土样，使土样受到扰动。因此，要求取土器与钻孔孔径有一个适宜的环状间隙，使取土器能顺利地下放。这个环状间隙值以不小于20mm为宜。钻孔应保持垂直，否则取土器下入时会刮削孔壁，增加废土，影响土样的质量。

（4）提升取土器。提升取土器时，土受到孔底的真空吸力、提升时加速度引起的惯性力以及拧卸钻杆时产生的冲击和振动等都是影响土样质量的因素。

（5）土样的包装。在进行从取土器内卸样、修整土样两端平面及盖上盒盖等操作工序时，均应细致、轻稳，以免人为因素造成土样扰动。加盖后应立即用胶布或纱布和石蜡将交接处密封，防止水分蒸发，同时要严防日晒雨淋和土结。

概括来说，影响取样质量的因素有钻进方法、取样方法、取土器和其他因素。因此，在某一地区进行取样工作时，应根据当地土的类别选择钻进方法、取样方法和取土器，并考虑其他影响因素，使采取的土样符合其"原状"，以为各类工程建筑提供可靠的设计依据。

五、触探

触探是指在外力作用下，使探杆下端连接具有一定形状和尺寸的探头插入土层，根据贯入、回转起拔时的阻力来测定土的物理力学性质的原位测试方法。触探作为一种现场测试方法通常与钻探工程相配合进行。钻机常常为触探原位测试试验提供所需的动力，如贯入、回转、提拔等。

触探具有设备简单、操作方便、速度快、劳动强度低，以及能较灵敏地反映土质的变化和较全面地提供土层的物理力学性能指标等特点，因此在工程地质勘察中得到了广泛应用。

根据外力性质的不同，触探可分为动力触探和静力触探两大类。

（一）动力触探

动力触探是利用一定落锤能量，将动力触探探头打入土中，根据打入土中的难易程度（贯入阻力）来判断土的物理力学性质的测试方法。按照探头的形状规格的不同，动力触探分为圆锥动力触探和标准贯入试验。

1.圆锥动力触探

圆锥动力触探是用一定质量的穿心锤和以一定的自由落距，将一定规格的圆锥形实心探头贯入土中一定深度并测记贯入过程中锤击数的测试方法。

圆锥动力触探根据锤击能量大小分为轻型、重型和超重型三种动力触探。

动力触探的设备由探头、探杆、穿心锤、锤垫、导向杆、提升架等组成。

2.标准贯入试验

标准贯入试验与圆锥动力触探试验基本相似，其区别主要是触探头不是圆锥形，而是由两个半圆管合成的圆筒形。另外，在贯入的同时，还可以采取土样。这种触探头一般被称为标贯器。标准贯入试验是利用落锤产生的一定重力将标贯器打入土中，根据贯入的难易程度来测定土的性质。一般可用于测定砂土的密度或黏性土的状态，确定砂土及黏性土（包括老黏性土和一般黏性土）的允许承载力，推算砂土及黏性土的抗剪强度，评价土在地震作用下强度降低的可能性。

标准贯入试验应与钻探配合进行。先利用钻探工具钻进到需要进行试验的土层，清孔后，使用 $\phi42$ 钻杆，将标贯器下至孔底，并量得深度尺寸，然后用 $63.5kg$ 的重锤、 $76cm$ 的自由落距，将标贯器打入试验土层中。起先打入的 $15cm$ 不计击数，继续贯入土中 $30cm$ ，记录其锤击数。此数即为标准贯入击数。拔出标贯器，取出土样，并进行描述记录。一次贯入完毕后，再换用钻探工具继续钻进至下一需要进行试验的深度，再重复上述标准贯入试验工作。一般可每隔 $0.5\sim1m$ 进行一次试验。

（二）静力触探

静力触探是利用压力装置将探头压入试验土层，用电阻应变仪测量出土的贯入阻力。根据贯入阻力值判别土层的变化规律，确定土的容许承载力和变形模量等数据。静力触探是目前普遍使用的一种钻孔原位测试技术。静力触探适用于软土、一般黏性土、粉土、砂土和含少量碎石的土。

静力触探常用的仪器是静力触探仪。静力触探仪由加压系统、反力系统和测量系统三部分组成。加压系统包括支架、触探杆等，其加压方式一是利用液压将探头压入土中，二是利用机械能将探头压入土中。反力系统的设置是因为在将探头用加压机压入土层时由于地层的反力作用，往往将加压机械抬起，故应采用反力系统抵消地层反力（反力形式有地锚反力、伞形锚反力和设备自重反力三种）。测量系统包括探头、四芯电缆和电阻应变仪等。

静力触探可根据工程需要采用单桥探头、双桥探头或带孔隙水压力量测的单、双桥探头，可测定比贯入阻力、锥尖阻力、侧壁摩阻力和贯入时的孔隙水压力。

第二节　岩土工程施工钻探

以工程施工为目的的钻探工作在近几年得到了很大发展。工程施工钻探的实质，就是用钻探技术进行各项岩土工程的施工和处理，包括各类地基处理、桩墙基础、井孔隧涵、管线铺埋、钻孔爆破、注浆处理和环境地质消灾灭灾等。因此，工程施工钻探往往要求采用不同的钻探工艺与其他工程技术互相渗透、取长补短，完成施工任务。在这些工程中，钻孔的直径小到75～110mm（锚桩，树根桩等），大到4000mm以上，孔深（钻孔桩）达到150m或更深，顶角可根据要求设置，从而使钻探技术在岩土工程施工中显示出长足的发展潜力。

一、基础施工钻探

基础施工钻探是为就地灌注混凝土桩或管桩等所进行的钻探工作。它的施工钻孔直径大多在600mm以上，所以又称为大口径基础桩工程钻探。基础施工钻探中以钻孔灌注桩较多。

钻孔灌注桩是用钻（冲或抓）孔机械在岩土中先钻成桩孔，然后在孔内放入钢筋笼，灌注桩身混凝土而筑成的深基础。钻孔灌注桩的特点是：施工设备简单、操作方便，适用于各种砂性土、黏性土，也适用于碎石、卵砾石类土层和基岩层。目前，我国已施工的钻孔灌注桩入土深度由几米到百米。

工程施工钻探的钻进方法属于大口径钻进，它与供水井的钻进方法有共同之处，但也有独特之处。钻孔灌注桩成孔方法有正循环回转钻进法、反循环回转钻进法全套管施工法、潜水钻机钻进法及冲击钻进法等。正循环回转钻进是工程施工钻探中常使用的一种钻进方法。

随着大口径工程施工钻孔技术的发展，正循环回转钻进用的钻头类型、结构也在不断发展和改进。目前现场使用的钻头可分为全面钻进用钻头和环状钻进用钻头两大类。如双腰翼片鱼尾钻头、组合牙轮钻头和滚刀钻头、扩底钻头等。

钻孔灌注桩成桩程序是：下钢筋笼，插入导管清孔和灌注混凝土、起拔套管等。

二、地基处理与加固钻探

凡是基础直接建造在未经加固的天然土层上的，这种地基称为天然地基。若天然地基很软弱，不能满足地基强度和变形等要求，则事先要经过人工处理后再建造基础，这种地基加固称为地基处理。地基处理的目的是利用置换、夯实、挤密、排水、胶结、加筋和热学等方法对地基土进行加固，用以改善地基土的剪切性、压缩性、渗透性、振动性和特殊土地基的特性。地基处理的对象是软弱地基和特殊土地基，如淤泥及淤泥质土、杂填土、湿陷性黄土等。

地基处理的基本方法，无非是置换、夯实、挤密、排水、胶结、加筋和热学等方法。值得注意的是钻探在这些地基处理方法中广泛使用，并起到非常重要的作用，如挤密法中形成的砂桩、碎石桩、灰土桩等；化学加固法中灌注法、高压喷射注浆法等都需要先进行钻探形成一定深度和孔径的钻孔，再进行加固处理。

在地基处理与加固中，使用的钻进方法与基础施工钻探方法相似，有回转钻进、冲击钻进、振冲等方法。

三、地基基础检验钻探

验桩施工钻探是指在灌注桩上或地基中钻孔取出心样，以供观察和试验的检测工程质量的钻探工作。检验测定桩或地基的方法很多，验桩钻探是破损检验的方法之一。

地基检验孔是为了检验地基。在成桩前应对支撑桩的地基进行检验，测定有无软弱下卧层。施工时多用地质钻或风钻进行。

验桩孔常用于钻进灌注桩或地下墙，检验桩身或墙体的结构完整性。其多用抽心钻探。施工设备用岩心钻机，以回转钻进为主。

第七章　机械采油

第一节　机械采油方式优选

选择正确的机械采油方式是非常重要的。机械采油方式选择不当或相应的泵型及工作参数选择不当，将会大大减少油井产量，增加生产费用。

因此，开展机械采油方式优选是油井获得长期最佳效益的关键，是节能降耗、提高采油效率的要求，是为解决低渗透油田中普遍存在的问题而开展的。高效的或新的机械采油方式的应用和推广对油田的生产具有现实意义及长远影响。

机械采油方式的合理选择对充分发挥油井产能、提高采收率和降低生产成本起着十分重要的作用，同种方法用于不同的油井和油田会有不同的经济效果。

一、机械采油方式的技术特点

（一）有杆泵采油

1.抽油装置及泵的工作原理

有杆泵采油是世界石油工业传统的采油方式之一，也是迄今为止在采油工程中一直占主导地位的人工举升方式。

有杆泵采油包括常规有杆泵采油和地面驱动螺杆泵采油，两者都是用抽油杆将地面动力传递给井下泵。前者是将抽油机悬点的往复运动通过抽油杆传递给井下柱塞泵；后者是将井口驱动头的旋转运动通过抽油杆传递给井下螺杆泵。

（1）抽油装置

典型的有杆抽油装置主要由三部分组成。一是地面驱动设备即抽油机；二是安装在油管柱下部的抽油泵；三是抽油杆柱，它把地面设备的运动和动力传递给井下抽油泵柱塞，使其上下往复运动，从而使油管柱中的液体增压，最后将油层产液抽汲至地面。就整个有杆抽油生产系统而言，还包括供给流体的油层、用于悬挂抽油泵并作为举升流体通道的油管柱、井下器具（油管、气锚、砂锚等）、油套管环形空间及井口装置等部件。

①抽油机。抽油机是有杆抽油的地面驱动设备。按基本结构，抽油机可分为游梁式和无游梁式两大类，目前国内外应用最为广泛的是游梁式抽油机（俗称磕头机）。游梁式抽油机主要由游梁、连杆、曲柄（四连杆）机构，减速机构（减速器），动力设备（电动机）和辅助装置四部分组成。游梁式抽油机工作时，传动皮带将电机的高速旋转运动传递给减速器的输入轴，经减速后由低速旋转的曲柄通过四连杆机构带动游梁作上下往复摆动。游梁前端圆弧状的驴头经悬绳器带动抽油杆柱作上下往复直线运动。

根据结构形式的不同，游梁式抽油机分为常规型（普通型）、异相型、前置型和异型等类型。常规型和前置型是游梁式抽油机的两种基本形式。

a.常规型游梁抽油机是目前油田使用最广的一种抽油机。其结构特点是：支架位于游梁的中部，驴头和曲柄连杆分别位于游梁的两端，曲柄轴中心基本位于游梁尾轴承的正下方，上下冲程运行时间相等。

b.异相型抽油机是20世纪70年代发展起来的一种性能较好的抽油机。从外形上看，它与常规型抽油机并无显著差别，故常规型与异相型也称为后置型抽油机。其结构特点是：曲柄轴中心与游梁尾轴承存在一定的水平距离；曲柄平衡重臂中心线与曲柄中心线存在偏移角（曲柄平衡相位角），使得上冲程的曲柄转角明显大于下冲程，从而降低了上冲程的运行速度、加速度和动载荷，达到减小抽油机载荷、延长抽油杆寿命和节能的目的。

c.前置型抽油机结构特点是：支架位于游梁的一端，驴头和曲柄连杆同位于另一端。在相同曲柄半径下，前置型的冲程长度明显大于常规型的，其抽油机的规格尺寸较常规型的小巧。这种抽油机上冲程运行时间长于下冲程运行时间，从而降低了上冲程的运行速度、加速度和动载荷。前置型多为重型长冲程抽油机，除采用机械平衡方式外，还采用气动平衡方式。

为了增大冲程、节能及改善抽油机的结构特性和受力状态，国内外还发展了许多变形游梁式抽油机，如双驴头、旋转驴头、调径变矩、下偏杠铃以及斜井游梁式抽油机等。

为了扩大有杆抽油方式的适用范围，改善其技术经济指标，国内外还发展了许多不同类型的无游梁抽油机（特别超长冲程抽油机），如链条式、增距式和宽带式抽油机等，多为长冲程和慢冲次，以满足深井和稠油的特殊需要。

②抽油泵。抽油泵是抽油的井下设备，它所抽汲的液体中含有砂、蜡、气、水及腐蚀性物质，又在数百米到上千米的井下工作，有的井泵内压力高达20MPa以上。所以，它的工作环境复杂、条件恶劣，而泵的好坏又直接影响油井产量。因此，抽油泵一般应满足下列要求：结构简单，强度高，质量好，连接部分密封可靠；制造材料耐磨和抗腐蚀性好，使用寿命长；规格类型能满足油井排液量的需要，适应性强；便于起下；在结构上应考虑

防砂、防气，并带有必要的辅助设备。

抽油泵主要由工作筒（外筒和衬套）、柱塞及游动阀（排出阀）和固定阀（吸入阀）组成。按照抽油泵在油管中的固定方式，抽油泵可分为管式泵和杆式泵。

③抽油杆。抽油杆的作用是连接抽油机与抽油泵，并把抽油机的动力传递给抽油泵。根据其制作材料，可分为碳钢抽油杆、合金钢抽油杆及玻璃钢抽油杆。根据其在杆柱中起的作用，可分为光杆、普通抽油杆和加重杆。

a.光杆。光杆是指抽油杆柱中最上端那根抽油杆。其作用是连接驴头毛辫子与井下抽油杆，并同井口盘根盒配合密封抽油井口。方入：驴头在下死点时，光杆伸入盘根盒以下的长度。方余：盘根盒以上到悬绳器之间光杆的长度。光杆的方入要大于光杆冲程。

光杆可分为两种类型，一种是普通型，其两端均为相同的抽油杆螺纹，且杆体直径大于两端螺纹的最大外径，两端无镦粗头。它的特点是两端可以互换，一端磨损严重后，可经掉头后继续使用，能充分利用杆体全部。另一种是一端镦粗型，光杆的一端镦粗并加工出抽油杆螺纹，另一端未镦粗并加工有普通螺纹，杆体直径小于镦头直径。其特点是：镦粗端螺纹联结性能好，但不得掉头使用。

b.普通抽油杆。其类型可分为钢制实心抽油杆、玻璃纤维（或称为玻璃钢）抽油杆、空心抽油杆、连续抽油杆和钢丝绳抽油杆等。钢制实心抽油杆主要特点是结构简单、容易制造、成本低。它的结构为两头带接箍的钢圆柱体。玻璃钢抽油杆主要特点是耐腐蚀、质量轻，适用于含腐蚀性介质严重的抽油井和深井抽油，成本高且抗弯、抗压性能差。空心抽油杆用空心圆钢管制成，两端有连接螺纹，主要用于稠油井抽油，成本高。

c.加重杆。为改善抽油杆柱的工作状况，延长抽油杆柱的工作寿命，在泵以上几十米的杆柱直径加粗，称为加重杆。其可以用于克服抽油杆柱在向下运动时，由于原油通过游动阀所产生的阻力向上顶托活塞，造成与泵连接处的几根抽油杆受到压缩力作用所发生的弯曲。其结构为两端带抽油杆螺纹的实心圆钢杆，一端车有吊卡颈和打捞颈。

（2）泵的工作原理

抽油泵主要由泵筒、柱塞、固定阀和游动阀四部分组成。泵筒即为缸套，其内装有带游动阀的柱塞。柱塞与泵筒形成密封，用于从泵筒内排出液体。固定阀为泵的吸入阀，一般为球座型单流阀，抽油过程中该阀位置固定。游动阀为泵的排出阀，它随柱塞运动。柱塞上下运动一次称为一个冲程，也称为一个抽汲周期，其间完成泵的进液和排液过程。

2.主要特点

（1）优点

①设备结构简单、管理方便、操作和搬迁容易，对一般油井都比较适用，可把油井压力开采至非常低。

②通常采取自然排气，因此有利于天然气从井内排出，比较容易消除气体影响。

③具有较大的灵活性，当油井的产能变化时，能通过调节泵径和其他工作参数，使泵的排量同油井的产能相适应。

④能方便地进行各种地面和井下测试，可及时、准确地分析地面和井下设备的工作状况。

⑤适用于开采高黏原油，同时比较容易处理井下结蜡、结垢和腐蚀等问题。

（2）缺点

①在井身弯曲的油井中往往产生严重磨损，使抽油杆和油管的损坏频率升高，因此会影响油井的正常生产，同时使采油成本增加。

②当井液含砂或其他固体颗粒较多时，极易出现卡泵现象。另外，当气油比过高时，排气会使泵效降低，甚至会使泵发生气锁而失效。

③下泵深度受抽油杆强度的限制，并且随着下泵深度的增加，泵效有所下降，事故频率升高。当泵下到一定深度后，泵就会完全失效。

④设备体积较大，在市区使用引人注目，在海上油井使用显得过于笨重。电源必须架设到井口，因此不宜在沼泽、水网等地理条件比较复杂的地区使用。

⑤极易受结蜡的影响，而且不能采用涂料油管来防蜡和防腐。

（二）气举采油

1.气举采油原理

气举是利用从地面注入高压气体将井内原油举升至地面的一种人工举升方式，是依靠从地面注入井内的高压气体与油层产出流体在井筒中的混合，降低井筒内流体的密度及静水柱压力，从而降低井底流压，使油流入井并将流入井筒内的原油举升到地面的一种采油方式。

气举井的井筒流动与自喷井相同，但用于举升原油的气体主要来自地面的高压气，而不是来自地层和原油的溶解气。它是机械采油法中对油井生产条件适应性较强的一种，常用于高产量的深井和含砂量少、含水低、气油比高和含有腐蚀性成分低的油井。

气举与自喷，就井筒内气液混合物的流动特点来讲，是基本相同的。只是自喷井主要依靠油层本身的能量举油，而气举井则需借助人工注入的高压气体的能量生产。另外，为了获得尽可能高的油管工作效率，气举井中应当将油管下到油层中部，这样可使油管在最大的沉没度下工作，即使将来油层压力下降、油套管环空液位降低，也能使气体保持较高的举油效率。

按注气方式可将气举分为连续气举和间歇气举两类。气举采油时必须有足够的气源，一般为气井和油井产出的天然气，气举采油的井口和井下设备比较简单，但由于气举需要压缩机组和地面高压气管线，地面设备系统复杂，一次性投资较大，而且系统效率较低，特别是受到气源的限制，一般油田很少采用。

2.气举采油措施

（1）气举井生产系统。

气举井生产系统由压缩机及配套设施、油气分离与计量设施、天然气净化设施、高压管汇、气举阀组及其他井下工具等构成。多数高压气举系统，都是设计成气体可重复循环的所谓闭式循环系统。在这一系统中，油井产出的气液混合物经分离器分离，分出的低压气经净化、压缩后重新被注入油井以举升井筒中的流体。闭式循环系统更适合于连续气举作业，因为若利用高低压管线储气能力有限的较小的闭式循环系统进行间歇气举，特别难以有效地调节和作业。

（2）气举启动与气举凡尔。

①气举启动。气举井注气生产前，井筒中油套管内的液面在同一位置。当启动压缩机向油套环形空间注入高压气体时，环空液面将被挤压下降，如不考虑液体被挤入地层，环空中的液体将全部进入油管，油管内液面上升，随着压缩机压力的不断提高，环形空间内的液面将最终达到管鞋（注气点）处，此时的井口注入压力达到最高值，称为启动压力。当高压气体进入油管并与油管内的液体混合后，混合液密度降低，液面不断升高直至液流喷出地面，井底流压随之降低，当井底流压低于油层压力一定值时，地层开始产液，井筒液量的增加使混合液密度又有所增加，压缩机的注入压力也随之增加，经过一段时间后整个系统趋于稳定，达到稳定的生产状态。气举井的上述启动过程实际上是降低井内流体载荷的过程。因此，也称为"卸荷"过程。

气举生产时，选配的压缩机的额定排气压力不能小于油井的启动压力。启动压力与油管下入的深度、油管直径以及静液面的深度等有关。当静液面深度一定时，降低油管下入深度，可降低启动压力。

②气举凡尔。气举生产过程中，启动压力较高，这就要求配置额定输出压力较大的压缩机，但若气举正常生产时的工作压力比启动压力小得多，则势必造成压缩机功率和投资的浪费。因此，为了气举系统的高效工作，必须降低启动压力以减小其与工作压力之差。假设在打开状态要关闭时，则100%受油压控制，打开或关闭凡尔，则要相应地提高或降低油压。

3.气举生产系统设计

气举生产系统设计需以给定的设备条件（可提供的注气压力及注气量）和油井流入动态为基础，设计内容包括：气举方式和气举装置类型；气举点深度、气液比和产量；凡尔位置、类型、尺寸及装配要求。

一口井进行气举设计时，应先确定是采用连续气举还是间歇气举。对于低压、低采油指数的油井通常都采用间歇气举。对于不能立即确定采用哪种方式最合适的井，则需要根据油井的具体条件做出不同设计，要从技术和经济方面进行综合考虑。

气举装置的类型主要取决于油井采用的气举方式是间歇气举还是连续气举。一般而言，气举装置分为开式装置、半闭式装置、闭式装置及箱式装置。开式装置仅限于连续气举，而后三种装置既可用于连续气举，也可用于间歇气举。开式装置为下井的油管柱不带封隔器，使气体从油套环空注入，产液自油管举出，油、套管是连通的。半闭式装置除了用封隔器封隔油套环空外，其余均与开式装置相同。闭式装置类似于半闭式装置，所不同的是在油管柱上安装了一个固定凡尔，其作用是防止气体压力通过油管作用于地层。箱式装置是在油管柱底部下一个集液箱，提高液体汇聚空间，以达到提高总产油量的目的。

4.气举井试井

气举井按设计投产后，为了掌握井的生产情况，同自喷井管理一样，要进行气举井的试井，以便确定井的工作条件。

可以用改变注入气量使液体产量改变的方法，进行气举井的试井。根据地层油管协调工作原理可以看出，当增加油管排量时，油层的排量也相应增加，而油层的排量是靠降低井底压力而增加的。

当油藏压力降低致使井中动液面太低时，会使产量过低或气体耗量太大，这样油井无论在产量上还是经济上都不合理，此时应当考虑其他措施或转为其他采油方式。

5.气举采油具有以下特点

（1）优点。

①灵活性高。气举采油的井口，井下设备比较简单，管理调节方便，产量具有较大的灵活性。若一口井设计得当，通过气举，产量也许能达到1000bbl/d。这样只需要一种装置，就可以按照不同的生产需求进行有效的生产。

②适应性强。特别是对于海上油井、深井、斜井，含砂、水、气较多或含有腐蚀性成分而不适宜用泵进行举升的油井，都可以采用气举采油法，在新井诱导油流及作业井的排液方面，气举也一定的其优越性。

③故障率低。气举井的事故率在所有人工举升方式中是最低的。

（2）缺点。

气举采油投资大，使用受限制。气举装置采油需要压缩机站及大量高压管线，地面设备系统复杂、投资大且气体能量利用率低，需要大量的天然气，因此使用受到限制。

6.气举采油的应用和发展

气举采油之所以受到人们的青睐，还在于即使装置选择及工艺参数设计得不够好，也能够正常地获得一定的气举产量。在完井初期阶段，确定气举凡尔深度的资料很少，但仍能够设计出多种带有绳索可取式气举凡尔的有效气举装置。也正是因为如此，气举被广泛应用于油井生产初期的试油、投产和排液等。

　　对于那些地层出砂、高气液比的大斜度或不规则井身轨迹井，当需要采用人工升举法采油时，一般首先考虑用气举的可能性。对于一些产量不够理想的自喷井，辅助以适宜的气举，可望大幅度提高其日产量。就适合通过出油管线作业的深海采油技术来讲，没有其他任何办法能像气举系统那样理想。另外，对一口小套管和高产能的油井而言，用气举法可获得最高产量。

　　绳索可取式气举凡尔，可以在不压井或不取出油管的条件下更换。气举凡尔是一个活动件很少的简单设备，并且含砂的井中流体并不通过凡尔而是被注入气举升出来。单井的井下气举设备，相对而言不算太贵。地面的注气控制设备比较简单，所需要的维护保养费用较少，实际上也占不了多大地方。总的来讲，就国外许多油田的应用情况看，气举系统的可靠性及费用都好于和低于其他升举采油法。

　　气举作业主要受以下几方面的限制：缺少伴生气或外来气源，井距大和海上平台可供安装压缩机的场地有限。一般来说，气举不适用于单井装置和大井距的油井，因为这些地方不适宜集中安装动力系统，气举可能会增加开采稠油、过饱和盐水或乳化液方面的困难。在有老套管、酸性气体和长的小内径出油管线条件下，不能采用气举作业。另外，未脱水的湿气，也会降低气举作业的可靠性。

（三）潜油电泵采油

　　随着油田的不断开采，采油井的自喷能力越来越低，已有大部分油井不能自喷，或油田的地层压力太低，使油井不能自喷。除采用抽油机、螺杆泵采油外，近年来也采用了潜油电泵采油技术，并取得了很好的效果。潜油电泵全称为电动潜油离心泵，简称为电泵，具有泵效高、扬程高、排量使用范围宽、抗稠油、耐高温、地面工艺简单、管理方便等优点，并在防砂、防气锁等方面有很好的效果，因此在油田开发中将会得到广泛的应用，是目前重要的采油方法之一。

　　1.潜油电泵的组成及其特点

　　电泵是将电机、保护器、油气分离器、潜油泵和电缆下入井内，将泵与油管连接，地面电源通过变压器、控制箱经电缆给电机供电，使电机运转，驱动多级离心泵做功将井液举升到地面。

　　（1）潜油电泵的组成：井下部分包括潜油电机、保护器、油气分离器、多级离心泵、电缆、单流阀、泄油阀等；井上部分包括变压器、控制箱、接线盒等。

　　（2）电泵供电流程：地面电网→地面电力变压器→控制箱→接线盒→电力输送电缆→潜油电机。

　　（3）电泵抽油流程：油气分离器→多级离心泵→单流阀→泄油阀→油管→井口→输油系统。

潜油电机、保护器、分离器和泵各轴之间采用花键套连接，壳体之间采用法兰螺栓连接。为了使潜油电泵机组能够适应井筒下入条件，并保证机组能够输出足够大的功率，所以把机组制造成细长形状，用油管下入并悬挂在油井中。除上述主要部件外，还有各种附件，这些附件有些是必要的，有些则可以选用安装。所需的最常用的附件有下井安装附件、包装箱、电缆滚筒、电缆滚筒支架、电缆滑轮、下井工具等。为了适应油井条件，潜油电机应具有以下特点：外廓尺寸细长；转子和定子分节；保证千欧电机的严格密封；润滑油循环系统比较特殊。

2.潜油电泵的工作原理

三相电泵被引入潜油电机的三相绕组之后，在定子铁芯内便产生一个旋转磁场。根据电磁感应原理，转子绕组切割磁场，转子导体中产生感应电势，由于是闭合回路，所以有电流通过。载流导体在磁场中受到电磁力的作用，即产生电磁转矩，其方向与旋转磁场的方向一致。旋转磁场的力矩大于转子力矩时，转子就沿着旋转磁场的方向运转。电机带动离心泵轴上的叶轮做高速旋转，在分离器吸入口处形成很大的压差，于是井液被吸进叶轮流道。充满在叶轮流道内的井液在离心力的作用下，从叶轮中心沿叶片间流道被甩向叶轮四周。井液在叶片的作用下，压力和速度同时增加，经导壳流道被甩向另一级叶轮，井液的压力和速度得到进一步增高，这样井液经过逐级增压之后，就获得一定的扬程被举升到地面。

泵的排量随压头增大而减小，泵轴的输入功率随排量的增大而增大。当排出闸门关闭时，泵的排量为零，此时泵轴的功率一般要比额定功率小得多。因此，在开泵时，为减少电机的启动负荷，应该把排出闸门关闭。

在离心泵特性曲线上有一个最高效率点，称为额定工作点，该点的排量和压头值即为铭牌上给出的性能指标。在最高效率点附近有一排量范围，其效率随排量的变化而降低很少，这一排量范围称作最佳排量范围。所以，离心泵在工作时要尽可能在额定工作点附近，且必须在最佳排量范围内，这样才能使离心泵的工作特性达到最好。

电潜泵井的工作好坏，与电潜泵井的设计与施工有密切关系。合理选井与设计，可以延长电泵机组的寿命，获得较合理的经济效益。电潜泵油井生产系统设计是以油井生产系统为对象、以油井供液能力为依据、以整个系统的协调为基础，把获得规定产量（或给定设备）下的最高效率和最低能耗作为设计目标，在设计中采用了节点和系统分析方法。

（1）电潜泵油井生产系统

电潜泵油井生产系统是由油层、井筒、井下电泵机组和地面出油管线与分离器四个子系统组成，每个子系统都有各自不同的流动规律。要使油井高效率地稳定生产，就必须在生产系统设计时充分利用各子系统协调的油井生产规律。

（2）设计方法

电潜泵油井生产系统设计的任务是在满足由油井供液能力所确定的产量前提下，确定下泵深度、选择泵型和计算工作参数，使其效率最高和能耗最小。通常，由于地面出油管线的压力降变化范围不大，可将井口压力作为常数。这样，设计的油井生产系统范围只从井口到油层，分别以井口压力和油藏压力为起点计算泵的排出压力和入口压力，根据产量选定泵型后，根据该泵的特性曲线和设计排量求出单级泵的平均扬程、功率和效率。利用泵两端的压差和泵的单级扬程可计算出泵的级数、泵排量、泵效率和功率等。电动潜油泵井电流卡片分析如下：

①正常运行电流卡片。正常运行时，卡片上画出的是一条等于或近似于电动机额定电流值的圆滑、匀称曲线。

②电源电压波动电流卡片。电流曲线上出现"钉子状"突变，就是电压波动的反映。产生这种变化原因：供电线路上大功率柱塞泵突然启动而引起电压瞬时下降；附近抽油机多口井同时启动；雷击现象等。解决方法：在大面积停电来电后，等其他设备启动后再启动电泵；电泵井安装避雷器。

③欠载停机电流卡片。该电流曲线表示油井供液不足，电泵运行一段时间后，会因抽空欠载而自动停机，而曲线中的周期性启动是由自动控制实现的。欠载停机原因：井液密度过低，产液量小，选泵不合理；延时继电器或欠载继电器部分出现故障；电泵运行电流值小于欠载电流整定值；泵轴断或花键套脱离等。解决方法：检修延时继电器或欠载继电器，更换与该井相匹配的机组；改选其他采油方法，对于泵故障应起泵检查并更换机组。

④过载停机电流卡片。该电流曲线表示电泵启动后正常运行一段时间后，由于受井下不正常因素的影响，工作电流不断上升，当电流增加到过载保护电流时，过载保护装置动作而自动停泵。过载停机原因：井液密度、黏度增加；洗井不彻底，井内有杂质；油管或地面管线结蜡；雷击造成缺相；机组本身故障（机械磨损电动机过热等）。解决方法：正常过载停机应进行洗井；下泵前冲砂，同时对出砂井要考虑上提机组；定期清蜡或热洗地面管线；查出原因处理缺相；更换机组。

⑤气体影响电流卡片。该卡片上的曲线呈锯齿状，曲线呈小范围密波动，说明井液中含有较多气体。产生这种变化的原因：由于井液中含有游离气体而造成电流不稳定，这种情况不仅造成排量效率低，而且容易烧坏电机；泵内的液体被气体乳化。解决方法：泵吸入口加气锚或旋转式油气分离器；合理控制套管气，保证机组合理的沉没度；井液中加破乳剂。

⑥泵发生气塞时的电流卡片。该卡片表现为电动潜油泵刚启动，此时沉没度比较高，运行电流比较平稳，但产量和电流都因液面的下降而逐渐减小，然后因气体分离出来，电流出现上下波动，波动幅度随时间的延长越来越大，当液面接近泵的吸入口时，电

流波动最大，直到因气锁抽空而欠载停泵。产生的原因：电动潜油泵在运行过程中由于某些因素影响，使井液中大量气体进入泵内，造成因气锁抽空，而欠载停泵。解决方法：采取防止气体进入泵的措施，缩小油嘴，间歇生产，提供与供液能力相匹配的机组等。

（四）水力活塞泵采油

1.水力活塞泵采油系统、安装形式及工作原理

（1）水力活塞泵采油系统组成。

水力活塞泵抽油系统是由许多不同的机械或设备联合成的一个整体，整个系统由两部分组成：油井装置和地面流程。油井装置包括井口、井下器具管柱结构和水力活塞泵及井下机组，井下机组由液动机、水力活塞泵和滑阀控制结构三个部件组成，对抽油起主要作用。地面流程由高压泵机组、高压控制管汇、动力液处理装置、计量装置和地面管线组成。阀及动力液处理设备等部件，起着供给和处理动力液的作用；管线则为原油和工作过的乏动力液提供了地面的专门通道。

水力活塞泵抽油系统类型较多，水力活塞泵对油层深度、排量范围、含蜡、稠油、斜井及水平井以及分层开采具有较强的适应性，其主要缺点是机组结构复杂、加工精度要求高、动力液用原油、计量困难、地面流程大、投资高。一般按如下条件进行分类：按系统井数主要分为单井流程系统、多井集中泵站系统、大型集中泵站系统。按动力液循环主要分为闭式循环方式、开式循环方式。所谓开式循环或闭式循环是指在整个采油系统中乏动力液是否有自己的独立通道。动力液经地面泵加压使井下泵工作后不与产出液混合，而从特设的乏动力液独立通道排出，再通过地面泵反复循环使用的称为闭式循环。反之，如果没有特设的乏动力液独立通道，乏动力液就必须和产出液混合。流往地面集油站处理的称为开式循环，开式循环方式设备简单、操作容易，但动力液处理费用较高。而闭式循环方式设备复杂、操作麻烦，但动力液处理费用低。按动力液性质主要分为原油动力液水力活塞泵采油系统、水基动力液水力活塞泵采油系统。所谓原油动力液和水基动力液是指在整个系统中所使用的是以原油或以添加各种防腐剂和润滑剂的水为动力液。用高质量的原油做动力液可使整个系统有较好的工作性能。但是在没有高质量原油的情况下，可以采用水基动力液。

目前，在油田推广应用中，应优先选用原油做动力液的开式循环多井集中泵站系统。在原油黏度较高、油井含水较高、添加剂较贵的情况下，可选用水做动力液的闭式循环多井集中泵站系统。

①开式循环单井采油系统。动力液经地面高压柱塞泵加压后，通过高压控制管汇进入地面油管，通过井口装置进入油井中经油管内下行，进入井下水力活塞泵，驱动井下机组的液马达带动抽油泵工作，抽出的原油与乏动力液在封隔器以上的油套管环形空间混合并

返出地面，混合液经分离器进行油气分离，脱气混合液进入动力油罐沉降净化，部分净化的原油继续进入高压柱塞泵加压后作为动力液，其余部分液体输至集油站。

②闭式循环单井采油系统。动力液经地面高压柱塞泵加压后，通过高压控制管汇进入动力液管线，再通过井口装置进入油井中，井水水力活塞泵经油管内下行进入井底，驱动井下泵的液马达带动抽油泵工作，抽出的油从封隔器以上的油套管环形空间返出地面进入集油罐。乏动力液则从平行侧管返出，进入动力液处理罐经少许处理后，又进入地面泵中加压反复使用。

（2）水力活塞泵采油装置。

水力活塞泵采油装置是指用于举升原油的水力活塞泵井下机组、动力液处理装置及井口。按水力活塞泵井下机组的安装方式及泵的数目，有如下两种分类。

①根据井底安装方式分为固定式、插入式、投入式三种。水力活塞泵井下机组随动力油管下入井底，并固定在一个套管封闭器上。动力液从油管送入井底，原油和废动力液从动力油管和油管间的环形空间返回地面。其优点是在相同尺寸的套管情况下，比其他类型泵的泵径大、排量大；缺点是起泵必须起油管。

插入式装置一般为同心管闭式循环，泵工作筒随大直径油管下入井内，而沉没泵机组则用小直径油管下入，插到泵工作筒内。

投入式安装又分单管封隔式和平行管柱式。泵工作筒随油管下至井底，沉没泵机组则从油管中投入，使用液力下泵和起泵。其优点是起、下泵方便，不用上作业队，节省修井作业费用；缺点是泵径受到限制，排量较小。

②根据井下泵液马达与抽油泵端的数目不同，可分为双液马达泵和双泵端泵。双液马达泵可增大扬程，双泵端泵可增大排量。

虽然水力活塞泵抽油装置的类型很多，但最常用的有如下三种：开式循环单管封隔器投入式水力活塞泵；闭式循环平行管柱投入式水力活塞泵（平行管通管为乏动力液的流道）；开式循环平行管柱投入式水力活塞泵（平行管通到封隔器下部，以排放封隔器下部聚集的气体）。

（3）水力活塞泵采油装置的工作原理。

①开式循环单管封隔器投入式泵的工作原理。投入式泵也叫自由泵，即泵随油管下入井内，由封隔器把井筒上下分隔，沉没泵在油管内液力起下。投入式泵油井装置基本由以下部分组成：井口捕捉器、井口四通阀、中心油管、沉没泵机组、泵筒、固定阀和封隔器等。封隔器把套管分为上、下两个空间，中心油管又把封隔器上部空间分为两个通道。泵由油管投入，动力液通过四通阀进入油管，同泵一起下行，此时由于封隔器上部压力大于下部压力，在泵筒下部的固定阀关闭，油管内的液体由油套管环形空间返出，使泵继续下行，直至进入泵筒。此时动力液继续源源不断经四通阀进入油管并进入泵中，带动泵的液

马达工作，泵的液马达则带动抽油泵工作，产生抽汲作用，使固定阀打开，地层液则源源不断地进入泵内，经泵加压后，排到油套管环形空间和乏动力液混合经油套管环形空间返出。在下泵和泵工作状态中，四通阀均处于正循环状态，即动力液由油管进，混合液和乏动力液则由套管出。如果泵发生了故障，或者别的原因需要起泵，就要转动井口四通阀，使其成为反循环，即动力液由套管进，乏动力液由油管出。动力液从套管进入后，沿环形空间向下，在压力的作用下，泵的提升阀关闭，提升皮碗张开，由于压力继续增加，泵离开固定阀座，随即固定阀关闭，泵在动力液的推动下沿油管内上行，直至井口被捕捉器捉住，此时即可把泵从油井中取出。这就是所谓投入泵的工作原理，也就是开式循环单管封隔器投入泵的工作原理。投入泵最重要的优点就是检泵方便、油井利用时率高、检泵不用上作业队、节省作业费用。

②闭式循环平行管柱投入式水力活塞泵的工作原理。闭式循环平行管柱投入式水力活塞泵和开式循环单管封隔器式管柱的差别在于，在中心油管旁多了一根小直径的旁通油管，直通泵筒上的乏动力液排出孔，乏动力液就不再和产出液混合而直接从此旁通管排至地面，经少许处理后又进入地面泵，反复使用，而产出液则从油套管环形空间返出，使原油处理量减少了一半。所以，闭式循环平行管柱投入式水力活塞泵的运行成本最低，并可以选用优质动力液或水基动力液。但是增加了地面上的乏动力液管线和井内管柱的侧管，钢材消耗较多，作业费用也较高。

③开式循环平行管柱投入式泵的工作原理。开式循环平行管柱投入式水力活塞泵，侧管接通封隔器下部的油套管环形空间，通过此管把聚集在封隔器下部油套管环形空间的气体排出。由于没有乏动力液的专用通道，所以乏动力液仍必须和产出液混合后从油套管环形空间排出。此种泵主要用于油井含气较高的情况。

2.水力活塞泵井下机组

水力活塞泵井下机组是抽油系统的核心，它的性能好坏决定了整个系统的先进性、可靠性与经济效果。从结构、作用和原理上可以分为单作用和双作用两种类型，前者在柱塞做往复运动时，只在单一行程排除被增压的液体；而后者在上、下行程均排除被增压的液体。

水力活塞泵主要由液马达、泵和主控滑阀三部分组成。

（1）液马达：能够作连续回转运动并输出转矩的液压执行元件，可将动力液的压能转换为机械能带动泵工作，常用的是往复柱塞式液马达。

（2）泵：受原动机控制，驱使介质运动，是将原动机输出的能量转为介质压力能的能量转换装置。将液马达传递给它的机械能转换成液体的压能，可用来提高油层产出液的压能，常用的是往复柱塞泵。

（3）主控滑阀：利用液压差动原理控制液马达和泵柱塞做往复运动的换向控制

机构。

3.水力活塞泵油井生产系统设计

（1）设计方法：

①决定开式和闭式系统。

②决定油井气体全部泵出还是放气。

③选择合适的井下装置。

④系统工况参数确定，包括下泵深度、井筒压力分布、井筒温度分布、井筒流体物性分布、动力液排量、泵效和功率与举升效率。

⑤决定建设泵站还是单井系统。

⑥选择地面泵。

⑦设计动力液系统。

（2）系统、装置类型及泵型选择。

①系统选择。由于开式系统简单、操作方便、节省投资，所以一般来说首先考虑开式系统。在下述条件中将采用闭式系统：无合适的原油作动力液，必须使用水基动力液；为了减少添加剂的消耗，要使用闭式系统；建设动力液罐及处理设备的空间有限，如城市、海滨的小块地方，由于闭式系统的动力液设备占地面积小而被采用；海上平台，由于空间的限制和地面失火的可能性，往往采用闭式系统。

②放气还是泵出气体。如果气油比较低，或虽然气油比较高，但泵吸入口压力较高，一般可采用泵出全部气体的井下装置。如果气油比较高，泵吸入口压力又较低，但泵效很低时（20%～30%以下），就应当采用放气的井下装置，大部分气体不经过泵采出。

③井下泵安装型式及泵型选择。井下泵的安装型式，首先应考虑套管型投入式泵（单管柱投入式泵），因为起、下泵简单。如果满足不了需要或受条件限制不能使用，则应采用平行管柱式安装型式。尽量不采用固定式或插入式，因为起、下泵不方便。根据设计产液量和下泵深度来选择合适的泵。

4.水力活塞泵采油井监测技术

水力活塞泵采油结构简单可靠、检泵方便、功率损失小、传动效率高、适应性强、灵活性大、对井斜、井温和深度的适应范围广、启动变速容易、便于清砂、去蜡和防腐；其缺点是地面设备投入大、管理复杂。随着机械采油井数的增长和采油强度的提高，水力活塞泵在采油中的应用也有所扩大。加强水力活塞泵井动态监测工作，可延长使用寿命、降低成本，获得更好的经济效益。

水力活塞泵采油井的监测方法可分为三种：一是间接测试，即依靠观察地面压力、动力液性质、油井产量或专用仪器对油井动态进行监测和分析；二是使用井下仪器直接测试，如使用深井压力计测取井下泵工作时的吸入压力、流压等参数，用井下取样器获取井下地层实际液样，并化验和分析；三是对比分析，根据资料，总结出运动规律，进行对比分析。

（1）井下压力测试。

将深井压力计安装在带有密封装置的井下泵延长部分，下入井内。在泵工作时测取泵挂处的流压，关井后不仅可测取泵挂处的静压，这种数据较真实地反映了泵在井下工作时的地层供液状态，而且关井后取得的静压资料不受液体倒流的影响。压力卡片真实地记录了关井初期地层压力恢复的情况，提高了资料解释的准确性。

（2）工况检测技术。

为使水力泵系统工作情况得到改善，根据油井管理的需要，可用水力活塞泵测试的液压抽油动力仪。该仪器可用卡片记录井下泵的每一循环工作中的压力变化，计时机构可以求出在此情况下所用的时间，以及活塞运动的速度。随着计算机处理技术在有杆泵抽油系统诊断方面的应用，也把其原理用于分析判断水力活塞泵在井下的工作状态，即用地面测量来确定泵在井下的工作状态。后者是依靠压力变送器和流量变送器将动力液随井下泵工作情况而改变的波动量与时间的关系，用模拟计算机根据测试井动力液管柱、动力液物理性质等进行计算处理，并作出示功图，供技术人员分析和保存。

（3）对比分析。

对水力活塞泵泵内压力分布进行分析，总结出液马达活塞理论运动规律，根据多口油井测试、检泵对比资料整理得出矿场上常见的典型工况模板，应用计算机作为采集单元，通过在井口测试动力液压力和流量随时间的变化曲线，对比典型工况模板，进行泵况诊断分析。

二、机械采油方式技术适应性评价

（一）机械采油技术适应性评价指标体系结构

1.油井产液量

油井产液量是影响机械采油方式选择的最重要因素。有杆泵适用于中低产液量油井；当油井产液量$Q>6300m^3/d$时，基本不用有杆泵抽油。

2.下泵深度

下泵深度是影响机械采油方式选择的另一个重要因素。由于杆泵受抽油杆强度的限制，只能用于浅井和中深井。

3.井下特征

井下特征包括井眼的弯曲程度以及井眼的大小和完井状况等。有杆泵对弯曲井眼的适应性最差；不同的人工举升方式对小井眼多层井的适应性不同，有杆泵适用于多层小井眼井。

4.地面环境

地面环境包括空间、气候及所处的地理位置等。地面驱动螺杆泵地面装置小，适合在空间狭小的市区采油；气举适合在气候恶劣、电力不足但有气源的边远地区采油。

5.油藏特性

特定的油藏地质条件会使机械采油设备在原油开采过程中出现操作问题，从而降低设备的系统效率，减少使用寿命。常见的影响操作的油藏特征包括如下几个方面：

（1）原油黏度：用有杆泵抽高黏油时存在系统效率较低的缺点。

（2）气油比：有杆泵活塞冲程长度较长，因此对高气油比的油井适应性较弱；对于螺杆泵，它的工作方式是旋转运动，排液连续，无间隙，对高气油比的油井适应性很强。

（3）原油含砂：螺杆泵对油井出砂的适应性最强；有杆泵对油井出砂的适应性一般。

（4）结蜡：油层、油管、井口和出油管线都会结蜡，这势必造成系统效率降低或不能正常工作。

（5）结垢：结垢会缩小油管内径，引起泵效降低甚至卡泵。如果井下结垢比较严重，则必须采取化学防垢措施。

（6）腐蚀：井液中的硫化氢、二氧化碳、高浓度的地层盐水及其他氧化物，都可以使井下金属被腐蚀。硫化氢引起的氢脆，会加速抽油杆的损坏。

（7）井底温度：井下高温会使电潜泵的电动机和电缆的使用寿命缩短，因此当井下温度高于150℃时，必须采取降温措施。

6.机械采油设备自身的特点

当油井的产能变化时，机械采油方法适应这种变化的灵活性也很重要，要求选择的机械采油方法能适应这些变化。通常有杆泵适应这些变化的灵活性较大。

7.采油设备的简便性

不同的机械采油方法使用的采油设备结构不同、工作过程不同，对特定的油藏区块类型的适应性也不同。

（二）机械采油技术适应性评价模型

机械采油方式适应性评价方法有很多种，根据低渗透油田的实际情况，采用简便易行、操作性强的加权评分法，具体步骤为：将每一种被选择的机械采油方式视为一个方案，共有有杆泵等j种方案，评价方案的主指标有i个，如前文提到的油井的产液量、下泵深度等指标，则每个方案的综合评价值为各主指标的标值与相应权重的乘积。

$$S_j = \sum_{i=1}^{m} \omega_i s_{ji} \qquad (7-1)$$

式中：S_j——第j个方案的总得分；

ω_i——第i个主指标的权重；

S_{ji}——第j种方案第i个主指标的得分。

总得分多的为初选出的适应性强的方案；反之，则为技术上不可行的方案。这样，问题的关键就在于确定指标标值与指标权重。

三、机械采油方式经济适应性评价

（一）经济性评价指标的确定

1.输入指标的选取

选择吨油操作成本、基本投资费用作为机械采油方式输入指标。

（1）吨油操作成本：

$$B = C/Q \qquad (7-2)$$

式中：B——吨油操作成本；

C——年经营成本；

Q——年产油量。

吨油操作成本是年经营成本和年产油量的比值，在油价相同的情况下，如果某种机械采油方式较其他方式年经营成本低、年产油量大，那么该种方式在不考虑投资时经济效益最好，也就是说，每年产生的经营净现金值最大。因此，该指标是企业在统计和考评单位业绩时常用的指标。

影响吨油操作成本的主要因素是年经营成本，年经营成本是指每年维持油井正常生产所必需的资金。年经营成本包括以下几种费用。

①能耗费，包括燃料费、动力费等。有杆泵、螺杆泵等抽油设备主要消耗电能，气举抽油方式主要消耗天然气。

②设备维护费，主要是指对抽油设备的维护修理费，也包括清蜡除垢费。有杆泵的维护费包括对抽油杆、抽油机和抽油泵的维护修理费；螺杆泵的维护费主要指对抽油杆、螺杆泵的维护费。

③管理费，包括生产人员工资及福利费、油气处理费、水处理费等。

④其他开采费，包括测井费、试井费等众多杂项费用。

吨油操作成本清单：材料费、燃料费、动力费、生产人员工资、提取职工福利费、维护修理费、油气处理费及其他开采费。

（2）基本投资费用。

基本投资费用是指油井采用某种机械采油方式达到采油目的的初始投资费用，包括以下几种费用。

①地面设备购置费。不同的人工举升方式需要安装不同的地面设备，如螺杆泵需要安装地面驱动装备，游梁式有杆泵需要安装抽油机。

②地下设备（如抽油杆、油管、抽油泵、螺杆泵等）购置费。

③设备安装费。

④流程改造费，如改造输油管线、改造输电线路等必要的基础设施。

⑤其他建筑工程费，如水处理设备费等。

基本投资费用直接关系到机械采油设备折旧额的多少，因此是评价经济效益必须考虑的因素。

基本投资费用清单：有杆泵部分如井口、油管、光杆、井下工具、地面基础、电动机、抽油泵、抽油杆、抽油机；螺杆泵部分如专用井口、油管、光杆、电控柜、地面驱动设备、抽油杆、地面配套设备、螺杆泵；气举部分如井口、油管、光杆、井下工具、地面气源设备、气举阀。

2.输出指标的选取

输出指标主要选用系统效率，系统效率是反映机械采油方式经济效益的另一个重要指标。系统效率很大程度上体现了泵工作状况的优劣，系统效率的高低不仅与泵本身的工作过程有关，还与泵和特定油层条件的配合有关。机械采油设备的系统效率高，说明该设备的利用率高，操作管理水平高，这必将大大节约日常的生产经营费用，提高经济效益。

计算出所有输入、输出指标的数值，代入公式即可得到优化不等式。对于这种优化问题，可以采用单纯形法、复合型法等优化方法进行求解。一般对这种比较复杂的问题，需要编制计算机程序才能得到数值解。对于每一种备选方案，可以得到一个投入与产出比最小值，对这些值进行比较，取最大值为最佳方案，便可以很方便地看出哪种方案的经济效益最高。

（二）经济性综合评价的选择

确定哪种机械采油方式综合经济效益最大，也就是根据投入产出比来进行判断，以最小的投入获得最大的产出，提高机械采油方式的经济效益。

第二节 机械采油技术

一、螺杆泵采油技术

螺杆泵是一种技术含量高的容积式泵，具有转动平稳、结构紧凑、液体脉动小等特点，它问世于20世纪30年代，随后，螺杆泵不断发展完善，越来越广泛地应用于船舶、石油、化工等领域。在石油工业中，螺杆泵起到了重要作用，其应用从重油和含砂井发展到稀油井、大排量井和排水采气井，正朝着规范化、系列化方向发展。螺杆泵适用于开采高黏度原油。

（一）螺杆泵采油系统的组成

地面驱动井下单螺杆泵采油系统（简称为螺杆泵采油系统）由电控部分（包括电控箱和电缆）、地面驱动部分（包括减速箱和驱动电动机、井口动密封、支撑架、方卡等）、井下泵部分（包括螺杆泵定子和转子）和配套工具部分（包括专用井口、特殊光杆、抽油杆扶正器、油管扶正器、抽油杆防倒转装置、油管防脱装置、防蜡器、防抽空装置、筛管等）组成。

1.电控部分

电控箱是螺杆泵井的控制部分，控制电动机的启、停。该装置能自动显示、记录螺杆泵井正常生产时的电流、累计运行时间等，有过载、欠载自动保护功能，确保生产井正常生产。

2.地面驱动部分

（1）地面驱动装置工作原理。

地面驱动装置是螺杆泵采油系统的主要地面设备，是把动力传递给井下泵转子，使转子实现行星运动、实现抽取原油的机械装置。按传动形式，可分为液压传动和机械传动；按变速形式，可分为无级调速和分级调速。

（2）地面驱动装置种类及优缺点。

螺杆泵驱动装置一般分为机械驱动装置和液压驱动装置。

①机械驱动装置传动部分由电动机和减速器等组成，其优点是设备简单、价格低廉、容易管理并且节能，能实现有级调速且比较方便；其缺点是不能实现无级调速。

②液压驱动装置由原动机、液压电动机和液压传动部分组成。其优点是可实现低转速启动，用于高黏度和高含砂原油开采；转速可任意调节；因设有液压防反转装置，减缓了抽油杆倒转速度。其缺点是在寒冷季节地面液压件和管线保温工作较难，且价格相对较高，不容易管理。

③减速箱的主要作用是传递动力并实现一级减速。它将电动机的动力由输入轴通过齿轮传递到输出轴，输出轴连接光杆，由光杆通过抽油杆将动力传递到井下螺杆泵转子。减速箱除了具有传递动力的作用外，还可以将抽油杆的轴向负荷传递到采油树上。

④电动机是螺杆泵井的动力源，它将电能转化为机械能。一般用防爆型三相异步电动机。

⑤井口动密封的作用是防止井液流出，密封井口。

⑥方卡子的作用是将减速箱输出轴与光杆连接起来。

3.井下泵部分

螺杆泵包括定子和转子。定子是由丁腈橡胶浇铸在钢体外套内形成的，衬套的内表面是双螺旋曲面（或多螺旋曲面），定子与螺杆泵转子配合。转子在定子内转动，实现抽汲功能。转子由合金钢调质后，经车铣、剖光、镀铬而成，每一截面都是圆的单螺杆。

定子是以丁腈橡胶为衬套浇铸在钢体外套内形成的，衬套内表面是双线螺旋面，其导程为转子螺距的2倍。每一断面内轮廓是由两个半径为 R（等于转子截面圆的半径）的半圆和两个直线段组成的。直线段长度等于两个半圆的中心距。螺杆圆断面的中心相对它的轴线有一个偏心距 E，而螺杆本身的轴线相对衬套的轴线又有同一个偏心距值 E，这样，两个半圆的中心距就等于 $4E$。衬套的内螺旋面就是由上述断面轮廓绕它的轴线转动并沿该轴线移动所形成的。衬套的内螺旋面和螺杆螺旋面的旋向相同，且内螺旋的导程 T 为螺杆螺距 t 的2倍，即 $T=2t$。入口面积和出口面积及腔室中任一横截面积的总和始终是相等的，液体在泵内没有局部压缩，从而确保连续、均衡、平稳地输送液体。

4.配套工具部分

（1）专用井口：简化了采油树，使用、维修、保养方便，同时增强了井口强度，减小了地面驱动装置的振动，起到保护光杆和换密封圈时密封井口的作用。

（2）特殊光杆：强度大、防断裂、光洁度高，有利于井口密封。

（3）抽油杆扶正器：避免或减缓杆柱与管柱的磨损，使抽油杆在油管内居中，减缓抽油杆疲劳。

（4）油管扶正器：减小管柱振动。

（5）抽油杆防倒转装置：防止抽油杆倒扣。

（6）油管防脱装置：锚定泵和油管，防止油管脱落。

（7）防蜡器：延缓原油中胶质在油管内壁沉积的速度。

（8）防抽空装置：地层供液不足会导致螺杆泵损坏，安装井口流量式或压力式抽空保护装置可有效地避免此种现象。

（9）筛管：过滤油层流体。

（二）螺杆泵的工作原理及特点

1.螺杆泵工作原理

当转子在定子衬套中位置不同时，它们的接触点是不同的。液体完全被封闭，由于转子和定子是连续啮合的，这些接触点就构成了空间密封线，在定子衬套的一个导程T内形成一个封闭腔室，这样，沿着螺杆泵的全长，在定子衬套内螺旋面和转子表面形成一系列的封闭腔室。当转子转动时，转子沿定子中心靠近吸入端的第一个腔室的容积增加，在它与吸入端的压差作用下，举升介质便进入第一个腔室。随着转子的转动，这个腔室开始封闭，并沿轴向排出端移动，封闭腔室在排出端消失，同时在吸入端形成新的封闭腔室。封闭腔室的不断形成、运动和消失，使举升介质通过一个又一个封闭腔室，从吸入端挤到排出端，压力不断升高，排量保持不变，从而将井下液体举升到地面上。

2.螺杆泵特点

螺杆泵就是在转子和定子组成的一个个密闭的、独立的腔室基础上工作的。转子运动时密封空腔在轴向沿螺旋线运动，按照旋向，向前或向后输送液体。由于转子是金属的，定子是由弹性材料制成的，所以两者组成的密封腔很容易在入口管路中获得高的真空度，使泵具有自吸能力，甚至在气液混输时也能保持自吸能力。

根据螺杆泵的工作原理可知，它兼有离心泵和容积泵的优点。螺杆泵运动部件少，没有阀体和复杂的流道，吸入性能好、水力损失小，介质连续均匀吸入和排出，砂粒不易沉积且不怕磨、不易结蜡，因为没有阀门，所以不会产生气锁现象。螺杆泵采油系统具有结构简单、体积小、质量小、噪声小、耗能低、投资少以及使用、安装、维修、保养方便等特点。因此螺杆泵已经成为一种新型的、实用的、有效的机械采油设备。

3.螺杆泵采油优点

（1）泵效高，节能，维护费用低。螺杆泵采油是机械采油中能耗最小、效率最高的机械采油方式之一。

（2）一次性投资少。与电动潜油泵、水力活塞泵和抽油机相比，螺杆泵的结构简单，一次性投资最低。

（3）适应高含气井。螺杆泵不会发生气锁，因此较适合于油气混输，但井下泵入口的游离气会影响容积效率。

（4）适合于定向井。螺杆泵可下在斜直井段且设备占地面积较小。

（三）螺杆泵的分类

螺杆泵有许多种类，分类也有多种方法。最常见的分类方法有以下两种。

1.螺杆泵内螺杆的数目

通常分为单螺杆泵、双螺杆泵、三螺杆泵和五螺杆泵四类。目前生产和应用得很少的四螺杆泵一般都不单独列作一个门类，而按它的螺杆螺旋面的型线类型，附在与其螺旋面型线相同的三螺杆泵这一类，作为三螺杆泵的衍生产品。而若以与三螺杆泵不同的螺旋面的型线来构成四螺杆泵，在同体积的情况下，其流量不如五螺杆泵大，并且无其他优越之处，因此四螺杆泵没有存在的价值。

2.螺杆螺旋在泵内啮合时构成的螺旋槽空间的密闭情况

按螺杆螺旋在泵内啮合时构成的螺旋槽空间的密闭情况分通常分为密封型螺杆泵和非密封型螺杆泵。

（1）密封型螺杆泵，即为螺杆螺旋段在螺杆衬套的孔内相互啮合时其啮合线构成的螺旋槽空间（此空间称为密封腔），在理论上能把泵的吸入腔和排出腔完全隔开，此类螺杆泵称为密封型螺杆泵，如单螺杆泵、三螺杆泵和某些类型的双螺杆泵。

（2）非密封型螺杆泵，即为上述的密封腔在理论上不能把泵吸入腔和排出腔完全隔开，泵在运行时，介质能从排出腔通过密封腔的无啮合线处，部分地流回吸入腔，如大多数的双螺杆泵和五螺杆泵。

（四）螺杆泵举升性能与影响因素

从本质上讲，螺杆泵的举升性能涉及如下几个方面的含义：从多深的井中往上举升介质（液体、气体或固体），这涉及螺杆泵的工作压力；单位时间内举升的介质数量，这是螺杆泵排量的概念；为系统配备的功率；功率的利用程度（效率）。

1.螺杆泵的工作压力

螺杆泵的工作压力取决于它的级数和每级能够承受（实现可靠密封）的压力大小。在螺杆泵结构参数确定的前提下，其级数取决于其长度，长度越大，级数越多。而每级能够承受的压力大小，则取决于定子和转子的配合间隙（过盈）。

2.螺杆泵的排量

螺杆泵的理论排量为：

$$Q_{理} = 1440 \times 4eDTn \qquad (7\text{--}3)$$

式中：$Q_{理}$——理论排量，m^3/d；

e——偏心距，m；

D——转子截面直径，m；

T——定子导程，m；

n——转子转速，r/min。

螺杆泵的实际排量为：

$$Q = Q_{理}\eta \qquad\qquad （7-4）$$

式中：Q——实际排量，m³/d；

$Q_{理}$——理论排量，m /d；

η——容积效率。

上述两式中，偏心距e、转子截面直径D和定子导程T都是螺杆泵的结构参数。结构参数确定后，螺杆泵的排量就只与转速n和容积效率η有关，而容积效率主要与泵的内部泄漏量有关，亦即与定子和转子的配合间隙（过盈）以及所举升介质的黏度有关。

3.泵的功率

（1）螺杆泵的水力功率：

$$N_H = \frac{\gamma QH}{86400 \times 102} \qquad\qquad （7-5）$$

式中：N_H——为水力功率，kW；

γ——流体密度，kg/m³；

H——有效举升高度，m；

Q——泵的排量，kg/ m³。

（2）泵的轴功率：

$$N_A = \frac{N_H}{\eta} = \frac{\gamma QH}{86400 \times 102\eta} \qquad\qquad （7-6）$$

式中：N_A——轴功率，kW。

分析上述两个功率公式，其影响因素除了定子和转子的配合间隙（过盈）之外，还有所举升介质的特性（黏度、重度）以及下泵的深度（决定H）。

4.螺杆泵的系统效率

螺杆泵系统效率的计算公式为：

$$\eta_P = \frac{2eDT}{\pi M}\Delta p \times 10^{-3} \qquad\qquad （7-7）$$

$$\Delta p = P_{排出} - P_{吸入} \qquad\qquad （7-8）$$

式中：η_p——泵的系统效率，%；

Δp——压差，MPa；

$P_{排出}$——排出压力；

$P_{吸入}$——吸入压力；

M——转子的工作扭矩，N·m；

e——偏心距。

上述系统效率公式中排出压力$P_{排出}$与下泵的深度有关；$P_{吸入}$取决于泵的沉没度，也与下泵深度有关系；转子的工作扭矩M与定子和转子的配合间隙（过盈）有关，配合得越紧，摩擦阻力矩越大。

通过上述的分析可知，转子的转速、定子与转子的配合间隙、下泵深度，以及介质的黏度是影响螺杆泵举升性能的主要因素。在油井具体工况、地质条件确定的情况下，温度就直接成为影响介质黏度的因素。

（五）影响螺杆泵漏失的因素

在实际运动过程中橡胶衬套与转子间处于过盈状态，正是利用这种过盈接触来避免流体的漏失。在内壁压力、密封腔室间的压差与液压力对转子的作用的共同影响下，如果这种接触压力减小到一定值，那么就会产生泄漏。

1.泵腔室中内压力对漏失的影响

（1）螺杆泵定子橡胶衬套与转子之间是过盈配合，橡胶衬套在过盈配合作用下产生变形，此变形抗力在衬套与螺杆密封处产生接触压力，从而使相邻腔室间密封。随着螺杆泵腔室中内压力增加，最大接触压力不断减小。

（2）两种泵在相同过盈量时，等壁厚螺杆泵的最大接触压力比常规螺杆泵的最大接触压力高。

（3）如果以接触压力为零来说明密封极限，在过盈量为0.2mm时，常规泵螺杆泵的极限内压力是5MPa，等壁厚螺杆泵的极限内压力是12MPa。

（4）最大接触压力随着密封腔室内压力增大而减小，主要是由于腔室内压力的增加使橡胶材料发生体积压缩，导致腔室内压力上升，接触压力进一步减小时就可能产生漏失。

2.泵腔室中压差对漏失的影响

（1）随着螺杆泵腔室中压差的增加，最大接触压力也在不断增加。

（2）最大接触压力随着密封腔室内压差增大而增大，主要是由于腔室内压差的增加使橡胶发生变形，从而使橡胶从压力大的一方向压力小的一方挤动。这会导致接触压力更大。

（3）对比腔室内压力和压差对最大接触压力的影响发现，导致螺杆泵漏失的原因是腔室内压力的大小，而不是腔室压差，在一定范围内，腔室压差不会导致漏失，反而会增强密封性能。

3.结论

（1）最大接触压力随着密封腔室内压力增大而减小，主要是由于腔室内压力的增加使橡胶材料发生体积压缩，螺杆泵密封性能变差，容易产生漏失。

（2）在一定程度内，最大接触压力随着密封腔室内压差增大而增大，主要是由于腔室内压差的增加使橡胶从压力大的腔室向压力小的腔室挤动，这会导致接触压力变大，在一定程度内，螺杆泵密封性能增强。

（3）三维空间中，腔室液压力产生的力和力矩会使得转子向橡胶衬套的一个方向挤压，这会导致另一边的接触压力减小，从而容易产生漏失。

（4）螺杆泵的漏失是在腔室内压力、压差和腔室液压力间接作用的共同作用下产生的。

（5）在相同橡胶性能和过盈量的情况下，等壁厚螺杆泵极限内压力为12MPa，常规螺杆泵极限内压力为5MPa，这说明等壁厚螺杆泵的密封性能更好。

（6）在腔室压差和内压力的综合作用下，腔室压差一定时，腔室内压力越小，密封性能越强。在螺杆泵系统中，泵出口的内压力大于入口的内压力，这意味着泵出口的密封性能可能不如泵入口的密封性能，为使得出入口的密封性能和磨损程度一致，可以尝试将转子轴向的尺寸做成不相等的，即把出口端的转子直径适当加大。

（六）螺杆泵定子失效原因分析及预防措施

井下螺杆泵定子的失效主要可归纳为磨损、烧泵、定子撕裂、脱胶等形式。其中，磨损为井下螺杆泵定子最主要的失效形式。

1.磨损

造成螺杆泵定子磨损的原因主要有定转子之间摩擦产生的磨损和采出液磨粒对定子的磨损。

螺杆泵在工作过程中，定转子之间需要一定的过盈配合，这种过盈使定转子之间产生挤压摩擦，随着工作时间的延长，定子逐渐被磨损，这种磨损与螺杆泵的几何尺寸、压差和工作转速有关。另外，定子橡胶的化学溶胀和温胀作用引起的附加过盈会加剧定转子之间的磨损。

采出液中含砂会对定子产生磨损，这种磨损主要与砂粒大小、泵的转速和级数、砂粒的含量、砂粒的硬度及砂粒通过泵的速度有关。

2.烧泵

造成烧泵的主要原因是泵的沉没度太低，螺杆泵井的泵效与供液能力有直接关系，沉没度过低，泵效下降，甚至导致泵干抽。这时进入泵内的采出液减少，定转子之间得不到很好的润滑，产生大量的热，而少量的采出液又无法及时将热量带走，使泵内产生高温，将定子橡胶烧毁。另外，泵的入口处自由气的含量过高也会导致定子橡胶和转子直接接触，产生高温，当泵效较低时，摩擦生热散发不出去导致温度上升较快，长期运转也会烧泵。

3.定子撕裂

造成井下螺杆泵定子撕裂的原因主要有橡胶的滞后作用、气温和橡胶分层。滞后现象作为橡胶的一种特性，通常发生在定子的小直径处（橡胶较厚的部分），这是由橡胶超压造成的。当螺杆泵由于超压或超载工作而产生大量的热时，通过泵的采出液不能将在定子最小直径区域产生的热量消耗，这使橡胶的强度降低，并最终被撕裂。气温是由特定气体组分和特殊橡胶的渗透率引起的，在合适的环境下（例如合适的温度和压力），气体能够渗透到橡胶的基体里面，橡胶内的气体膨胀引起橡胶膨胀，气温通常会导致在橡胶中形成气泡，以气泡形式存在于橡胶基体中的气体膨胀会把橡胶撕裂。注胶过程中，温度低的地方使橡胶局部永久变冷，热橡胶从它上面流过去形成层。这些层在橡胶内部产生弱化面，在压力下降时，进入这些弱化面的气体产生膨胀从而把这些弱化面撕开。

4.脱胶

胶结失效多数是由于注胶过程中产生的生产缺陷造成的，脱胶可能在两个界面上发生，第一个界面是黏合剂和橡胶之间的界面，第二个界面是黏合剂和泵筒之间的界面。

5.预防措施

（1）合理选配杆柱规格和转速。

根据泵型及井况分析计算杆柱的受力，用第四强度理论校核杆柱的强度并选配杆柱，从而避免载荷较大、杆柱承载能力不足而发生断杆和橹扣。螺杆泵转速越高，理论排量越大，在供液能力充足的情况下，泵效就越高，但在供液不足的情况下，容易造成泵抽空而引起烧泵。因此，选择泵的适当转速是很必要的。

（2）预防定子过早失效的对策。①确定油井是否出砂，如果油井含砂量大于3%，应首先采取适当的防砂措施，降低采出液中的含砂量；在设计螺杆泵时，在相同产液量的情况下，通过选择大排量泵来降低泵速，同时可降低泵内磨损颗粒的速度，也就降低了磨损颗粒对定子的磨损；取油井中油样做定子橡胶适应性试验，尽可能准确地确定橡胶在采出液中的溶胀，进而计算出相应的定子橡胶的温胀，在设计螺杆泵初始过盈量时，预先考虑到定子橡胶的溶胀和温胀，也能够在一定程度上降低螺杆泵的磨损。

②引进等壁厚定子螺杆泵，由于等壁厚定子螺杆泵定子橡胶层厚度均匀，泵工作时，橡胶膨胀也均匀，产热较少，并具有更加优良的散热能力，避免了定子内橡胶材料最薄处有害的热积聚，同时采用等壁厚空心转子匹配，减小了转子对定子橡胶的侧向挤压

力，从而使定子的损坏明显减少，延长泵的工作寿命。

（3）加强现场施工管理

一方面，保证施工质量、严格执行施工作业标准，可杜绝转子下泵造成杆柱脱扣以及螺纹质量不合格造成橹扣的现象；另一方面，及时掌握油井生产动态，及时采取清蜡、解堵等措施，从而有效控制杆柱工作载荷非正常增大，避免过载现象的发生，严格执行操作规程也可杜绝误操作，以避免人为因素造成断脱现象的发生。

（七）螺杆泵应用关键技术

1.无级调参驱动技术

由于螺杆泵采油井的产液量跟螺杆泵转子的转速成正比，所以通过与螺杆泵系列相配套的变频无级调速控制系统调节地面驱动装置转速，可完成螺杆泵采油井的工况调整。采用转矩、转速、运行电流及井口液量压力等实时监测信号和变频器控制系统可满足上述要求，并满足井下螺杆泵运动和动力的要求，同时具有过载与欠载保护、过载与欠载停机、降压启动和降速启动等功能。

（1）电流调参法。

根据供液要求和能力，对在线实测电流与工频运行电流进行比较。当液面下降时电流增加，根据预先设定变频器会自动调小频率；当液面上升时电流会减小，变频器自动调高频率，实现螺杆泵转速在一定范围内的自动调节。

（2）转矩调参法。

转矩是螺杆泵采油必备的特征参数，针对采用电流法对其进行间接计算，因受电网影响产生误差等缺点，采用转矩作为控制参数。装在地面驱动螺杆泵扭矩卡子下的光杆转速—扭矩传感器把实时测得的光杆转速、扭矩等生产参数经过信号调理、转换转变成为数据采集器可以接收的数字信号，并存储于存储器中；将采集处理过的转速、扭矩信号送至调节器，与预先根据油井的提液要求设定的光杆转速、扭矩值进行比较，当螺杆泵井的光杆扭矩远低于设定值时，变频装置将自动提高螺杆泵转速；当实际扭矩接近或达到设定值时，螺杆泵转速保持平稳；当光杆承受的实际扭矩远超过设定值时，变频装置自动将螺杆泵转速减小，使螺杆泵井能安全、高效地进行生产。该自动控制系统具有软启动、软停机功能。

2.变频调速控制系统

（1）变频调速控制系统的组成。

变频调速控制系统包括变频器、主控电路和辅助电路。

变频器是将频率固定的（通常为工频50Hz）交流电（三相或单相）变成频率连续可调（通常为0～400Hz）的三相交流电源，它的主电路采用交—直—交电路。

主控电路由变频控制电路和工频控制电路两部分组成，主要根据螺杆泵井的生产工况需要，通过切换变频控制部分和工频控制部分来控制螺杆泵电动机的运行状态。

辅助电路利用直流24V继电器来控制变频器的输入信号端，对螺杆泵电动机实施软启动、软停机，还装有缺相保护器。

变频器主要由主电路，保护电路，计算机数字控制电路，数字显示和故障诊断电路，数字与模拟量输入、输出电路等部分组成。

①主电路：为电压型交—直—交电路。由三相桥式整流器（AC/DC模块），滤波电路、制动电路（晶体管V及电阻R）、三相桥式逆变电路（IGBT模块）等组成。

②保护电路：通过霍尔效应电流传感器、电压传感器以及检测温度的温度传感器形成完整、可靠、快速的保护系统。

③数字显示和故障诊断电路：通过触摸式面板，可以进行功能码、数字码的数字设定和故障复位。

④数字与模拟量输入、输出电路：针对不同用户的控制水平和控制方式，变频器可以采用数字或模拟输入数据方式，也可以向用户提供某种数字量或模拟量的数据与指令。

（2）变频调速控制系统功能。

①自动功能：根据变频器输出电流以及设定自动调节电动机的频率，调节转速。

②手动功能：可手动调节变频器的转速，无级地调节螺杆泵的转速。

③显示输出频率、输出电压、输出电流、功率、报警等参数。

④实现过流保护、过压保护、欠压保护、过热保护、过载保护、缺相保护等。

（3）变频调速控制系统技术参数。

调速范围：$0 \sim 400$r/min。

输入额定电压频率：三相380V，50Hz/60Hz。

变动容许值：电压$\pm 20\%$，电压失衡率小于3%，频率$\pm 5\%$。输出额定电压频率：三相380V，频率$15 \sim 100$Hz。

过载能力：150%额定电流1min。

环境温度：设备运行温度为$-20 \sim 65$℃。

（4）PLC系统。

PLC系统主要由主控模块、输入/输出模块和电源模块组成。

①主控模块。主控模块是PLC系统的核心，包括CPU、存储器和通信接口等部分。

CPU的具体作用：执行接收、存储用户程序的操作指令；以扫描的方式接收来自输入单元的数据和状态信息，并存入相应的数据存储区；执行监控程序和用户程序，完成数据和信息的处理，产生相应的内部控制信号，完成用户指令规定的各种操作；响应外部设备（如编程器、打印机）的请求。

存储器：PLC系统中的存储器主要用于存放系统程序、用户程序和工作状态数据。

通信接口：主控模块通常有一个或一个以上的通信接口，与计算机和编程器相连，实现编程、调试、运行、监控等功能。

②输入/输出模块。输入/输出模块有数字量输入/输出模块，开关量输入/输出模块，模拟量输入/输出模块，交流信号输入/输出模块，220V交流输入/输出模块。

③电源模块。电源模块的作用是将220V交流电转变为24V直流电，给PLC供电。一般采用开关电源，其滤波性能更好，适用于工业环境。

④PLC的编程。目前PLC种类很多，但西门子S系列PLC以其强大的功能和高可靠性，广泛应用于工业现场，研究采用S7–300PLC，其编程语言是STEP7。STEP7采用模块化的程序设计方法，以文件块的形式管理用户编写的程序及程序运行所需的数据。

⑤PLC和变频器的连接。变频器提供串行通信技术的支持。

3.螺杆泵专用抽油杆及扶正技术

地面驱动螺杆泵是由地面动力驱动抽油杆带动其螺杆在衬套内旋转，实现将原油从井下举升到地面。抽油杆柱是连接地面与泵的唯一转动件，是抽油系统中的关键部分，在正常工作时受拉压、扭、磨、疲劳等作用力和腐蚀影响，尤其是在定向井中抽油杆柱在油管内旋转由于离心力及惯性力作用会产生振动和弯曲，在井斜较大的井或斜直井内，抽油杆杆柱与油管管柱将产生偏磨的问题，因此必须对抽油杆柱采取扶正措施，避免杆柱与油管直接接触产生偏磨，消除振动。从抽油杆受力、设计、保护等不同的角度，通过三维井眼轨迹模拟、螺杆泵专用抽油杆与扶正器等选型设计方面，对杆柱组合、扶正位置个数进行设计。

（1）抽油杆负载扭矩。

抽油杆负载扭矩既要受到轴向的载荷作用，又要受到轴向扭转载荷的作用，受力比较复杂。总的扭矩可表示为：

$$M = M_1 + M_2 + M_3 + M_4 + M_5 \qquad (7-9)$$

式中：M_1——螺杆的有功扭矩，N·m；

M_2——衬套与螺杆间的摩擦扭矩，N·m；

M_3——抽油杆柱与井液的摩擦扭矩，N·m；

M_4——抽油杆柱与油管间的摩擦扭矩，N·m；

M_5——抽油杆的惯性扭矩，N·m。

（2）轴向力。

螺杆泵抽油井工作过程中，管柱受力状况与抽油机井不同，由于螺杆泵连续稳定地抽汲原油，管柱不承受交变的液柱载荷。抽油杆所承受的轴向力可表示为：

$$F=F_1+F_2-F_3-F_4-F_5 \qquad (7-10)$$

式中：F_1——抽油杆自重，N；

F_2——流体压力作用在螺杆上的轴向力，N；

F_3——抽油杆浮力，N；

F_4——采出液流动时对抽油杆的轴向摩擦力，N；

F_5——温度效应产生的轴向力，N。

4.井眼轨迹及扶正器布置

防止管杆偏磨的最有效手段就是应用扶正器限位技术，通过井眼轨迹、受力、变形等计算，以及专用柔性短节、扶正器等工具的应用和优化达到扶正防偏磨的目的。

扶正器采用分段计算法并结合井眼轨迹，将井段按造斜点分为上下两段，在造斜点处开始安装专用短节扶正器并考虑方位角的变化程度进行受力分析和变形计算。

5.选泵与单井设计技术

螺杆泵采油的选井选泵技术是根据油井的产能、原油物性、油层深度、螺杆泵特性等来合理选择螺杆泵的泵型，确定泵的工作参数，使螺杆泵处于高效工作区，机杆泵井达到最佳匹配，使螺杆泵采油系统既实现合理举升，又达到节能降耗的目的，并根据单井生产动态及时调整工作参数，以确保螺杆泵在合理区域内工作。

6.工况检测

螺杆泵采油井的常见故障有抽油杆断脱、油管断脱、油管漏失严重、油管结蜡严重、螺杆泵定子脱落、螺杆泵定子磨损严重、油井漏失、螺杆泵定子溶胀、工作参数设置偏低、工作参数偏高等，利用扭矩测试仪直接测试扭矩、转速使得螺杆泵工况分析从定性走向了定量。

螺杆泵采油井其他常见故障及措施：

（1）保护器断电。变频控制柜接入电源不可接入电流保护器，请直接接入电源；若接入电源过电流保护器，则会发生电流保护器断电现象。

（2）反转。供电线路发生调整后，重新启动变频控制柜和电动机，若发生反转，请将变频控制柜左下部分的"输出"线中的任意两线进行调换。

（3）"变频故障"指示灯亮。在"变频运行"工作时，若发生故障，则"变频故障"指示灯会亮，此时请停止运行，并将变频控制柜的"功能显示仪表"左下端红色"停止/复位键"按钮按下，变频控制柜会自动处理故障，再次运行"变频运行"，变频控制柜将正常运行。

（4）电流变大。螺杆泵井运行正常，但变频器显示电流持续增大，产液量有所下降，说明地层供液能力不足，应降低转速运转，即下调变频器工作频率。

（5）电流变小。螺杆泵井运行正常，但变频器显示电流持续降低，产液量有所增加，说明地层供液能力充足，应提升转速运转，即上调变频器工作频率。

二、水力射流泵采油技术

射流泵是一种流体机械，它是一种利用工作流体的射流来输送流体的设备。根据工作流体介质和被输送流体介质的性质是液体还是气体，而分别称为喷射器、引射器、射流泵等不同名称，但其工作原理和结构形式基本相同。通常把工作液体和被抽送液体是同一种液体的设备称为射流泵。射流泵井下无运动部件，对于高温深井、高产井、含砂、含腐蚀性介质、稠油以及高气液比油井条件具有较强的适应性。

（一）工作原理及优缺点

1.射流泵的结构

射流泵是通过两种流体之间的动量交换实现能量传递来工作的。射流泵的主要特点之一是没有运动部件。

射流泵采油系统由地面部分、中间部分和井下部分组成。地面部分和中间部分与水力活塞泵开式采油系统相同，所不同的是水力射流泵只能安装成开式动力循环系统。井下部分是射流泵，动力液在井下与油层产出液混合后返回地面。

射流泵主要由喷嘴、喉管及扩散管组成。喷嘴是用来将流经的高压动力液的压能转换为高速流动液体的动能，并在嘴后形成低压区。高速流动的低压动力液与被吸入低压区的油层产出液在喉管中混合，流经截面不断扩大的扩散管时，因流速降低将高速流动的液体动能转换成低速流动的压能。混合液的压力提高后被举升到地面。

射流泵是通过流体压能与动能之间的流体能量直接转换来传递能量的，它不像其他类型的泵那样，必须有机械能量与流体能量的转换。因此，射流泵没有运动部件，适合于汲取腐蚀和磨蚀性油井流体，结构紧凑，泵排量范围大（ $10 \sim 1500 \mathrm{m}^2/\mathrm{d}$ ），对定向井、水平井和海上丛式井的举升有良好的适应性。由于可利用动力液的热力及化学特性，水力射流泵可用于高凝油、稠油、高含蜡油井。射流泵可以自由安装，因而检泵及泵下测量工作都比较方便。尽管水力射流泵具有以上优点，但因为射流泵是一种高速混合装置，泵内存在严重的湍流和摩擦，所以系统效率较低；射流泵在吸入压力低时，容易在入口处产生汽蚀，在正常条件下使用仍受到一定的限制。

2.射流泵工作原理

为了正确了解设计和使用射流泵，必须掌握射流泵的工作特性（压力、流量与泵的几何尺寸之间的关系），它反映了泵内的能量转换过程及主要工作构件（喷嘴、喉管）对泵性能的影响。按工作流体的种类不同，射流泵可分为液体射流泵和气体射流泵。

在动力液压力、流速都满足的条件下，动力液被泵送通过一定过流面积的喷嘴。流体则被加速吸入喉管的吸入截面，在喉管中与动力液混合，形成均匀混合液，在压力下离开喉管。

在扩散管中，混合液的流速降低，压力增高到泵的排出压力，这个压力足以将混合液排出地面。

水力射流泵的排量、扬程取决于喷嘴面积与喉管的面积比值。直径较大的喷嘴和喉管似乎应具有较高的排量，然而，重要的变量因素却是喷嘴面积与喉管面积的比值，因为它决定了泵压头和排量之间的协调。对于一个过流面积的喷嘴来说，如果选用的喷嘴面积为喉管面积的60%，那么，它们的组合将是一个压头相对较高、排量相对较低的射流泵。此时喷射四周供油井流体进入喉管的环形面积相对较小，这导致油井流体的流量低于动力液的流量。并且由于喷嘴的能量是传给低产量油井流体的，因而将产生高压头，所以，这种射流泵适用于大举升高度的深井抽油。当然，如果采用结构大的射流泵，也可以获得大的油井流体流量，但油井流体的流量总是小于动力液的流量。相反，如果选配的喷嘴面积为喉管面积的20%，那么，喷射流周围供油井流体进入喉管的环形面积就大多了。但是，由于喷嘴喷射流的能量是传递给比动力液流量大的油井产量的，将产生低的压头，所以这种泵仅适用于低举升高度的浅井抽油。

有了一定数量的不同面积比的喷嘴—喉管组合，就有可能最好地满足不同的流量和举升高度要求。要用喷嘴—喉管面积为20%的组合生产比动力液流量小的油井产量，由于在高速喷射的动力液和低速流动的油井流体之间产生高湍流混合损失，效率将极低。相反，要用喷嘴—喉管面积比为60%的组合生产比动力液流量大的油井产量，由于油井流体快速流过相对较小的喉管而产生较大的摩阻损失，效率也将极低。要选择最佳的喷嘴—喉管面积比，就在协调处理混合损失和摩阻损失。

3.射流泵的优缺点

射流泵有许多优点：第一，没有运动部件，适合于处理腐蚀和含砂流体；第二，结构紧凑，适用于倾斜、水平井；第三，自由投捞作业，维护费用低；第四，产量范围大，控制灵活方便；第五，能用于稠油开采，容易对动力液加热；第六，能处理高含气流体；第七，适用于高温深井；第八，对非自喷井，可用于产能测试和钻杆测试。射流泵为了避免气蚀，必须有较高的吸入压力，致使射流泵的应用受到限制。

由于射流泵是依靠液体质点间的相互撞击来传递能量的，因此在混合过程中产生大量旋涡、在喉管内壁产生摩擦损失以及在扩散管中产生扩散损失都会引起大量的水力损失，因此射流泵的效率较低，特别是在小型或输送高黏度液体时效率更低，一般情况下射流泵的效率为25%～30%，这是它的缺点。但由于射流泵的使用条件不同，它的效率也不一样。在有些情况下，它的效率不低于其他类型泵，因此，如何合理使用射流泵，以便得到尽可能高的效率是一个很重要的问题。目前国内采用的多股射流泵，多级喷射、脉冲射流和旋流喷射等新型结构射流泵，在提高传递能量效率方面取得了一定进展。

（二）射流泵的型号

国际的射流泵是按固定的等比数列递增喷嘴和喉管面积，公比为4/R。喷嘴和不同喉管的面积比是固定的，一个喷嘴可以与六个不同的喉管组合。一个给定的喷嘴与相同编号的喉管组合，喷嘴和喉管面积比恒定为0.380，该比值称为A比值，依次把这个喷嘴与更大喉管编号组合，可得出B，C，D和E比值。射流泵的型号由喷嘴编号和上述比值来标定。面积比较大的射流泵产生的压头较高、排量较低，由于环形吸入面积相对较小，井液流量较少，动力液的能量传给较少的井液将产生高压头。相反，面积比较小的射流泵产生的压头较低、排量较高。最常用的面积比为0.235~0.400，面积比大于0.400的泵主要用于深井，也可在地面动力液压力很低又需要较高返出压头时使用；面积比小于0.235的泵常用于浅井，也可用于井底压力较低需要较大的环形面积防止气蚀的井中。对于实际的一口井，必须选择能满足其流量和举升高度的泵。如果泵的面积比和排量都大，由于井液快速流过较小的环形吸入面积将产生较大的摩阻损失，效率很低；如果泵的面积比和排量都小，则由于动力液和低速井液间产生高度紊流混合损失，效率也很低。选择最佳射流泵就是要使摩阻损失和混合损失之和最小。射流泵的喷嘴和喉管尺寸还受实际井油套管尺寸以及井下总成的限制。

（三）射流泵的理论基础及射流泵基本方程

射流技术在许多工程技术部门都得到应用。只有当射流速度不太大，雷诺数非常小时，射流为层流射流。一般来说，工程上所遇到的液体射流大多为湍流射流。湍流射流理论是射流泵的理论基础，随着电子计算机和计算流体力学的发展，用射流理论可以更深刻地揭示射流泵内液体运动规律，并对它的性能及几何尺寸给出较精确的定量解答。

1.湍流射流的分类

射流从喷嘴射出后，射入与它本身相同的介质，如水射流射入水中，称为淹没射流；射入与本身不同的介质中，如水射流射入空气中，称为非淹没射流。射流射入空间很大，以致距离射流较远的地区，很少受到射流的影响，这种射流称为无限空间射流；反之称为有限空间射流或有界射流；射流射入流动的流体，称为伴随射流。射流射入静止的液体称为自由射流；射流泵内的液体运动情况，属于有界伴随射流。

2.射流流动结构

起始段分为流核区和边界层区。流核区的流速等于喷嘴出口流速。边界层区的内表面流速与流核区流速相同，其外表面速度与周围的流体流速（伴随流速）相等。基本段的各个横断面的速度分布都不相同，沿射流轴向其速度递减，每个断面的速度沿径向向外递减直至与伴随流速相等。

3.主要无量纲参数及系数定义

通常在描述射流泵的性能、性能曲线、射流泵基本方程以及射流泵的相似律时，均采用无量纲参数。

$$流量比 q = \frac{被抽送液体流量}{工作流体流量} = \frac{q_2}{q_1} \qquad （7-11）$$

4.射流泵基本方程

射流泵基本方程 $h = f(mq)$ 以无量纲参数扬程比 h、流量比 q 和面积比 m 来表征射流泵内的能量变化，以及各基本零件（喷嘴、喉管、扩散管和喉管进口）对性能的影响。它的作用和叶片泵基本方程相似，是设计、制造、运行与改进射流泵的理论依据。

液流在射流泵内的运动比较复杂，属于有界伴随射流。推导射流泵基本方程的方法是根据射流泵的边界条件，运用水力学和流体力学基本定理导出基本方程，并通过一定数量的试验资料确定方程中的流速系数或阻力系数。

（四）射流泵的气蚀及对采油的影响

1.射流泵的气蚀

射流泵的气蚀是指射流泵在工作中，当泵体内某处的压力降低到液体在该温度下的汽化压力以下时，产生了气泡，当气泡破裂时，液体质点从四周向气泡中心加速运动，以极高的速度连续打击泵体内表面，金属表面逐渐因疲劳而破坏。伴随着这一过程，掺杂在液体中的某些活泼气体（如氧气等），同时对金属起着腐蚀作用，这种双重作用称为射流泵的气蚀。

射流泵的气蚀性能一般常用气蚀流量比 q 来表示。气蚀流量比是指当液体射流泵的工作流量比 q_1 增大到某一程度时，射流泵内部压力降至当时液体的汽化压力，射流泵性能急剧变坏，特性曲线上扬程比迅速下降，而流量比没有显著改变，射流泵产生剧烈的振动和噪声，我们将射流泵汽蚀刚刚发生，不能正常工作的起始点的流量比定为气蚀流量比，同时把与 q 相对应的扬程比称为气蚀扬程比 h。

由于油井产出流体必须加速到相当高的速度才能进入喉管，因此潜藏着气蚀的问题。喷嘴和过流面积决定喉管入口处的环空流道。环空过流面积越小，给定的油井产出流体流过该面积的速度就越高。流体的静压力随其流速增加的平方而下降，在高流速下，静压力将下降到流体的蒸气压。这个降低的压力将导致蒸气穴的形成，这个过程称为油井中射流泵的气蚀。

气蚀的出现对进入喉管的液流起节流作用。即使增加动力液的流量和压力，在这种泵吸入压力下也无法提高油井产量。随着泵内压力的增加，气穴随后破坏，可导致冲蚀，即气蚀损害。因此，对于一个给定的油井产量和泵吸入压力来讲，存在一个最小的环空过流面积，这可以将流速保持到足以防止气蚀现象的出现。由于气蚀影响给泵的工作状况带来严重危害，所以总想找到一种在泵工作时计算其吸入口压力的方法。计算其他类型人工举升设备之前，应先确定泵排出压力。

2.射流泵的气蚀计算

计算气蚀的目的是求得各工况下，射流泵不气蚀，能稳定工作的最大允许吸入高度。实验表明，最低压力区一般都处在喉管内部一定范围内。射流泵发生气蚀时，流态比较复杂，影响气蚀的因素比较多，因此气蚀最低压力点距喉管入口的位置也是不同的，其精确位置只能通过实验测得。

（五）影响水力射流泵泵效的因素

1.气体

气体对射流泵主要有三个方面的影响：第一，气体要占据一定的体积，使泵的液体体积排量下降，同时需要更大的气蚀面积；第二，气体对泵内压力损失产生影响，吸入腔室的压力下降会脱出溶解气，喉管两相混合过程的速度、浓度分布极不均匀，同时气液相间要产生滑脱，扩散管的压力回升会使游离气重新溶解在液体中，泵的结构不同，其影响程度差别较大，一般气体会使泵效下降；第三，气体要影响排出管柱的压力损失，对于合理的排出管的尺寸，气体的举升作用有利于降低排出管压力损失，如果气液比较大，排出管柱的压力损失应采用多相流理论计算。对气体的近似处理使模型的适用范围受到限制。当吸入条件下气体体积含量大于83%时，模型的预测精度开始变差。当游离气量超过模型适用范围时，建议采用有排气系统的装置。

2.排出口回压

不同面积比值泵的无量纲特性曲线相互交叉。例如，A、B两种面积比值泵的工作特性相同，但两种泵的气蚀特性不会相同。同样，由于两种泵的面积比值不同，排出压力的变化对其影响程度也不会相同。假设A、B两面积比值泵的工作压力：$P_1=413.79MPa$，$P_2=206.9MPa$，$P_3=152.07MPa$。当举升率H为0.332时，A面积比值泵工作时的喷射率M值为0.64，而B面积比值泵的M值只有0.16。当把A面积比值泵的排出压力增加5%时，M值以及地层液流量下降9%。但是，当B面积比值泵的排出压力同样增加5%时，地层液流量则下降77%。

（六）射流泵采油井生产系统设计

为适合各种不同的抽汲条件，满足不同流量和举升高度的要求，射流泵生产厂家提供了多种规格的喷嘴和喉道组件，因而不同的射流泵尺寸具有不同的特性曲线。要保证射流泵采油系统的正常运行，加强其生产系统设计是关键。

射流泵采油井生产系统的设计步骤如下：

（1）依据油层的流入动态。

（2）从井底向上计算井筒压力分布，由泵的泵入口压力确定下泵深度。

（3）确定井筒温度系统计算。

（4）确定井筒压力系统计算。

（5）在泵的特性曲线上，找出最高泵效对应的扬程。

（6）由混合液井口压力求出泵的混合液出口压力。

（七）射流泵采油的应用

采用喷射泵采油生产，不仅能适应某些复杂条件下的采油需要，而且投资少、费用低，因而喷射泵采油是一种很有前途的抽油方法。随着人们对喷射技术研究的不断深入，水力喷射泵工艺不仅适用于常规油井采油，而且适用于稠油井、高凝油井、低液面深井、斜井以及工况复杂的特殊油井采油并取得了良好的生产效果，展示了该项工艺的独特优势。

（1）深井。泵挂深度大于2500m的油井，由于供液能力差，动液面均在2200m左右。为了增加泵的举升能力，这类油井的喷射泵喷嘴、喉管均以大面积比（喷嘴出口过流面积与喉管入口过流面积之比）匹配，动力液压力控制在20MPa，油井产液量可达5t/d以上。

（2）稠油井。热动力液的稀释、伴热、降黏、降凝等作用保证了稠油井的正常生产。

（3）强腐蚀性油井。地层液的高矿化度、高含硫使抽油机生产时抽油泵、油管、抽油杆腐蚀严重，应用水力喷射泵系统生产后，通过优选喷射泵关键件的材质和热处理工艺，腐蚀问题得到缓解。

（4）斜井及井身结构复杂的油井。斜井及井身结构复杂的油井，利用抽油机生产时，抽油杆易偏磨、停产率高。水力喷射泵作为无杆泵系统，可以完全避免偏磨现象的发生。

（5）组合举升技术。射流泵可与其他举升方法结合，发挥各方法的优点，成为一种新的举升技术。如有杆泵–射流泵、电潜泵–射流泵的组合技术，已在油田推广应用，并取得良好的效果。

三、井下直线电动机无杆采油技术

近年来，国内大多数油田都在积极寻找低能耗，适合自身特点的采油方式。直线电动机无杆采油工艺技术以其无杆管偏磨、自动化程度高、参数变频调整、地面设备简单、维护费用低、能耗低、效率高、适合低产油井等特点，在全国各大油田得到广泛应用。

（一）直线电动机系统概述

目前，许多直线运动系统都是经过中间转换装置将电动机的旋转运动转换为直线运动。比如，抽油机悬点的上下往复运动是由减速箱输出轴的旋转运动经抽油机四连杆机构转换而来的。中间机械转换装置的存在，导致这些系统的整体体积庞大，出现了效率低、能耗大、精度低等一系列问题。随着直线电动机技术的出现和不断发展完善，运用直线电动机驱动而产生直线运动的系统，可以彻底去除中间转换装置，这样就可以缩小直线运动系统的总体体积，减少转换环节，将系统的输入能量直接转换为直线运动，使得系统的效率提高。运行可靠。控制简单方便。

采用直线电动机驱动的新型直线驱动装置与系统和其他非直线电动机驱动的装置与系统相比，具有如下优点：

（1）启动性能好。由于直线电动机具有软特性功能，刚一接通直线电动机的电源，就立即产生接近额定值的电磁推力，而启动电流与额定电流值差别不大。因此，直线感应电动机的正反转和频繁启动对电网几乎无冲击，它靠行波磁场传递推力，摩擦系数和黏着力等因素的影响较小。

（2）电动机自身有良好的防护性能，可以在较恶劣条件下工作。直线电动机过载能力强，在启动、运行和堵转情况下，电流基本稳定；初级线圈采用环氧密封，能够进一步增强电动机电气绝缘性能。这些性能特点对油井复杂生产条件有着现实意义。

（3）无污染、噪声低、结构简单。直线电动机依靠电磁力工作，工作中不排放废气。因为直线电动机取消了诸如齿轮、皮带轮等中间传动装置，这就消除了由它们造成的噪声。直线感应电动机只有初级和次级两大部分，是机电一体化产品。电动机的次级或者初级也是工作机械，可以直接和抽油泵连接，省去了中间传动转换装置，是绿色环保型产品。

（4）使用灵活性较大。改变直线感应电动机次级材料（如使用钢次级或复合次级）或是改变电动机气隙的大小均可获得各种不同的电动机特性。直线电动机结构形式较多，如有平面形、双边平面形、圆筒形和圆弧形等，可满足不同工况要求，使用灵活性较大，且为机电一体化产品。圆筒形直线电动机就很适合在油井中工作。

（5）节能。在频繁启动短时断续工作时，电动机几乎始终处于启动工作状态。直线感应电动机处于启动状态工作时，由于其具有软特性，一般启动电流只相当于额定电流的

110% ~ 150%，而旋转感应电动机具有硬特性，启动电流为额定电流的5 ~ 7倍，所以，在此工况下，直线感应电动机较旋转感应电动机在启动时具有明显的节能效果，属环保型产品。如果采用永磁材料，节能效果更加明显。

（6）运行条件好。常规旋转电动机由于离心力的作用，在高速运行时，转子将受到较大的应力，因此转速和输出功率都受到限制。而直线感应电动机不存在离心力问题，并且它的运动部分是通过电磁推力来驱动的，与固定部分没有机械联系。直线电机初级和次级之间有气隙，运动部分就无磨损。从其特点来说，直线电动机能够适应几百到几千米油井的工作条件。

（二）井下直线电机无杆采油的工作原理

直线电动机无杆采油技术是一种新型的采油方式，它通过置于井下的直线电动机带动抽油泵柱塞上下往复运动达到举升抽油的目的。它省去了地面抽油机、抽油杆等中间传动环节，提高了抽油效率，能有效解决斜井采油、油管杆偏磨的难题，并降低了井筒治理的费用，有很好的节能效果。

1.直线电动机的基本工作原理

直线电动机在结构上相当于是从旋转电动机演变而来的，而且其工作原理也与旋转电动机相似。但是值得注意的是，初级的长度是有限的，它有一个始端和一个终端。这两个端部的存在，引起了端部效应（边缘效应），这种现象只在直线电动机里才有，而在常规的旋转电动机里根本不存在，端部效应的大小取决于直线电动机的速度（这只是其中的一个因素），这种速度依赖关系，在相应的旋转电动机里是没有的。

通常，我们评价一台旋转电动机，只注重其是否满足高效率和高功率因素，当然还有别的依据来衡量这类电动机。然而，由于有端部效应，便不能再以同样方式用这些指标来衡量直线电动机。这使得直线电动机的设计规范要做些改变。

2.直线电动机抽油泵系统工作原理

直线电动机抽油泵系统中的柱塞泵不但结构与传统的有杆抽油泵相似，其采油原理也相似。有杆抽油泵是一种往复泵，其动力经过四连杆机构后产生抽油机悬点的直线往复运动，然后经过抽油杆将其传递到井下，从而使抽油杆带动抽油泵的柱塞做上下往复运动，将井下原油经油管举升到地面，完成人工举升采油过程。

有杆抽油泵上冲程过程中，柱塞下面的下泵腔容积增大，压力减小，进油阀在其上下压差的作用下打开，原油进入下泵腔；而与此同时，出油阀在其上下压差的作用下关闭，柱塞上面的上泵腔内的原油沿油管排到地面。同理，下冲程过程中，柱塞压缩进油阀和出油阀之间的原油，关闭进油阀，打开出油阀，下泵腔原油进入上泵腔；这样柱塞一上一下运动，抽油泵就完成了一次抽汲。如此周而复始进行循环，不断将原油举升到地面，完成原油的开采。

直线电动机抽油泵系统简化了传统抽油机系统抽汲原油的过程，它彻底消除了抽油杆及地面传动机构，不再通过地面的各种转换机构将地面旋转电动机的高速旋转运动转换成抽油机悬点的低速直线往复运动，而是通过直线电动机将电能直接转换成带动柱塞做往复直线运动的机械能。直线电动机动子直接带动抽油泵短柱塞做上下往复直线运动，从而达到举升原油的目的。

在直线电动机初级的三绕组中通入三相正弦交流电后，将产生行波磁场，行波磁场与永磁体的励磁磁场相互作用便会产生电磁推力，在此推力作用下，直线电动机抽油泵系统次级带动短柱塞做直线运动。当任意对换三相交流电的两相时，产生的电磁推力将随之换向，带动短柱塞做反向的直线运动。这样圆筒形永磁直线同步电动机一正一反的往复运动，就带动柱塞完成一正一反的往复运动，也就完成了一次抽汲循环。如此周而复始，完成柱塞的往复运动，从而实现原油的抽汲。

当直线电动机次级向上运动时，带动柱塞向上运动，直线电动机抽油泵做上冲程运动。此时，下短柱塞下面的下泵腔容积增大，压力减小，在压差的作用下，下游动阀关闭，下固定阀打开，原油进入下泵腔，而上短柱塞上面的上泵腔容积减小，压力增大，在压差的作用下，上游动阀关闭，上固定阀打开，上泵腔原油被举升进入油管，然后排出；同理，当直线电动机次级向下运动时，带动柱塞向下运动，直线电动机抽油泵做下冲程运动。此时，柱塞压缩下泵腔中的原油，下短柱塞下面的下泵腔容积减小，压力增大，而上短柱塞上面的上泵腔容积增大，压力减小，在压差的作用下上下两个固定阀关闭，游动阀均打开，下泵腔原油进入上泵腔。这样的直线电动机次级一上一下带动短柱塞做直线往复运动，直线电动机抽油泵就完成了一次抽汲。重复进行循环，不断地将原油排出，从而完成原油举升的目的。

（三）井下直线电动机的设计要求及选择

1.井下电动机的特殊性

从适应井下严酷的环境条件及生产的实际需要出发，井下特殊电动机的选型、结构、材料、工艺、配套等都有独特之处。

（1）细长形结构。用在井下的电动机外径要受井径限制，因此电动机呈细长形，其长度与外径之比高达20：50，甚至更大。

（2）严酷的环境条件。井下电动机通常潜浸在上千米以下深井的井液中，除大量的水、卤水、油、泥沙、石蜡等以外，往往还有大量的硫化氢、天然气类腐蚀性物质，有的电动机还会经常遇到强烈的机械震动和冲击，高速流体的冲刷。另一个令人关注的问题是井下的环境温度，深井的实际温度可高达80℃～100℃。

（3）可靠的密封装置。潜浸式电动机大多采用机械密封装置，以保证电动机正常的绝缘性能。某些井下特殊电动机，在泵与电动机之间装置液体保护器，用以平衡电动机内外压力，防止外界介质泄入电动机内部。

（4）成套性。井下特殊电动机与专用的工作机械组合，除了要求电动机的结构和性能满足专业生产的工艺要求外，还要求配备专用的变压器、电缆以及电控、保护、监测装置与之配套，完善的配套设备对井下电动机可靠地运行极为重要。

（5）可靠性被置于一切技术经济指标的首位。由于井下电动机工作于操作人员不能直接接触的严酷环境之中，而且又多是用于生产流程的重要环节，因此其长期安全运行有突出的意义。

2.直线电动机作为井下动力系统的优势

与旋转电动机相比，直线电动机是一种利用电能产生直线运动的电动机，它可以直接驱动机械负载做直线运动。其最大优点是取消了从电动机到工作"驴头"之间的中间环节，把"驴头"上下运动传动链的长度缩短为零，即零传动或直接传动。

（1）直线电动机可将电能直接转换成举升原油的动力，中间转换环节少，而游梁式抽油机则须通过皮带、连杆机构、减速箱及游梁等转换环节，因而具有较少的能耗和较高的系统效率。

（2）直线电动机作为井下泵动力系统，易进行机泵一体化设计，可简化井下工具结构、降低施工难度。

（3）由于去掉了抽油杆，可彻底解决杆管摩擦及油管偏磨问题，使油管寿命大大增加。并且由于消除了杆管摩擦及油管偏磨造成的系统失效问题，检泵周期也将增加。

（4）由直线电动机构成的采油系统易于控制，可以随油井的实际情况动态调节泵的冲程、冲次，使整个系统处于一个协调的开采状态，从而更加充分地利用地层的能量，提高原油采收率。

（5）采用直线电动机和泵的一体化设计，可以更加方便地实施油层分采工艺，达到一层一泵精确分采的目的。

（6）可以充分利用电动机运转过程中产生的热量来提高原油的温度，有效地防止原油中蜡的析出。

我们可以选用圆筒形直线电动机来驱动泵柱塞，圆筒形直线电动机具有体积小，易于进行机泵一体化设计的优点，并且由于其外形是圆柱形，适合在油井中起下。因此，采用圆筒形直线电机作为井下动力系统是最佳选择。

3.井下直线电动机抽油泵仍存在的问题

（1）地面控制系统与井况的矛盾。

抽油泵长期工作于井下，井底系统结构应尽量简单、耐用、可靠，将监测装置置于抽油泵以下，由于井底环境相对恶劣，一方面，监测部件容易受损，信号损失相对较大，控制精度降低；另一方面泵挂深度同时受到制约，从而形成智能控制和耐受性要求的矛盾。

（2）电动机的工作方式。

与同容量旋转电动机相比，直线电动机的效率和功率因数要低，尤其是在低速时比较明显，采用电动机动子直接推动柱塞工作，电动机输出功率、出力要求相对较大，假设泵挂深度达到1500～2000m，电动机功率就要高达30kW，出力要求大于19kN，因此，电动机动子的承载方式不甚合理。

（3）电动机的结构与泵的结构限制。

一般方案中是电动机结构与柱塞泵结合使用，泵挂深度受到限制。计算分析表明，直线电动机的推力与电动机的体积、质量成正比，泵挂深度过大，直线电动机的长度、质量增加，以相同泵径的柱塞泵为例，下泵深度超过1000m，直线电动机长度就要达到9～12m，而且冲程、冲次受到限制，实际泵挂深度均为600～1000m，直线电动机的长度为6～9m。增大电压可以提高电动机推力，但达到磁饱和时再增加电压，推力增加不明显，随着电流的增加，电动机温度升高，容易烧损电动机。因此，电动机的结构应当适当改进，同时根据电动机的工作特点合理设计抽油泵的结构。

（4）电动机的保护措施尚待完善。

直线电动机特别是直线感应电动机的启动推力受电源电压的影响较大，需要采取相关措施保证电源的稳定性或改变电动机的有关特性来减少或消除这种影响。

（5）直线电动机耐温要求、密封性能以及散热性能的相互关系。

当泵挂深度达到3000m时，直线电动机的耐温等级就要达到H级或更高，电缆和电动机绝缘效果要求同时提高，密封耐压大于20MPa。目前的技术条件已经能够解决电动机本身的散热与密封问题，控制系统能够实现对井下液位、压力等参数的实时监控，但上述电动机工作方式不利于散热，同时采用直线电动机直接驱动柱塞工作，会加剧动子对定子的损伤、缩短使用寿命。试验表明，对系统影响最大的是柱塞泵的泵效问题，柱塞泵的泵阀直接关系到系统的工作性能优劣，密封失效、气堵使系统工作效率降低或者根本不出油。

（6）其他方面的问题。

潜油电动机与抽油泵中存在的问题，在直线电动机抽油泵中也同时存在。潜油电动机的地面监测与控制、线路损失、抽油泵中的泵阀失效以及偏磨问题的解决有助于直线电动机抽油泵类似问题的解决。相比之下，潜油电泵和其他抽油泵的研究相对成熟，直线电动机抽油泵的研发应当借助目前较为成熟的实用技术。由于其兼具潜油电泵和普通抽油泵的优势，从理论上讲，直线电动机抽油泵的泵挂深度完全可以达到6000m甚至更高。

第八章　测井方法

第一节　自然电位测井和电阻率测井

一、自然电位测井

自然电位测井是沿井身测量岩层或矿体在天然条件下产生的电场电位变化的一种测井方法。自然电位测井诞生于1931年，是世界上最早使用的测井方法之一，其测量简便且实用意义很大，所以至今依然广泛应用。在生产实践中人们发现，将一个测量电极放入裸眼井中并在井内移动，在没有人工供电的情况下，仍能测量到电场电位变化。这个电位是自然产生的，所以称为自然电位。

（一）井中自然电位的产生

研究表明，井中自然电位包括扩散电位、扩散吸附电位、过滤电位和氧化还原电位等。钻井泥浆滤液和地层水的矿化度（或浓度）一般是不相同的，两种不同矿化度的溶液在井壁附近接触产生电化学过程，结果产生扩散电位和扩散吸附电位；当泥浆柱与地层之间存在压力差时，地层孔隙中产生过滤作用，从而产生过滤电位；金属矿含量高的地层具有氧化还原电位。

（二）自然电位测井的应用

自然电位测井是最常用的一种测井方法，有广泛的用途。

1.划分渗透性岩层

一般将大段泥岩层的自然电位测井曲线作为泥岩基线，偏离泥岩基线的井段都可以认为是渗透性岩层。渗透性很差的地层，常被称为致密层，其自然电位测井曲线接近泥岩基线或者曲线的幅度异常很小。

识别出渗透层后，可用自然电位测井曲线的半幅点来确定渗透层界面，进而计算出渗透层厚度。半幅点是指泥岩基线算起1/2幅度所在位置。对于岩性均匀、界面清楚、厚度满足$h/d>4$的渗透层，利用半幅点划分岩层界面是可信的。如果储集层厚度较小，自然电位测井曲线异常较小，利用半幅点求出的厚度将大于实际厚度，一般要与其他纵向分辨率较高的测井曲线一起来划分地层。

2.地层对比和研究沉积相

自然电位测井曲线常常作为单层划相、井间对比、绘制沉积体等值图的手段之一，这是因为它具有以下特点。

（1）单层曲线形态能反映粒度分布和沉积能量变化的速率。如柱形表示粒度稳定，砂岩与泥岩突变接触；钟形表示粒度由粗到细，是水进的结果，顶部渐变接触，底部突变接触；漏斗形表示粒度由细到粗，是水退的结果，底部渐变接触，顶部突变接触；曲线光滑或齿化程度是沉积能量稳定或变化频繁程度的表示。这些都同一定沉积环境形成的沉积物相联系，可作为单层划相的标志之一。

（2）多层曲线形态反映一个沉积单位的纵向沉积序列，可作为划分沉积亚相的标志之一。

（3）自然电位测井曲线形态较简单，又很有地质特征，因而便于井间对比，研究砂体空间形态，是研究沉积相的重要依据之一。

（4）自然电位测井曲线分层简单，便于计算砂泥岩厚度、一个沉积体的总厚度、沉积体内砂岩总厚度、沉积体的砂泥比等参数，按一个沉积体绘出等值图，也是研究沉积环境和沉积相的重要资料。如沉积体最厚的地方指出盆地中心，泥岩最厚的地方指出沉积中心，砂岩最厚和砂泥比最高的地方指出物源方向，沉积体的平面分布则指出沉积环境。

3.判断水淹层

在油田开发过程中，常采用注水的方法来提高油气采收率。如果一口井的某个油层见到了注入水，则该层就叫水淹层。油层水淹后，自然电位测井曲线往往发生基线偏移，出现台阶。因此，常常根据基线偏移来判断水淹层，并根据偏移量的大小来估算水淹程度。

二、普通电阻率测井

普通电阻率测井是采用电极系沿井眼测量岩层或矿体电阻率的一种测井方法，其测量结果是视电阻率，故又称为视电阻率测井。普通电阻率测井诞生于1927年，是最早出现的测井方法之一，也是最简单的电阻率测井方法。

（一）普通电阻率测井原理

和岩样电阻率测量一样，普通电阻率测井也必须有人工电场，因此利用一对供电电极

A、B来建立井下电场，然后利用一对测量电极M、N进行电位差测量。通常将这四个电极中的三个构成一个相对不变的体系，称为电极系。测井时将电极系放入井中，而另一个电极放置在地面，在提升电极系的过程中地面仪器记录一条沿井深的电位差变化曲线。

在实际测井时，电极系周围的介质是相当复杂的：在井中有泥浆，渗透层附近又会产生泥浆侵入，还有上、下围岩存在。各部分介质的电阻率都不相同。在这种非均匀介质中进行电阻率测量时，电极系周围各部分介质的电阻率对测量结果都有贡献，显然测出的不是岩层的真电阻率。我们将这种在综合条件影响下测量的岩层电阻率叫作视电阻率，记作R_a。因此，通常把普通电阻率测井叫作视电阻率测井。

只要电极系及测量条件选择合适，所测的视电阻率曲线才可以用于直接划分岩性剖面。在计算油气储集层参数时，则需要先将岩层的视电阻率先经过井眼、围岩、侵入影响校正求出真电阻率。

（二）电极系

不同类型的电极系所测的视电阻率曲线差异很大，为准确使用视电阻率曲线，对电极系应有正确认识。电极系是由供电电极A、B和测量电极M、N按一定相对位置、距离固定在一个绝缘体上组成的下井装置。一般电极系内包括三个电极，另一电极放在地面。下井的三个电极中，接在地面仪器同一电路中的电极如A、B（或M、N）叫作成对电极，而另一个与地面电极N（或B）接在同一电路中的电极叫不成对电极（或单电极）。按成对电极和单电极之间的距离和相对位置，形成不同类型的电极系。

（三）视电阻率曲线的影响因素

为了能够正确地使用视电阻率曲线，去伪存真地做出正确判断，应掌握各种因素对视电阻率曲线特点的影响。电阻网络模型是研究各种地层模型中电场分布的得力工具，许多影响因素对视电阻率曲线形状的影响就是利用电阻模型考察得到的。

1.电极系

从理论曲线得知，不同类型的电极系所测的曲线形状不同。即使同一类型的电极系在同样的测量条件下若，电极距不同，所测视电阻率曲线的形状及幅度也不同。

2.井眼

对于实测视电阻率曲线，井的影响是不可避免的。这种影响实质上是井内泥浆电阻率比剖面上高阻岩层的电阻率低得多，从而对电极系供电电极造成的电场分布起分流作用所致。为确保视电阻率曲线能真实地反映井孔剖面上电阻率的变化，要求R_m应大于该地区地层水电阻率R_w的5倍以上。在盐水泥浆井中或高阻剖面中，只能借助其他曲线划分剖面。

3.围岩和层厚

在测井时，选定了电极系后，其电极距就是固定不变的。在井孔剖面上相同电阻率的渗透层由于厚度不同，在视电阻率曲线上的幅度会出现差异。一般随厚度的变薄，视电阻率值变小。这是地层厚度变薄，低阻围岩对测量结果贡献增大的缘故。在解释薄层时应注意这种影响，否则会将高阻薄层视电阻率估计低了。

4.泥浆侵入

由于渗透层井段常有泥浆侵入形成的侵入带，其径向电阻率分布特点取决于侵入类型。含水层往往出现"高侵"（亦叫作增阻泥浆侵入），这是由于泥浆滤液电阻R_{mf}大于地层水电阻率R_w所致。侵入结果使冲洗带（岩层孔隙中的地层水全部被泥浆滤液置换的岩层部分）电阻率R_{xo}大于原状地层电阻率R_t以及过渡带（岩层孔隙中的地层水部分被置换的岩层部分）电阻率，由R_{xo}渐变到R_t，但都大于R_t。由于冲洗带和过渡带组成的侵入带存在，因此所测的视电阻率曲线幅度必然比无侵入时测量的视电阻率曲线幅度要高。相反，在油层井段常出现"低侵"（亦叫作减阻泥浆侵入），这是由于一般泥浆滤液电阻率小于含油层孔隙中所含液体电阻率所导致的。所以，在油层井段所测的视电阻率曲线幅度比没有侵入时测的结果要低。利用这个影响因素可以判断油水层。

5.高阻邻层的屏蔽

实际上经常会遇到在电极系探测范围内存在几个高阻薄互层，测量时由于相邻高阻层之间产生屏蔽影响，从而使视电阻率曲线发生畸变。在对互层组的解释中应当注意所用电极距与夹层厚度的相对关系，以免做出错误的判断。

6.地层倾角

理论曲线都是在水平岩层中得出的，而实际大部分岩层总有些倾斜（井轴不垂直于岩层界面），使实测曲线和理论曲线形状和幅度均有差异。随地层倾角的增加，曲线的极大值向地层中心移动，使曲线趋近对称；曲线的极大值随地层倾角的增加而减低，曲线变平缓，极小值模糊不清。由于地层倾角的影响，在测井曲线解释中便会引起地层厚度偏大的误差。

（四）视电阻率曲线读数

在高阻地层的界面内，各深度上的视电阻率值差别甚大。在计算地质参数需要岩层电阻率读数时，应选择最接近于岩层真电阻率的视电阻率值，或选其最突出便于对比的视电阻率值。对不同厚度的岩层采用不同的取值方法。

1.高阻厚层

从理论曲线分析得知，在相当厚的高阻层中部对应的视电阻率曲线上，出现一个直线段，其幅度为$R_a = R_t$。在实测曲线上取读数时，应取地层中部视电阻率曲线的几何平均值来代表该岩层的电阻率。

2.中等厚度的高阻层

在底部（或顶部）梯度电极系视电阻率曲线上，在高阻层内距顶（或底）界面一个电极小范围内，视电阻率值很低，这个范围常叫作屏蔽区或盲区。取读数时把这部分去掉，即距顶（或底）界面一个电极距处作一条与井轴垂直的直线，在该直线与底（或顶）界面之间取视电阻率曲线的面积平均值，即找一条与井轴平行的直线，使它所分割的曲线上 A 部分面积与 B 部分面积相等，这条平行线在横轴上的读数最接近于岩层的真电阻率值。这叫作去掉屏蔽区取面积平均值法。

3.高阻薄层

在视电阻率曲线上只有一个较窄的尖峰，只有取极大值作为高阻薄层的视电阻率代表，认为只有它最接近岩层的真电阻率。

不同岩性的地层，其电阻率一般不同，在视电阻率曲线上也出现幅度差异。用视电阻率曲线特征点划分岩层界面时，若实测曲线上极小值不明显会失去划分岩层界面的价值。因此，可以采用顶部和底部梯度电极系所测两条曲线的极大值所在深度分别确定高阻层的顶、底界面。

三、微电极系测井资料应用

（一）划分岩性剖面

首先利用微电极系曲线是否有幅度差这一特点，将渗透层和非渗透层区分开。其次根据曲线的幅度大小和幅度差的大小详细地划分岩性。各种岩层在微电极曲线上的特征如下。

1.含油砂岩和含水砂岩

其微电极曲线都有明显的幅度差。如果岩性相同，含水砂岩的幅度和幅度差都略低于含油砂岩，砂岩的含油性越好，这种差异越明显。这是由于砂岩的冲洗带中有残余油存在的缘故。如果砂岩含泥质较多，含油性变差，则微电极曲线幅度和幅度差均要降低。

2.泥岩

微电极曲线幅度低，没有幅度差或有很小的正、负不定的幅度差，曲线呈直线状，但具有砂泥岩剖面中典型的非渗透性岩层的曲线特征。

3.致密灰岩

微电极曲线幅度特别高，常呈锯齿状，有幅度不大的正或负的幅度差。

4.灰质砂岩

微电极曲线幅度比普通砂岩高，但幅度差比普通砂岩小。

5.生物灰岩

微电极曲线幅度很高，正幅度差特别大。

6.孔隙性、裂缝性石灰岩

微电极曲线幅度比致密石灰岩低得多，一般有明显的正幅度差。

虽然根据上述特征可以估计剖面岩性，但为了更准确地划分岩性剖面，还需要参考其他测井曲线做进行综合研究。

（二）确定岩层界面

微电极曲线的纵向分辨能力较强，划分薄互层组和薄夹层比较可靠。渗透层的界面可用两条微电极曲线的分歧点的深度位置来确定。一般砂泥岩剖面中划分渗透层时，大多以微电极曲线作为主要依据。

（三）确定含油砂岩的有效厚度

在评价有致密薄夹层的含油砂岩时，需先求出含油层的有效厚度。由于微电极曲线具有划分薄层和区分渗透、非渗透性岩层两大特点，所以利用它将油气层中的非渗透性的致密薄夹层划分出来，并把其厚度从含油气层总厚度中扣除就可以得到油气层的有效厚度。

（四）确定井径扩大井段

在井内如有井壁坍塌形成的大洞穴或石灰岩的溶洞（洞穴直径大于微电极系扶正器的直径），在这些井段中微电极系的极板悬空，所测视电阻率曲线幅度降低，接近于泥浆电阻率幅度。

第二节　声波测井

一、岩石的声学特性

声波是物质运动的一种形式，它是由物质的机械振动产生的，通过质点间的相互作用将振动由近及远地传递而传播。人耳能听到的声音，其频率在20Hz～20kHz之间。频率大于20kHz的波称为超声波。声波测井所用的声波频率一般为15～20kHz。对于声波测井发射的声波来说，井下岩石可视为弹性介质，在声振动作用下能产生切变弹性形变和压缩弹性形变。因此，岩石既能传播横波又能传播纵波，且传播速度与岩石的弹性有密切关系。

（一）岩石的弹性

受外力作用发生形变，取消外力后能恢复到其原来状态的物体叫作弹性体，弹性体的形变叫弹性形变。当外力取消后不能恢复到原来状态的物体称为塑性体。一个物体 是弹性体还是塑性体，除与物体本身的性质有关外，还与作用其上的外力的大小、作用时间的长短以及作用方式等因素有关。一般地说，外力小、作用时间短，物体表现为弹性体。如声波测井中声源发射的声波的能量较小，作用在岩石上的时间也很短，所以对声波测井来讲，岩石可以看作弹性体。因此，可以用弹性波在介质中的传播规律来研究声波在岩石中的传播特性。在均匀无限的岩石中，声波速度主要取决于岩石的弹性和密度。作为弹性介质的岩石，其弹性可用下述参数来描述。

1.杨氏模量

弹性体单位长度的形变称为应变，单位截面积上的弹性力称为应力，杨氏模量就是应力与应变之比，以 E 表示，单位是 N/m^2。

2.泊松比

弹性体在外力作用下，纵向上产生伸长的同时，横向上缩小。横向相对减缩和纵向相对伸长之比称为泊松比，用 σ 表示，它是无量纲量。泊松比只是表示物体的几何形变的系数。对于一切物质，σ 都介于0到0.5之间。

3.切变模量

切变模量是指弹性体在剪切应力作用下，切应力与切应变的比值，以 μ 表示，单位为 N/m^2。

4.体积形变弹性模量

在外力作用下，体积应变与应力之比，称为体积形变弹性模量，用 K 表示，单位为 N/m^2。体积形变弹性模量的倒数叫体积压缩系数，以 β 表示。

（二）声波在岩石中的传播特性

岩石可看作弹性体，故可用弹性波在介质中传播的规律来研究声波在岩石中的传播特性。弹性波在介质中的传播实质上是质点振动的依次传递。波的传播方向和质点振动方向一致的波叫作纵波。纵波传播过程中，介质发生压缩和扩张的体积形变，因而纵波也叫作压缩波。波的传播方向和质点振动方向相互垂直的波叫作横波。横波传播中介质产生剪切形变，所以横波也叫作切变波。通常这两种波是在介质中同时传播的，但横波不能在液体和气体中传播。声波在弹性介质中的传播速度主要取决于介质的弹性模量和密度。

岩石纵波速度与横波速度取决于介质的杨氏弹性模量和密度等因素，纵、横波速度将随着杨氏模量增大而增大。对于沉积岩来说，声波速度除了与上述基本因素有关外，还和下列地质因素有关。

1.岩性

由于不同矿物的弹性模量大小不同，介质弹性模量的大小又是影响介质声速的主要因素，所以由不同矿物构成的岩石，通常其声速也不同。

2.孔隙度

岩层孔隙中通常被油、气、水等流体介质充填，这些孔隙流体的弹性模量和密度不同于岩石骨架的弹性模量和密度，显然岩层孔隙度和孔隙流体的弹性模量和密度对岩层的声速有明显的影响。孔隙流体相对岩石骨架是低速介质，所以对于岩性相同孔隙流体不变的岩石，孔隙度越大，岩石的声速越小。

3.岩层的地质时代

许多实际观测资料表明，深度相同、成分相似的岩石，当地质年代不同时，声速也不同。老地层比新地层具有更高的声速。

4.岩层埋藏的深度

许多实际观测结果表明，在岩性和地质时代相同的条件下，声速随岩层埋藏深度加深而增大。这种变化是由于受上覆地层压力增大导致岩石的杨氏弹性模量增大的缘故。埋藏较浅的地层，埋藏深度增加时，其声速变化剧烈；埋藏较深的地层，埋藏深度增加时，其声速变化并不明显。从上述分析看出，可以根据岩石的声速来研究岩层，确定岩层的岩性和孔隙度。

二、声波速度测井

声波速度测井简称为声速测井，是在井中测量井壁地层声波传播速度的一类测井方法。由于声波速度测井直接记录的是声波时差（声波速度的倒数），因此也常被称为声波时差测井。声波在岩石中的传播速度与岩石的性质、孔隙度以及孔隙中所填充的流体性质等有关，因此，研究声波在岩石中的传播速度或传播时间，就可以确定岩石的孔隙度，进而判断岩性和孔隙流体性质。声波速度测井仪的核心部件是声系，其由声波发射换能器和接收换能器组成。

（一）单发射双接收声波速度测井原理

1.测井仪器简介

这种下井仪器包括三个部分：声系、电子线路和隔声体，声系由一个发射换能器和两个接收换能器组成。电子线路用来提供脉冲电信号，触发发射换能器发射声波，接收换能器接收声波信号，并转换成电信号。发射与接收换能器是由具有压电效应物理性质的锆钛酸铅陶瓷晶体制成。在脉冲电信号的作用下以其压电效应的逆效应产生声振动，发射声波；在声波信号的作用下，接收换能器以其压电效应的正效应接收声波，形成电信号，待放大后经电缆送至地面仪器记录。实际测井时，电子线路每隔一定的时间给发射换能器一次强的脉冲电流，使换能器晶体受到激发而产生振动，其振动频率由晶体的体积和形状决定。

在下井仪器的外壳上有很多刻槽，称为隔声体，用来防止因发射换能器发射的声波经仪器外壳传至接收换能器而造成对地层测量的干扰。

2.测量原理

井下仪器的发射换能器晶体振动，引起周围介质的质点发生振动，产生向井内泥浆及岩层中传播的声波。由于泥浆的声速v_1与地层的声速v_2不同，当$v_1<v_2$，所以在泥浆和地层的界面（井壁）上将发生声波的反射和透射，由于发射换能器可在较大的角度范围内向外发射声波，因此，必有以临界角方向入射到界面上的声波，透射产生沿井壁在地层中传播的滑行波。由于泥浆与地层接触良好，滑行波传播使井壁附近地层的质点振动，这必然引起泥浆质点的振动，在泥浆中也引起相应的波，因此在井中就可以用接收换能器先后接收到滑行波，进而测量地层的声波速度。

此外，还有经过仪器外壳和泥浆传播到接收器的直达波和反射波，只要在仪器外壳上刻槽和适当选择较大的源距（发射器与接收器间的距离），就可以使滑行波首先到达接收器，声速测井仪就可以只接收并记录与地层性质有关的滑行波。发射换能器发射的声波以泥浆的纵波形式传到地层，地层受到应力的作用不仅会产生压缩形变，也会产生切变形变，因此地层中既有滑行纵波产生又有滑行横波产生。不论是滑行纵波还是滑行横波，在传播时都会引起泥浆质点的振动，并以泥浆纵波的形式分别被接收换能器所接收，只不过地层滑行纵波最先到达接收器，较后到达的是地层滑行横波并叠加在滑行纵波的尾部上。

（二）影响时差曲线的主要因素

1.井径变化

当井眼扩大时，在井眼扩大井段的上下界面处，时差曲线就会出现假的异常，在一些砂泥岩的分界面处，常常发生井径变化，砂岩一般缩径而泥岩扩径，因此在砂岩层的顶部（相当于井眼扩大井段的下界面）出现时差曲线减小的尖峰，而在砂岩层的底界面处（相当于井眼扩大井段的上界面）出现时差曲线增大的尖峰。

2.地层厚度

地层厚度是相对声速测井仪的间距来说的，厚度大于间距的称为厚层，小于间距的称为薄层。它们在声速测井时差曲线上的显示是有差别的。

（1）对着厚地层的中部，声波时差不受围岩的影响，时差曲线出现平直段，该段时差值为该厚地层的时差值。当地层岩性不均匀时，曲线有小的变化，则取该厚地层中部时差曲线的平均值作为它的时差值。时差曲线由高向低和由低向高变化的半幅点处正好对应地层的上、下界面。所以，可以用半幅点划分地层界面。实际测的声波时差曲线往往受井径及岩性变化的影响，因此现场实际工作中，划分地层界面时，常参考微电极和自然电位曲线。

（2）薄层的时差曲线受围岩影响较大，半幅点间的距离约大于地层的真厚度。

（3）薄互层间距大于互层中的地层厚度时，曲线便不能反映地层的真正速度，甚至可能出现反向。

可见，间距大于地层厚度时，时差曲线分辨地层的能力差，甚至无法分层和正确读取时差值，因此间距尺寸必须小于目的层中最薄地层的厚度；间距越小，分辨地层的能力越强，但测量的精度也就越差。所以，应该合理地选择间距。

3.“周波跳跃”现象

在一般情况下，声速测井仪的两个接收换能器是被同一脉冲首波触发的，但是在含气疏松地层情况下，地层大量吸收声波能量，声波发生较大的衰减，这时常常是声波信号只能触发路径较短的第一接收器的线路。当首波到达第二接收器时，由于经过更长路径的衰减不能使接收器线路触发。第二接收器的线路只能被续至波触发，因而在声波时差曲线上会出现"忽大忽小"的幅度急剧变化的现象，这种现象称为周波跳跃。在泥浆气侵的井段，疏松的含气砂岩压力较大，井壁坍塌以及裂缝发育的地层，由于声波能量严重衰减，经常出现这种周波跳跃的现象。由于周波跳跃现象的存在，无法由时差曲线正确读出地层的时差值。但是，周波跳跃这个特征，却可以作为判断裂缝发育地层和寻找气层的主要依据。

（三）声波速度测井资料的应用

1.判断气层

由于油、气、水的声速不同，水的声速大于油的声速，而油的声速又大于气的声速，特别是气的声速和油水的声速有很大的差别，因此在高孔隙度和泥浆侵入不深的条件下，测井能够比较好地确定疏松砂岩的气层。

气层在声波时差曲线上显示的特点有：

（1）产生周波跳跃。它常见于特别疏松、孔隙度很大的砂岩气层中，因为地层含气对声波能量有很大的衰减作用，造成周波跳跃。对于非常疏松的砂岩气层来说，是因为它们颗粒之间的接触面积很小，声波能量从一个颗粒传到另一个颗粒，必须通过孔隙中的气体，由于岩石和气体的声阻抗相差很大，二者之间的声耦合很差，声波能量不易由颗粒向气体传播，会产生大量散射，声波信号受到很大的衰减，因此气层在声波时差曲线上表现为周波跳跃。

（2）声波时差增大。气层的声波时差值明显大于油层，比一般砂岩的时差值大 30μs/m以上。成岩较好、岩性纯净的砂岩气层都具有这一特点。另外，在泥浆侵入不深的 高孔隙度疏松砂岩地层中，油层的声波时差也相应增大，一般比水层大10%~20%，因此 声速测井的这种特点，有利于判断高孔隙性地层所含的流体性质，确定油气和气水的接触面。

2.划分地层

由于不同地层具有不同的声波速度，所以根据声波时差曲线可以划分不同岩性的地层 砂泥岩剖面，砂岩的声波速度一般较大（时差较低）。砂岩的胶结物的性质和含量也影响 声波时差的大小，通常钙质胶结比泥质胶结的声波时差低，并且随着钙质含量增多声波时 差下降；随泥质含量增多声波时差增高。泥岩的声波速度小（声波时差显示高值）。页岩 的声波时差值介于砂和泥岩之间。砾岩的声波时差一般都较低，并且越致密声波时差值越 低。碳酸盐岩剖面中，致密石灰岩和白云岩的声波时差值最低，如含有泥质，声波时差稍 有增高；如有孔隙或裂缝，声波时差有明显增大，甚至可能出现声波时差曲线的周波跳跃 现象。

在膏盐剖面中，无水石膏与岩盐的声波时差有明显的差异。岩盐部分因井径扩大，时 差曲线有明显的假异常，所以可以利用声波时差曲线划分膏盐剖面。由于声波时差曲线能 够较好地反映岩石的致密程度，所以它可以和微电极等测井曲线一起用来判断储集层的储 集性质的优劣。声波时差曲线可以划分地层，如果地层的孔隙度和岩性在横向上大体是稳 定的，那么声波时差曲线也可以用来进行地层对比。

3.确定岩层孔隙度

（1）对于固结压实的纯地层，分为两种情况。

①粒间孔隙的石灰岩及较致密的砂岩（孔隙度为18%~25%）可直接利用平均时间公 式计算孔隙度，不必进行任何校正。因为这类岩石的孔隙度较小，泥浆侵入往往较深，声 速测井测的是冲洗带的声波时差，冲洗带孔隙充满泥浆滤液，不必进行流体校正。另外， 如果含有泥质，由于岩石致密，泥质也是致密的，其声波时差较低，接近于岩石的时差， 可不必进行泥质校正。

②孔隙度为25%~35%的固结而压实的砂岩，其声波孔隙度则需要引入流体校正。这 类砂岩泥浆侵入往往较浅，冲洗带中不全是泥浆滤液，还含有残余油气，按Wyllie公式计 算的孔隙度偏大，必须乘以流体校正系数加以校正。在一般情况下可用经验数据校正，对 于气层，流体校正系数为0.7；对于油层，流体校正系数为0.8~0.9。

（2）对于固结而不够压实的砂岩，要引入压实校正。直接应用平均时间公式求得的 疏松砂岩的孔隙度偏高，要进行压实程度的校正。这种疏松砂岩在地质年代较新的地层中，埋藏深度一般较浅，砂岩是否压实，可根据邻近的泥岩的声波时差的大小来辨别，若邻近泥岩的声波时差大于328μs/m，则认为砂岩未压实，且声波时差越大，表明压实程度越差。

（3）对于含泥质的非纯地层要引入泥质校正。时间平均公式是基于纯地层导出的，如果地层中含有泥质，由于泥质的声速一般较低，声波时差较大，那么按公式计算的孔隙度偏大，就必须进行泥质校正。

对于次生孔隙（溶洞和裂缝）比较发育的碳酸盐岩储集层，次生孔隙在岩层中的分布不均匀，并且孔径大。声波在这样的岩层中传播的机理和前述的纯地层是不同的，声波在溶洞附近传播要产生折射和绕射。利用平均时间公式求得的孔隙度偏低，所以对于次生孔隙发育的碳酸盐岩必须建立物理模型，导出它的平均时间公式。

三、声波幅度测井

声波幅度测井测量的是声波信号的幅度。声波在介质中传播时，其能量被逐渐吸收，声波幅度逐渐衰减。在声波频率一定的情况下，声波幅度的衰减和介质的密度、弹性等因素有关。声波幅度测井就是通过测量声波幅度的衰减变化来认识地层性质和水泥胶结情况的一种声波测井方法。

（一）岩石的声波幅度

声波在岩石等介质中传播的过程中，由于质点振动要克服相互间的摩擦，即由于介质的黏滞使声波能量转化成热能而衰减，这种现象也就是所谓的介质吸收声波能量。因此，声波在传播过程中能量在不断减小，直至最后消失。声波能量被地层吸收的情况与声波频率和地层的密度等因素有关。对同一地层来说，声波频率越高，其能量越容易被吸收；对于一定频率来说，地层越疏松（密度小、声速低），声波能量被吸收越严重，声波幅度衰减越大。所以测量声波幅度可以了解岩层的特点和固井质量。

在不同介质形成的界面上，声波将发生反射和折射（透射），入射波的能量一部分被界面反射，返回第一介质；另一部分透过界面传到第二介质，在第二介质中继续传播。声波在分界面上的反射波和透射波的幅度取决于两种介质的声阻抗z，所谓声阻抗指的是介质密度ρ与声波在这种介质中传播速度v的乘积，即$z=\rho v$。

两种介质声阻抗之比叫声耦合率。介质Ⅰ和介质Ⅱ的声阻抗相差越大，则声耦合越差，声波能量就不容易从介质Ⅰ透射到介质Ⅱ中，透过界面在介质Ⅱ中传播的声波能量就少，在介质Ⅰ中传播的反射波能量就多。如果介质Ⅰ和介质Ⅱ的声阻抗相近，声耦合好，能量很容易由介质Ⅰ传播到介质Ⅱ中，这时透射波能量大，而介质Ⅰ中的反射波能量小。当两种介质的声阻抗相同时，声耦合最好，这时声波能量全部由介质Ⅰ传播到介质Ⅱ中。

综上所述，声波在地层中传播能量（或幅度）的变化有两种形式，一是因地层吸收声波能量而使幅度衰减；另一种是存在声阻抗不同的两种介质的界面的反射、折射，使声波幅度发生变化。这两种变化往往同时存在，究竟以哪种变化为主，要根据具体情况加以分析。例如，在裂缝发育及疏松岩石的井段，声波幅度的衰减主要是由于地层吸收声波能量所致；在下套管井中，各种波的幅度变化主要和套管与地层之间的界面所引起的声波能量分布有关。因此，在裸眼井中测量声波幅度就可能划分出裂缝带和疏松岩石的地层；在下套管井中测量声波幅度变化，可以检查固井质量。

（二）声波幅度测井

1.水泥胶结测井

（1）水泥胶结测井下井仪器由声系和电子线路组成，源距为1m。发射换能器发出声波，其中以临界角入射的声波，在泥浆和套管的界面上折射产生沿这个界面在套管中传播的滑行波（又叫作套管波），套管波又以临界角的角度折射进入井内泥浆到达接收换能器被接收，仪器测量记录套管波的第一负峰的幅度值（以mV为单位），即水泥胶结测井曲线值。这个幅度值的大小除了取决于套管与水泥胶结程度外，还受套管尺寸、水泥环强度和厚度以及仪器居中情况的影响。

若套管与水泥胶结良好，这时套管与水泥环的声阻抗差较小，声耦合较好，套管波的能量容易通过水泥环向外传播，因此套管波能量有较大的衰减，记录到的水泥胶结测井值就很小。若套管与水泥胶结不好，套管外有泥浆存在，套管与管外泥浆的声阻抗差很大，声耦合较差，套管波的能量不容易通过套管外泥浆传播到地层中，因此套管波能量衰减较小，同时水泥胶结测井值很大。利用水泥胶结测井曲线值可以判断固井质量。

（2）影响水泥胶结测井曲线的因素：①测井时间。水泥灌注到管外环形空间后，有个凝固过程，这个过程是水泥强度不断增大的过程。套管波的衰减和水泥强度有关，强度小则衰减小，所以在凝固过程中，套管波能量衰减不断地增大。在未凝固、未封固好的井段测井会出现高幅度值，因此，要待凝固后进行测井。但测井过晚，又会因为泥浆沉淀固结、井壁坍塌造成无水泥井段声幅低值的假象。一般在固井后24~48h测井最好。

②水泥环厚度的影响。实验证明，水泥环厚度大于2cm时，水泥环厚度对水泥胶结测井曲线的影响是个固定值；小于2cm时，水泥环厚度越薄，水泥胶结测井曲线值越高。因此，在应用水泥胶结测井曲线检查固井质量时，应参考井径曲线进行。

③井筒内泥浆气侵会使声波能量发生较大的衰减，造成水泥胶结测井曲线低值的现象。在这种情况下，容易把没有胶结好的井段误认为胶结良好。

（3）水泥胶结测井曲线的应用：①在水泥面以上曲线幅度最大，在套管接箍处出现幅度变小的尖峰，这是因为声波在套管接箍处能量损耗增大的缘故。

②深度由浅到深、曲线首次由高幅度向低幅度变化处为水泥面返高位置。

③在套管外水泥胶结良好处，曲线幅度为低值。

2.声波变密度测井（VDL）

声波变密度测井也是一种通过测量套管外水泥胶结情况来也是检查固井质量的声波测井方法。它可以提供更多的水泥胶结的信息，能反映水泥环的第一界面和第二界面的胶结情况。变密度测井的声系由一个发射换能器和一个接收换能器组成，源距为1.5m，声系还可以附加另一个源距为1m的接收换能器，以便同时记录一条水泥胶结测井曲线。在套管井中，从发射换能器到接收换能器的声波信号有四个传播途径：沿套管、水泥环、地层以及直接通过泥浆传播。通过泥浆直接传播的直达波最晚到达接收换能器，最早到达接收换能器的一般是沿套管传播的套管波，水泥对声能衰减大，声波不易沿水泥环传播，所以水泥环波很弱，可以忽略。当水泥环的第一、第二界面胶结良好时，通过地层返回接收换能器的地层波较强。若地层速度小于套管速度，地层波在套管波之后到达接收换能器，这就是说，到达接收换能器的声波信号首先是套管波，其次是地层波，最后是泥浆波。声波变密度测井就是依时间的先后次序，将这三种波全部记录的一种测井方法，记录的是全波列，所以又叫作全波列测井。该方法与水泥胶结测井组合在一起，可以较为准确地判断水泥胶结的情况。经过模拟实验发现，在不同的固井质量情况下，套管波与地层波的幅度变化有一定的规律。

（1）自由套管（套管外无水泥）和第一、第二界面均未胶结的情况下，大部分声能将通过套管传到接收换能器而很少耦合到地层中，所以套管波很强，地层波很弱或完全没有。

（2）有良好的水泥环，且第一、第二界面均胶结良好的情况下，声波能量很容易传到地层中。所以套管波很弱，地层波很强。

（3）水泥与套管胶结好而与地层胶结不好（第一界面胶结好，第二界面胶结不好）的情况下，声波能量大部分传至水泥环，套管中剩余能量很小，传到水泥环的声波能量由于与地层耦合不好，传入地层的声波能量是很微小的，大部分在水泥环中衰减，因此造成套管波、地层波均很弱。

声波变密度测井采用两种不同的方式处理接收到的声信号，因而可以得到两种不同形式的记录，即调辉记录和调宽记录。

调辉记录是对接收到的波形检波去掉负半周，用其正半周作幅度调辉，控制示波器荧光屏的辉度，信号幅度大，则辉度强；信号幅度小，则辉度弱。接收换能器每接收一个波列，则在荧光屏上按时间先后自左向右水平扫描一次，由照相机连续拍摄荧光屏上的图像，照相胶卷与电缆速度以一定的比例同步移动拍摄，于是就得到了变密度测井调辉记录图。调宽记录和调辉记录所不同的是将声信号波列的正半周的大小变成与之成比例的相线的宽度，以宽度表示声信号幅度的大小。套管信号和地层信号可根据相线出现的时间和特点加以区别。因为套管的声波速度不变，而且通常大于地层速度，所以套管波的相线显示为一组平行的直线，且在图的左侧。由于不同地层其声速不同，所以地层信号到达接收换能器的时间是变化的。因此，可将套管波与地层波区分开。在强的套管波相线（自由套管）上，可以看到"人字形"的套管接箍显示，这是因为接箍处存在缝隙，使套管信号到达的时间推迟，幅度变小的缘故。当套管未与水泥胶结时，套管波信号强，在变密度测井图上显示出明显的黑白相带，且可见到套管接箍的"人"字形图形，而地层信号很弱。当套管与水泥胶结（第一界面）良好，水泥与地层（第二界面）胶结良好时，声波能量大部分传到水泥和地层中，因此套管信号弱而地层信号强。

第三节　核测井

一、自然伽马测井的核物理基础

（一）核衰变及其放射性

1.放射性核素

原子是由原子核及核外电子层组成的一种很微小的粒子。原子核更小，由中子和质子组成。原子核中具有一定数量的质子和中子，在同一能态上的同类原子称为核素，同一核素的原子核中质子数和中子数都相等。原子核中质子数相同而中子数不同的核素称为同位素，它们具有相同的化学性质，在元素周期表中占据同一位置。

核素分为稳定的和不稳定的两类。稳定核素的结构和能量不会发生变化；不稳定核素将会自发地改变其结构，衰变成其他核素并放射出射线，因此，这种核素也称为放射性核素。不稳定的同位素称为放射性同位素。

2.核衰变

放射性核素的原子核自发地释放出一种带电粒子（α 或 β），蜕变成另外某种原子核，同时放射出 γ 射线的过程叫核衰变。原子核能自发地释放 α、β、γ 射线的性质叫作放射性。

放射性核衰变遵循一定的规律，即放射性核数随时间按指数递减的规律进行变化，而且这种变化与任何外界作用无关，如温度、压力和电场、磁场等都不能影响放射性衰变的速度，这一速度唯一地取决于放射性核素本身的性质。

若以N和N_0分别表示任一放射性核素在时间t和$t=0$时的个数，则放射性核素的衰变规律为：

$$N = N_0 e^{-\lambda t} \qquad\qquad （8-1）$$

式中：λ——衰变常数，其值取决于该放射性核素本身的性质。

（二）岩石的自然放射性

不同岩石所含放射性元素的种类和含量是不同的，它与岩性及其形成过程中的物理化学条件有关。一般来说，火成岩在三大岩类中放射性最强，其次是变质岩，最弱是沉积岩。沉积岩按其含放射性元素的强弱可分为以下三类：

（1）伽马放射性高的岩石。深海相的泥质沉积物，如海绿石砂岩、高放射性独居石、钾钒矿砂岩、含铀钒矿的石灰岩以及钾盐等。

（2）伽马放射性中等的岩石。它包括浅海相和陆相沉积的泥质岩石，如泥质砂岩、泥灰岩和泥质石灰岩。

（3）伽马放射性低的岩石。如砂层、砂岩和石灰岩、煤和沥青等。煤和沥青的放射性元素含量变化较大。

由于不同地层具有不同的自然放射性强度，因而有可能根据自然伽马测井法研究地层的性质。

二、自然伽马测井原理

（一）测量原理

测量装置由井下仪器和地面仪器组成，下井仪有探测器（闪烁计数管）、放大器、高压电源等部分。自然伽马射线由岩层穿过泥浆、仪器外壳进入探测器，探测器将 γ 射线转化为电脉冲信号，经过放大器把脉冲放大后，由电缆送到地面仪器，地面仪器把每分钟形成的电脉冲数（计数率）转变为与其成比例的电位差进行记录。

井下仪器在井内自下而上移动测量，就连续记录出井剖面岩层的自然伽马强度曲线，称为自然伽马测井曲线（用GR表示），以计数率（1/min）或标准化单位（如μR/h或API）刻度。

（二）射线探测器

1.放电计数管

放电计数管是利用放射性辐射使气体电离的特性来探测伽马射线的。在密闭的玻璃管内充满惰性气体，装有两个电极，中间一条细钨丝是阳极，玻璃管内壁涂上一层金属物质作为阴极，在阴阳极之间加高的电压。当岩层中的γ射线进入管内时，它从管内壁的金属物质中打出电子来。这些具有一定动能的电子在管内运动引起管内气体电离，产生电子和正离子，在高压电场作用下，电子被吸向阳极，引起阳极放电。因此，通过计数管就有脉冲电流产生，使阳极电压降低形成一个负脉冲，被测量线路记录下来。如果再有γ射线进入计数管就又有新的脉冲被记录下来。

此种计数管对射线的记录效率很低（1%~2%）。

2.闪烁计数管

闪烁计数管由光电倍增管和碘化钠晶体组成。它是利用被γ射线激发的物质的发光现象来探测射线的。当γ射线进入NaI晶体时，就从它的原子中打出电子来，这些电子具有较高的能量，以至于这些高能电子在晶体内运动时足以把与它们相碰撞的原子激发。被电子激发的原子回到稳定的基态时，就放出闪烁光。光子经光导物质传导到光阴极上与光阴极发生光电效应产生光电子。这些光电子在到达阳极的途中，要经过聚焦电极和若干个联极（又称为打拿极）。大量电子最后到达阳极，使阳极电压瞬时下降，产生电压负脉冲，输入测量线路予以记录。

（三）自然伽马测井曲线的特点及影响因素

岩石的放射性核素放射出来的伽马射线γ在穿过岩石时会逐渐被岩石吸收，因此由距离探测器较远的岩石放射出来的伽马射线，在到达探测器之前已被岩石所吸收，所以自然伽马测井曲线记录下来的主要是仪器附近、以探测器中点为球心半径为30~45cm范围内岩石放射出来的伽马射线。这个范围就是自然伽马测井的探测范围。用这个"探测范围"的概念，能够容易理解自然伽马测井曲线的形状及其特点。

1.自然伽马曲线形状的特点

根据理论计算的自然伽马曲线具有下列特点：

（1）当上下围岩的放射性含量相同时，曲线形状对称于地层中点。

（2）高放射性地层，对着地层中心曲线有一极大值，并且它随地层厚度（h）的增加而增大，当$h=3d_0$时（d_0为井径值），极大值为常数，且与地层厚度无关，只与岩石的自然放射性强度成正比。

（3）当$h \geq 3d_0$时，由曲线的半幅点确定的地层厚度为真厚度。当$h<3d_0$时，因受低放

射性围岩的影响，自然伽马幅度值随层厚h减小而减小，地层越薄，曲线幅度值就越小。对于薄地层曲线，半幅点确定的地层厚度大于地层的真实厚度，这样的地层在自然伽马曲线上就很难划分出来。

2.自然伽马测井曲线的影响因素

（1）时间常数和测井速度：只有当测井速度很小时，测得的曲线形状与理论曲线相似。当测井速度增加时，曲线形状发生沿仪器移动方向偏移的畸变，造成畸变的原因是记录仪器中的积分电路具有惰性（充电、放电都需要一定的时间）。其输出电压相对于输入量要滞后一段时间，而下井仪器又在连续不断地移动，于是就使测井曲线发生了畸变。在解释中，常使用自然伽马曲线的半幅点划分地层界面，该点的记录深度受测井速度和仪器的时间常数的影响。随着测井速度增加或时间常数增大，异常的半幅点深度向上偏移的距离（称为滞后距离）越大。把曲线的半幅点向下移动一个滞后距离即地层的界面位置。一般要求滞后距离小于35cm为宜，这就要求测井速度选择适当。如果仪器的时间常数为2s，则$v<600$m/h才能防止曲线过分畸变。

（2）放射性涨落的影响：实验结果表明，在放射源和测量条件不变，并在相等的时间间隔内多次进行γ射线强度测井时，每次记录的结果不尽相同，而是在以平均值为中心的某个范围内变化。分析测量结果的分布得知，接近平均值的测量读数具有较大的概率。这是由于地层中放射性核素的衰变是随机的且彼此独立。这种现象叫作放射性涨落或叫作统计起伏现象。这种现象的存在，使得自然伽马测井曲线上具有许多"小锯齿"的独特形态。

（3）井的参数：自然伽马测井曲线的幅度不仅是地层的放射性函数，而且受井眼条件（井径、泥浆比重、套管、水泥环等参数）的影响。泥浆、套管、水泥环吸收伽马射线，所以这些物质会使自然伽马测井值降低。具有一层套管时的自然伽马测井值大约是没有套管的自然伽马测井曲线值的75%，如有多层套管则自然伽马值将明显下降。

在大井眼和套管井中，定量解释自然伽马资料时，要做出校正图版，进行必要的校正。在没有校正图版的情况下，在实际工作中，要根据具体情况用统计的方法可作出校正曲线，对测井曲线进行校正。

三、自然伽马测井曲线的应用

自然伽马测井在油气田勘探和开发中，主要用来划分岩性、确定储集层的泥质含量、进行地层对比及射孔工作中的跟踪定位等。

（一）划分岩性

利用自然伽马测井曲线划分岩性，主要是根据岩层中泥质含量不同进行的。由于各地区岩石成分不一样，因此在利用自然伽马测井曲线划分岩层时，要了解该地区的地质剖面岩性的特点。下面是用自然伽马测井曲线划分岩性的一般规律。在砂泥岩剖面中，砂岩显示出最低值；黏土（泥岩、页岩）显示最高值；粉砂岩、泥质砂岩介于中间，并随着岩层中泥质含量增加曲线幅度增大。

在碳酸盐岩剖面自然伽马测井曲线上，黏土（泥岩、页岩）层的自然伽马读数值最高，纯的石灰岩、白云岩的读数值最低，而泥灰岩、泥质石灰岩、泥质白云岩的自然伽马测井值介于两者之间，而且随着泥质含量增加而增大。在膏盐剖面中，用自然伽马测井曲线可以划分岩性，并划分出砂岩储集层。在这种剖面中，岩盐、石膏层的曲线读数值最低，泥岩最高，砂岩介于上述二者之间。曲线靠近高值的砂岩层的泥质含量较多，是储集性较差的砂岩，而曲线靠近低值的砂岩层则是较好的储集层。

（二）地层对比

与用自然电位和普通电阻率测井曲线比较，利用自然伽马测井曲线进行地层对比有以下优点：

（1）自然伽马测井曲线与地层水和泥浆的矿化度无关。

（2）自然伽马测井曲线值在一般条件下与地层中所含流体的性质（油或水）无关。

（3）在自然伽马测井曲线上容易找到标准层，如海相沉积的泥岩，在很大区域内显示明显的高幅度值。

在油水过渡带内进行地层对比时，就显示出自然伽马测井曲线的优点了。因为在这样的地区同一地层不同井内，孔隙中所含流体性质（油、气、水）是不同的，这就使视电阻率、自然电位和中子伽马测井曲线变化而造成对比上的困难。自然伽马测井曲线不受流体性质变化的影响，所以在油水过渡带进行地层对比时，可以使用自然伽马测井曲线。

（三）估算泥质含量

由于泥质颗粒细小，具有较大的比面，对放射性物质有较大的吸附能力，并且沉积时间长，有充分时间与溶液中的放射性物质一起沉积下来，所以泥质（黏土）具有很高的放射性。在不含放射性矿物的情况下，泥质含量的多少就决定了沉积岩石的放射性的强弱。所以利用自然伽马测井资料可以估算泥质含量。

四、中子测井

利用中子和地层相互作用的各种效应，来研究钻井剖面地层性质的一类测井方法统称为中子测井。它包括中子–超热中子测井、中子–热中子测井、中子–伽马测井、中子活化测井以及非弹性散射伽马能谱测井和中子寿命测井等方法。测井时，由下井仪器中的中子源向地层发射快中子，快中子在地层中运动与地层物质的原子核发生各种作用，由下井仪器的探测器探测超热中子、热中子或次生伽马射线的强度，用来研究地层的孔隙度、岩性以及孔隙流体性质等地质问题。

（一）中子测井的核物理基础

1.中子和中子源

中子是组成原子核的不带电的中性微小粒子，它与质子以很强的核力结合在一起，形成稳定的原子核。要使中子从原子核里释放出来，需要给中子一定能量。当中子获得大于结合能的能量时，就可以从原子核中发射出来。

因为不同能量的中子与原子核作用时有不同的特点，所以把中子按能量大小进行分类，通常把中子分为慢中子、中能中子和快中子。慢中子的能量为 $0 \sim 1keV$，中能中子的能量为 $1keV \sim 0.5MeV$，大于 $0.5MeV$ 的中子叫作快中子。其中慢中子又可分为热中子和超热中子。与吸收物质的原子处于平衡状态的中子称为热中子，在室温条件下，标准热中子的能量为 $0.025eV$，速度是 $2.2 \times 10^5 cm/s$。能量为 $0.2 \sim 10eV$ 的中子叫作超热中子。以某种方式，给原子核以能量，引起核反应，把中子从原子核中释放出来的装置叫作中子源。核测井中使用的中子源有同位素中子源和加速器中子源两大类。

（1）同位素中子源能够连续地发射中子，中子的平均能量为 $4 \sim 5MeV$。

（2）加速器中子源又称为脉冲中子源，采取人为控制脉冲式发射中子，中子的能量是 $14MeV$。

2.中子和物质的作用

中子射入物质时，要和物质的原子核发生一系列核反应，即快中子非弹性散射、快中子对原子核的活化、快中子的弹性散射和热中子的俘获。

（1）快中子先被靶核吸收形成复核，而后放出一个较低能量的中子，靶核处于较高能级的激发状态，这种快中子与靶核的作用叫作非弹性散射；而激发态的靶核常以 γ 射线的形式释放出能量回到基态，这种 γ 射线叫作非弹性散射伽马射线，$14MeV$ 的高能快中子发生非弹性散射的概率很大，而 $5MeV$ 的快中子发生非弹性散射的概率很小。

（2）快中子与稳定的原子核作用会发生（n，α）、（n，p）核反应。生成新的放射性核素，这种作用叫作活化核反应。活化形成的新核素，有一定的半衰期，其衰变产生的 γ 射线叫作活化伽马射线。

（3）快中子与靶核发生碰撞后中子和靶核组成的系统的总动能不变，中子的能量降低，速度减慢，它所损失的能量转变为靶核（反冲核）的动能，靶核仍处于基态，这种碰撞叫作快中子的弹性散射。快中子在多次弹性散射中将逐渐降低能量减小速度，最后成为热中子。

3.中子探测器

中子测井探测的是超热中子和热中子。利用超热中子、热中子和探测器物质的原子核发生核反应，放出电离能力很强的带电粒子来记录中子。目前广泛应用的有三类探测器，即硼探测器、锂探测器、氦三（^3He）探测器。

利用核反应所产生的带电粒子α或p使探测器的计数管气体电离形成脉冲电流，或使探测器的闪烁晶体形成闪烁荧光，产生电压负脉冲来接收记录中子。探测超热中子与探测热中子的探测器的区别在于前者在探测器外层加有对热中子吸收能力很强的镉，吸收掉热中子；其内层加有把进入的超热中子减速为热中子的石蜡，以增大超热中子计数效率。

（二）超热中子测井

1.超热中子测井的基本原理

超热中子测井是探测超热中子密度以反映地层中子减速特性，划分储集层的测井方法。超热中子探测器和中子源贴靠井壁以减小井眼的影响。由中子源发出的快中子在地层中运动，与地层中各种原子核发生弹性散射，逐渐损失能量、降低速度，成为超热中子。其减速过程的长短（当入射中子能量一定时）与地层中原子核的种类及其数量有关。不同靶核与中子发生弹性散射的截面不同，每次散射的平均能量损失不同，因而它们的减速长度不同，所以由不同核素组成的不同岩性的地层，在孔隙度相同的情况下，减速长度也是不同的。在地层中的所有核素中，氢是减速能力最强的核素，远远超过其他核素，它的存在及含量就决定了地层的减速长度的大小。因此，当孔隙中100%充满水时，孔隙度越大则地层减速长度就越短。而孔隙度不同，岩性不同，超热中子在中子源周围的分布不同。孔隙度越大，含氢量越多，减速长度越小，则在源附近的超热中子越多。相反，孔隙度越小，减速长度越大，则在较远的空间形成有较多的超热中子。

如果把探测器放在较远的地方，接收记录超热中子的计数率，则孔隙度大的计数率低，孔隙度小的计数率高。

如果把探测器放在较近的地方接收并记录超热中子，计数率则有相反的情况，即孔隙度大，计数率高；孔隙度小，计数率低。当探测器放在某一个位置时，计数率与孔隙度的大小无关。探测器到源之间的距离叫源距，上述第一种情况的源距叫长源距，第二种情况的源距叫短源距，第三种情况叫零源距。实际工作中用的是长源距。所以，测井记录的超热中子的计数率越大，反映岩层的孔隙度越小；反之，计数率越小，反映岩层的孔隙度越大。这正是利用超热中子测井可以测量岩层孔隙度的道理。由于超热中子被核素俘获的截面非常小，所以超热中子的空间分布不受岩层含氯量的影响（地层水矿化度的影响），从而能够较好地反映氢含量的多少，即较好地反映岩层孔隙度的大小。

2.超热中子测井资料应用

（1）确定地层孔隙度：超热中子测井主要的用途是确定地层孔隙度。超热中子测井可以用标准化中子测井单位，即API中子测井单位，以曲线形式显示超热中子强度随井深的变化；还可以用石灰岩孔隙度单位，以曲线形式显示孔隙度随深度的变化。

孔隙度相同但岩性不同的地层，超热中子的计数率是不同的。我们使用的仪器是以石灰岩孔隙度为标准刻度的，所以它所记录的孔隙度是石灰岩孔隙度。对于除石灰岩以外的其他岩性的岩石，石灰岩孔隙度包含由于岩性不同岩石骨架造成的附加孔隙度，例如孔隙度为零的纯砂岩和白云岩，用以石灰岩为标准刻度的仪器测量得到的石灰岩孔隙度，前者是−3.5%，需做岩性校正，用岩性影响校正图版进行校正。

在由视石灰岩孔隙度求地层的真孔隙度时，除了要做岩性校正之外，还要进行泥饼、水垫等校正，另外，含气地层还要做孔隙流体校正，即"挖掘效应"校正。

（2）交会图法确定孔隙度与岩性：已知超热中子测井石灰岩孔隙度和密度测井的体积密度值，就可用交会图版确定孔隙度与岩性。

（3）中子与密度测井所得的石灰岩孔隙度曲线重叠，可用来定性直观地判断岩性。

（4）估计油气密度：天然气的存在会使超热中子测井得到的孔隙度值偏小，而使密度测井得到的孔隙度值偏大。

（5）定性指示高孔隙度气层：孔隙中含有天然气，则会使超热中子测井的孔隙度值与相同孔隙度的水层、油层相比偏低，这个特点可用来指示气层；与中子测井含气显示相反，天然气会使密度测井石灰岩孔隙度值增大。

第四节　井径、井斜和井温测井

一、井径测井

井径测井是测量井眼直径大小的一种测井方法。在裸眼井中，井壁地层受钻井液冲洗、浸泡和钻头的碰撞，使得井眼直径与钻头直径往往不同；地层岩性、物性、机械强度的不同，造成井眼直径也不同。在套管井中，套管长期与地层水接触，具有腐蚀性的地层水将对套管管壁造成损害，使套管壁厚发生变化；不同方向的地应力差异，也会使套管发生形变，引起套管内径变化。实际进行井径测量时，先将仪器下入井预计的深度上，然后通过一定的方式打开井径臂，于是互成90°的四个井径腿便在弹簧力的作用下向外伸张，其末端紧贴井壁。随着仪器的向上提升，井径臂就会由于井径的变化而发生张缩，并带动连杆作上下运动。连杆与一个电位器的滑动端相连，于是井径的变化便可转换成电阻的变化。当给该可动电阻通以一定强度的电流时，可动电阻的某一固定端与滑动端之间的电位差将随着其间电阻值的变化而变化。于是，测量这一电位差，便可间接反映井径的大小。

井眼直径的变化，也是岩石性质的一种间接反映，主要体现在：

（1）泥岩层和某些松散岩层，常常由于钻井时泥浆的浸泡和冲刷造成井壁坍塌，使实际井径大于钻头直径，出现井径扩大。

（2）渗透性岩层，常常由于泥浆滤液向岩层中渗透，在井壁上形成泥饼，使实际井径小于钻头直径，出现井径缩小。

（3）在致密岩层处，井径一般变化不大，实际井径接近钻头直径。

因此，通常将井径曲线作为一种辅助资料，与自然伽马和自然电位曲线相配合，综合划分地层剖面和识别岩性。

二、井斜测井

井斜测井是测量井斜角和倾斜方位角的一种测井方法。井斜角又称为顶角，是井轴与铅垂线之间的夹角；倾斜方位角是井轴水平投影线与磁北方向顺时针的夹角。井眼在地下空间的位置与形态是预先设计好的，其轨迹一般为垂直井、倾斜直井或弯曲型定向井，在油气勘探与开发领域则大量应用复杂结构井（包括水平井、多分支和大位移井）等新技术。在钻井施工中，受地质因素和工艺因素的影响，实际井眼往往偏离设计轨迹，这种现象叫作钻孔弯曲。利用井斜测井获得的井斜角和倾斜方位角数据，可以绘制实际井眼轨迹。

井斜测井是几乎所有钻井在钻进过程中和完钻后要做的工作，因而应用面十分广泛。其主要用途包括：

（1）监测钻井质量，控制钻进的方位和斜度。井斜测量对钻井弯曲形态进行实时监测是达到地质目的、保证工程质量必不可少的重要工作。

（2）可以为油气层、煤层和矿层真厚度的计算提供基本数据，校正各种地质数据和修井、井下作业以及测井资料解释提供依据。

（3）在水文钻井中，为保证钻井施工顺利和水泵正常运行，不但需要井斜测量资料，而且要经常测斜以指导钻进。

另外，还有其他方面的应用，如测斜仪监测得到的数据可以确定岩（土）体内滑裂面的位置、大小和滑动方向，对分析边坡稳定性、确定滑坡的机制和滑动形式起着重要的作用。

三、井温测井

井温测井（或称温度测井、热测井），是一种热学方法，它使用带有温度传感器的下井仪器测量井内温度（通常是井液温度）及其沿井轴或井周的空间分布，其方法及仪器比较简单，但仍是一种广泛应用的重要测井方法。地球内部具有强大热能，通过火山喷发、温泉涌出和岩石传导等途径向外散热。在地球表面常温层以下，地温随深度加大而增高。通常把地表常温层以下每向下加深100m所升高的温度称为地热增温率或地温梯度。对于某一个局部地区，在正常条件下热场分布一般是稳定的，但其地温梯度值可能与平均地温梯度有所差别。

如果在井内温度测量时发现地温梯度或径向温度分布有明显的异常变化则可判断为井下发生异常情况。为了反映井内温度分布，研制了多种类型的井温仪，但其测量原理是相同的。井温仪的传感器多采用热敏电阻组成的惠更斯电桥，把井内温度变化转换成电桥输出的电压变化送至地面进行记录。

根据上述原理，针对所需要解决的问题，可选用不同的井温仪。如梯度井温仪测量主要反映井内温度梯度变化情况；微差井温仪测量的是井轴上一定间距两点间温度变化情况，由于用较大比例记录，能较清楚地显示井内局部温度的变化。为了确保井温曲线质量，测井前必须进行仪器常数、起始温度和时间常数的标定工作，并且选择最佳测速进行测量。应当特别指出的是，温度测井要在所有测井中最先测量，以避免仪器和电缆运动破坏原始的热场分布。根据热源不同，井温测井可以分为自然热场法和人工热场法。但是，在实际测温过程中测量的几乎全是人工热场，只有在井液与地层之间的温度已经达到稳定状态时测量，才有可能测量到自然热场。

井温测井广泛用于基础地学研究、油气开发、地热勘查、水文及矿井设计等各个领域。

（1）在基础地学研究中，井温测井是获得深部地温梯度和计算热流值的主要手段。

（2）在油气田开发中，井温测井被用来确定注水井中的吸水层位；利用天然气层被钻穿时气体膨胀的吸热效应寻找天然气层；确定套管外水泥返回高度，评价检查固井质量；评价酸化、裂化效果。

（3）在地热勘察中，利用热水层的温度异常寻找热水层，并研究地热分布及热储结构。

（4）在水文钻井中，温度测井被用来划分含水层位和分析补给关系。

（5）在固体矿产中，它是某些固体矿产建井设计或安全措施所需地下温度数据的重要来源。

第九章　石油钻井方法

第一节　钻井方法

一、顿钻钻井法

钻井是利用一定的工具和技术在地层中钻出一个井眼的过程。石油工业中常用的井一般是直径为100~500mm、井深几百米到几千米的圆柱形井眼。石油钻井是油气田勘探开发的重要手段，钻井工作贯穿油气田勘探开发的始终。钻井的速度和质量直接影响油气田勘探开发的速度和效益，只有快打井、打好井，才能保证高速度、高水平地勘探开发油气田，高效益地采掘地下油气资源，从而提高油气田勘探开发的综合经济效益，促进石油工业的高速发展。

顿钻钻井法又称为冲击钻井法，是我国劳动人民发明的一种钻井方法，被誉为我国古代的第五大发明。很早之前，用顿钻法钻小口径井的钻井方法在我国就已发展起来。当时把口径只有碗口大小的井称为"卓筒井"。"卓筒"意为直立之筒，其井眼很小，直径为0.15~0.30m。由于井越来越深，地下淡水不断渗入井筒。为了阻隔淡水的侵入，人们发明了"木竹"，将其下入井内可以隔绝淡水，类似于现在的套管。为了从小口径的井筒内把岩屑清除出来或汲取井内卤水，又创造出装有底部活门的吞泥筒（扇泥筒），即带有底部单流阀的提捞筒。随着钻井、采卤业的发展，靠人力推动绞盘车的劳动强度越来越大，慢慢用牛力作绞盘车的动力，即以畜力代替了人力。

卓筒井用冲击方式破碎井底岩石，用提捞筒捞出井底已破碎的岩石，用竹质绳索（简称为竹索）悬持井内工具，用立轴绞盘车卷绕竹索，向井内下入木制套管以加固井壁，封隔地层淡水。卓筒井地面所用钻井设备是一种利用机械原理，以牲畜作为动力，以木杆作为井架，以木制的碓架和天车为钻机，又以各种形状和规格的"锉"为钻头，钻出井径小、井深大的井的方法。机械顿钻与卓筒井技术一脉相承，是采用中国的原创技术，应用工业社会的成果发展起来的。

顿钻法钻井的工艺过程：绳索悬吊钻头，周期性地将钻头提到一定的高度后再释放，以向下冲击井底并将井底岩石击碎，使井眼向下加深。在不断冲击的同时，向井内注水，使岩屑、泥土混合成泥水浆，在井眼加深一段距离后，井底堆积的岩屑会阻碍钻头有效击碎井底岩石，这时为了清除岩屑，需将钻头自井内提出，下入提捞筒捞出井内的泥水浆，经过多次提捞后，可基本上将井内的岩屑捞净，使新井底暴露出来，然后继续下入钻头冲击钻进。如此交替进行，直到钻达所要求的深度为止。

顿钻钻井法的钻头和提捞筒都是用绳索下入井内的，所以起下钻费时少，所用设备也很简单。但由于其破碎岩石、取出岩屑的作业都是不连续的，所以钻头功率小，破岩效率低，钻进速度慢，不能进行井内压力控制，且只适用于钻直井。目前该方法在石油钻井中已经很少采用。

二、旋转钻井法

旋转钻井法是指在钻进时，钻头接触地层并在其上部钻柱的加压下吃入地层，在钻头旋转的过程中破碎井底岩石，同时向井内循环钻井液以携带井底岩屑而持续钻进的方法，包括转盘旋转钻井法、顶部驱动旋转钻井法和井底动力钻具旋转钻井法。

（一）转盘旋转钻井法

转盘旋转钻井法是指通过钻台上转盘的旋转带动钻柱、钻头旋转钻进的方法。井架、天车、游车、大钩及绞车组成起升系统，以悬持、提升、下放钻柱。接在水龙头下的方钻杆卡在转盘中，下部承接钻柱、钻头。钻柱是中空的，可通入钻井液（俗称为泥浆）。工作时，动力机驱动转盘通过方钻杆带动井中的钻柱旋转，从而带动钻头旋转。通过调节由钻铤重量施加到钻头上的压力（钻压），钻头以适当的压力压在井底岩石面上，连续旋转破碎岩石。与此同时，动力机也驱动钻井泵（俗称为泥浆泵）工作，使钻井液经由钻井液罐→钻井泵→地面高压管汇→水龙头→钻柱内孔→钻头→井底→钻柱与井壁的环形空间→高架钻井液槽→钻井液罐，形成循环流动，连续地携带出破碎的岩屑，清洗井底。

钻杆代替了顿钻法中的钢丝绳，它不仅能够完成起下钻具的任务，还能够传递扭矩和施加钻压到钻头上，同时可提供钻井液的入井通道，从而保证钻头在一定的钻压作用下旋转破岩，变顿钻单纯冲击破碎形式为冲击、挤压、剪切等多种破碎形式，提高了破岩效率，并且在破岩的同时将井底岩屑清除出来，提高了钻井速度和效益。另外，由于该方法采用一套完整的井口装置，并与套管相配合，故能有效地对井内压力进行控制。目前这种方法在世界各国被广泛使用。

（二）顶部驱动旋转钻井法

顶部驱动钻井法是由顶部驱动装置驱动钻柱、钻头旋转钻进的一种钻井方法。该方法可从井架空间直接旋转钻柱，并沿井架内的专用导轨向下送进，完成旋转钻柱、循环钻井液、接立根、上卸扣和倒划眼等多种钻井操作。

顶部驱动钻井被认为是转盘旋转钻井以来旋转钻井方法发生变化最大的钻井方法。顶部驱动钻井装置把钻机动力部分由下边的转盘移到钻机上部的水龙头处，直接驱动钻具旋转钻进。

由于该方法取消了方钻杆，无论是在钻进过程中还是在起下钻过程中，钻柱都可以保持旋转并循环钻井液，因此对于各种原因引起的遇卡遇阻事故均可以及时有效地处理。此外，还可以进行立根钻进，大大提高了钻速。

（三）井底动力钻具旋转钻井法

由于转盘旋转钻井法是驱动整个钻柱旋转，用长达数千米的钻柱从地面将扭矩传递到钻头进行破岩，钻柱在井中旋转时不仅会消耗过多的功率，而且可能发生钻杆折断事故。为了克服这些缺点，钻井工作者设想用钻柱不旋转的方法进行钻井，这就出现了井底动力钻具旋转钻井法，简称为井底动力钻井法。

井底动力钻井法是把转动钻头的动力由地面移到井下，动力钻具直接接在钻头上。钻进时，整个钻柱是不旋转的，此时钻柱的功能只是给钻头施加一定的钻压、形成钻井液通路和承受井下动力钻具外壳的反扭矩。井底动力钻具的动力是交直流电或交流电，或是由地面钻井泵提供通过钻柱内孔传递到井下具有一定动能和压力的钻井液。

目前用于钻井生产的井底动力钻具有三种，即涡轮钻具、螺杆钻具和电动钻具。

1.涡轮钻具钻井

涡轮钻具钻井的地面设备和钻井原理与转盘旋转钻井相同，只是其钻头直接由井下的涡轮钻具带动旋转。钻头、涡轮钻具、钻柱、钻井泵组成涡轮钻具钻井的工作系统。工作时，钻井泵将具有一定压力的钻井液经钻柱内孔泵入涡轮钻具中，驱动转子转动，并通过中心轴带动钻头旋转，破碎岩石。流经涡轮钻具的钻井液进入钻头，从钻头水眼喷出，冲击井底，清洗岩屑。

涡轮钻具钻井与转盘旋转钻井相比具有以下优点：其钻柱不转动，故可节约功率，可减小钻柱与井壁的摩擦，使钻杆事故减少，工作寿命延长。由于涡轮钻具钻井在定向造斜过程中的工艺较简单，起下钻次数少，故特别适用于钻定向井和丛式井。

涡轮钻具的结构和工作特性决定其转子的转速较高，这就缩短了牙轮钻头的使用寿命。同时，涡轮钻具的止推轴承等部件在高速转动作用下的寿命也较短。因此，在一段时间内，涡轮钻具钻井在打直井和深井方面的应用受到限制。随着钻井生产的需要和科学技术的发展，涡轮钻具本身也在不断更新，多节涡轮钻具、低速大扭矩涡轮钻具及带减速器的涡轮钻具等相继问世，在一定程度上推动了涡轮钻具钻井技术的发展。

2.螺杆钻具钻井

螺杆钻具钻井的过程类似于涡轮钻具钻井。钻头、螺杆钻具、钻柱和钻井泵组成螺杆钻具钻井的工作系统。高压钻井液自钻柱内孔进入螺杆钻具，从螺杆与衬套之间的空间往下挤，依靠其压力迫使螺杆不断旋转，产生扭矩。钻井液连续不断地下挤，螺杆保持旋转，通过万向轴带动钻头破碎岩石。流经螺杆钻具的钻井液进入钻头，从钻头水眼喷出，冲击井底，清洗岩屑。

螺杆钻具的结构简单，工作可靠，小尺寸时能得到较大的扭矩和功率，且可实现与常规钻头相匹配的低转速，其钻头进尺比涡轮钻具高得多，并可在小排量下工作，对钻井液的含砂量要求也不高。另外，可做成小尺寸螺杆钻具，用于小井眼和超深井钻井，并能按照地面钻井泵排出压力的变化控制钻井技术参数。所有这些优点使得螺杆钻具得到了比涡轮钻具更广泛的应用，尤其是用于打定向井、水平井和丛式井，是目前使用最普遍的井下动力钻具。

3.电动钻具钻井

电动钻具钻井是利用井下电动钻具带动钻头破碎岩石的方法。电动钻具使用一台细长的电动机带动钻头旋转。电缆装在钻杆中，靠钻杆接头中的特殊接头连通。电动钻具钻井时除动力用交流电以外，其他与涡轮钻具和螺杆钻具相同。其优点是电力驱动便于操纵控制；缺点是电机结构复杂，工作条件恶劣，需要特殊的电缆，检查电路故障及换钻头都不方便。

三、高压射流钻井法

顿钻和旋转钻井方法主要靠钻头破岩，能量传递或转化的最终形式是机械能，能量的有效利用率较低。人们经过不懈的探索试验，成功地研发出高压射流钻井法。此法利用高压、高速射流直接冲击井底，使岩石破碎，并随时由射流流体将破碎的岩屑清除出去，可极大地提高破岩效率，减少能量的损失和浪费。由于钻柱和钻头可以不旋转，不需给钻头施加钻压，因此可以减少井下事故的发生，简化工艺过程，甚至可以用软管代替钻杆钻进。

大功率钻井泵提供的大排量、高压钻井液通过钻柱内孔（或软管）进入水力钻头的喷嘴，经过面积较小的喷嘴后以较高的速度冲击井底岩石，破碎岩石，加深井眼。在整个钻井过程中，高压钻井液流体是唯一的能量载体，它不仅冲击破碎井底岩石，还对水力钻头施以足够的静液压力，推动钻头向前运动，既起到送钻的作用，又完成清洗井底、携带岩屑的任务。

高压射流钻井法最突出的优点是设备简单，合理地利用钻井液作为破岩、送钻、清洗井底的能量载体，不需经过任何形式的能量转换，从而保证能量传递的方便和高效率，大幅度提高钻进速度。另外，钻柱和钻头不旋转可减少钻柱事故的发生，延长钻头的使用寿命，并给随钻监测和控制带来极大的方便。目前这种钻井方法已在水平井钻进中取得成功应用。

四、井壁稳定钻井液技术

（一）井壁不稳定现象及失稳地层岩性

井壁不稳定（失稳）是指钻井或完井过程中出现的井壁坍塌、缩径、地层压裂等井下复杂情况。在钻井过程中，易发生井壁不稳定现象，即井壁坍塌和缩径造成井径扩大或缩小，而地层压裂则造成井漏。井壁坍塌可能发生在各种不同岩性、不同黏土矿物种类及含量的地层中，绝大多数井壁坍塌发生在泥页岩地层中；严重井壁坍塌往往发生在层理裂缝发育或破碎的各种岩性地层、孔隙压力异常的泥页岩层，处于强地应力作用的层位，厚度大的泥页岩、生油层和倾角大易发生井斜的地层；缩径大多发生在蒙皂石含量高、含水量大的浅层泥页岩、盐膏层、含盐膏软泥页岩层，高渗透性砂岩或粉砂岩层、沥青等类地层中；地层压裂则可发生在任何地层中。

（二）井壁不稳定机理分析

井壁不稳定的实质是力学不稳定。当井壁岩石所受的应力超过其本身的强度时就会发生井壁不稳定。其原因十分复杂，主要可归纳为力学因素、物理化学因素和工程技术措施三个原因，其中物理化学和工程技术措施是最终影响井壁应力分布和井壁岩石的力学性能而造成井壁不稳定的主要原因。

1.力学因素

由于多次构造运动，在岩石内部形成了十分复杂的构造应力场，井眼被钻开后，地应力被释放，井内钻井液作用于井壁上的压力取代了所钻岩层对井壁岩石的支撑，破坏了原有应力的平衡，引起井壁周围应力重新分布。钻井过程中保持井壁力学稳定的必要条件是钻井液液柱压力必须大于地层坍塌压力而小于地层破裂压力。钻井过程中，如所采用的钻井液密度过高，大大超过地层孔隙压力，会让更多的钻井液滤液进入地层，加剧地层中黏土矿物水化，引起地层孔隙压力增加及围岩强度降低，最终导致地层坍塌压力增大。当坍塌压力的当量密度超过钻井液密度时，井壁就会发生力学不稳定，造成井塌。

2.物理化学因素

泥页岩中一般含有蒙脱石、伊利石和高岭石等黏土矿物，地层被钻开后，在井筒中钻井液与地层孔隙流体之间的压差、化学势差和地层毛细管力的驱动下，钻井液滤液进入地层，与地层中黏土矿物发生接触。对含水敏性矿物较多的泥页岩、水化作用造成岩石内膨胀压增加（水化增压），减小了岩石的有效应力，同时使得岩石颗粒间胶结力减弱，岩石强度降低（水化降强）；对于含水敏性矿物少的致密硬脆性页岩，水的进入伴随着压力传递（水力连通作用），由于岩石基质渗透性极低，压力不易释放，导致近井壁地带孔隙压力增加，从而减小岩石有效应力。若岩石有效应力减小和强度降低，则位于该地带弱点处的井壁岩石将处于危险的剪切屈服状态，极易导致岩石整体破坏。如果遇到环空压力波动，将会引起变弱的和处于屈服状态的井壁泥页岩破坏，出现缩径、掉块或垮塌现象。

3.钻井工程措施

钻井工程措施也是影响井壁稳定的重要因素。钻井过程中，如果其下钻速度过快、钻井液静切力过大、开泵过猛、钻头泥包等，均可能发生较强的抽吸作用，降低钻井液作用于井壁的压力，造成井塌；钻井过程中如果发生井喷、井漏或起钻没灌满钻井液，会造成井内液柱压力大幅度下降，还会造成井壁岩石受力失去平衡而导致井塌；当钻进破碎性地层或层理裂隙发育的地层时，如果钻井液环空返速过高、在环空形成素流，则对井壁的冲刷力有可能超过被钻井液浸泡后的岩石强度，造成井壁坍塌；井身质量不好，如井眼方位变化大，狗腿度过大，易造成应力集中，会加剧井塌的发生；钻易塌地层时，如转速过高、起钻用转盘卸扣，由于钻具剧烈碰击井壁，会加速井塌。

总之，在钻井过程中，如果影响井壁稳定性的一些工程措施不当，有可能降低钻井液作用在井壁上的压力和岩石强度，导致井壁不稳定。

4.稳定井壁的封堵原理与技术

钻井液液相进入地层，会引起地层孔隙压力、膨胀压力升高，从而降低岩石强度。最好的抑制剂不可能将泥页岩的膨胀压力降低为零，抑制剂对降低不同黏土矿物膨胀压力的效果不同。例如钾离子能有效地降低含蒙脱石地层的膨胀压力，而对于含伊利石的地层的膨胀压力几乎没有影响，反而使含高岭石的地层的膨胀压力增大。同时，泥页岩中压力传递速度比溶质和离子扩散速度大1~2个数量级，正是由于具有抑制性的溶质和离子的扩散滞后于压力传递，所以不能阻止由于钻井液压力渗透作用引起的地层破裂，因而采用抑制剂与控制压力渗透必须同步进行，这样稳定井壁才有效。

在一些硬脆性、破碎性地层，因缝隙发育，井眼钻开后，在巨大的应力作用下，岩层易破碎成大小不等的块散落井中，从而发生井壁失稳；而以煤岩为主的破碎性页岩，黏土含量极低，属于惰性岩石，质轻、裂缝裂隙极为发育且连通性好，水分子极易沿裂缝裂隙渗入，导致岩体分散、崩落或坍塌。此时需要采用物理化学方法封堵地层的层理和裂隙，阻止钻井液滤液进入地层，降低钻井液高温高压滤失量和滤饼渗透率，从而维持井壁稳定。

（1）要想形成良好的封堵层，可以提高压差。压差越大，越有利于形成封堵层，封堵效率越高。然而，压差受钻井液密度和地层压力的制约，不能无限制地提高压差，且压差越大，环空压耗越大，可能会压裂其他薄弱地层。

（2）封堵层渗透率是影响封堵效率的关键因素。当封堵层渗透率趋近于0时，封堵层质量最好，封堵效率最高。压差作用在封堵层面上起到支撑井壁的作用。若无封堵层存在，压差直接作用在裂缝缝面上容易开启裂缝，导致井漏或井壁已被破碎岩石掉块、垮塌。硬脆性裂缝地层井壁稳定的关键是在裂缝中形成极低渗透率的封堵层，以阻挡压力传递，支撑井壁，保持井壁稳定。

（3）封堵层厚度越大，封堵效率越低；反之则越高。因此，在硬脆性裂缝地层进行封堵时，形成薄而致密的封堵层是提高封堵效率的关键。

利用封堵剂在井壁形成良好的封堵层。目前国内外应用的封堵剂较多，但主要分为两类：刚性架桥粒子，主要有超细碳酸钙、石墨粉等，不同粒径的刚性粒子在封堵层中主要起架桥作用；填充粒子，主要有沥青、聚合醇、油溶封堵剂等。

沥青类封堵剂：当其使用温度低于其软化点时为固态，而接近其软化点时变软。沥青类处理剂发生塑性流动，在压差作用下容易被挤入地层层理裂隙、孔喉和层面中，在井壁附近形成一个封堵带，降低钻井液滤失量，阻止页岩沿微裂缝及层面滑动和破碎。同时，其微米级的带正电的沥青微粒极易吸附到带负电的固体颗粒上，参与泥饼的形成，提高泥饼质量，其微粒及阳离子页岩抑制剂可以进入井壁微裂缝中，产生黏附及相互聚集，从而起到封堵、架桥、防膨、防塌及降失水作用。

聚合醇类封堵剂：该类处理剂抑制防塌性主要体现在四个方面：一是浊点效应，当温度在浊点以下时，聚合醇处于被溶解状态，而温度高于浊点时，则从水溶液中析出，在页岩表面吸附并形成憎水膜，抑制页岩水化分散；二是增大滤液的黏度，降低滤液化学活性，减小其渗透能力，抑制页岩水化分散；三是与水分子争抢页岩中黏土矿物上的吸附位置；四是与无机盐具有协同效应。

5.稳定井壁技术措施

应该指出，井眼稳定不是单纯的水化和抑制水化的问题，即井眼稳定概念不能等同于抑制性好。抑制性解决不了因水力梯度驱动水的达西流和表面润湿性驱动水的毛细管流进入地层造成的孔隙压力增加。因此，对于含水敏性矿物较多的呈塑性泥页岩地层，井壁失稳的决定因素是进入地层流体的化学特性，其可控因素为钻井液的抑制性。对于含水敏性矿物少的致密硬脆性页岩地层，井壁失稳的决定因素是孔缝的发育程度和压力传递大小，其可控因素是近井壁地层渗透率大小及封堵层衰减压力能力的强弱，因此要对井壁进行封堵和化学强化。

稳定井壁的工艺技术措施应该是综合性的。

（1）作为基础工作，首先应对所设计区块易发生井壁不稳定地层的矿物组分、理化特征和结构特征、地层孔隙压力、坍塌压力、破裂压力和漏失压力等进行比较系统的测试和分析。

（2）在深入调研该地区发生过的各种井下复杂情况或事故、钻井技术措施和钻井液使用情况的基础上，综合分析可能出现井壁不稳定的原因及应采取的对策。

（3）利用坍塌层的岩心或岩屑进行室内实验，评价钻井液对井壁不稳定地层的膨胀性、分散性、强度、封堵性能、HTHP滤失量和滤饼渗透率等性能的影响。在以上实验基础上优选稳定井壁的钻井液类型、配方和性能，综合评价钻井液稳定井壁的效果。

（4）确定稳定井壁的技术措施。依据地层压力、地层破裂压力和地应力来确定合理的钻井液密度，利用径向支撑压力稳定井壁。对于层理缝隙发育的坍塌地层，必须采取有效措施封堵层理缝隙，采取化学固壁或在井壁形成半透膜并调整钻井液活度等措施防止钻井液滤液进入坍塌地层。此外，还必须严格控制钻井液的HTHP滤失量和泥饼质量，降低泥饼渗透率。依据地层黏土矿物组分分析结果，选用与其配伍的钻井液配方，有效抑制地层中黏土矿物水化膨胀而引起地层坍塌压力的升高和破裂压力的下降；依据地层矿物组分、岩石强度、层理缝隙发育程度的分析结果，选择钻井液环空流型和钻井液流变性能。

五、其他钻井方法

（一）旋冲钻井

旋冲钻井是指在普通旋转钻井钻头上部加装冲击器，在旋转破岩的同时对钻头施加一个高频冲击力，从而实现旋转与冲击联合破岩的钻井技术。该方法在硬地层中钻进，可显著提高机械钻速。

冲击器是一种井底动力机械，一般接在井底钻头或岩心管的上部，依靠高压气体或钻井液推动其活塞和冲锤上下运动，撞击钻头，破碎岩石。液动射流式冲击器依靠高压钻井液推动其活塞和冲锤上下运动，撞击铁砧，并通过滑接套将冲击力传递给钻头，钻头在冲击动载和静压回转的联合作用下破碎岩石。冲击力不同于静压力，它是一种加载速度极大的动载荷，作用时间极短，岩石中的接触应力瞬时可达最大值并引起应力集中，岩石不易产生塑性变形，表现为脆性增大，易形成大体积破碎，从而提高钻井速度。

（二）粒子冲击钻井

粒子冲击钻井（Particle Impact Drilling，PID）是指在不改变现有钻井设备和工艺的基础上，将小于总流量5%的钢质粒子（颗粒）通过注入系统注入，并混入高压钻井液中，携带粒子的钻井液通过钻具向下行进，通过特殊设计的粒子冲击钻头的水眼获得加速，使粒子从钻头喷嘴高速喷出，对井底产生强大的冲击力，破碎井底岩石，实现高效破岩、提高钻井速度的一项新的钻井技术。现场试验表明，粒子冲击钻井钻硬地层比常规钻井快3～6倍。

（三）激光钻井

激光钻井从本质上讲就是将能量转换成光子，光子经聚焦成为强光束，可使岩石熔融、蒸发，或将岩石粉碎。具体来讲，就是将激光束聚焦在一个要钻入地层的环形区域上（待钻井眼直径范围内很小的一部分），形成很高的温度，使要钻入的地层材料熔化、蒸发，强大的热冲击也可使要钻入的岩石材料被击成细粒，而环形区域内熔化材料蒸发产生的强大的压力足以使被击碎的岩石材料升腾到地面上。为了增强热冲击的作用，以使要钻的岩石材料成为细粒并喷出井口，可以向要钻的部位喷射膨胀性能强的液体流。液体射流和激光交替作用在待钻部位，使激光束和液体射流都成为脉冲式的。液体射流所用液体要易于使待钻岩石材料熔化与震碎，有助于井壁的光滑。为了使从已钻成的井眼中排出的岩石材料离开地面设备，在井头可安装转向器，当震碎的岩石材料从井中喷出时，转向器可使其改变方向而易于从井口吹离。

第二节　钻井工艺

一、钻前准备

旋转钻井方法是现代石油钻井应用最普遍的钻井方法。在我国的石油钻井中，大多数油井都是用转盘旋转钻井法钻出来的。一口油气井从定井位开始到最后对生产层进行射孔、试油，直至建成一条永久性的油气流通道，要经过许多工艺过程。在确定好井位之后，开展钻进前的准备工作是非常重要的，这是钻井工程的第一道工序，是钻井工作的基础。钻前准备主要包括以下几个方面。

（一）道路施工

建立通往井场的运输通道，保证钻井设备、器材和原材料的供应。油气田的干道公路宜采用三级公路标准，单井井场道路宜采用四级公路标准。根据油气田地质构造和井位布局确定道路走向。对于钻井作业周期较长或雨季施工的井场道路，路面以能使车辆顺利通行为原则，并预留会车台。通往井场的临时公路可铺垫碎石、钢渣、钻杆排等。

（二）平井场

井场是指陆上打井时为了便于钻井施工而在井口周围平整出来的一片平地。目前国内钻井现场所用的不同类型钻机需要的井场大小不同。一般情况下，除要求井场能摆放下钻机及动力设备、钻井液固控设备外，井架大门前的长度应保证能进行井架的整体安装与拆卸作业，其宽度应保证能摆下该井设计的全部油层或技术套管（按三层排列计算），并能使卡车倒车。

（三）排污池施工

井场应设置排污池，用于储存钻井过程中产生的污水和固体废弃物。

（四）基础施工

钻井设备不能直接放在地面上，而要放在基础上。基础的作用是保证钻井设备在自重和最大负荷下不下沉，防止钻井设备在运转过程中跳动或移动，使各个设备处在所要求的高度上，以保证正常运转。钻井设备的基础可以是混凝土基础、木方基础以及条石基础等。

（五）钻井设备的搬迁和安装

钻井设备的搬迁和安装包括井架下放和拆卸、设备装车、设备运输及卸车、绞车及井车链条箱安装、井架安装、井架起升、气动绞车安装、井场电路安装等。

（六）井口准备

井口准备主要包括打导管（打一孔并下入导管）和钻大小鼠洞。在井口中央掘一圆形井，下入导管，并用水泥砂浆固结。在离井口中心不远处的钻台前侧，钻一深17～18 m的浅井洞，下入一根钢管，称为大鼠洞，在钻井过程中用以存放方钻杆和水龙头。另外，在转盘外侧（靠大门一侧）离其中心1m多处钻另一深11～12m的浅孔，下入一根钢管，称为小鼠洞，在钻进过程中接单根时用以存放单根钻杆。一般情况下，鼠洞可以直接用水射流冲出来。

（七）备足钻井所需要的各种材料

备足钻井所需要的各种材料，包括钻井工具、器材，如钻杆、钻铤、钻头及钻井泵必要的配件、钻井液、处理剂等。

二、钻进

钻进是进行钻井生产并取得进尺的唯一手段，是用足够的压力将钻头压到井底岩石上，使钻头牙齿吃入岩石中并旋转以破碎井底岩石的过程。在井底产生岩屑后，流经钻柱内孔和钻头喷嘴的钻井液冲击井底，并随时将井底岩屑清洗、携带到地面，这一过程称为洗井。在转盘钻井的整个钻进过程中，不管钻头是否破碎岩石、钻柱是否在旋转，洗井都始终在进行，除接单根、起下钻或其他无法循环的特殊情况外，钻井液的循环不能停止，否则将会造成井下事故。

（一）钻进工艺

在钻进过程中，随着岩石的破碎，井眼不断加深，因此钻柱也需要及时接长。钻柱主要由钻杆组成，当井眼加深一根钻杆的长度时，就向钻柱中接入一根钻杆，此过程称为接单根。

由于钻头在井底破碎岩石，钻头会逐渐磨损，当其磨损到一定程度时，需要进行更换。这时就必须将全部钻柱从井内起出来，更换新钻头，然后重新将全部钻柱下入井中，这一过程称为起下钻。有时为了处理井下事故、测井斜等，也需要起下钻。

石油钻井中的井较深，在一口井的形成过程中要穿过各种地层，而各地层的特点又不相同，如有的强度高，有的强度低，有的地层中含有油、气、水等流体，有的则含有盐、石膏等成分。要使井眼继续向下加深，保证上部强度低的地层不被井内钻井液压裂，应在已钻出的井眼中下套管固井，将已钻穿的地层与井眼分隔开来，然后在已封固的井眼内下入较小尺寸的钻头继续向下钻出新井段。改变钻头尺寸，开始钻一新的井段的工艺称为开钻。一般情况下，一口井的钻进过程中要有数次开钻。井深和所钻遇地层不同，则开钻次数也不相同。其基本工艺过程为：第一次开钻（一开），从地面钻出一个大井眼，下表层套管。第二次开钻（二开），在表层套管内用小一些的钻头往下钻进。若地层不复杂，则可直接钻至预定井深完井；若遇到复杂地层，用钻井液难以控制，则要起钻下技术套管（中间套管）。第三次开钻（三开），在技术套管内用再小一些的钻头往下钻进。根据地层情况，可一直钻至预定井深，或再下第二、第三层技术套管，进行第四、第五次开钻，直到最后钻完全井，下油层套管，进行固井，完井作业。

（二）钻进设备安装和使用

1.死绳固定器

死绳固定器的安装位置由钻机（修井机）生产厂家确定。位置确定后，用螺栓牢固地固定在钻机底座上（注意不要影响死绳位置，不要使钢丝绳接触井架的其他任何物体）。底座必须牢固，当采用钢架底座（或连接板）时，钢架底座（或连接板）不得变形，以免造成恶性事故。

死绳沿绳轮的绳槽全部缠绕后，放入相应的绳卡中，用压紧块和螺栓、螺母压紧。注意：绳卡与钢丝绳必须放正、贴合，以防钢丝绳滑动。

安装直拉式死绳固定器时，死绳穿过上提环并打结，然后直接（很松弛地）绕过传感器，穿过下提环并打结，最后与钻机（修井机）底座固定。对于一端采用耳片轴销安装的直拉式指重表，也必须将死绳在钻机（修井机）底座上固定。

2.二次仪表（重量指示仪、记录仪）

（1）将二次仪表固定在司钻位置的前方，使司钻能直接观察到表盘数据。

（2）将长连线与死绳固定器上的传感器相连。

（3）打开重量指示仪上"指重""灵敏"两端的调节阀，此时指针应回零位，否则应用拔针器拔出指针并重新定位。

（4）检查传感器内液体是否足够（通过观察传感器的法兰与扶圈的间隙来判断），及时用手压泵进行补充。补充液体时，应将游车系统放置在钻台上，使指重表在无载荷的情况下补充液体，并将重量指示仪上的排气阀打开，排净空气。这是保证仪器正确显示数值的重要措施。

（5）打开记录仪箱盖，用时钟钥匙上弦器将记录时钟的发条上满弦；拧下压纸螺帽，更换记录纸，调整微调螺丝，使记录笔的起始位置与指重表针的起始位置相符；将记录仪与重量指示仪配套使用，记录一天的工作曲线，以便掌握和分析钻进工作状态。

（6）灵敏表指针的指示值作为掌握钻压和处理事故之用，当下入最后一根钻杆时，应将钻具悬空，转动框盖上的旋钮，使灵敏表盘的零点与长表针对正，才能正常使用灵敏表。钻具重量的微量变化可以从灵敏表针的指示值直接读出。钻进时，灵敏表针逆时针偏转，其指示值即为钻压值。

（7）由于灵敏指针的摆动幅度较大，故在起下钻具时应轻提轻放，避免发生灵敏表针甩松（脱）现象。必须经常检查指针是否松动。

（8）因操作需要，会使钻具出现剧烈震荡（如爆炸解卡、起下钻具）时，应提前将调节阀关小，并将连接管线盘成螺旋线形式，使液压管路系统振幅减小，从而保护指重表免受损伤。

3.维护和保养

（1）在安装指重表时，应首先检查钻机参数与指重表参数是否相符，若不相符，应立即更换。

①检查钻机额定死绳拉力与重量指示仪表盘上的最大死绳拉力是否相符。

②检查游车系统的钢丝绳股数与重量指示仪表盘上的绳数是否相符。钻机额定死绳拉力应小于重量指示仪表盘上的最大死绳拉力。

③检查死绳固定器的型号是否与二次表配套。

（2）仪器在钻机搬迁时应卸掉载荷，使表针回到零位，同时关闭重量指示仪上的调节阀，再卸下连接管线。

（3）仪器在使用过程中应保持清洁，但切不可用蒸汽冲洗仪器玻璃，以免导致玻璃爆炸。

（4）仪器应使用45#变压器油，并保持液体干净，无沉淀物，以避免管线、接头堵塞，影响仪器的性能。

（5）定期将仪器送检，由专业维修人员进行维修、保养和检定。

（6）为延长仪器的使用寿命，确保其安全可靠，钻机使用的最大悬重以不超过指重表最大负荷的80%为准则。

（7）每天在工作前，工作人员应清除传感器上的碎石、钻井液和冰块，同时检查传感器的法兰与扶圈的间隙是否符合要求，当小于要求时，应立即补充液体。

（8）定期（一般为12个月）拆下绳轮中部的端盖，在轴承上涂钙基润滑脂。

（三）洗井

井底岩石被钻头破碎后产生岩屑，如果在井底积累过多会妨碍钻头钻切新井底，导致机械钻速下降等不良后果，故要及时将其从井底清除，并携带到地面，这就是洗井。

洗井用的钻井液可以是水、油等液体，也可以是空气、天然气等气体。现场常将钻井液称为泥浆。

钻井液在地面上被钻井泵连续吸入、排出，经钻柱内孔注入井中，从钻头水眼射出，将岩屑冲离井底；岩屑随钻井液一同进入井眼与钻柱之间的环形空间，向地面返升，然后在地面上通过振动筛、旋流分离器（如除砂器）、离心机从钻井液中分离出来；不含岩屑的钻井液再次被注入井内，重复使用。

（四）接单（立）根

在钻进过程中，随着井眼的不断加深，钻柱也要及时接长。对于转盘钻，每次接入的是一根钻杆，称为接单根。对于顶驱式钻井，通常接入的是三根连在一起的钻杆，即一个立根（立柱），立根长度一般为28m左右。打一口井要接很多次单根或立根。

1.转盘钻井接单根操作

（1）接钻杆（加重钻杆）单根操作。

①上提钻柱，使方钻杆全露，利用吊卡使钻杆（加重钻杆）坐在转盘上。

②若液压大钳完好，可用其卸扣；若液压大钳出现故障或无法松扣，则用两吊钳、液压猫头来卸扣，后者的旋扣靠人力或转盘正转来完成。

③稍提方钻杆，使方钻杆与钻杆柱分离，然后用"S"形钩拉或人力推等方法将方钻杆移至小鼠洞上方，与小鼠洞内的单根对扣。

④用液压大钳或风动（电动）马达等上扣。

⑤从小鼠洞中提出单根移至井口钻柱上方，吹掉钻柱丝扣上的钻井液，在上、下公母扣上涂丝扣油，并对好扣。

⑥用液压大钳或液压猫头、吊钳等上紧接头丝扣。

⑦稍提钻柱，移开吊卡，下放钻柱至井底，继续钻进。

⑧用钻台两侧之一的气动绞车将台下钻杆拉到钻井平台上，拧下护丝，置入小鼠洞中。

（2）接钻铤单根操作。

①上提钻柱至钻铤与方钻杆连接处全露，在转盘中心孔内下入卡瓦，然后下放钻柱，使钻铤坐在卡瓦上，再在井口钻铤母接头附近缠上且拧紧安全卡瓦。

②若液压大钳出现故障或无法松扣，则用两吊钳、液压猫头来卸扣，后者的旋扣靠人力或转盘正转来完成。

③稍提方钻杆，使方钻杆与钻铤柱分离，用"S"形钩拉或人力推等方法将方钻杆移至小鼠洞上方，与小鼠洞内的钻铤对扣，然后用液压大钳或风动（电动）马达将方钻杆旋进小鼠洞的钻铤中。

④提出小鼠洞中的钻铤，移至井口钻铤上方，吹掉钻铤丝扣上的钻井液，在上、下公母扣上涂丝扣油，并对好扣。

⑤用液压大钳或液压猫头吊钳上紧接头丝扣。

⑥松开并拿走安全卡瓦，稍提钻柱，挪出转盘中心孔内的卡瓦，然后下放钻柱至井底，继续钻进。

⑦用钻台两侧之一的气动绞车将台下钻铤或钻杆拉到钻台上，拧下护丝，置入小鼠洞中。

2.顶驱钻井接单根及立根

通常在两种情况下需要接单根钻进：一种是新开钻井，井架中没有接好的立根；另一种是利用井下马达造斜时，每钻一单根必须测斜一次。

（1）接单根。

①在已钻完的井中的单根上坐放卡瓦，停止钻井液循环（可关闭防喷阀）。

②用钻杆上卸扣装置上的扭矩扳手卸开保护接头与钻杆的连接扣。

③用钻井马达旋扣。

④提升顶部驱动钻井装置，使吊卡离开钻柱接头。

⑤启动吊环倾斜装置，使吊卡摆至鼠洞单根上，扣好吊卡。

⑥提单根出鼠洞，收回吊环倾斜装置，使单根移至井眼中心。

⑦对好井口钻柱连接扣，下放顶部驱动钻井装置，使单根上端进入导向口，与顶驱保护接头对扣。

⑧用钻井马达旋扣和紧扣，打背钳承受反扭矩。

⑨提出卡瓦，开泵循环钻井液（打开防喷阀），恢复钻进。

（2）接立根。

①在已钻完井中的单根上坐放卡瓦，停止钻井液循环（可关闭内防喷阀），这时吊卡下放于钻台台面上。

②用钻杆上卸扣装置上的扭矩扳手卸开保护接头与钻杆的连接扣。

③用钻井马达旋扣（倒扣）。

④提升顶部驱动钻井装置，使吊卡离开钻柱接头，升至二层台后，启动吊环倾斜装置，使吊环摆至待接的立根处。

⑤井架工将立根扣入吊卡，收回吊环倾斜装置至井口。

⑥钻工将立根插入钻柱母扣。

⑦缓慢下放顶驱，使立根上端插入导向口，直至保护接头公扣进入立根上端的母扣。

⑧用钻井马达旋扣和紧扣，打背钳承受反扭矩。

⑨提出钻台转盘中的卡瓦，开泵循环钻井液（打开防喷阀），恢复钻进。

（五）起下钻

钻头在破岩过程中会逐渐磨损，为了更换被磨损的钻头，需将全部钻柱从井中起出，称为起钻；换了新钻头以后，再将全部钻柱重新下入井中，称为下钻；全部钻柱被起出再下入井底，称为起下钻。进行起下钻操作也可能是因为要测井、打捞或解决卡钻等事故。

钻一口井需要多次换钻头，相应的起下钻次数也很多。为了减少起下钻的时间，提高效率，起下钻时不是以单根钻杆或钻铤等为单位进行接卸的，而是以三根钻杆或钻铤（立根）为一接卸单位，起出来的立根排放在钻台的立根盒和井架的指梁内。

三、固井与完井

（一）固井目的

固井衔接钻井和采油，是油气井建井过程中非常重要的一个环节。

常规固井是指将套管下入井内，并在套管与井壁之间注入水泥浆，将套管柱与井壁岩石牢固地固结在一起。常规固井包括下套管与注水泥两个生产环节。

下套管：在已钻成的井眼内按规定深度下入由相同或不同外径、壁厚、钢级套管组成的套管柱。

常规注水泥：在地面通过套管柱中空将水泥浆注入井眼与套管柱之间的环空中。

套管柱：由相同或不同外径、钢级及壁厚的套管通过接箍连接而成的管柱。固井的目的如下：

（1）封隔地下油、气、水层，使它们不能互相窜通。

（2）为井的投产建立一条稳固通畅的通道。

（3）安装井口装置，以控制钻进中遇到的紧急情况，如钻遇高压油、气时可进行压井操作。

（4）封隔易井塌、井漏等复杂地层。

（5）封隔对水泥浆密度要求相互矛盾的井段，如上段要求较大密度而下段要求较小密度的井段。

（6）安装套管头、油管头以及采油（气）树，便于生产作业等。

（二）套管的类型及功用

套管的类型很多，按其功用可分为导管、表层套管、技术套管、油层套管。根据钻遇地层的状况等，有时还需下尾管，也可能下入两层或两层以上技术套管。每层套管都有相应的作用，对顺利钻完油气井有非常重要的意义。

1.导管

导管用作循环通道，将钻井液导向钻井液池，防止钻井液对钻机地基产生冲刷。有时为了防止浅层气，在导管上安装分流防喷装置。导管可以保护以后下入的套管不受腐蚀；在地面支撑能力不足的地方，导管可用来支撑部分井口设备。

2.表层套管

表层套管可防止地表淡水层受钻井液浸污，隔离地表浅部复杂地层。另外，表层套管顶部要安装套管头（其他井口装置的立足点），要能防止所封地层发生坍塌及钻井液对地表疏松地层产生冲刷。

3.技术套管

技术套管也叫中间套管，介于表层套管与生产套管之间，可以是一层、两层，甚至多层。中间套管的主要用途是保护井眼。当油井加深采用重钻井液时，常常采用中间套管封住脆弱地层，使其不被重钻井液压裂。此外，中间套管还可防止钻至盐层或硬石膏层时钻井液被污染，防止钻井液渗漏引起卡钻，防止井壁产生键槽等。总之，中间套管常用于封隔易漏、易塌、塑性蠕变、不同压力体系等复杂地层。

有时中间套管也用来封闭老的生产层，以便向下钻更深的油气层。

4.生产套管

生产套管（油层套管）用来把产油层与油层中不需要的流体以及其他钻穿的地层隔开，保护产层，为油气从产层流到地表提供通道。对于油管和井下其他产油工具来讲，生产套管是它们的保护套，生产套管有助于实现分层测试、分层采油、分层改造。

5.尾管

尾管是一种缩短了的套管，从井底向上超过上层套管底部一定距离，但不延伸至井口。尾管常用尾管悬挂器悬挂于上一级套管内壁，并常用水泥封固，但有的尾管不悬挂于上层套管上，而是直接靠水泥环支撑。此外，油层尾管有时不用水泥固定而是悬挂于井内。

由于尾管仅下入一段很短的管柱就代替了从井底到地面的管柱，故采用尾管有以下好处：

（1）减轻下套管时钻机的负荷。

（2）减轻套管头的负荷。

（3）节省套管和水泥，降低固井成本。

（4）深井使用尾管时，下尾管施工时间短，从而降低了卡套管柱的概率。

（5）上部环形间隙大，可降低施工的流动阻力。

（6）解决套管磨损问题。

（7）用于严重漏失井。

采用尾管的不足之处在于：尾管密封处有时泄漏会带来麻烦，个别情况甚至难以或不能将送入的工具从尾管处卸脱；气井及有塑性岩层（盐岩层、盐膏层、软泥岩层、沥青层）的井不宜用尾管完井。

（三）套管的摆放、保养、检查与丈量

1.套管的摆放、保养与检查

（1）送井套管必须轻拉轻卸，严禁乱碰乱摔。送井套管的数量应符合下井深度要求，并按附加量不超过5%送齐。

（2）全井套管铭牌要求一致，井深在1500 m以内，要求接箍、壁厚最好一致，并尽量少用厚壁及高级钢套管。

（3）套管送到井场后，用两根爬杆搭于车厢板上，并用棕绳兜住套管，使套管慢慢滚向场地已摆好的两根垫杠上。垫杠高度应一致。套管应单层摆放在两根垫杠上，最多不超过两层。套管上面不准堆放任何重物，更不允许在套管上进行电焊或氧气焊等作业。

（4）摆放在垫杠上面的套管应以内螺纹端朝向钻台并相互平齐，套管两端的悬空长度不得超过1.5 m。

（5）套管运到井场后，应立即清洗螺纹，用钢丝刷清除毛刺并涂抹螺纹脂，然后戴上护丝。

（6）套管送到井场后，井队应认真复查以下内容。

①查螺纹。看螺纹是否完好，若螺纹碰伤3扣以上，伤痕深度超过1/3扣深，则应该用白漆在套管上标明或以"×"号表示此套管不能用，并与下井套管分开摆放。

②查外表。看套管外表是否有缺陷，若套管的内外表面有裂纹、折叠、轧折、离层和疤痕存在，则应采取措施将这些缺陷完全清除掉，清除深度不得超过公称壁厚的12.5%。凡没有超过壁厚负偏差的其他缺陷允许存在；若有已超过壁厚负偏差的缺陷，则应用白漆在距套管接箍0.6m处标以"×"号，并与下井套管分开。

③查钢级、尺寸公差、壁厚、弯曲度是否符合该井的设计要求和有关技术规定。

④查原装接箍。套管与接箍用机械拧紧时余扣为±1扣，当有多余扣时用大链钳紧扣。

（7）丈量编号，排列整齐。建立"两丈量、一对口"制（工程与地质分别丈量，双方对口核实），并将丈量尺寸与对应编号、钢级、壁厚等填在套管记录卡上。

（8）使用直径小于套管标准内径3mm、长度至少为300mm的内径规通每一根套管。凡内径规不能通过的套管均为不合格套管，用白漆在管体上标以"×"号，并与下井套管分开。严禁在合格套管上面敲击吊装重物，防止压弯或砸扁套管。

2.套管的丈量

（1）套管长度的丈量方法与钻杆长度的丈量方法相同。

（2）套管内、外径的丈量方法与钻杆内、外径的丈量方法相同。

（四）水泥浆（石）的性能

为了保证施工安全并提高固井质量，水泥浆以及最终所形成的水泥石必须满足一定的性能要求，主要包括水泥浆密度、水泥浆稠化时间、水泥浆失水量、水泥浆凝固时间、水泥石抗压强度、水泥石抗腐蚀性、水泥石渗透率等。

1.水泥浆的密度

水泥浆是由水、水泥、外加剂等混合配成的均质浆体。单位体积水泥浆内各种成分的质量就是水泥浆的密度。良好水泥浆有如下特性。

（1）较好的流动性。

（2）浆体稳定性。

（3）较快的早期强度。

（4）长期的稳定性，能满足后期作业要求。

注水泥期间，要求既不能发生井漏，也不能发生井喷，故密度既不能太高，也不能太低。密度太高，可能压漏地层，导致流动性差，混拌泵送困难、压力高，给施工带来隐患；密度太低，可能发生井喷，抗压强度达不到要求。

2.水泥浆稠化的时间及初始稠度

水泥浆配成后，随着水化反应的不断进行，流动性变差，水泥浆流动变得越来越困难，直到不能被泵送（尽管此时没有凝固）。因此，注水泥的全过程必须在稠化以前完成。

水泥浆的稠化时间：水泥浆从配制开始到其稠度达到规定值所用的时间。API标准规定，从水泥浆配制开始到其稠度达100Bc所用的时间为水泥浆的稠化时间。水泥浆的初始稠度：水泥浆稠化试验开始15～30min内水泥浆的最大稠度值，反映水泥浆初期的流动性能。

3.水泥石的抗压强度

在压力作用下，单位面积水泥石破坏时所能承受的力称为水泥石的抗压强度。目前通过测试水泥石的抗压强度来检验水泥石的力学性能，相关要求如下：

（1）能支撑住井内的套管。

（2）能承受钻进时钻柱的冲击载荷。

（3）能承受酸化压裂等增产措施作业的压力。

注水泥井段在酸化压裂时承受压力，其最薄弱环节不是水泥石本身，而是水泥环与井壁胶结处（或水泥环与套管胶结处），水泥石强度远大于水泥环与井壁、水泥环与套管外表面的胶结强度。

4.水泥浆的细度

细度可影响油井水泥的水化速度和水泥浆的流变性。细度越大，水泥粒子反应活性越大，水化速度越快，稠化时间越短，初始稠度越高，水泥浆不易达到紊流状态；细度越小，水化速度越慢，水泥浆流动性越好，但形成的水泥石抗压强度低。

5.水泥石的抗腐蚀性

地下水中含有大量的硫酸盐、碳酸盐、镁盐等，其中硫酸盐对水泥危害最大，它与氢氧化钙反应，生成二水石膏；二水石膏与水化的铝酸三钙反应，生成硫铝酸钙；硫铝酸钙含较多结晶水，其体积为原水化铝酸钙的2.5倍，在水泥内部产生较大的内应力，对水泥石产生极大的破坏作用。

6.水泥浆的流变性

水泥浆的流变性常用塑性黏度、动切力、稠度系数和流性指数表示，有时也用直观的流动度表示。

流动度是视黏度的一种度量方法，可反映水泥浆配制和流动的难易程度，但不能用于流变性设计。当水泥浆的流动度介于20～30cm时，其流动性能较好；当流动度小于20cm时，其流动性能较差；当流动度大于30cm时，其沉降稳定性较差。

7.水泥浆的游离液

水泥浆中游离液较多，其凝固时将形成多孔、脆性、强度较差的水泥石。如果游离液聚集在一起，将形成水环，致使水泥环不连续，既影响水泥环与地层、水泥环与套管的胶结质量，也不利于水泥石对套管的支撑。

对大斜度井及水平井来说，水泥浆游离液必须为零，否则在注水泥的过程中游离液会浮在井眼上侧，形成一条横向通道，地层流体将通过此通道窜流，影响固井质量。

8.水泥浆的稳定性

稳定性是水泥浆的重要性能指标之一。稳定性较差的水泥浆所形成的水泥环的致密程度从上到下非常不均匀。在大斜度井及水平井中，这种水泥石的不均匀性表现尤为突出，从井壁下侧到上侧，水泥石的致密程度及胶结程度不断减弱，这对水泥环的封固质量有不良影响。稳定性差的水泥浆，一般游离液较多，会在水泥柱中形成油、气、水窜的通道，影响水泥环的封固质量。

9.水泥石的渗透率

水泥石渗透率的大小可以反映水泥石的抗窜性能及防腐蚀性能。渗透率越大，水泥石的抗窜能力及抗腐蚀能力越弱；反之，则越强。常规或高密度水泥石的渗透率非常低。

（五）油井水泥的外加剂

为了满足不同情况下固井施工和固井质量的要求，注水泥时一般在水泥浆中加入各种外加剂以调节水泥浆的性能。目前，国内外油井水泥外加剂的产品很多，通常可分为10类。

1.促凝剂

促凝剂是用来缩短水泥浆稠化时间、加快强度形成速度的化学剂。最常用的促凝剂是各种无机盐和有机盐（如$CaCl_2$、$NaCl$等）以及它们与一些改进成分的复合物。

2.缓凝剂

缓凝剂是延长水泥浆稠化时间、凝固时间的化学剂。常用作缓凝剂的材料有木质素磺酸盐、羟基羧酸、糖类化合物、纤维素衍生物和一些无机化合物（如硼、磷、铬酸及其盐和锌、铅的氧化物）。

3.填充剂和减轻剂

当外加剂主要用于降低水泥浆密度时，称为减轻剂；当外加剂主要用于增加水泥浆造浆率时，称为填充剂。加减轻剂是为了降低水泥浆密度，降低环空静液柱压力，防止压裂薄弱地层造成井漏；加填充剂是为了提高水泥浆造浆率，以减少水泥用量。常用的填充剂和减轻剂有黏土、玻璃微珠、漂珠、粉煤灰等。

4.加重剂

加重剂是用来提高水泥浆密度的材料。常用的加重剂有钛铁矿、赤铁矿和重晶石。

5.分散剂（减阻剂）

分散剂可用来降低水泥浆黏度，改善其流变性能，减小其流动阻力，有利于水泥浆在低速状态下实现紊流，从而提高注水泥的质量。可作为分散剂的化合物主要有甲基聚酰胺磺酸盐、聚萘磺酸盐、木质素磺酸盐等。

6.降失水剂（降滤失剂）

降失水剂能降低水泥浆滤液向地层中的滤失。已开发出的降失水剂主要有纤维素衍生物、非离子聚合物、聚乙烯醇、阳离子聚合物等。

7.防漏失剂

防漏失剂能控制水泥浆向低破裂压力地层或高渗透地层的漏失，主要靠形成网状屏蔽结构提高地层的承压能力，增加流体在小通道中的流动阻力和堵塞小的流体通道，避免或减少水泥浆经过渗透、诱导性漏失或压力系数低的易漏失地层时发生漏失。常用的堵漏材料有粗砂、云母、赛璐珞、硬沥青、细煤粉、纤维、尼龙聚酯、橡胶等。此外，触变水泥、超细水泥、聚合物可用来封堵微细裂缝。

8.增韧剂

增韧剂可提高水泥韧性。常用的增韧剂有纤维材料、磨碎橡胶和胶乳。

9.高温强度稳定剂

高温强度稳定剂可降低水泥石高温强度的衰减速度。常用的高温强度稳定剂有硅粉和石英砂。

10.防气窜剂

防气窜剂是指能在水泥浆候凝期间增加气体流动阻力的外加剂。防气窜剂可分为增黏型、发气型和膨胀型。国内应用较好的防气窜剂是成膜类的非渗透防气窜剂，由高分子聚合物、交联剂组成。

（六）特种水泥浆体系

随着勘探开发和钻井技术的不断发展，复杂井固井、特殊井固井逐年增多，油井水泥也不断发展，以解决目前固井中常见的水泥浆液面回落、漏失、微环隙、环空气窜、高温、超高压、盐岩层等一系列固井难题。

1.低密度水泥浆体系

低密度水泥浆体系一般指密度小于1.75g/cm³的水泥浆体系。该水泥浆体系主要用来解决高渗、低压、易漏井和地层破裂压力较低井的固井施工，有时也作为长封固段井上部封固段的充填水泥浆使用。该体系的主要外加剂有粉煤灰、漂珠、玻璃微珠、火山灰、搬土粉等，以及配套的其他性能的外加剂。充气水泥浆和泡沫水泥浆是常用的低密度水泥浆体系。

2.高密度水泥浆体系

高密度水泥体系是指密度大于2.1g/cm³的水泥浆体系。该水泥浆体系用来解决超高压井的固井压稳问题。该体系的主要外加剂是铁矿粉、悬浮剂及调整其他性能的外加剂。

3.触变水泥浆体系

触变水泥浆具有触变性，在流动状态下黏度较低，当静止时可以迅速形成胶凝结构。这种胶凝结构当再次流动时会被破坏，可泵性重新好转。由于该胶凝结构在短时间内不可能被完全破坏，所以每一个流动—静止过程，水泥浆的胶凝结构都会逐步加强。

触变水泥浆可用于防止井下存在松软地层造成的轻微漏失。由于触变水泥浆有较强的胶凝结构，因此能产生自支撑作用，减小了对地层的压力，从而防止由此产生的水泥浆液面回落。另外，触变水泥浆也可用来处理在钻井期间的井漏问题。触变水泥浆进入漏失层后，以两种方式实现堵漏目的：一是在渗透性地层中产生高的渗流黏度，增加漏失阻力；二是在地层中的流速减慢，形成胶凝结构，增大流动阻力。

触变水泥浆还有其他用途，如在挤水泥施工中难以建立挤注压力时作为领浆使用，在某些环境下防止气窜，在个别情况下修补破损的套管等。

4.膨胀水泥浆体系

膨胀水泥浆能在凝固过程中发生体积膨胀。该水泥浆体系主要用于易产生"微环隙"井的固井施工。一般要求其膨胀率不超过5%，以免产生副作用。

可以产生膨胀的水泥浆体系有四种：凝固后产生大量钙铝矾晶体的钙铝矾体系、盐水水泥浆、加铝粉等的发气水泥浆、掺入煅烧氧化镁的水泥浆。

5.盐水水泥浆体系

盐水水泥浆体系主要是指含有较多NaCl或KCl的水泥浆体系，主要用于盐岩层固井和无淡水区域的固井施工，也可用于水敏性较强的地层的固井施工。在沙漠及海上固井施工时，有时难以获得充足的淡水，此时可以配置盐水水泥浆体系；在盐岩层固井时，也可以将盐作为外加剂以改善水泥浆体系的性能，必要时可配置饱和盐水水泥浆体系。

6.胶乳水泥浆体系

胶乳水泥浆体系是由乳胶剂配置的水泥浆体系。乳胶剂是乳化聚合物的通称。可以用于固井的乳胶剂有醋酸乙烯、氯化乙烯、聚丙烯、乙烯、苯乙烯和丁二烯等。

常用的乳胶剂颗粒直径为0.05～0.5μm，比水泥颗粒粒径（一般为20～50μm）小得多，且颗粒具有弹性。水泥浆形成滤饼时，一部分胶粒挤塞、填充于水泥颗粒间的空隙中，使滤饼的渗透率降低。另外，胶粒在压差的作用下在水泥颗粒间聚集成膜，这层覆盖在滤饼表面的膜可阻止气体窜入水泥浆。胶乳水泥浆体系在较宽的温度范围内（30℃～170℃）都具有良好的失水控制能力（可控制在30mL以内）。水泥浆中加入乳胶剂可有效地降低水泥浆的滤失量，降低水泥浆的渗透率，减少水泥石的收缩、提高水泥石的弹性，使水泥浆和水泥石具有很强的阻力来阻止气体的进入，而且水泥石不易受到冲击载荷的破坏，保持水泥环的完整性。

在油气层使用胶乳水泥浆体系可起到以下作用：有效地阻止气侵；由于胶乳中有较多的表面活性剂，可对侵入的气体有束缚和分散作用；使滤饼的渗透率降低；零自由水，能有效防止形成自由水通道，满足水平井防窜固井的要求；可实现直角稠化和直角胶凝过渡，使水泥浆在凝固前有效传递液柱静压力，确保平衡和压稳高压层，有效遏制地层气体进入环空破坏水泥基体的完整性；胶乳中聚合物胶粒被乳化剂包裹成球形颗粒，稳定地分散在水泥浆中，对水泥浆体系具有分散和润滑作用，使水泥浆体系的黏度低、流变性好，易于实现紊流；由于乳胶剂在水泥微缝间形成桥接并抑制了缝隙的发展，从而增强了水泥石的弹性，提高了抗冲击性能；使水泥石渗透率降低，增强了抵抗腐蚀的能力；胶乳水泥浆中具有较多的表面活性剂，降低了界面张力，提高了界面间的亲和力，使界面胶结强度增加；胶乳的胶束颗粒填充在水泥颗粒之间，使胶乳水泥浆体系具有较好的塑性，可以减小水泥水化时的体积收缩，提供良好的界面胶结。

（七）前置液

在固井施工中，如果水泥浆与钻井液直接接触，水泥浆会受到钻井液的污染，危及固井施工安全。另外，钻井液具有一定的黏度和切力，不容易顶替干净，影响固井质量。因此，在注水泥浆前要泵入一种液体，将水泥浆与钻井液隔开，并有效地冲洗、顶替钻井液。这种液体称为前置液。

1.前置液的分类

前置液按其功能可分为冲洗液和隔离液。

2.前置液的功用

（1）冲洗液在功能上侧重于稀释钻井液，冲洗井壁和套管壁，提高对钻井液的顶替效率和水泥环界面的胶结质量。

（2）隔离液的功用侧重于隔开钻井液和水泥浆，防止其相互接触产生污染，同时应具有悬浮固相颗粒、防止井塌、抑制井漏等多方面的作用。

3.前置液的性能

（1）具有较低的基浆密度、较低的黏度，能明显降低钻井液的黏度和切力，但对失水量没有严格的要求。在存在井喷、易塌等复杂情况下的固井时应慎用。

（2）隔离液在顶替中有紊流顶替和塞流顶替两种方式，不同的方式要求隔离液具有不同的性能。

①紊流隔离液适用于紊流顶替，应具有较低的黏度和较低的紊流临界返速。

②黏性隔离液适用于塞流顶替，应具有一定的黏度和较大的切力。

③隔离液的密度在较大的范围内可以调节。

④当使用加重钻井液时，要求隔离液有悬浮加重剂和固相的能力。

⑤隔离液要有控制失水的能力。

冲洗液与隔离液在性能上各有侧重，应根据井的特点进行选用，有时往往组合使用，即冲洗液在前、隔离液在后，它们在性能上相互补充，构成组合前置液。

（八）完井技术

完井工程是衔接钻井工程和采油工程且又相对独立的工程，是从钻开油层开始到下套管注水泥固井、射孔、下生产管柱、排液，直至投产的一项系统工程。

1.完井原则

储集层不同，生产方式不同，完井方式也就不同。完井的目的是保证井的稳产、高产。完井原则如下：

（1）最大限度地保护储集层，防止对储集层造成伤害。

（2）能有效地封隔油气水层，防止层间相互干扰。

（3）稠油油藏开采能达到热采的要求。

（4）减少油气流入井筒时的流动阻力。

（5）克服井塌或产层出砂，保障油气井长期稳产，延长井的使用寿命。

（6）可以实施注水、压裂、酸化等增产措施。

（7）油田开发后期具备侧钻定向井及水平井的条件。

（8）工艺简单、成本低。

2.直、斜井完井

常用的完井方法有裸眼完井法、射孔完井法、割缝衬管完井法、砾石充填完井法等。

（1）裸眼完井法：在油气层段不下套管及注水泥浆，使井眼裸露的完井方法。裸眼完井法分为先期裸眼完井和后期裸眼完井。

①先期裸眼完井。钻头钻至油层顶界附近后，下油层套管注水泥固井，待水泥浆上返至预定的设计高度后，再从油层套管中下入直径较小的钻头，用专门的完井液钻穿水泥塞，钻开油层至设计井深完井。

有的厚油层适合裸眼完井，但当油层上部有气顶或顶界邻近有水层时，可将油层套管下到油层一定深度，封隔油层上部，然后裸眼完井，必要时再射开其中的含油段，此种完井方法称为复合型完井方法。

②后期裸眼完井。钻头钻至油层顶界附近后，不更换钻头，直接钻穿油层至设计井深，如果油气层有开采价值，则再将套管下至油气层顶界附近，注水泥固井。后期裸眼完井一般很少采用。

（2）裸眼完井法的优点：

①油气层完全裸露，因而具有最大的渗滤面积，油气流入井内的阻力最小。

②排除了上部地层的干扰，为选用符合打开生产层特点的完井液提供了最充足的条件，可以在受污染极小的情况下打开储集层。

③在打开储集层阶段，若遇到复杂情况，可及时提钻具到套管内进行处理，避免事故进一步复杂化。

④缩短了储集层在钻井液中的浸泡时间，减小了对储集层的损害程度。

⑤由于在产层以上固井消除了高压气对封固地层的影响，提高了固井质量，所以储集层中无固井中的污染。

（3）裸眼万锦法的缺点：

①适用面窄，不适用于非均质、弱胶结的产层，不能克服井壁坍塌、产层出砂对油井生产的影响。

②不能克服产层的干扰，如油、气、水的互相影响和不同压力体系的互相干扰。

③油井投产后难以实施酸化、压裂等增产措施。

④先期裸眼完井法是在打开产层之前封固地层，但此时尚不了解生产层的真实资料（高压疏松），因而会使后一步生产较被动。

⑤后期裸眼完井没有避免隔离液和水泥浆对产层的污染和不利影响。

3.射孔完井法

射孔完井是指钻完油层后下入套管或尾管，注水泥封固产层，再用射孔枪将套管、水泥环、部分产层射穿，使井筒和产层连通，形成油气流通道的完井方法。射孔完井包括套管射孔完井和尾管射孔完井。

（1）套管射孔完井是指钻穿油层直至设计井深，然后下油层套管至油层底部注水泥固井，最后射孔，射孔弹射穿油层套管、水泥环并穿透油层一定深度，建立油流的通道。

（2）尾管射孔完井是在钻头钻至油层顶界后，下技术套管注水泥固井，然后用小一级的钻头钻穿油层至设计井深，用钻具将尾管送下并悬挂在技术套管上，再对尾管注水泥固井，然后射孔。

尾管射孔完井由于在钻开油层以前上部地层已被技术套管封固，因此可以采用与油层相配伍的钻井液以近平衡压力、欠平衡压力的方法钻开油层，从而有利于保护油层。此外，这种完井方式可以减少套管重量和油井水泥的用量，从而降低完井成本。目前较深的油、气井大多采用此方法完井。

（3）射孔完井的适用范围：射孔完井是使用最多的完井方式，几乎所有储集层都可用此法打开，但并不是所有储集层都适合射孔完井。射孔完井主要适合于以下情况。

①有气顶或有底水，或有含水夹层、易塌夹层等复杂地质条件，要求实施分隔层段的储层。

②各分层之间存在压力、岩性等差异，要求实施分层测试、分层采油、分层注水、分层处理的储层。

（4）要求实施大规模水力压裂作业的低渗透储层。

（5）砂岩储层、碳酸盐岩裂缝性储层。该完井方法对射孔、固井质量要求严格。

4.割缝衬管完井法

割缝衬管就是在衬管管壁上沿平行或垂直轴线的方向割成多条缝眼。割缝衬管完井是在裸眼完井的基础上，在裸眼井内下入割缝衬管。与裸眼完井相对应，该法也有两种完井方式：后期固井割缝衬管完井和先期固井割缝衬管完井。

（1）后期固井割缝衬管完井：用同一尺寸钻头钻完油层后，下入下端连接有衬管的管柱到油层部位，利用套管外封隔器，注水泥封固油层顶界以上井段的环形空间。这种完井方式，如果衬管损坏，则无法修理或更换。

（2）先期固井割缝衬管完井：当钻头钻到油层顶部后，下入技术套管，注水泥固井，再从技术套管中下入小一级钻头钻穿油层至设计井深，然后下入割缝衬管，依靠衬管顶部的衬管悬挂器将衬管悬挂在技术套管上，并密封衬管和套管的环形空间，使油气通过衬管的割缝流入井筒。这种完井方式能保护油层，使其不受水泥浆的损害，同时当割缝衬管发生磨损或失效时可以修理或更换。

割缝衬管完井方法通过割缝衬管，既起到裸眼完井的作用，防止井壁坍塌堵塞井筒，又起到一定的防砂作用。同时，这种完井方式工艺简单、操作方便、成本低，在出砂不严重的中粗砂粒油层中便于使用，特别是在水平井中应用普遍。

5.砾石充填完井法

砾石充填完井先将绕丝筛管下至油层段，然后用充填液将在地面选好的砾石携带至绕丝筛管与井眼的环形空间或绕丝筛管与套管的环形空间，形成一个砾石充填层，阻挡砂粒流入井筒，起到保护井壁、防止油层砂粒进入井内的作用。该法常用于胶结疏松、出砂严重的地层。砾石充填完井分为裸眼砾石充填完井和套管内砾石充填完井。

（1）裸眼砾石充填完井法又称为管外砾石充填完井法，是指钻头钻达油层顶界以上约3m后，下技术套管注水泥固井，再用小一级的钻头钻穿油层至设计井深，然后更换扩张式钻头将油层部位的井径扩大到技术套管外径的1.5~2倍，使充填砾石的位置有较大的环形空间及足够的防砂层厚度（砾石层厚度不小于50mm），以提高防砂效果。扩眼工序完成后，便可进行砾石充填工序。

裸眼砾石充填完井适用于无气顶、无含水夹层的储层，单一厚储层或压力、物性基本一致的多层储层，不准备实施分隔层段、选择性处理的储层，岩性疏松、出砂严重的中、粗、细砂粒储层。

（2）套管内砾石充填完井：这种完井法是在钻头钻穿油层至完井深度后，下入油层套管到油层底部，进行注水泥固井，再对准油层射孔。一般要求高孔密（30孔/m左右）、大孔径（20mm左右）射孔，以增大充填流通面积，有时还把套管外的油层砂冲掉，以便向孔眼外周围油层填入砾石，避免砾石和地层砂混合增大渗流阻力。由于使用高黏度充填液进行高密度充填时防砂效果好，有效期长，故当前大多采用高密度充填。

套管砾石充填完井适用于以下情况。

（1）有气顶或有底水，或有含水夹层、易塌夹层等复杂地质条件，要求实施分隔层段的储层。

（2）各分层之间存在压力、岩性差异且要求实施选择性处理的储层。

（3）岩性疏松、出砂严重的中、粗、细砂粒储层。

裸眼砾石充填与套管内砾石充填的防砂作用相同，即挡住地层砂粒，允许地层流体通过，但要做到筛管与油层砂粒相匹配、砾石尺寸与油层砂粒相匹配，使砾石充填层既能阻挡住砂粒，又具有较高的渗透性。

6.其他完井方法

（1）贯眼套管（尾管）完井也称为地面预钻孔套管（尾管）完井，是在地面按一定的布孔参数预先在套管（尾管）上穿孔，然后像割缝衬管一样完井。贯眼套管或尾管的加工成本比割缝衬管低得多，适用于不出砂的碳酸盐岩地层及其他裂缝性油藏。贯眼套管（尾管）完井在直井、定向井、水平井中都可使用，其优点是油、气层暴露得比较充分，出油气流畅，防砂效果较好；缺点是在生产过程中油气层出水后不易封堵。

（2）预充填砾石绕丝筛管是在地面预先将符合油层特性要求的砾石充填到具有内外

双层绕丝筛管的环形空间而制成的防砂管。使用该防砂方法时不能阻挡地层砂进入井筒，只能阻挡地层砂不进入油管。油井产能低于使用井下砾石充填时的油井产能，防砂有效期不如砾石充填的长，但其工艺简便、成本低，在一些不具备砾石充填的防砂井中仍是一种有效的完井方法，特别是在水平井中经常使用。

（3）化学固砂是以各种硬质材料作为支撑物，以水泥浆、酚醛树脂等作为胶结剂，以轻质油作为增孔剂，按一定比例拌和均匀后，挤入套管外堆集于出砂层位，凝固后形成具有一定强度和渗透性的人工井壁，以防止油层出砂，或者不加支撑剂，直接将胶结剂挤入套管外出砂层位，将疏松砂岩胶结牢固以防止油层出砂。

这种完井方法有分为以下几种：①渗透性固井射孔完井法，即用渗透性良好的材料注入套管和地层之间，再用小功率射孔弹射开套管但不破坏注入的渗透层的完井方法；②渗透性衬管完井法，即在衬管与裸眼之间注入渗透性材料的完井方法；③渗透性人工井壁完井法，即在裸眼井段注入渗透性材料形成人工井壁的完井方法。

（4）压裂砾石充填防砂技术就是将砾石充填与水力压裂结合起来，包括清水压裂充填、端部脱砂压裂充填、胶液压裂充填三种。压裂砾石充填防砂完井的原理就是在射孔井下充填砾石前，利用水力压裂使地层出现短裂缝，并在裂缝中填满砾石，最后在筛管与套管环空充填砾石。

7.完井方法的选择

完井方法的选择应根据油、气田的地质特点和油、气藏的工程特点，同时考虑采油（气）工程的技术要求。储层类型、岩性、开采要求等不同，完井方法也不同。完井方法选择的依据如下：

（1）油藏地质条件、储层的岩石特性：

①坚固、均质储层附近无高压水（或气）层和底水，可采用裸眼完井法。

②坚固、均质储层的油层顶部有气顶或附近有高压层，可采用复合型完井法。

③非均质储层（稳定性岩层和非稳定性岩层相互交替，不同压力的含水层和含气夹层相互交替），可采用射孔完井法。

④高孔隙度、高渗透率、弱胶结性孔隙型储集层，开采时地层遭受破坏，油井出砂，可采用防砂型完井法。

（2）储层特性：无论是砂岩还是碳酸盐岩油气田都存在气顶和底水控制问题，所以在选择完井方法时要充分考虑二者的影响和作用，既要考虑其有利方面，又要控制其不利影响。对于有气顶的油藏，在完井时要避气；对于有底水的油藏，在完井时要避水。

层间差异是指地层压力和地层的渗透率都有差异。按地层压力梯度可将地层分为高压地层、正常压力地层和低压地层；按孔隙、裂缝的渗透率可将地层分为高渗透层和低渗透层。对于层间差异不大的多层储层，可按同一储层来选择完井方案；对于层间差异较大的多层储层，可按多层来选择完井方案。

（3）目前油田大量采用注水开采，而且是多套层系同井开采，在选择完井方法时，不仅要求能分隔层段，而且应保证注水井在长期高压工况下能正常工作，如采用射孔完井方法。

（4）注蒸汽热采稠油在地下黏度高，必须热采。由于油层易出砂，所以需要考虑防砂，如采用套管射孔并在管内充填砾石完井方法。

（5）压裂、酸化：砂岩地层大多需要压裂投产、增产，层系多采取分层压裂。作业时，施工压力比较高，只能选择套管射孔完井方法。碳酸盐岩大多需要酸化投产，有时还需要进行大型酸化、酸压，因此必须采用套管射孔完井方法。

（6）防砂：若油层生产时出砂，则应根据出砂程度和砂粒直径的大小选择相应的防砂型完井方法。对于粗砂地层，可采用割缝衬管完井；对于中、细砂地层，可采用绕丝筛管完井；对于细砂和粉砂地层，可采用井下砾石充填完井、预充填砾石筛管完井及金属纤维防砂筛管完井、多孔冶金粉末防砂筛管完井、多层充填井下滤砂器完井等。

对于厚油层、无气顶及底水出砂，可采用裸眼或套管射孔完井防砂；对于薄层或薄互层，宜采用套管射孔完井防砂。

（7）防腐：对于硫化氢和二氧化碳含量较高的天然气井，应考虑使用防腐套管和油管，下入永久封隔器，防止腐蚀性气体进入油层与套管的环形空间。对于地层水矿化度较高的井，完井时必须采用防腐套管，同时应下入永久封隔器，开采时采取相应的防腐措施保护套管。

8.完井方法选择原则

在钻井设计过程中，应以满足勘探开发的需要，提高最终采收率和获得最长的油井寿命为目的，对产层的物性、开采方式和综合经济指标进行分析对比，选择最适合的完井方法。

（1）判断井眼稳定性，考虑是否采用能支撑井壁的完井方法。

（2）根据地层出砂情况，考虑是否采用防砂型的完井方法。

（3）综合考虑油气藏类型、油气层特征和工程技术要求等因素，初步选择完井方法。

（4）根据初选的几种完井方法，对每一种完井方法的完井产能进行预测。

（5）根据每一种完井方法的完井产能预测结果，进行单井动态分析。

（6）根据单井动态分析，结合钻井、完井投入与生产的收益进行经济效益评价，最终优选出经济效益最佳的完井方法。

第三节　油气井类型

一、按井深划分

这种分类方法通常是对垂直井而言的。在钻井术语中，井深是指井眼的长度。对于设计的垂直井，其井深与垂深完全相等。按照这种分类方法，油气井可分为五类：浅井、中深井、深井、超深井和特超深井。这种分类方法的意义在于可根据井深选择钻机。例如，超深井必须选用9000m钻机，深井则应选用6000m钻机，中深井则可选择4500m或3500m钻机。

二、按钻井目的划分

按钻井目的不同划分的井类型主要有两大类：探井和开发井。

（一）探井

探井是指主要是通过钻井而达到探明地质情况，获取地下地层油气资源分布及相应性质等方面资料的井。探井主要包括地质井、参数井、预探井、评价井等。

（1）地质井：在盆地普查阶段，由于地层构造复杂，当地震普查难以反映地下情况时，为确定构造位置、形态以及查明地层组合和接触关系而钻的井。

（2）参数井：也叫区域探井，是指在油气区域勘探阶段，在地质普查和地震普查的基础上，为了解一级构造单元的区域地层层序、岩性、生油条件、储层条件、生储盖组合关系，并为物探解释提供参数而钻的井，是对盆地（凹陷）或新层系进行早期评价的探井。

（3）预探井：在油气勘探的预探阶段，在地震详查的基础上，以局部圈闭、新层系或构造带为对象，以发现油气藏、计算控制储量和预测储量为目的而钻的井。

（4）评价井：对已获得工业油气流的圈闭，经地震详查后（复杂区应在三维地震评价基础上），以查明油气藏类型，探明油气层的分布及厚度与物性的变化，评价油气田的规模、生产能力及经济价值，计算探明储量为目的而钻的井。

（二）开发井

开发井是指以开发为目的，为了给已探明的地下油气提供通道，或为了采用各种措施使油气被开采出来而钻的井。开发井主要包括生产井、注水（气）井、观察井、资料井、检查井、调整井等。

（1）生产井：在已探明储量的区块或油气田，为完成产能建设任务和生产油气所钻的井。

（2）注水（气）井：为提高油气井生产能力所钻的井，其目的是为产层注水（气），以改变地层油气驱动能力，提高产能和采收率，也可利用废弃井及低产井等为产层注水（气）。

（3）观察井：通过改变油气井工作制度等方法来观察油气生产能力的井。一般是将已有的井改作观察井。

（4）资料井：在油气开发阶段，为获取油气层物性资料或特殊资料而钻的井，如开发取心井。

（5）检查井：为检查油气层开发效果、注水（气）效果、产层物性变化等情况而钻的井。生产现场大多用已有的井进行观察。

（6）调整井：在油气田全面投入开发若干年后，根据开发动态及剩余油气的分布情况，为提高储量动用程度及采收率，需对原油气田的开发方案和井网进行调整。调整井就是指按调整方案分期分批所钻的井。

第十章 石油钻井钻进技术

第一节 影响钻速的主要因素

机械钻速是指纯钻进时每小时的进尺数。影响钻速的因素很多，主要有钻压、转速、钻井液排量、钻井液性能及钻头牙齿磨损等。

一、钻压对钻速的影响

加在钻头上的压力简称为钻压。正常钻进时，牙齿在钻压及旋转力的作用下压入，破碎地层。当其他因素一定时，钻压决定牙齿吃入深度，故钻压是影响机械钻速最直接、最显著的因素之一。

实践表明，钻速随钻压的增大而加快，且钻压不同，其钻速加快的程度也不同。低钻压时，钻速随钻压的增大变化较缓慢；当钻压超过某一临界值时，钻压在较大变化范围内与钻速近似呈线性关系，即钻速随钻压的增大而线性增加；当钻压继续加大时，钻速随钻压的增大再次变得不是很明显。要获得较高的钻速，钻压既不能太低，也不能太高。

钻压的大小受诸多因素的限制，如钻头的质量和类型、设备的动力、钻井液及地层的软硬等。一般牙轮钻头在硬及中硬地层钻进时，单位钻压为15～20kN/in（钻头直径）。

二、转速对钻速的影响

对转盘钻而言，钻头转速即转盘转速。机械钻速随转速的提高呈指数关系提高，但指数一般小于1。

三、钻井液排量对钻速的影响

在井底岩屑未被钻井液及时冲洗干净之前，增大钻井液的排量可使钻速提高。当钻井液的排量大到足以洗净井底并携屑上返地面时，再增大钻井液的排量对钻速的影响不显著，徒然增加了沿程损耗。

（一）钻井液

（1）单位体积钻井液的质量称为钻井液的密度，单位是g/cm³。现场一般用密度计测定钻井液的密度。在钻井过程中通过钻井液柱对井底和井壁产生的压力，用来平衡地层测压力，以及油和气的压力，防止井喷、井漏等。同时防止高压油气水进入钻井液，以免破坏钻井液的性能以引起复杂情况。实际工作中，因选择适当密度的钻井液，若钻井液密度过低，则不能稳定井壁，甚至引起一些事故等。若钻井液密度过高，容易损害油气层。同时，钻井液对钻速有很大的影响，如果密度大，则钻井液液柱压力也大，钻速也随之变慢，降低钻头效率。通常，我们一般使用低密度钻井液。

（2）钻井液在静止的条件下形成的凝胶结构的强度称为切力，单位是mg/cm。由于钻井中黏土颗粒的形状很不规则，颗粒物质容易粘连，形成絮凝网状结构，如果钻井液流动，就必须在一定程度上破坏这种结构，切力就是这种网状结构的反映。结构强度越大，切力越大；结构强度越小，切力越小。钻井液的切力随搅拌后的静置时间长短而改变，时间越长，切力越大；时间越短，切力越小。在钻井液停止循环时，切力能较快地增大。当到达某个固定的数值时，既有利于钻屑的悬浮，又不至于开泵后压力过高。如果切力过高可导致流动阻力增大，下钻后开泵困难，或者沉沙困难、影响净化，甚至造成井喷黏附卡钻、降低钻速等结果。

（3）钻井液的pH即钻井液的酸碱度，当pH小于7时为酸性，大于7时为碱性，等于7时为中性。通常用比色法测定钻井液的pH。

钻井液的pH对钻井有很大的影响。钻井液中黏土颗粒在碱性介质中，因负电荷较多、较稳定。此外，有很多有机处理剂如丹宁等，必须在碱性条件下发挥作用。故一般钻井液pH保持在8以上。但是如果pH高，氢氧根离子在黏土表面的吸附会促使土水化膨胀，易坍塌。pH控制在合理的范围内可以大大提高钻井的效率。同时，钻井液在钻井过程中会对油气层产生造成巨大的损害。

（二）钻井过程中的损害

（1）钻井液固相的损害。钻井液中的悬浮物质都可能对储层造成损害。

（2）钻井液滤液的损害。钻井液是最先接触油气层的物质。在一定压力差下，钻井液滤液会进入地层，如果钻井液的进入量过大，会携带大量的固体颗粒进入，形成阻塞，从而造成损害。

（三）油层损害的类型

（1）酸敏性损害。岩石与酸液接触后，发生有害反应、生成沉淀，引起油层渗透率降低的现象。

（2）做粒运移损害。颗粒脱落随流体发生移动，在通道中形成堵塞。

（3）水锁损害。水锁损害一般指有雨水进入后引起的液体损坏。由于外来液体的进入，改变了油水分布。液珠在产生阻碍流动的过程中将产生阻碍流动的毛细血管效应。

（4）湿润性改变损害。由于岩石吸附化学剂改变岩石表面湿润性而造成油层渗透率下降的损害。

（5）出砂损害。当油层岩石属于弱胶结或未交结型时，岩石结构易遭到破坏，发生解体，形成松散的沙粒或微粒物质。

四、钻压、转速及排量配合对钻速的影响

综合考虑钻压、转速及排量，按以下原则进行配合，可获得较高的钻速。

（1）浅井段软地层：刮刀钻头、大排量、高转速，适当钻压，其中排量是主要的。

（2）中深井及深井段较硬地层：牙轮钻头、高钻压、适当排量、较低转速，其中钻压是主要的。

五、钻井液性能对钻速的影响

钻井液性能通常用密度、黏度、切力、固相含量等来描述。

（一）密度对钻速的影响

密度对钻速的影响是多方面的。密度越大，液柱在井底所产生的压强越大、井底压差越大，对井底岩石的压力越大，岩石被压得越紧、越难破碎，从而使机械钻速下降。采用近平衡压力钻井（钻井液液柱在井底所产生的压力稍高于或等于地层压力）有利于提高钻速。

（二）黏度、切力对钻速的影响

钻井液的黏度和切力通过井底压差和井底净化作用间接影响钻速。当地面设备一定时，钻井液黏度及切力增大，环空压耗增大，井底压差增大，钻头水功率下降，从而使机械钻速减小。

（三）钻井液固相对钻速的影响

钻井液固相含量、固相类型、固相颗粒尺寸对钻速有很大的影响。

1.钻井液固相含量对钻速的影响

钻速随钻井液固相含量的增加而下降。固相含量范围不同，对钻速的影响也不同。固相含量在7%的范围内，若含量降低，则钻速提升得很快。固相含量每降低1%，钻速至少提高10%。

2.钻井液固相类型对钻速的影响

砂子、重晶石等惰性固相对钻速的影响较小；钻屑、低造浆率的劣质土对钻速的影响居中；高造浆率的黏土对钻速的影响最大。

3.钻井液固相颗粒尺寸对钻速的影响

当钻井液中的固相含量相同时，颗粒尺寸不同，其对钻速的影响也不同。钻井液中小于1um的溶胶颗粒对钻速的影响最大。固相含量相同，分散钻井液比不分散钻井液的钻速低，且固相含量越少，两者差异越大。为提高钻速，应尽量采用低固相不分散钻井液。

值得强调的是，由于钻井液的性能对钻速的影响是多方面的，因此，在钻井过程中，应根据地层的变化，适时地调配性能合适的钻井液，这对提高钻速和保证钻井质量具有非常重要的作用。深井及超深井更应如此。

六、钻头牙齿磨损对钻速的影响

钻进过程中，钻头牙齿在吃入、切削、研磨岩石的同时，自身也在不断地磨损，随着磨损的增加，钻速不断下降。

七、提速提效技术措施

（一）钻头优选与个性化设计

"钻头不到，油气不冒"，钻头直接接触地层，是影响钻井破岩效率最直接、最关键的因素。近年来，设计更具针对性和个性化、切削齿材质要求高、功能更全、增强钻头耐磨性、可导向性地层适应性更强、PDC等新型钻头层出不穷，对于提升钻井破岩能力起着至关重要的作用。

（二）最优化钻井（钻井参数优选）

钻井参数表征钻进过程中可控因素（设备、工具、钻井液以及操作条件）的重要性质的量，如钻头类型、钻井液性能、钻压、转速、泵压、排量、钻头喷嘴直径、钻头水力功率等。钻井参数优选是指在一定的客观条件下，根据不同参数配合时各因素对钻进速度和钻头寿命的影响规律，采用最优化方法，选择合理的钻进参数配合，使钻进过程达到最优的技术和经济指标。

（三）井下动力钻具提速

目前复合钻井成为钻井提速的最常用方法之一，PDC+PDM复合钻井方式已经成为深层提速的主体技术之一。

（四）改变单一旋转破岩方式

改变单一的钻头破岩方式，借助流体脉冲、高压、粒子等，实现多种破岩方式集成。

（五）井底降压提速

除地层岩石客观因素和机械破岩以及射流辅助破岩以外，提高钻井高效破岩的一个方法是降低井底压差。欠平衡钻井是指井筒环空中循环介质的井底压力低于地层孔隙压力，允许地层流体有控制地进入井筒并将其循环到地面进行有效处理的钻井技术。目前已经形成了适用不同油气藏类型和储层特征的欠平衡钻井技术系列。

第二节　井身质量

一、基本概念

全井的所有点中，井斜角的最大值称为该井的最大井斜角。两测点间井斜角的增量等于下测点的井斜角减去上测点的井斜角。

（1）井斜方位角（少）：井眼轴线上某点切线的水平投影与正北方向线之间的夹角、方位角从正北方向开始，按顺时针方向计算。两测点间方位角的增量等于下测点的方位角减去上测点的方位角。

（2）磁偏角：使用磁性测斜仪测得的井斜方位角以地球磁北方位线为始边，而正北方位线与磁北方位线并不重合，两线之间存在一夹角，该夹角称为磁偏角。

（3）东、西磁偏角：磁北方位线可能在正北方位线以东，也可能在正北方位线以西，故磁偏角有东、西磁偏角之分。当磁北方位线在正北方位线以东时，两线之间的夹角称为东磁偏角；当磁北方位线在正北方位线以西时，两线之间的夹角称为西磁偏角。

（4）磁方位角：以磁北方位线为始边测得的方位角，称为磁方位角。磁性测斜仪测得的方位角即为磁方位角。

（5）水平位移：井眼轴线上任一点到井口铅直线的距离，也称为该点的平移或该点的闭合距。

（6）全角变化（y）：某井段相邻两测点所对应切线的夹角，也称为狗腿角。全角变化可反映井眼沿前进方向变化快慢或井眼弯曲的程度，既包含井斜角的变化，又包含方位角的变化。

（7）井斜变化率：单位井段长度井斜角的变化值。

（8）方位变化率：单位井段长度方位角的变化值。

（9）全角变化率：单位井段长度全角的变化值，也称为井眼曲率、狗腿严重度，常用K表示。在钻井施工中，控制井眼曲率十分重要。实践表明，在井眼曲率过大的狗腿井段，易出现一系列问题，如卡钻、断钻具等，对钻井产生不利影响。因此，定向井在进行钻井设计时要根据不同的钻井条件，分别给出允许的最大全角变化率，以保证钻井、完井、采油和修井等作业的顺利进行。

（10）垂深：井眼轴线上任一点到井口所在水平面的距离，也称为该点的垂直深度。垂深是绘制垂直投影图、垂直剖面图的重要参数。

（11）靶点（目标点）：由设计确定的定向井目的层的坐标点，通常用以井口为坐标原点的空间坐标系的坐标值来表示。

（12）靶区半径：允许实钻井眼轨迹偏离设计目标点的水平距离。

（13）靶区：在目标点所在的水平面上，以目标点为圆心、以靶区半径为半径的一个圆面积。在大斜度井和水平井中，靶区为包含井眼轨道在内的一个柱状体。

（14）靶心距：靶区平面上实钻井眼轴线与目标点之间的距离。

（15）造斜点：在定向井中，开始定向造斜的位置叫造斜点。

（16）造斜率：表示造斜工具的造斜能力，即该造斜工具所钻出井段的井眼曲率。

二、标准

井斜和井径变化的情况是衡量井身质量的重要指标。井斜一般用井斜角和井斜方位角来表示，此外，还有井斜变化率、全角变化（全角或狗腿）、全角变化率（狗腿严重度）井底水平位移等。

由于井斜过大会导致一系列后果，因此相关部门对井斜制定了相应标准，以确保井身质量。

（一）直井井身质量

1.直井最大全角变化率

一般直井最大全角变化率应符合要求，如果连续三个测点的计算值超过规定值，则井身质量不合格。

2.直井井径扩大率

直井井径扩大率只作为参考指标，但是固井井段平均井径扩大率大于13%的井，井身质量不能评定为优质。

3.直井最大井斜角

对一般直井的最大井斜角不作要求，有特殊要求者要在设计中注明，以设计要求为准。

（二）定向井井身质量

1.定向井靶心距（靶区半径）

定向井靶心距（靶区半径）应根据井深确定。多目标定向井要分目标进行靶心距（靶区半径）的设计和考核。

2.定向井最大全角变化率

一般定向井的最大全角变化率要求连续三个测点的计算值不大于5°/30m（特殊情况要在设计中注明，以设计要求为准）。

设计时要考虑两种情况，即钻杆防疲劳破坏的全角变化率限定值和套管柱抗弯曲强度的全角变化率限定值。

3.定向井井径扩大率

定向井井径扩大率只作为参考指标，但是固井井段平均井径扩大率大于13%的井，井身质量不能评定为优质。

（三）水平井井身质量

1.水平井直井段的井身质量

（1）水平井直井段造斜点处的井斜角不超过2°。

（2）水平井直井段造斜点处的水平位移不超过造斜曲率半径的10%。

2.水平井造斜率

（1）长半径水平井的造斜率不大于6°/30m。

（2）中半径水平井的造斜率大于6°/30m且不大于20°/30m。

（3）短半径水平井的造斜率大于20°/30m。

3.水平井全角变化率

水平井全角变化率小于或等于设计造斜率的150%。

4.水平井入口点

（1）水平井入口点的井斜角大于或等于86°。

（2）入口点垂深偏差：长半径水平井为±5m，中半径水平井为±3m，短半径水平井为±2m。

（3）入口点左右偏差：长半径水平井为±20m，中半径水平井为±10m，短半径水平井为±5m。

（4）入口点的井斜角和方位角要保证（在现有轨迹控制能力范围内）在靶体中延伸的要求。

5.水平段终点（目标点）

（1）垂深偏差：长半径水平井为±5m，中半径水平井为±3m，短半径水平井为±2m。

（2）左右偏差：长半径水平井为±20m，中半径水平井为±15m，短半径水平井为±10m。

6.水平井水平段

水平井水平段的上下波动应控制在入口点和终点的垂深允许偏差连线之内，左右波动应控制在入口点和终点的左右允许偏差连线之内。

7.水平井井径扩大率

水平井井径扩大率只作为参考指标，但是固井井段平均井径扩大率大于13%的井，井身质量不能评定为优质。

8.有特殊要求的水平井

有特殊要求的水平井井身质量标准由钻井设计给出。

第三节　高压喷射钻井技术

一、喷射钻井的破岩原理

喷射钻井是高压水射流在石油钻井中的具体应用。钻机的动力机带动钻井泵工作时，将钻井液通过钻具的中空送入井下，在流经钻头喷嘴时将钻井液的压能转化为动能，喷出的高压射流具有很高的喷射速度和很大的水力能量，在井底产生很大的冲击力。井下钻头喷嘴处形成高压射流的作用，一是将钻头破碎岩石后产生的岩屑迅速冲离井底，改善和保持井底清洁，使钻头的牙齿能始终接触新地层，避免钻屑二次破碎；二是使钻头破碎的岩石产生的裂缝造成延伸、扩张和破裂效应；三是在胶结不良的松软地层，射流对井底有直接的碎岩作用。上述作用与钻头机械作用一起形成联合破岩，提高碎岩效率，这就是喷射钻井能够大幅度提高钻井速度的主要原因。

二、喷射钻井的特点

与普通钻井方式相比，喷射钻井的特点是钻头喷嘴直径比较小、出口流速大、射流冲击力大、压降高、水马力大、泵压高、泵功率高、排量相对小、环空返速相对低、压力及功率分配较合理，其最大的特点是泵功率大部分作用于井底。

三、喷射钻井的工作方式

与井底清洗有关的水力参数有五个，分别是射流喷射速度、射流冲击力、射流水功率、钻头压降及钻头水功率。由于射流水功率与钻头水功率的本质一致，故实际上只有四个水力参数。从清洗井底的角度来看，这四个水力参数越大越好，但在同一排量下，这显然无法实现，于是出现了以哪个水力参数最大为标准的问题。由于水力作用对井底清洗机理没有达成共识，故存在多种标准，如最大钻头水功率、最大射流冲击力、最大射流速度标准等。目前钻井现场常用的有最大钻头水功率、最大射流冲击力标准。

（一）最大钻头水功率

此观点认为，破碎岩石、冲洗井底需要一定的能量，单位时间内喷嘴射流所含的能量越大，钻井速度就越快。因此，主张在地面泵提供一定水功率的条件下，将其中尽可能多地分配在钻头上，使沿程损耗尽可能少。

（二）最大射流冲击力

此观点认为，喷嘴射流冲击力对钻进指标影响最大，冲击力越大，钻速越高。在进行水力参数设计时，应以射流冲击力达到最大值为目的。

四、高压喷射钻井技术作用

首先，高压喷射钻井技术的应用能够对井底进行有效的清洗，避免井底岩屑发生重复性破碎，能够进一步达到提高钻井速度的目的。因此，为了在钻井工作中实现强化井底漫流目标，要大力推广与应用高压喷射钻井技术，并利用高压喷射钻井技术中的双喷嘴、加装中心喷嘴等提高井底的漫流效果。

其次，高压喷射钻井技术的应用能够充分提高牙轮钻头的应用效率，促使牙轮钻头具有较高的击破岩石能力，牙轮钻头在井底作业时除了能够击碎井底的岩石，还能冲击蹦出的碎石块，在水力能量有限时，裂缝可以在泥浆的挤压状态下再次闭合，导致钻头出现破碎，而当水力能量充足时，联结强度较大的裂缝就会被撕开，从而有利于提高钻井速度。

最后，高压喷射钻井技术对提高钻头切削齿工作效率具有重要作用，以往钻井作业时PDC钻头切削地层岩石时，会出现一些岩石碎屑黏附在齿轮上，将影响切齿再次钻入地层，阻碍了PDC切削齿的工作效率，排量越低，切削齿的工作效率越低。因此，利用高压喷射钻井技术能够促进钻速加快，排量增加，这时能够有效阻止碎屑黏附在切削齿上，大幅度提升了PDC切削齿的工作效率。

五、高压喷射钻井技术实施条件

首先，要具备合理的空间结构，高压喷射钻井技术的应用要在合理匹配速度参数以及科学的系统结构参数基础之上进行，主要是指喷嘴几何参数和喷嘴的使用寿命，根据高压喷射的工作原理，要科学地选择喷射嘴结构，使喷射效果达到最佳状态，确定喷嘴内部结构之后还要形成准确的喷嘴直径参数，高压喷射钻井技术对压降有严格要求，因此，在确定高压排量时就确定了喷嘴的直径参数，在进行高压喷射作业时要按照流射实验结果，计算喷嘴直径的最佳范围，以此保证喷嘴的空间结构符合高压喷射钻井作业的需求。

其次，要建立满足高压喷射排量的条件，需要建立科学的携岩环空反流循环系统，要建立该系统结构，需要按照高压喷射钻井技术作业时增压值以及水功率的压力计算，计算高压喷射钻井技术的排量并对这一排量进行液体做功实验，由此可见，建立满足高压喷射排量条件是一项复杂而高端的作业，而只有建立满足高压喷射钻井技术需求的排量，才能使该技术在钻井作业中保持较高的效率。

最后，实现高压喷射钻井技术的应用需要具备良好的工作介质，高压喷射钻井技术需要循环系统钻井液作为介质，作业介质的物理性能将直接影响喷射效果与增压值，介质的黏度、体积压缩以及流变性等因素都制约着高压喷射钻井技术的实施，介质的黏度将随着外界温度与压力的变化而变化，压力升高的同时钻井液的黏度也会随之升高，出现流动性较差的现象，而温度的升高则会降低介质的黏度，使钻井液的流动性提升，钻井液介质的压缩能够进一步提高高压喷射钻井技术的应用效率。

六、高压喷射钻井技术及应用

（一）喷嘴组合技术

在应用高压喷射钻井技术的过程中，其钻头压降与喷嘴的大小与规格有直接的关系，喷嘴尺寸直接影响钻头功率的大小，喷嘴过大就会出现钻头压降较低、钻头水功率较低的现象，钻头尺寸太小将会导致压降太大、开泵出现困难，科学合理的压降对高压喷射钻井技术的实施具有重要意义。在保证高压喷射钻井总泵压恒定时，要提高钻头的压降，就要发挥水力功率作用、降低压耗，对于靠近上部的地层，在采用牙轮钻头作业时，要保证钻头的压降大于等于循环压耗的50%，对于中部地层采用PDC钻头作业时，要保证钻头压降在10MPa以内，同时，应对环空流进行进一步分析，科学合理地控制水力能量的分配，使高压喷射钻井作业具有较高的效率。

（二）机械钻速技术

高压喷射钻井技术建立在较高的机械钻速基础之上，较高的机械钻速在高压喷射钻井作业时不仅达到了增压的目的，还提高了射流击破岩石的效率，同时也有效地避免了技术应用过程中其他复杂情况的发生，充分地提高了深井作业破石工作效率，减少钻井作业中事故发生的频率。机械钻速主要通过增加泵压，使其作业中具有较大的水力能量，使钻头能够有效地进行地层开钻、增加钻头运转速度。机械钻速技术是在传统钻井技术中延伸而来的，在原有技术基础上采取适当的措施，提高射流水力，同时避免机械设备密封与使用周期等问题的限制，促进高压喷射钻井技术在深井作业中的推广与应用。

（三）地面增压技术

地面增压技术主要是指在钻井作业中通过改善钻井泵配套设施来提高泵压。当前，我国地面泵压已经达到40Mpa，机械钻速也得到了较大的提高，地面泵增压技术对提高高压喷射钻井工作效率具有重要意义，但在整个循环作业过程中，都要受到循环压力的作用，因此对钻井泵配套设施以及井下钻柱密封效果等都有较高的要求，钻井作业具有作业周期长、作业连续性较强等特点，因此要加强各机械设备的安全性能，就要注重地面增压技术应用，以此促进钻井作业的顺利完成。

（四）井下泵增压技术

井下泵增压技术主要是指在接近钻头部位加装增压泵，并利用井下增压泵提升钻头喷嘴的流速，对喷嘴液流进行增压，这种技术有效降低了管汇设备以及地面机泵的要求，同时能保证钻嘴获得充足的水力、某公司曾经对井下增压泵进行实验研究，在研究过程中科学地选择了成本预算方法，对增压实验中的实验理论、增压实验方式以及实验并联和串联以及喷嘴的尺寸等都经过科学优质选择，在实验中对钻头水力能量以及钻柱密封技术等进行了科学可靠的研究，研究表明井下泵增压技术对提高高压喷射钻井作业效率十分重要，此外，该技术还能充分降低高压喷射钻井成本，为深井作业提供了有利依据。

七、大排量超高压喷射钻井技术

喷射性钻井技术是一种新型的钻井技术，具有一般钻井技术所没有的高性能，主要表现在钻井速率和机械钻速等方面。钻井速率和机械钻速等相应指标的增高，导致钻井的生产之外时间随之压缩，加快了钻井的速率，且事故的发生概率和相应的操作成本，从而使得此类喷射技术的推广逐渐普遍。

（一）超高压喷射钻井技术实施所需的环境

（1）尖端的喷射钻；

（2）优良的钻井液；

（3）平稳结实的井眼架构；

（4）钻井泵启动的泵压足够大；

（5）封闭完好的循环体系；

（6）布控井下增压泵。

（二）技术策略的选定

综合地层物性的指标，并根据井眼的具体大小等相应指标的不同，随之确定排量为40~80Ls等指标。在进行一开和二开的井段部位时，采用牙轮型的钻头，在进行钻进的操作时，钻头的压耗要保持在整个循环的30%或10MPa的范围内；而二开的PDC因为井段较长以及上部地层可能导致的阻卡情况，需要大排量的钻井技术，另外，钻头的压降则尽量保持在5~8MPa的区域。

（三）钻井设备匹配

当前高压喷射钻井的主要难题在于钻井设备，特别是钻井泵的选用。现有的钻井大都是1600系列的，其性能和功率远不能达到操作所需的高压喷射钻井的要求，所以需要对现有的设备进行相应的革新。因为某油田重点开发区块的储层埋藏比较深，一般的井深在6200~7000m范围内，因而70D的钻机被优先选用，并相应配备规定压力在52MPa的额定功率是1617kW的F-2200HL钻井泵2台以及耐压52MPa的SLA5OH类型的水龙头，以及耐压

70MPa的水龙带和耐压70MPa的高压双立管及高压阀门组以及全新的5135钻杆等设备，最后对可控硅实行一定的扩容操作和对电传动的体系实行相应的测试革新。

（四）参数优化

1.钻井液排量和钻头压降的优化调配

（1）钻井液排量。

测算到某油田三叠系以上地层极有可能出现的阻卡情况，因而在进行钻井液排量的调配上，分析到了三个方面的内容：首先是携岩的情况，针对钻井液返速、密度等一系列因素对于携岩的作用；第二个方面是防阻卡的一些要求，重点分析了钻井液流型等在环空中的运动规律以及岩屑水化的相应特性等对阻卡的作用；第三个方面是机泵的条件，重点分析了泵的排量以及泵压等相应问题。在进行上述情况分析的前提下，对现有的水力学模型实行一定的优质强化。

（2）钻头压降。钻头压降的具体情况是关乎钻头水功率以及喷射速度的主要因素，它的具体变化与喷嘴的大小以及钻井液排量和相应的密度、黏度等有直接的关系。通常在排量固定的情况下，喷嘴的尺寸变大，其相应的钻头压降即会降低，与此同时，钻头的水功率也会降低；如果喷嘴的尺寸过小即会引起钻头压降过大，引发开泵的难度加大。

2.钻进参数的优化设置

为了达到水力和机械共同破岩的功能和效果，相应的钻压和转速等钻进指数在水力指数优化配置的前提下综合地层物性等指数实行优化操作。对于2000m以上的地层通常使用牙轮钻头，并以高转速以及合适的钻压进行钻进操作，这样不仅能够提升机械化的破岩功效，也可以很好地保障井身的高质量标准。

（五）安全试验策划的落实

大排量等泵压带来的安全性问题越来越多，因而为了确保操作安全，需要制定相应的安全保障条例，重点涉及设备的安全以及实施操作的安全等。

1.设备安全

设备安全应严格依照标准来进行，应当有专门的安全工程部门进行把关，从而确保每设备的安全化操作。

2.实施操作安全

整个操作场地要设置相应的警戒区域，禁止无关人员逗留和存在，相应的操作人员应认真严格操作，并且在进行操作前务必确保设备的运行无误。

（六）现场测试

1.测试状况

借助于以上研发成果，选取相应的测试地区。这里以TP308X井为例介绍测试的一些情况。该井属于斜直开发的4级结构井，因为其三开井段进行定向作业，导致其不适合高压喷射试验，而在一开和二开井段则进行了高压喷射的试验。

2.提速提效的功效

当前5口井采取了有别于一般钻井技术的方式，其相应的速率和效果得到明显的提升。

第十一章 煤炭开发与利用

第一节 煤炭开采的基本概念

一、煤炭的重要性

煤炭是世界上储量最多、分布最广的常规能源，也是最廉价的能源。据世界能源委员会评估，煤炭占世界化石燃料可采资源量的66.8%。在国际上，按同等热值计算，燃用天然气、石油的运行成本一般为燃用动力煤的2~3倍。煤炭储量最大的十个国家依次为美国、俄罗斯、中国、印度、澳大利亚、南非、乌克兰、哈萨克斯坦、波兰和巴西。

煤炭资源在地球上分布很不均匀，总的来讲，北半球多于南半球。最主要的煤带分布在北半球的欧亚大陆上，从我国的华北向西经新疆，横贯哈萨克斯坦、俄罗斯、乌克兰、波兰、德国、法国直到英国，北美洲的美国和加拿大也有一个煤带。这两个煤带储量占全球的96%，为西欧和北美最初的工业化生产奠定了物质基础。南半球的三块大陆数煤炭量均较少，断续分布在澳大利亚和南非，但煤质好，也是世界上重要的煤炭出口国。煤炭被人们誉为"黑色的金子""工业的食粮"，它是18世纪以来人类世界使用的主要能源之一。煤的用途非常广泛，我们的生产和生活都离不开它。由于煤的类型和用途不同，各行业对煤的要求也不同。20世纪以来，煤主要用于电力生产和钢铁工业中炼焦。

二、我国煤炭资源基本特征

我国煤炭资源在地理分布上有如下特点。

（1）分布广泛。在全国34个省级行政区中，除上海市、香港特别行政区和澳门特别行政区外，都有不同质量和数量的煤炭资源，全国63%的县级行政区中都分布着煤炭资源。

（2）西多东少，北多南少。这种客观的地质条件形成的不均衡分布格局，决定了我国北煤南运、西煤东调的长期发展态势，使煤炭基地远离了消费市场，煤炭资源中心远离了消费中心，加剧了远距离输送煤炭的压力。

（3）相对集中。我国煤炭资源除具有上述特点外，还有分布不平衡、某些地区相对集中的特点。

（4）优质动力煤丰富。我国煤类齐全，从褐煤到无烟煤各个煤化阶段的煤都有赋存，能为各工业部门提供冶金、化工、气化、动力等各种用途的煤源，但各种煤类的数量不均衡，地区间的差别也很大。我国虽然煤类齐全，但真正具有潜力的是低变质烟煤，而优质无烟煤和优质炼焦用煤不多，属于稀缺煤种。

（5）煤层埋藏较深，适于露天开采的储量很少。第二次全国煤田预测显示，煤层埋深在600m以上的预测煤炭资源量占全国预测资源总量的26.8%，600～1000m的占20%，1000～1500m的占25.1%，1500～2000m的占28.1%。据全国煤炭保有储量的粗略统计，煤层埋深小于300m的约占30%，300～600m的约占40%，600～1000m的约占30%。一般来说，京广铁路以西的煤田，煤层埋藏较浅，不少地方可以采用平硐或斜井开采；京广铁路以东的煤田，煤层埋藏较深，特别是鲁西、苏北、皖北、豫东、冀南等地区，煤层多赋存在大平原之下，上覆新生界松散层多在200～400m，有的已达600m以上，建井困难，而且多需特殊凿井。与世界主要产煤国家相比较，我国煤层埋藏较深。同时，受沉积环境和成煤条件等多种地质因素的影响，我国多以薄—中厚煤层为主，巨厚煤层很少。因此，可以作为露天开采的储量不多。

（6）伴生矿产种类多，资源丰富。我国含煤地层和煤层中的共生、伴生矿产种类很多。含煤地层中有高岭岩（土）、耐火黏土、铝土矿、膨润土、硅藻土、油页岩、石墨、硫铁矿、石膏、硬石膏、石英砂岩和煤层气（瓦斯）等；煤层中除有煤层气外，还有镓、锗、铀、钛、钒等微量元素和稀土金属元素；地层的基底和盖层中有石灰岩、大理岩、岩盐、矿泉水和泥炭等，共30多种，分布广泛，储量丰富。有些矿种还是我国的优势资源。

（7）煤矿开采条件差。我国煤矿的地质条件复杂，开采条件较差，在世界上产煤国家中居中等偏下，露天开采量不到总量的10%，矿井平均开采深度超过400m，最深达1160m，国有重点煤矿高瓦斯和瓦斯突出矿井占48%，有自然发火危险的矿井占57.6%，有粉尘爆炸危险的矿井占88.1%。同时，我国煤矿的煤岩赋存条件也给高效安全开采带来困难，如薄煤层比例较大，煤层软，顶板软，底板软，煤层较多，部分煤层顶板坚硬、地质构造多、煤层的连续性差，大倾角煤层比例较大，受到底板水、顶板水的威胁等。

三、煤层分类

在同一地质时期形成并大致连续发育的含煤岩系的分布区域称为煤田。一个煤田中的煤层数目、层间距和赋存特征各不相同。有的煤田只有一层煤，有的则有多层煤。一般来说，煤田的范围都很大，在开发过程中，要把一个煤田划归为一个矿区或者几个矿区进行开采。当煤田较小时，一个矿区也可能开发相邻的多个煤田。实际开发过程中，还会把矿区划分为一个或多个矿井进行开采，划归为一个矿井开采的那部分煤田称为井田。

矿井是指形成地下煤炭生产系统的井巷、硐室、装备、地面建筑物和构筑物的总称。确定一个矿井的井田范围与矿井设计能力、服务年限、矿区总体设计等密切相关。

煤是沉积形成的，煤层通常是层状的，根据当前煤炭地下开采技术，我国煤层主要按照倾角和厚度两个方面进行分类。

煤层厚度、倾角、形态、埋藏深度和煤层结构等是影响选择煤层开采方法的主要因素。我国南方煤层普遍较薄，稳定性也差，开采难度大，产量低，北方和西部煤层一般赋存较稳定，厚度也大，适合大规模开采。最近西部地区如新疆等，也探明了特厚煤层，以及一些倾角大、厚度小的煤层。

第二节 煤炭地下开采技术

地下开采的基本方法是通过井、巷到达煤层，在煤层形成开采煤炭的工作空间，这个工作空间需要进行人工支护。随着开采进行，采煤工作空间逐渐移动，这个移动的采煤空间也称为采场或工作面。绝大多数情况下，在采场后面的上覆岩层任其自由垮落。在采场后面被垮落岩石充填的部分称为采空区。采空区上部垮落的岩层一般会一直波及地面，形成地表塌陷区，这种任其上覆岩层自由垮落的方式称为全部垮落法管理顶板。在地面需要保护、不允许塌陷的情况下，如地面有村庄、铁路、河流、重要的农田等，需要对采空区进行人工充填，以避免上覆岩层垮落，这种方式称为充填法管理顶板。在我国主要是垮落法管理顶板，除有特殊说明以外，都是指这种情况。

一、单一长壁采煤法

单一长壁采煤法是指一次将整层煤层全部采完，主要用于近水平、缓倾斜和倾斜煤层。煤层的厚度在1.0～7.0m，具体的适用条件还要看煤层物理力学性质、工程地质与水文地质条件等。一般来说，比较合适的条件是煤层倾角小于25°，煤层厚度在2～5m。煤层倾角过大，工作面支架和设备的稳定控制难度也大。煤层厚度大于5m时，煤壁片帮不容易控制，需采取特殊的支架设计与开采工艺等。煤层过薄，工作面支架和采煤机等需要特殊设计，但是设备的最低高度是有极限的，工作面作业条件也不好，因此对于薄煤层开采在研制无人工作面和遥控等技术，在国内已经有了重要进展。

综合机械化开采时一次开采的煤层厚度和可开采的倾角随着开采技术和煤矿机械制造业的进步而拓展范围，如我国综合机械化开采的煤层最大倾角达到了50°，煤层最大厚度达7m，这些指标在全世界都是领先的。最小的煤层开采厚度达1m。根据开采的煤层厚度情况，将一次开采大于3.5m的工作面称为大采高工作面，我国在大采高开采方面处于世界先进水平，全世界最大采高工作面和最大型矿井均在我国。

根据工作面的布置方向，单一长壁开采可分为走向长壁开采和倾斜长壁开采。如果工作面沿煤层倾斜方向布置，沿煤层走向方向推进称为走向长壁开采；如果工作面沿煤层走向方向布置，沿煤层倾斜方向推进称为倾斜长壁开采。当工作面向煤层的下向推进时称为倾斜长壁俯斜开采；当工作面向煤层的上向推进时，称为倾斜长壁仰斜开采。

单一长壁开采的主要工艺有爆破采煤、普通机械化采煤和综合机械化采煤。在条件适宜煤层要采用综合机械化采煤。

（一）爆破采煤

爆破采煤工艺简称"炮采"。爆破采煤的工艺包括打眼、爆破落煤和装煤、人工装煤、刮板输送机运煤、移置输送机、人工支护和回柱放顶等主要工序。

1.落煤

爆破落煤，由打眼、装药、填炮泥、连炮线及爆破等工序组成。要求保证规定进度，工作面平直，不留顶煤和底煤，不破坏顶板，不崩倒支柱和不崩翻工作面输送机，尽量降低炸药和雷管的消耗。因此，要根据煤的硬度、厚度、节理和裂隙发育状况及顶板条件，正确确定钻眼爆破参数，包括炮眼排列、角度、深度、装药量、一次起爆的炮眼数量以及爆破次序。

2.装煤

炮采工艺的装煤方式主要有以下三种：①爆破装煤。炮采工作面大多采用可弯曲刮板输送机运煤，在单体液压支柱及铰接顶梁构成的悬臂梁支架掩护下，输送机贴近煤壁，有利于爆破装煤，爆破装煤率可达31%～37%。②人工装煤。在爆破作业后没有装入刮板输送机的散煤需要人工装煤。因此，浅进度可以减少煤壁处人工装煤量；提高爆破技术水平，也可以减少人工装煤量。③机械装煤。人工装煤速度慢、工作量大、劳动强度大，我国目前研制了多种装煤机械，使用效果较好的是在输送机煤壁侧装上铲煤板，爆破后部分煤自行装入输送机，然后工人用铁锹将部分煤装入输送机，余下的部分底部松散煤靠大推力千斤顶的推移，用铲煤板将其装入输送机。

（二）普通机械化采煤

普通机械化采煤工艺，简称"普采"，其特点是用采煤机械同时完成落煤和装煤工序，而运煤、顶板支护和采空区处理与炮采工艺基本相同。目前，我国绝大多数普采工作面由滚筒采煤机破煤和装煤，可弯曲刮板输送机运煤，单体液压支柱配合金属铰接顶梁支护顶板，这种普采在某些矿区又称为"高档普采"。

（1）单滚筒采煤机普采工艺。单滚筒采煤机配套设备有：单摇臂滚筒采煤机、刮板输送机、单体液压支柱及金属铰接顶梁，顶板稳定时也可以不用顶梁。沿工作面每6m设置一个用于推移输送机的千斤顶，这些液压千斤顶可用设置在平巷内的乳化液泵站通过管路进行集中供液控制。普采工作面两巷断面一般较小，刮板输送机的机头和机尾通常都设在工作面内，工作面两端需要人工钻眼爆破开切口。每班开始生产时，采煤机自工作面下切口开始割煤，滚筒截深为0.6～1.0m，采煤机向上运行时升起摇臂滚筒沿顶板割煤，并利用滚筒螺旋及弧形挡煤板装煤工人随机挂梁，托住刚暴露的顶板，采煤机运行至工作面上切口后，翻转弧形挡煤板，将摇臂降下，自上而下地用滚筒割底煤，并装余煤。采煤机下行时负荷较小、牵引速度较快。滞后采煤机10～15m，依次开动千斤顶推移输送机，同时，输送机槽上的铲煤板也将机道上的浮煤铲入输送机上运出。

推移完输送机后，开始支设单体液压支柱。支柱间的柱距，即沿煤壁方向的间距为0.6m；排距，即垂直于煤壁方向的距离，等于滚筒截深。当采煤机割底煤至工作面下切口时，支设好下端头处的支架，移至输送机，采用直接推入法进刀，使采煤机滚筒进入新的位置，以便进行下一循环的割煤。

采煤机完整地割完一刀煤，并且相应完成推移输送机、支架和进刀工序后，工作面由原来的3排支柱控顶变为4排支柱控顶。为了有效控制顶板，要回掉排支柱，让采空区顶板自行垮落，重新恢复工作面排支柱控顶，同时检修有关设备。普采工作面这一生产工艺全过程称为一个采煤循环。

（2）双滚筒采煤机。普采单滚筒采煤机的缺点首先是对采高较大的工作面要分顶底刀两次截割，增加了顶板悬露面积与时间；其次是需要人工开缺口，工作面效率较低。所以，随着开采设备的不断更新和开采技术的不断改进，目前普采工作面普遍使用较大功率的双滚筒采煤机，使其前后滚筒分别割顶底煤，实现一次采全高。采煤机可以斜切进刀，不必人工开切口，实现无链牵引，确保了安全的同时提高了劳动生产率。对于工作面输送机，采用双速电机、侧卸机头和封底溜槽等新技术，并装设无链牵引齿轨，增加输送长度，提高输送能力，有效解决了重载启动问题。支护方面，采用单体液压支柱和铰接顶梁，或加金属长托梁，同时，可根据顶板条件配用切顶支柱。对于采高在2.5m以上的工作面，选用轻型合金单体液压支柱。

（三）综合机械化采煤

综合机械化采煤（简称综采）工作面一般采用双滚筒采煤机，各工序简化为割煤、移架和推移输送机。采煤机骑在输送机上割煤和装煤，一般前滚筒割顶煤，后滚筒割底煤。液压支架与工作面刮板输送机之间用千斤顶连接，可互为支点，实现推移刮板输送机和移动液压支架。移架时，支柱卸载，顶梁脱离顶板或不完全脱离顶板，移架千斤顶收缩，支架前移，而后支柱重新加载支架的移架工序同时实现了普采的支护和处理采空区两道工序。

综采面采煤机的割煤方式需要考虑顶板管理、移架、进刀方式和端头支护等因素，主要有以下两种：一种是往返一次割两刀，也叫作穿梭割煤，多用于煤层赋存稳定、倾角较缓的综采面工作面为端部进刀；另一种是往返一次割一刀，即单向割煤，工作面中间或端部进刀。该方式适用于顶板稳定性差的综采面，煤层倾角大、不能自上而下移架或输送机易下滑、只能自下而上推移的综采面，采高大而滚筒直径小。

采煤机的进刀方式分为直接推入法进刀\工作面端部斜切进刀\中部斜切进刀\滚筒钻入法进刀。其中，综采面斜切进刀要求运输及回风平巷有足够的宽度。工作面输送机机头（尾）尽量伸向平巷内，以保证采煤机滚筒能割至平巷的内侧帮，并尽量采用侧卸式机头；中部斜切进刀可以提高开机率，但是它只适用于综采面较短、采煤机具有较高的空牵引速度、端头工作空间狭小以及采煤机装煤效果较差的综采面。

二、厚煤层开采

在我国现有煤炭储量和产量中，厚煤层（厚度>3.5m）的产量和储量均占45%左右，是我国实现高产高效开采的主力煤层。我国的厚煤层开采主要是采用分层开采、大采高开采（采高>3.5m）和放顶煤开采。其中，分层开采是一种传统的厚煤层开采工艺。近年来，随着国内外支架、采煤机等煤机行业的技术进步，大采高开采在我国得到快速发展。放顶煤开采是20世纪80年代初从欧洲引入我国的一种开采工艺，随之在我国迅速发展并推广应用。

（一）分层开采

在20世纪80年代之前，厚煤层主要以分层开采为主，即平行于厚煤层面将煤层分为若干个2.0~3.0m的分层，自上而下逐层开采（个别也有自下而上逐层开采的）。当自上而下逐层开采时，上一分层开采后，下一分层是在上一分层垮落的顶板下进行，为确保下一分层回采安全，上一分层必须铺设人工假顶或形成再生顶板。目前多采用在分层间铺设金属网，作为下一分层开采的"假顶"。下一分层开采在"假顶"保护下作业，称为下行分层开采。有的矿区为了进行地面保护，或在易自燃的特厚煤层条件下采用了上行充填开采，如水砂充填、风力充填等，称为上行分层开采。

同一区段内上下分层工作面可以在保持一定错距的条件下，同时进行回采，称为"分层同采"；也可以在区段内采完一个分层后，经过一定时间，待顶板垮落基本稳定后，再掘进下分层平巷，然后进行回采，称为"分层分采"。一般来说，下分层回采滞后时间不少于4个月。

由于煤层厚度经常发生变化，而人工假顶或再生顶板的下沉量较大，在机采分层工作面应特别重视采高控制，主要是保证底分层有足够的采高，以免给底分层开采造成困难。根据我国目前的技术条件，较合适的炮采和普采工作面分层厚度为2m左右，最大不超过2.4m；综采工作面分层厚度为3m左右，一般不超过3.2m，但是根据实际情况，分层高度可达5～6m。

（二）放顶煤开采

自从1982年综放开采技术引入我国以来至今已有40多年的时间。在此期间，综放开采技术在我国获得了巨大发展，取得了举世瞩目的成绩，已经成为我国煤炭开采技术近30年来取得的标志性成果之一。

放顶煤开采的实质就是在厚煤层中，沿煤层（或分段）底部设置一个正常采高的长壁工作面，用常规的方法进行回采，利用矿山压力作用或辅以人工松动的方法，使支架上方的顶煤破碎成散体后由支架后方（或上方）的放煤口放出并经由工作面后部刮板输送机送出工作面。

放顶煤工作面实现了前部采煤机割煤，后部放顶煤，两部刮板输送机同时生产，达到采放平行作业，因此可以取得高产高效的效果。

按工作面布置方式可将放顶煤开采分为一次采全厚放顶煤开采、预采顶分层的放顶煤开采、多层放顶煤开采、急倾斜水平分段放顶煤开采；按机械化程度可将放顶煤开采分为炮采放顶煤开采、普通机械化放顶煤开采、滑移顶梁支架放顶煤开采、悬移支架放顶煤开采和综合机械化放顶煤开采。

除与普通长壁综采一样的割煤、移架、推移输送机工序外，综采放顶煤工作面还增加了放煤工序，其中一般情况下，工作面一半以上的煤量来自放煤，因此，从时间和空间上合理安排采煤与放煤的关系就成为放顶煤工作面生产工艺中必须解决的基本问题。为双输送机放顶煤工作面布置方式，也是最常用的方式。这种布置方式的一般工艺方式是：采煤机割煤，其后跟机移架，推移前部输送机，然后打开放煤口放煤，最后拉后部输送机，工作面全部工序完成后，即完成了一个完整的综放循环。

（三）大采高开采

近年来，大采高开采技术在我国获得了迅速发展，尤其是大采高液压支架与采煤机的发展已经取得举世瞩目的成就，由此促进了大采高开采技术的进步。

大采高开采的优点是工作面产量大、效率高，缺点是设备投资大、煤壁片帮控制难度大。大采高开采除煤层地质条件和合理的采矿设计外，主要是要研制适应大采高开采的液压支架和采煤机。国外大采高开采技术的研究始于20世纪70年代中期，我国从1978年起，从德国引进了G320-20/37、G320—23/45等型号的大采高液压支架及相应的采煤、运输设备，试采3.3～4.3m的厚煤层取得成功，平均月产达到70819t，达到了当时我国最好水平。与此同时，也开始研制和试验国产的大采高液压支架和采煤机，经过多年努力，现已取得了明显的进展。1980年，邢台东庞矿使用BYA329-23/45型国产两柱掩护式液压支架及相配套的大采高综采设备，在厚度为4.3～4.8m的厚煤层中进行了工业性试验并取得成功。

三、薄煤层开采技术

我国一般把厚度小于1.3m的煤层称为薄煤层，厚度小于0.8m的煤层属极薄煤层。

我国在近80个矿区中的400多个矿井中，赋存着750多层薄煤层，约占全国总可采储量的19.9%，其中厚度在0.8～1.3m的占86.2%，厚度小于0.8m的占13.8%。与厚和中厚煤层相比，极薄和薄煤层开采的特点是采高低，人员在工作面只能爬行，甚至以卧姿作业；工作条件差，设备安装、维护及操作困难；推进速度快，掘进率高，工作面接替困难；长壁机械化工作面投入产出比高，单产、工效及经济效益低。薄煤层开采的特殊性造成薄煤层长壁机械化开采发展极慢。薄煤层机械化开采较成熟的工艺主要有长壁式开采、螺旋钻机开采、连续采煤机房柱式开采等。

（一）薄煤层综采工艺

对于赋存稳定、地质构造简单的薄煤层可采用长壁综采。与厚和中厚煤层开采相比，薄煤层开采所不同的是割煤设备，除了滚筒采煤机以外还可以采用刨煤机，两种割煤设备的空间高度都受煤层厚度的限制，因此，需要使用专用的矮机身滚筒采煤机或刨煤机。采用滚筒采煤机时，其开采工艺与中厚煤层的单一长壁开采相同。采用刨煤机开采时，工艺上略有差异。

刨煤机主要适于煤层倾角小于25°、工作面坡度稳定、煤体单向抗压强度小于25MPa、煤体硬度小于底板硬度以及地质条件稳定的煤层。如果煤体单向抗压强度大于25MPa，则需使用动力刨煤机。

开采时，刨刀沿工作面煤壁往返刨割煤炭，刨下的煤靠犁形板装入刮板输送机，其驱动装置设于工作面端部的平巷。刨煤机在生产中具有破煤能耗少、煤的块度大、粉尘少、产量和效率较高、劳动强度低等优点。另外，刨煤机本身还具有结构简单、造价低、检修方便等优点。刨煤机类型很多，目前，国内外使用的主要是静力刨，即刨刀靠锚链拉力对煤体施以静压力破煤。

（二）螺旋钻机采煤工艺

螺旋钻机采煤是一种最简单的薄煤层或极薄煤层开采方法，在我国刚刚起步，它属于一种无人工作面开采方法。其最大特点是仅在巷道中用螺旋钻采煤机即可将两侧50～70m范围内的煤采出。工人在支护条件良好的巷道中工作，彻底改变了薄煤层回采工人在工作面内爬行的工作状况，从而在安全上有了可靠的保障。

开采时，从已开掘的平巷中，用螺旋钻机向巷道两侧的煤层中钻进，螺旋钻机的钻头上装有截齿，依靠截齿的钻进与截割，螺旋钻杆钻入煤体。钻下的煤由螺旋叶片带出，卸入巷道中，由刮板输送机运出。专用局部通风机提供压入式供风，解决钻孔内的瓦斯问题。风筒上附带有高压喷雾管路，解决降温及防尘问题。根据钻具上传感器反馈回来的信号，工作人员通过多功能操作台调节、控制钻进速度和钻孔方向。

螺旋钻采煤机单向钻进深度为70m左右，可在同一巷道前后安装2台设备，分别回采巷道两侧的煤层；也可在2条相距140～145m巷道中分别安装1台设备相对回采两巷间的煤层。为了提高螺旋钻采煤法的生产效益，达到集约化生产，可在两条相距140～145m的巷道中分别安装2台螺旋钻采煤机，前边1台回采两巷间的煤层，后边1台回采巷道另一侧的煤层。

（三）连续采煤机房柱式采煤工艺

连续采煤机房柱式开采的特点是采掘合一、边掘边采，利用煤柱作为临时或永久支护支撑顶板，煤柱在回采过程中可以部分或全部回收。近水平薄煤层主要使用连续采煤机—输送机连续运输工艺系统。采煤机后第一台为桥式转载机，设有一个容量较大的受载容器，后面多台万向接长机，每台约10m长，便于转弯运行，最后一台万向接长机尾部与胶带输送机尾部相接。

一般采用纵向螺旋滚筒采煤机，两个带截齿的纵向螺旋滚筒一次钻进1.1m，可左右摆动45°，一次采宽可达到6～7m，利用两滚筒相向对滚，将破碎的煤堆装到连续采煤机中的刮板输送机上，运至采煤机尾部。采煤后若顶板不太稳固，可先用金属支柱临时支护，而后用锚杆永久支护，边打锚杆边回撤临时支护，一般一台采煤机配备2台顶板锚杆机。

通常以4～5个煤房为一组同时掘进，煤房宽5～7m，房间煤柱宽15～25m，每隔一定距离用联络巷贯通，形成方块或矩形煤柱。煤房掘进到预定长度后，即可回收煤柱。因煤柱尺寸和围岩条件不同，煤柱回收工艺不同。

回收尺寸较大的块状煤柱，一般采用袋翼式。在煤柱中采出2～3条通道作为回收煤柱时的通路（袋），然后回收其两翼留下的煤（翼），通道的顶板仍用锚杆支护。通道不少于2条，以便连续采煤机、锚杆机轮流进入通道工作。当穿过煤柱的通道打通时，连续采煤机斜过来对着留下的侧翼煤柱采煤，这时侧翼采煤时不再支护，边采边退出。为了安全，在回收侧翼煤柱前，在通道中靠近采空区每侧打一排支柱。当煤柱宽度在10～12m时可直接在煤房内向两侧煤柱进刀。当煤柱尺寸较小时，一般采用劈柱法。在煤柱中间形成一条通路，连续采煤机与锚杆机分别在两个煤柱通路中交叉轮流作业，然后分别回收两侧煤柱。

第三节　煤炭露天开采技术

一、露天开采的基本工序

露天开采的特点是采掘空间直接敞露于地表，为了采煤需要剥离上覆及其四周的土岩。因此，采场内建立的露天沟道线路系统除担负着煤炭运输外，还需将多于煤量几倍的土岩运往选定的地点排弃，通常将采出单位煤炭所需剥离土岩的倍数称为剥采比。所以露天开采是采煤（矿）和剥离两部分作业的总称。露天开采是在划定的开采境界内进行，称为露天采场，随着开采的进行，露天采场从上向下逐渐延深，最终形成露天矿坑，而排弃的土岩会形成土岩堆积场，常称为排土场。对于水平或者煤层倾角不大的露天矿，随着开采进行，尽可能将后续剥离的土岩排弃在先前开采的矿坑内。

露天开采过程中，在开采境界内要将煤岩划分成一定厚度的水平分层，自上而下逐层开采，为了提高开采效率，经常几层同时进行，但是上下分层之间要保持时间和空间上的协调关系。

在露天开采过程中，一般来说，要经历煤岩松碎、采装、运输、排卸四个基本工序。

（一）煤岩松碎工作

煤岩松碎是露天开采的第一个工序，目的是将坚硬的固体煤岩通过人工方式松动和破碎形成一定块度的松散体，以便后续挖掘机等机械设备的采装。挖掘设备的切割力是有限度的，除软岩可以直接采掘外，对中硬以上的煤岩必须进行预先松碎后方能采掘。

常用的煤岩松碎方式是穿孔、爆破，通过穿孔钻机在工作台阶上进行穿孔。常用的穿孔机械是牙轮钻机。根据爆破作业需要，可以穿凿垂直孔和倾斜孔，垂直孔易于穿孔和装药，倾斜孔的炸药作用较均匀，目前常用的是垂直孔。有时为了增加底部爆破威力，还在前排炮孔底部进行扩孔。

爆破工作是指将矿用工业炸药按一定的要求装入炮孔中，利用炸药爆炸产生的能量将矿岩破碎至一定程度，并形成一定几何尺寸的爆堆。露天矿爆破质量的优劣直接影响采装和运输工作的效率，它不仅与矿岩性质、地质条件、炸药性能有关，而且与所采用的爆破方法、起爆方法及布孔方式和参数等有关。

实际爆破中，常用多排孔微差爆破，即炮孔排数在三排以上的微差爆破。这种爆破方法一次爆破量大，具有减震、控制爆破方向、充分利用炸药能量和改善爆破质量等优点，是目前国内外露天矿广泛采用的台阶生产爆破方式。多排孔微差爆破时必须合理确定孔网参数、装药结构和单位矿岩的炸药消耗量，正确选择适宜的延迟时间间隔和起爆顺序。这是因为上述参数将影响爆破作用的时间、空间和能量的利用。

（二）采装工作

采装工作是指利用采装设备将工作面煤岩铲挖出来，并装入运输设备（汽车、铁路机车车辆、胶带输送机等）的过程，常用的采装设备是单斗挖掘机。为了使采装作业有序进行和提高采装效率，通常将作业台阶分为一个或几个条带，称为采掘带。在同一采掘带又可以为每台挖掘机划分一定长度的作业区，称为采区。一个工作台阶上能够进行采掘作业的区域称为工作线。

（三）运输工作

运输工作是指采掘设备将煤岩装入运输设备后，煤被运至卸煤站或选煤厂，土岩运往指定排土场的过程和工作，目前常用的运输设备是汽车和胶带输送机。在20世纪80年代以前，许多露天矿应用铁路运输系统，但是目前铁路运输基本全部被汽车或者胶带输送机运输取代。汽车运输灵活、爬坡能力强，但是经济合理的运输距离较短，一般在3～5km以内，因此对于运输距离长的露天矿，通常汽车配合胶带输送机联合运输。汽车在采掘工作面装入煤岩后运到指定地点，转载到胶带输送机上，进行较长距离运输。大型露天煤矿所用汽车以电动轮汽车为主，载重量在100～300t。

（四）排土和卸煤工作

排土和卸煤工作是指土岩按一定程序有计划地排弃在规定的排土场内，煤被卸至选煤厂或卸煤站。根据运输方式不同，排土工作有汽车直接排土和胶带输送机排土。

对于近水平煤层，可以实现内排，即将新剥离的土岩排弃到先前采煤后形成的采空区内，这会大大减少运输距离和占用土地。利用拉斗铲进行倒堆内排是一种高效的方式。

二、露天开采工艺分类

从生产工艺上看，露天开采具有煤岩松碎、采装、运输、排土和卸煤四个主要工艺环节，而不同的开采工艺就是由不同的采装、运输和排土设备组成一个"工艺系统"。目前常见的露天开采工艺有间断开采工艺、连续开采工艺、半连续开采工艺和综合开采工艺四大类。

（1）间断开采工艺。间断开采工艺的主要生产环节是间断作业的，也就是说，煤岩松碎、采装、运输和排卸四个工艺流程是各自独立进行的。它的优点是：每个工艺环节独立作业，互不影响，因此系统适应性强，在早期的露天煤矿开采中，由于机械化程度低，为了适应不同的煤层赋存条件，间断开采工艺得到了广泛应用。它的缺点是间断作业，与作业目的直接相关的有效工作时间短，导致生产效率低。

单斗挖掘机—卡车运输开采工艺是典型的间断开采工艺，适用于地质、地貌复杂和运输距离较短的露天煤矿。

（2）连续开采工艺。连续开采工艺系统具有单位能耗低、设备效率高等优点，所以它在出现以后发展很快，但因为其适用条件较严格，致使连续工艺系统的应用并不十分普遍。

典型的连续开采工艺系统有轮斗铲挖掘机—带式输送机—排土机、轮斗挖掘机—运输排土桥或悬臂排土机等工艺系统。其中轮斗铲挖掘机—带式输送机—排土机系统在松软岩层中得到广泛应用，例如，我国云南小龙潭煤矿和内蒙古的部分大型露天煤矿。

（3）半连续开采工艺。连续开采工艺系统具有效率高、生产能力大等一系列特点，但适用范围较窄，一般只能用于岩性松软的露天矿山。为了提高中硬及硬岩露天矿山开采的技术经济效果，随着胶带运输和移动破碎设备的发展，形成了将间断和连续工艺系统相结合的半连续开采工艺系统。这类开采工艺系统的特点是整个系统中的部分环节使用连续开采设备，另一些环节则使用间断工艺设备，由于各展所长，可以提高整个系统的效率，故近年来得到较快发展，成为硬岩露天煤矿的主要技术发展方向之一。

半连续开采的典型工艺是在坚硬煤岩条件下采掘工作面使用单斗挖掘机配合汽车采装，然后汽车在工作面附近采场运输至胶带输送机上，在汽车和胶带输送机转载处通常需要固定或半固定或者移动式破碎机进行煤岩破碎和转载。

（4）综合开采工艺。一个露天矿场内采用两种或两种以上开采工艺，称为综合开采工艺。由于开采总厚度、覆盖物厚度、岩性、内外排土场容量及物料运距等不同，可充分利用各种不同开采工艺的长处，在一个露天矿场内选用两种或两种以上的开采工艺配合作业。就各种开采工艺的单位剥岩费用指标而言，其值差异很大。首先以倒堆开采费用最低，其次为轮斗挖掘机—悬臂排土机（或排土桥）开采工艺。这两种开采工艺都省略了运输设备，而由采装设备本身（或加一个悬臂排土机）来完成，其他工艺系统费用都较高。

三、露天开采的优缺点

露天开采和地下开采相比较，具有以下优势。

（1）生产成本低。露天煤矿开采成本与所选择的工艺、煤岩运距、开采单位煤量所需剥离的土岩数量有关，但是与地采相比较低。世界露天采煤成本约为地下开采采煤成本的1/2，而且对于木材、电力资源的消耗量少。

（2）作业空间不受限制，劳动效率高，资源采出率高。露天矿由于开采后形成的是敞露空间，可以选用大型或特大型的设备，而需要的生产人员不多，因此原煤的全员效率高；对于煤炭资源采出率一般可达90%以上，还有利于对伴生矿产进行综合开发。

露天煤矿开采的不足之处在于：

（1）土地占用量大。露天煤矿形成的矿坑和排土场需要占用大量的土地资源，而且深部土岩所夹带的有害矿物会由于雨水的冲刷对地表环境造成污染。露天煤矿开采后的复田作业也需要花费相当多的时间和资金。

（2）受气候影响大。严寒、风雪、酷暑、暴雨等恶劣天气都会给露天煤矿的生产产生影响。

（3）对矿床赋存条件要求严格。露天开采范围受到经济条件限制，因此覆盖层太厚或埋藏较深的煤层尚不能采用露天开采工艺。

第四节　煤层气开采

煤层气是产生并储存于煤层中甲烷含量占90%以上的一种非常规天然气，在煤矿中通称为瓦斯，从能源资源角度讲，一般将瓦斯称为煤层气。煤在形成中由于压力和温度增加，在引起变质作用的同时释放出可燃气体。从泥炭形成褐煤，每吨煤可产生68m³气体；煤层瓦斯含量取决于煤体成分、成煤过程和时期、煤系地层及组分、地质变动等因素。吨煤瓦斯剩余含量可为0～30m³，甚至更多。

一、煤层气及其特征

传统观点认为煤层气共生主要有三种形态。煤层气主要吸附于煤分子内，不易析出、散发。实际上，植物在成煤过程中一部分碳聚集成煤，另一部分碳、氢化合形成气体（其中主要为CH_4）从成煤的固体中析出，其中一部分因各种原因，尚未及时从固体中析出。

与常规天然气相比，煤层气在组成、赋存状态及成因方面有下列特征：①煤层气的成分以甲烷占绝对优势，二氧化碳含量一般不超过10%，重烃成分很少；②常规天然气呈游离状态赋存于孔隙直径相对较大的砂岩储层中，煤层气大部分则呈吸附状态赋存于煤的微孔或节理裂隙中，呈游离状态存在者较少，占比小于10%；③煤层气生产于煤层本身，具有自生自储的特征，而常规天然气来源广泛，可来自黑色页岩、碳酸盐岩、煤碳质页岩和油页岩等，生气母质不限于高等植物，还包括低等植物和动物遗体等。

煤层气的析出特点：在煤层卸压与（或）采出（破碎）后，大量CH_4由共生状态转为游离状态，并离开煤体。煤层透气性好的、共生的煤层气容易转变为游离煤层气析出，透气性差的煤层中煤层气很难析出，钻孔亦难抽出。煤层开采前后，由于矿山压力变化，煤的暴露面积突然加大，大部分煤层气都是在这时析出的，这是获取煤层气的主要时期。抽出煤层气（CH_4）一是为了保证安全，二是为了利用自然资源。

（一）煤层气的组成

煤层气属于煤炭伴生矿产，与天然气一样，也是一种化石能源气体燃料，由于此前一直没有进行规模开采，也可以认为它是一种新能源。煤层气是以甲烷为主的气体，甲烷含量一般在90%以上（最多可达99%），其次有乙烷、二氧化碳和氮，丙烷和重烷烃含量很少，还可含微量的惰性气体，如氩、氦和氢。

（二）煤层气的类型

根据煤化作用不同阶段有机质演化产物的不同，煤层气可区分为生物成因气和热成因气两种基本类型。

（1）生物成因气。生物成因气主要产生于泥炭至褐煤阶段，是由高等植物遗体在沼泽水中微生物的参与下经生物降解作用发生生物化学变化而产生的。植物遗体经分解合成作用，首先转变成以腐殖酸为主的高分子有机化合物，再经脱水、脱羧、聚合和缩合作用形成腐殖质；低等生物藻类、水生植物和浮游生物在湖沼深水厌氧细菌的作用下，蛋白质、脂肪等首先转变成氨基酸、脂肪酸等，再经脱水、脱羧等转变成腐泥质。上述过程排出的气体以二氧化碳为主，甲烷少，统称为生物成因气。

（2）热成因气。热成因气产生于褐煤演变成烟煤、无烟煤过程中，是在温度增高的条件下有机质发生热裂解作用，腐殖质中芳香核逐渐增大，脂肪侧链缩短，碳含量增加，氢、氧等减少，分子平行定向紧密排列程度增高，称为物理化学变化，这个过程中排出的气体以甲烷为主，还有乙烷、重烷烃、二氧化碳等。此外，还发现了另外一种类型的煤层气，即次生生物成因气。

（三）煤层气在煤层中的赋存状态

煤层气主要以吸附状态赋存于煤层中，同时有游离状态和溶解于水中的煤层气存在。煤层气含量随压力的增加而增大。

（1）吸附气。煤是有机质，煤中微孔隙的内表面有吸附气体的能力。煤储气的能力可以是煤系砂岩储气能力的几十倍甚至几百倍。煤吸附甲烷的能力随煤级的增高而增大，随水分含量和温度的升高而降低。

根据已有的煤吸附甲烷能力的研究，认为二氧化碳和乙烷首先容易被强烈地吸附在煤的微孔隙表面，氮和甲烷被吸附的强烈程度略差。因此，在煤层气抽放早期甲烷含量往往很高，随抽放时间延长，乙烷和二氧化碳所占比例会有所增加。

（2）游离气。一定压力下呈游离状态赋存于煤的较大空隙和裂隙中，不直接与煤的内表面接触的气体称为游离气。当压力降低时，它们会很容易离开煤层而排出。

不同成因类型的甲烷在煤层中的赋存状态不同，生物成因气和二氧化碳大多溶解于煤层水中，热成因气多以吸附状态（或部分游离状态）储存于煤层中。

（四）煤层气的储集特性

煤层气不但产生于煤层，还储存在煤层中，具有自生自储的特征，煤层中微孔隙和割理、裂隙是它们的主要储集场所。

（1）煤的微孔隙。煤的微孔隙可用电子探针直接进行观测，还可用压汞技术进行测试。根据储集特性可把煤的微孔隙分为：开放型，以大的微孔隙（>1μm）为主的煤，便于气的储集和排驱；过渡型，以大中型微孔隙（>0.1μm）为主的煤；封闭型，以中、小型微孔隙（0.1~0.01μm）为主的煤，不利于气的储集和排驱。显然，开放型和过渡型微孔隙的煤较封闭型微孔隙的煤储集气的能力要强得多。

随着煤化作用程度变高，煤中微孔隙的大小、分布和孔隙结构类型等都发生了变化。从烟煤向无烟煤演化过程中，大于0.1μm的开放型、过渡型微孔隙迅速减少，封闭型微孔隙所占比例增大。

（2）煤的裂隙和割理。煤层是裂隙—孔隙型储集层，其渗透率主要取决于煤层的裂隙特征。虽然煤层中存在多种裂隙，但除割理外，其他裂隙主要受局部构造等因素控制，而且与割理相比，其发育程度及在决定煤储集层性质方面的重要性要小得多。因此，在煤层气的勘探开发中，人们更关注普遍分布的煤层割理特征。

①煤的裂隙。煤的裂隙包括内生裂隙和外生裂隙两类。内生裂隙是煤化作用过程中煤物质分子结构逐渐紧密、体积收缩形成的；外生裂隙为煤层经受后期构造变动形成。

②煤的割理。割理是煤中的垂直破裂面，割理常发育为相互垂直的两组。面割理一般呈板状延伸，连续性好。相互平行且延伸长，缝壁光滑，是煤层中的主要割理组；端割理受面割理所限制，一般连续性较差，缝隙短而且不规则，形成煤层中的次要割理组。两组割理的关系在镜煤薄层或光亮煤层的层面上可以很清楚地观察到，一般情况下，二者相互垂直或似垂直，端割理往往在面割理处终止，受面割理控制，据此可认为面割理的形成早于端割理。充填物的存在无疑会降低割理的渗透率。

（3）煤层中割理的分布。在同一煤层割面上，割理大小的变化很大，大的可穿透整个煤层，小的只有在显微镜下才能识别。根据与煤岩分层的关系，可以将割理划分为5个级别。

①巨割理：穿透整个煤层，高度取决于煤层厚度，长度从几米到大于100m，密度从几条/米到小于1条/m。它的形成除与煤化作用有关外，可能还叠加了构造应力作用，有利于提高煤层垂向渗透率。

②大割理：穿透一个或几个煤岩分层，但往往在煤岩类型变化面终止。高度从小于10cm到大于1m，长度一般数十米，密度从几条/米到大于100条/m。

③中割理：在一个煤岩分层中垂向不连续分布，主要发育在光亮和半光亮煤中，高度为1cm到大于10cm，长度小于1m。

④小割理：主要分布在镜煤条带或透镜体中，大小受镜煤条带或透镜体控制，分布范围有限。密度在变质煤中高达50~60条/5cm。

⑤微割理：肉眼不易识别，但在显微镜下清晰可见。其分布受显微煤岩类型控制，在微镜煤和微亮煤中最发育，微暗煤中偶见或没有。在中变质微镜煤条带中，微割理的间距为15~159μm。垂向上微割理往往在丝炭体或黏土透镜体处终止。

由于小割理和微割理的长度和高度较小，对煤层渗透率的贡献很有限。但在地下深处，当高级别割理因矿物充填或在侧向压力作用下关闭而失去渗透性时，小割理和微割理对煤层渗透率的贡献就变得非常重要。另外，微割理虽然缝隙很小，作为煤层气的储集空间可能微不足道，但作为基质孔隙或高级别割理间的通道，对于煤层气解吸扩散具有重要意义。

二、煤层气开采

煤层气开采的基本原理是利用不同方法使煤层中的气体压力降低，煤层气因压力降低由吸附状态经过解吸变为游离状态，游离状态煤层气通过各种裂隙进入煤层气井（钻孔），目前煤层气开发主要有地面钻井开采和煤矿井下开采两种方式。煤层气抽放最早以防治煤矿瓦斯灾害为目的，而将煤层气作为一种能源资源进行大规模开采利用则始于美国，其地面钻井采气技术最为先进，世界其他国家也大都采用钻井采气技术。

在我国也有部分煤田沉降幅度小、后期改造弱、煤层渗透率较高。此外，由于岩浆活动等原因亦有可能造成某些煤田或井田的煤层具有较高的渗透率，从而适应于地面钻孔采气。如抚顺煤田的渗透率1.0mD左右，而且煤层埋藏浅、煤层气含量高，这是由于岩浆活动提高了煤的变质程度而形成大量甲烷，这些甲烷又受到煤系地层上覆的厚层油页岩保护，煤田未经历大幅度的沉降运动，渗透率较高，是适用于地面钻井采气的良好气田。铁法煤田的大兴井田和阜新煤田的王营子井田均由于岩浆活动作用，由岩浆岩、岩床冷凝而成的内生裂隙和天然焦多孔、多裂隙造成煤层具有很高的渗透率，因此也是适用钻孔采气技术的煤田。

传统的井巷采气方法在我国许多高瓦斯矿井中普及应用，如抚顺、阳泉等矿区早就进行了瓦斯抽采，但是目前许多矿区的瓦斯抽采工作主要是为煤矿通风安全服务，所以大部分瓦斯均随井巷通风排放掉，利用率较低。因此，近年来，各矿区根据采煤和采气的综合要求，适当改进和调控井巷工程部署、设施和煤层气采集方法，开展了我国煤层气的井下开采。

（一）煤层气井下开采技术

（1）原始煤层中的井下采气。在煤炭开采前进行煤层气开采时，煤层仍然处于原始状态，从宏观上讲，吨煤煤层气含量的经济价值远低于煤炭价值，因此在井下巷道布置工程中要兼顾采煤和采气的双重需要性。

开拓巷道的设计要考虑采煤采气的综合要求，既要利于煤层气采集（如巷道应选在裂隙发育且较易维护地段，巷道方向尽可能与裂隙走向垂直等），又要利于以后煤炭采掘生产时对巷道的利用。

对于渗透率低的煤层，应采用强化采气手段，即在采煤采气巷道中向任意方向顺煤层钻孔，然后采取水力压裂、盐酸处理或钻孔内的松动爆破等手段以提高煤层的透气性。在煤层气开采之前，应单项试验应用以上各种手段和综合应用各种手段，作出变量与时间曲线。在计算出每米巷道在各种手段下产气量的基础上，可根据用户需要气量设计巷道长度、条数和间隔，以满足供气要求。

实际煤炭开采中，通常是利用采煤巷道进行煤层气预抽采，既可减轻瓦斯灾害，又可采出煤层气，实现煤与煤层气共采。

（2）煤与煤层气共采技术。煤与煤层气共采是指利用采煤过程中形成的采动卸压场与裂隙场增加煤体中煤层气解吸速率与煤岩透气性进行煤层气抽采的技术，在采煤过程中实现煤层气抽采。

地下开采过程中，上覆岩层会形成大范围的裂隙场和卸压场，有利于煤层气解吸和增加煤岩透气性，这可以解决我国煤层透气性差，原始煤体中直接钻孔抽采煤层气效果不佳的问题。因此，煤炭开采客观上形成的煤岩大范围卸压场和裂隙场，有利于煤层气的解吸，使原始煤岩体中90%以上以吸附状态存在的煤层气能够在开采过程中大量转化为游离状态煤层气，并增加煤岩的透气性，从而进行有效开采。

当工作面推进时，采场前方支承压力峰值降低且向深部移动，煤壁前方卸压煤层气涌出活跃区范围亦扩大。实践证明，不论煤层的原始渗透系数有多低，在采动影响煤层卸压后，其渗透系数会急剧增加，煤层内煤层气渗流速度大增。将钻孔位置布置在卸压煤层气活跃区内，可以高效地抽取煤层气。除煤层卸压带内进行抽采外，在顶板岩石的卸压带内同样可以进行抽采。

随着工作面开采距离不断增大，采空区中部离层裂隙趋于压实，而在采空区四周保持有一个垂直应力降低区，且采空区上下两侧由于煤柱的支撑作用，离层裂隙仍较发育，这样采空区四周形成一个连通的离层裂隙发育区，即环形裂隙圈，有利于煤层气的解吸和运移。

对于煤层群开采，首先开采煤层气含量低、没有突出威胁的煤层，然后利用开采形成的卸压场和裂隙场，造成上下煤岩层膨胀变形、松动卸压，增加煤层透气性，可以促进煤层气的解吸与流动。同时，在被卸压煤层顶底板设计巷道钻孔抽采卸压煤层气。大量解吸煤层气在抽采负压作用下流入抽采钻孔。

根据煤层群赋存条件，一般沿采空区边缘沿空留巷实施无煤柱连续开采，在留巷内布置上（下）向高（低）位钻孔，抽采顶（底）板卸压煤层气和采空区富集煤层气。

（二）煤层气地面钻井开采技术

煤层气地面开采有两种情况，一种是在没有采煤作业的煤田内开采煤层气，开采技术与常规天然气生产技术基本相似，对于渗透率低的煤层往往需要采取煤层压裂增产措施；另一种是在生产矿区内开采煤层气，采气与采煤密切相关，特别是采用地面钻孔抽采采空区煤层气时，由于采煤时引起上覆煤层和岩层下沉和断裂，采空区上方岩石冒落，压力释放，透气性大大增加，煤层气大量解吸并聚集于采空区，从而抽气容易，不需要进行煤层压裂处理。煤层气地面开采技术主要包括钻井、完井、采气和地面集气处理生产系统。地面生产设施包括采气站、集气及处理系统和压缩机站等，全部实现自动化控制，不需用人操作。

（1）钻井。在选择钻井技术时，必须考虑煤田地质条件和储气层条件。一般来说，如美国东部煤层气井田煤层埋藏较浅（小于1200m）、地质年代老、地层较完整，所以一般采用较简单的钻井技术；相反，美国西部所钻的煤层气井，其目标煤层埋藏深、地质年代新（白垩纪）、地层不完整，常采用复杂的钻井技术。

（2）完井。从地面钻井到达目标煤层后，要进行完井处理，使煤层气井与煤层的天然裂隙和割理系统有效地建立联系。煤层气井完井方法系指煤层气井与煤层的连通方式，以及为实现特定连通方式所采用的井身结构、井口装置和有关的技术措施。完井过程中有时可能会对煤层造成损害，使渗透率降低。因此，在选择煤层气井的完井方法时必须最大限度地保护煤层，防止对目标煤层造成伤害，减小煤层气流入井筒的阻力。此外，还必须满足以下三点要求：有效地封隔煤层气和含水层，防止水淹煤层及煤层气与水相互串通；克服井塌，保障煤层气井长期稳产，延长其寿命；可以实施排水降压、压裂等特殊作业，便于修井。

（3）煤层压裂。虽然大多数煤层在自然状态下存在原生裂隙，但为了达到工业性产气量，通常需要对煤层进行水力压裂以产生长裂缝，使解吸的煤层气很容易地流向井筒。压裂时，大量的液体和砂子以高压泵入井筒，液体在煤中劈开一条裂缝。在液体返排后，砂子仍留在原处以保持新裂缝开启所形成的有支撑剂充填的裂缝，从提供了水和气体流向井筒的通道。

第五节　煤炭利用的洁净化

一、煤炭利用引起的环境问题

在煤的使用过程中会产生各种各样的污染物，如果不加以控制，会对人类健康和生态环境产生明显的破坏作用。煤炭燃烧会产生大量的二氧化碳和二氧化硫，以及含氮、磷等多种有害物质，煤不充分燃烧还会产生一氧化碳等有毒气体，大量的二氧化碳排放加剧了地球温室效应。不过在没有更经济、更大量的能源替代之前，煤炭仍然是我国不可替代的主要能源，因此对煤炭的洁净利用就显得非常有必要。我国燃煤二氧化硫污染排放防治技术政策规定，各地不得新建煤层硫分大于3%的矿井。对现有硫分大于3%的高硫小煤矿，应予以关闭。对现有硫分大于3%的高硫大煤矿，近期实行限产，并采取有效降硫措施使其达到污染物排放标准，否则应予以关闭。对新建硫分大于1.5%的煤矿应配套建设煤炭洗选设施。对现有硫分大于2%的煤矿，应补建配套煤炭洗选设施。在城市及其附近地区电、燃气尚未普及的情况下，小型工业锅炉、民用炉灶和采暖小煤炉应优先采用固硫型煤，禁止原煤散烧。城市市区的工业锅炉更新或改造时应优先采用高效层燃锅炉。这些规定的目的就是最大限度地减少煤炭利用过程中的污染物排放。

（一）废气污染

煤中通常含有1%左右的硫，每燃烧1t煤，就会产生20kg左右的SO_2，我国90%以上的SO_2排放量来源于煤的燃烧。近年来，通过技术改造和执行严格的环保政策，我国燃煤的二氧化硫排放量得到有效控制。

煤中的硫根据形成形态，可分为有机硫、无机硫两大类。有机硫是指与煤有机结合、以有机物形态存在的硫；而无机硫是指以无机物形态存在的硫，通常以晶粒状态夹杂在煤中，如硫铁矿硫和硫酸盐硫，其中以黄铁矿硫（FeS_2）为主。根据在燃烧过程中的行为，煤中的硫又可分为可燃硫和不可燃硫。一般来说，有机硫、黄铁矿硫和单质硫都能在空气中燃烧，属于可燃硫。在煤燃烧过程中不可燃硫残留在煤灰中，如硫酸盐硫。通常煤中极大部分硫为可燃硫，燃烧后生成SO_2。

大气中的SO_2氧化而生成硫酸或硫酸盐，其反应机制是很复杂的。一般来说，可有光化学反应、催化氧化、水中的自然氧化以及臭氧的氧化等。这几种氧化反应的过程，可分为两类，即均相反应过程和非均相反应过程。均相反应指的是在同一物相（单相）中进行的化学反应。例如，在气体中发生的均相反应，称为气相反应；在液相中发生的均相反应，称为液相反应。非均相反应，是指在一个以上的物相（多相）中进行的化学反应，如气—固、液—固、气—液的反应。

（二）废弃物污染

在煤炭利用过程中还会产生各种废弃物污染。颗粒物是影响城市空气质量的主要污染物，我国63.2%的城市空气中颗粒物超过国家空气质量二级标准，北方城市空气中颗粒物污染总体上重于南方城市。

据统计，每人每天吸入的空气量远远超过每天的饮水量和进食量。在这些吸入的空气中经常携带着大量的颗粒物，它们对人体健康产生了重大影响。大气中最有害的颗粒物主要是可吸入颗粒物，它已成为大气环境污染的突出问题，并日益引起世界各国的高度重视。人们已经认识到大气可吸入颗粒物对人体健康的严重危害，大气中SO_2、NO和CO等污染物的含量与人类死亡率并没有紧密的联系，而可吸入颗粒物则成为导致人类死亡率上升的主要原因。同时，大气颗粒物也是导致大气能见度降低、酸雨、全球气候变化、烟雾事件、臭氧层破坏等重大问题的主要因素。可吸入尘同时在大气中还可为化学反应提供反应床，是气溶胶化学中研究的重点对象，已被定为空气质量监测的一个重要指标。

二、煤炭利用过程中的洁净措施

（1）煤的净化技术。在煤炭燃烧或转化之前将煤中的有害物质分离出去，如将煤中的灰分分离出去，就可以降低煤在燃烧或转化过程中灰分的含量，从而减少煤燃烧产生的颗粒物污染；将煤中的含硫化合物分离出去，就可以降低燃烧过程中的硫分含量，从而减少煤燃烧产生的二氧化硫污染；将煤中的含氮化合物分离出去，就可以降低燃烧过程中氮的含量，从而减少燃烧产生的氮氧化物污染。

（2）保障煤炭燃烧的洁净。通过在燃烧过程中改变燃料性质、改进燃烧方式、调整燃烧条件、适当加入添加剂等方法来控制污染物的生成。除此之外，可以在烟气排入大气之前将其净化，脱除其中的有害物，从而实现污染物排放量的减少。

（3）煤炭进一步转化再利用。煤的直接燃烧产生的环境问题到目前为止还不能经济有效地解决，因此可将煤炭转化为清洁的气体或液体燃料再进行利用。煤的气化产物在电力生产城市供暖、燃料电池、液体燃料和化工原料合成等方面广泛应用，从而达到充分利用煤炭资源的目的；煤炭在经过直接液化或间接液化后，生成燃料或者其他化学品，可以代替石油在许多领域的作用，不仅可以降低煤炭利用的污染程度，而且在一定程度上解决了石油危机。

（4）建立煤—油—电—化工的坑口联合企业。煤炭企业和下游产业结合，组建一个完整的企业，如煤电、煤化工、煤冶金联营。这种模式的特点是实现资源共享，减少税收环节，通过降低成本、提高终端产品的附加值占有更广阔的市场空间。

三、煤的净化技术

煤炭净化一般采用的方法有煤的物理净化法、煤的化学净化法和煤的微生物净化。到目前为止，国内外得到广泛应用的还是物理净化方法，后两者还都停留在实验室研究阶段。

（一）煤炭的物理净化法

物理净化法是唯一工业化的煤炭净化方法。在我国，广泛采用的跳汰法（占56%）、重介质选煤法（占26%）和浮选法（占14%）都属于物理净化方法。把产品与废渣分离的分选过程是煤炭物理净化系统的中心环节。一般主要包括三个过程：煤的预处理、煤炭分选、产品脱水。当然，还必须包括煤的装运、水处理和废渣的处置过程。值得注意的是，所有这些工艺工程，均仍有排放各种污染物的可能性。

煤炭物理净化系统的净化效率是系统脱除杂质的效率和原煤热能回收率的函数。通常这两者是难以同时达到的。目前，净化主要以产品的标准化和脱灰为目的，但脱硫也越来越被重视，煤炭净化按工艺可以分为5个等级。

1级：破碎与筛分。用滚筒碎选机、破碎机、筛子以控制上限粒度和脱除大块矸石。

2级：粗粒煤的洗选。把煤破碎并筛分，然后用9.5mm筛子进行筛选。大于9.5mm的煤用跳汰机或重介质分选槽进行湿法分选；小于9.5mm的煤粒不经洗选，直接与粗粒产品混合。

3级：粗粒煤及中粒煤的分选。将煤破碎，用湿法筛分把煤分为三种粒度级。大于9.5mm的煤，按粗粒煤洗选流程进行分选；0.63～9.5mm的煤用水力旋流器、分选摇床或重介质旋流器进行分选；小于0.63mm的煤经过脱水，然后和净煤一起发运，或者作为废渣排出。

4级：粗粒、中粒和细粒煤的分选。将煤破碎，然后采用湿法筛分把煤分为三种或更多的粒度级。各级粒度的煤按各自流程进行分选。小于6.4mm的煤需进行热力干燥以控制产品的水分。

5级：其工艺与4级相同，不同之处是为了满足市场对产品的不同要求，生产两种或三种不同性质的净化煤。

目前这5级净化方法均已在工业上得到应用。

（二）煤炭的化学净化法

煤的物理净化只能降低煤炭中灰分的含量和黄铁矿硫含量，同时选煤厂排出的废渣中包括煤矸石和煤泥，其中含有大量的细煤，从而导致一定的能源损失。从原理上讲，化学法可以脱除煤中大部分黄铁矿硫，其能源热值回收率也很高（≥95%）。此外，化学法还可以脱除煤中的有机硫，这是物理方法无法做到的。但这一种类繁多的方法，目前还在开发研究中。

要了解煤的化学脱硫机理，特别是有机硫的脱除机理，就必须了解硫在煤中的存在形态，从煤炭有机模型可以看出，煤炭含有机硫的主要官能团为硫醇、硫化物、二硫化物和噻吩。煤的无机物部分，由大量的、呈现分散团块状且常常与煤炭有机基体紧密结合的矿物质组成。要脱除有机的硫化合物必须部分地破坏煤的有机基体，因此有机硫的脱除十分困难。脱除有机硫的方法有容积分解法、热分解法、酸碱中和法、还原法、氧化法和亲核取代法。这些方法的一个共同特点是均可以将煤炭中的有机硫变成小的、可溶的或可挥发的、含有绝大部分硫的分子而脱除。

实现上述方法的关键是要加入脱硫剂，除了硫化合物以外，与煤炭其他组成应无明显反应。脱硫剂应当可以再生，它可以是可溶性的，也可以是挥发性的，这样，可以把它从煤的基体中回收回来。脱硫剂应价格便宜，因为它有一部分将不可避免地损失于煤的吸附和化学反应中。

（三）煤炭的微生物净化法

微生物净化法在国内外引起广泛关注，是因为它可以同时脱除其中的硫化物和氮化物，与物理法和化学法相比，该法还具有投资少、运转成本低、能耗少、可专一性地除去极细微分布于煤中的硫化物和氮化物、减少环境污染等优点。它是在常温常压下，利用微生物代谢过程的氧化反应达到脱硫目的。

（四）配煤与型煤技术

我国的煤炭有大约1/3用于工业锅炉与民用，对于我国的洁净煤技术来说，这是一个非常特殊而又必须面对的问题。如何解决这一量大面广的燃煤污染问题，我国开发了一系列特有的用于中小型煤炭用户的洁净煤技术，其中配煤与型煤技术是最典型的两种。

（1）配煤。配煤是根据用户对煤质的要求，将若干不同种类、不同性质的煤按照一定比例掺配加工而成的混合煤，是一种人为加工而成的"新煤种"。配煤技术以煤化学、煤质检测、燃烧学及计算机等学科为基础，以市场为目标，通过一定的加工工艺，达到煤质互补、调整产品结构、满足用户要求、实现节煤和减少污染物排放的目的。

例如动力煤的分级配煤技术即是将分级与配煤相结合。首先将各原料煤按粒度分级，分成粉煤和煤粒，然后根据配煤理论，将粉煤按比例混合配制成粉煤配煤燃料，各粒煤配制成粒煤配煤燃料，不仅能配制出热值、挥发分、硫分、灰分、灰熔融温度等煤质指标稳定的、符合锅炉燃烧要求的燃料煤，而且能生产出适合于不同类型锅炉燃烧的粉煤和粒煤燃料。粉煤燃料供给粉煤锅炉或循环流化床锅炉，粒煤燃料供给层燃锅炉或层燃窑炉。这样，可减少粉煤锅炉或循环流化床锅炉的燃料制备费用，更重要的是层燃炉燃用粒煤可大大改善燃烧状况。由于脱除了对层状燃烧十分有害的粉煤，与烧原煤相比，可节煤10%，降低烟尘排放量60%以上，既提高了效率，又保护了环境。

在实际生产中，根据配煤场地特点、配煤生产线规模大小、机械化程度高低、资金投入多少等情况，生产工艺流程可以有所不同。粉煤配煤生产线与粒煤配煤生产线可以是同一生产线粉煤与粒煤交替配煤，也可以设两条生产线，粉煤配煤与粒煤配煤并行作业。在分级配煤流程中，各原料煤的分级粒度是一个重要参数。从改善层燃炉的燃烧角度看，粒煤的粒度下限可以是2mm、3mm、4mm、5mm或6mm等，对层状燃烧效果不会有很大差别，因为引起层状燃烧种种问题的主要是燃料煤中粒度小于2mm的粉煤。因此，从燃烧角度出发，各燃料煤的分级粒度最小为2mm。

（2）型煤。型煤是用一定比例的黏结剂、固硫剂等添加剂，采用特定的机械加工工艺，将粉煤和低品位煤制成具有一定强度和形状的煤制品。

虽然与煤粉燃烧技术相比，型煤燃烧的效率和环保都有一定差距，但是在民用和工业实际中，有许多块煤燃烧的需求，而随着采煤机械化程度提高，块煤产率逐渐降低，型煤技术可以充分利用粉煤资源来满足要求。同时，与原煤直接燃烧、气化相比，型煤具有以下特点。

①在块煤燃烧或气化领域，型煤燃烧可提高煤炭利用率，节约能源。

②在配置过程中，添加固硫剂，可以有效地控制粉尘和SO_2的排放（型煤中如果添加3.3%的石灰石可以在燃烧中脱去87%的硫）。

③通过型煤制备过程中的配料或成型可以改善热稳定性差或难燃煤（贫煤、无烟煤、煤泥等）的燃烧特性，扩大煤炭资源利用。

④型煤技术投资少、见效快，是经济性很好的洁净煤技术。

第六节　煤炭的二次能源开发

煤炭转化技术包括煤煤炭气化、炭液化、多联产、燃料电池，是将煤炭转化为清洁的二次能源和化工产品技术。煤炭转化技术的应用，有利于改变我国终端能源的消费结构，减少煤炭直接燃烧量，减小因燃煤造成的环境污染，在一定程度上缓解了我国石油供需矛盾，对保障我国能源安全具有重要意义。

一、煤炭气化

煤的直接燃烧产生的环境问题到目前为止不能经济有效地解决，因此将煤转化为清洁的气体或液体燃料后再利用是一条有效的途径。煤的气化技术是未来煤洁净利用的技术基础，被认为是最清洁的煤转化利用方式。煤的气化产物在电力生产、城市供暖、燃料电池、液体燃料和化工原料合成等方面有着极其广泛的应用，能够达到充分利用煤炭资源的目的，因而煤的气化技术也成为未来洁净煤技术中的核心。

（一）煤炭气化

煤炭气化是指煤在特定设备内，在一定温度及压力下使煤中有机质与气化剂（如蒸汽/空气或氧气等）发生一系列化学反应，将固体煤转化为以可燃气体为主要成分的生产过程。煤炭气化时，必须具备三个条件，即气化炉、气化剂、供给热量，三者缺一不可。

不同的气化工艺对原料性质要求不同，因此在选择煤气化工艺时，考虑气化用煤的特性及其影响极为重要。气化用煤的性质主要包括煤的反应性、黏结性、煤灰熔融性、结渣性、热稳定性、机械强度、粒度组成以及水分、灰分和硫分含量等。

煤炭气化工艺可按压力、气化剂、气化过程、供热方式等分类，常用的是按气化炉内煤料与气化剂的接触方式分类，主要有以下几种类型：

（1）固定床气化。在气化过程中，煤料由气化炉顶部加入，气化剂由气化炉底部加入，煤料与气化剂逆流接触，相对于气体的上升速度而言，煤料下降速度很慢，因此称为固定床气化。

（2）流化床气化。它是以粒度为0~10mm的小颗粒煤为气化原料，在气化炉内使其悬浮分散在垂直上升的气流中，煤粒在沸腾状态进行气化反应，从而使得煤料层内温度均一，易于控制，提高气化效率。

（3）气流床气化（又称为喷流床气化）。它是一种并流气化，用气化剂将粒度在100μm以下的煤粉带入气化炉内，也可将煤粉先制成水煤浆，然后用泵打入气化炉内。煤料在较高温度下与气化剂发生燃烧反应和气化反应。

（4）熔浴床气化。它是将粉煤和气化剂以切线方向高速喷入温度较高且高度稳定的熔池内，把一部分动能转给熔渣，使池内熔融物做螺旋状的旋转运动并气化。目前此气化工艺已不再发展。

（二）煤气化方法

依据煤在气化炉中的流体力学特征不同，煤气化方法可分为固定床气化法（移动床气化法）、气流床气化法、流化床气化法、熔融床气化法。

（1）固定床气化法。固定床气化法可分为常压固定床气化法和加压固定床气化法，前者已在我国获得了广泛应用，其中煤气发生炉主要应用于煤气站，水煤气发生炉主要应用于化肥厂合成氨原料气生产；固定床两段煤气化炉在我国目前正处于研究开发阶段；加压固定床气化法在我国也已开始受到重视。

（2）气流床气化法。目前气流床气化法已在煤气化过程中获得广泛应用，柯柏思—托切克（Koppers-Totzek，K-T）气化炉已投入商业化运行。近年来，由于煤炭机械化开采程度日益提高，粉煤比例大为增加，而且褐煤等劣质煤资源的开发量也在不断增大，而气流床对于粉煤及劣质煤气化特别适用，从而气流床气化技术日益成为煤气化技术的开发重点。

气流床气化的基本原理：当气体流过固体床层，在气体流量超过一定速度时，固体颗粒被分散在气流中，由气体夹带而出，这种形成的反应床称为气流床。气流床气化就是将气化剂（氧气和水蒸气）夹带着煤粉或煤浆，通过特殊喷嘴送入炉膛内，在高温辐射作用下，氧煤混合物瞬间被点燃，并迅速燃烧，燃烧使煤粒干馏并且使干馏产物分解，同时煤焦被气化，生成由CO和H_2等组成的煤气和熔渣的气化过程。

在气流床反应区内，煤粒悬浮于气流中，气流与煤粒并流运动，煤粒之间被气流隔开，因此煤粒基本上单独进行膨胀、转化、烧尽或形成熔渣等，与其邻近的煤粒互不影响。由此可见，气流床气化的显著优点是煤种适应性强，原料煤的黏结性、机械强度、热稳定性等对气流床气化进程几乎没有影响，原则上对煤种没有特别要求。此外，它还具有气化温度高、强度大、煤气不含焦油等优点。但由于气流床气化要求使用尽可能细的煤粉（70%~80%煤粒<200网目），故需要庞大的制粉设备，同时要回收煤气中的显热及灰尘也需要复杂的余热回收及防尘设备，因此设备投资费用较高。

（3）流化床气化法。固体流态化技术就是当气流以逐渐增加的速度通过固体颗粒料层时，气流速度增加到临界流化速度之后，料层体积增大，颗粒运动加剧，显示出极不规则的运动，颗粒悬浮在上升运动的气流中，随气流速度增加，颗粒运动不断增加，但仍逗留在床层内运动而不被流体带出，这时床层表现出液体的某些特征，这种情况下的床层称为流化床，它属于密相流化床，极像沸腾之液体，因此也称为沸腾床。

流化床气化法的基本原理：流化床气化法采用0~10mm的小颗粒煤作为气化原料，气化剂为蒸汽/空气或蒸汽/氧气，气化剂自下而上经过床层。依据原料的粒度分布和湿度，控制气化剂的流速，使床内原料煤全部处于流化状态，在剧烈搅动和回混中，煤粒和气化剂充分接触，进行化学反应和热量传递，利用碳燃烧放出的热量，使煤粒干燥干馏和气化。流化床气化炉内主要进行的反应有碳的燃烧反应、二氧化碳还原反应、水蒸气分解反应、水煤气变换反应等。通过上述气化反应生成的煤气夹带大量细小颗粒（其中70%为灰渣和部分未反应完全的碳粒）由炉顶离开气化炉，部分密度较重的渣粒由炉底排出。

（4）熔融床气化法。熔融床气化法是利用装有熔融金属或金属盐的气化炉进行的气化法。熔融床气化法依据熔融介质的种类不同可分为熔渣气化法、熔盐气化法和熔铁气化法三类。熔融床气化法的特点是只有温度较高（一般为1600~1700℃）且高度稳定的熔池，气化反应全部过程在熔池内完成，生成以CO和H_2为主的煤气，煤的转化率高达99%。由上述特点可知，熔融床气化法不同于前面论述的气化法，而是气、液、固三相反应的气化方法。

①熔渣气化法。它利用熔渣做气化热源，熔渣是一种混合物，其基本熔质为铁矿渣，同时还包括熔融的煤粉、半焦粒子及完全气化后留下的灰渣等，熔渣的温度高达1600~1700℃，磨细2~4mm的粉煤，经喷嘴沿切线方向喷入熔渣池，煤粒受高温辐射作用迅速热解成半焦，半焦粒与加压送入的氧气以5m/s的线速度使熔渣旋转，半焦粒的温度迅速升至1000℃以上，并在气泡内快速进行气化反应，煤气温度高达1000℃，因此粗煤气中烃类和水蒸气含量极少。熔渣在其中起传递氧的作用，同时其对气化也具有催化作用。

熔渣组成和黏度对煤气化反应程度有较大影响。熔渣池的深度一般为500mm左右，其容积大小取决于熔渣的蓄热能力，其蓄热量要足以提供反应过程所需反应热和热介质的热量。

②熔盐气化法。熔盐气化法利用熔盐作为热源，并通过熔盐对煤粉与水蒸气之间气化反应的催化作用，来降低反应温度。气化高挥分煤也可得到不含焦油的煤气，所选熔盐一般为碳酸钠。

③熔铁气化法。熔铁气化法是利用铁为熔融热介质，粉煤在熔融的高温铁水中发生气化反应而制得煤气的工艺过程。煤粉在熔铁浴中有良好的溶解性，煤中的硫与铁水之间有强烈的亲和性，因此本法对于高硫煤气化特别有效。铁浴温度在1370℃左右，并以碳酸钙为助熔剂，同时具有脱硫作用。

二、煤炭液化

（一）煤的直接液化

煤的直接液化是一种将煤在较高温度和压力下与氢反应使其降解和加氢，从而转化为清洁液体油类的先进工艺技术，该工艺技术也称为煤加氢液化。煤直接液化技术研究和开发已经有很长的历程。

20世纪70年代初石油危机的出现，使发达国家认识到煤炭资源将可能成为石油后时代的重要替代能源，此后煤液化研究开发进入变革时期。在世界范围内煤作为能源的战略地位已成为共识，但煤洁净化转化在经济上的可行性成为煤真正走向主导能源的关键，因此近10年来煤液化研究的重点是改善煤液化工艺经济性，在第一、二代煤液化技术工艺基础上，通过煤液化基础理论和工艺技术深入研究，目前已开发出第三代两段煤直接液化和煤油共炼工艺煤直接液化的基本原理。

（1）煤直接液化的化学反应。煤与石油在结构和性能上有显著差别。煤的氢碳原子比低，氧碳原子比高；煤的主体是固态高分子聚合物，而石油的主体是低分子化合物；煤中含有较多的矿物质。因此，煤直接液化就是向煤中加氢提高煤的氢碳原子比，降低氧等杂原子含量和脱除煤中灰分的过程。这一过程由煤的热解、脱除杂原子、加氢、结焦等一系列复杂的反应过程组成，其产物极为复杂，通常条件下产物为熔点200℃左右的固体，通过溶剂萃取可分离成油、沥青烯、前沥青烯、残渣等复杂混合物。煤的热解过程本质上是煤大分子结构中不同稳定性的桥键侧链烷基在不同温度发生断裂，生成小分子挥发物焦油及大分子自由基的过程。煤液化过程是在供氢溶剂及氢气等液化剂存在的条件下进行的，因此供氢溶剂通过氢的传递作用向热解生成的自由基"碎片"供氢。

（2）煤直接液化催化剂。煤加氢液化的催化剂有可弃性催化剂、钢和铁的氧化物以及溶于水或油的可溶性催化剂和浸渍催化剂。

可弃性催化剂主要指煤中矿物质及硫化铁这类催化剂，具有成本低、不需回收等优点。高灰分煤在有机硫脱除和转变成液体产物方面表现较好的性能，煤中黄铁矿的脱硫活性很低，而硫化亚铁具有较高的脱硫活性。就煤加氢转化成油而言，煤中矿物质如黄铁矿可使煤转变成苯可溶物并使氢化芳烃加氢再生，这对液化是有利的，但对于以脱硫为目的的液化而言，则应在液化前脱除煤中矿物质。

（3）直接液化要求具有较高的液化产率（转化率）及较高的油收率，同时要求氢消耗率要低。这是因为氢气成本约占产品成本的30%。煤液化过程消耗氢中25%～40%的氢气用于脱氧杂原子，40%～70%用于生成C_1～C_4气态烃，转入产品油中的氢不多。因此，在工艺上要求采用活性较高的催化剂及最佳的工艺条件，在转化率及油收率较高的条件下降低氢消耗量，目前一般加氢液化的氢耗量为2%～6%（占无灰干基煤重）。

（二）煤的间接液化

煤的间接液化是指在一定反应条件下（如催化剂、温度、压力等）以煤气化产生的合成气（$CO+H_2$）为原料合成液体燃料或化学产品的煤转化过程。通过改变反应条件，煤间接液化不仅可制得液体燃料，而且可获得许多重要化工产品，如乙烯、乙醇、甲醇、甲醛、醋酸等。

在众多合成气液化技术途径中，仅有三项已实现工业化，即甲醇合成转化汽油、费—托（Fischer-Tropsch，F-T）合成法及合成气制醋酸。

甲醇俗称木醇，因最早由木柴干馏制得而得名，目前由合成气制甲醇的工艺有高压法和低压法（简称ICI法）。高压法是巴斯弗公司（BASF）在1920—1923年开发成功的，该工艺采用铬锌催化剂，压力为25～35MPa，温度为320～400℃；低压法20世纪60年代才开发成功，是目前合成甲醇的通用方法，其反应压力为5～10MPa，温度为230～280℃，催化剂为高活性铜催化剂。低压法在经济上优于高压法。

甲醇不仅可用作电站锅炉及涡轮机的燃料，而且可作为特制的内燃机的汽油代用品，也可与汽油配合在传统内燃机上使用。纯甲醇的辛烷值很高，因此也可用作高压缩比的高效内燃机的燃料。甲醇直接用作燃料目前还有毒性大、腐蚀性强、气压低、蒸发热大等缺点。

美孚（Mobil）公司开发的沸石催化剂可使甲醇催化转化成高辛烷值的汽油，从而开辟煤间接合成燃料的另一重要途径。此外，以甲醇为中间体还可制取乙醇、乙烯等化工产品。由此可见，甲醇的用途极为广泛，而且技术成熟，是煤洁净化利用的重要途径。低温、高压有利于反应平衡向生成甲醇的方向移动，甲醇合成反应的平衡转化率与温度及压力关系进一步表明：在工业生产中只要选用合适的催化剂，在较低温度、适当高的压力条件下合成甲醇是可行的。

第七节　煤的能源综合利用模式

煤炭和石油、天然气相比，对环境的污染相对严重，能源利用效率低，SO_2排放量大，CO_2排放量大，水污染、渣污染、尘污染相对严重。因此，提出了21世纪煤炭利用的几种设想，建议建立起既环境友好，又综合发展、高效益、多联产的新一代集煤炭—电力—化工于一体的企业。

一、美国能源部提出的Vision21（展望21）能源系统

Vision21能源系统，基本思想是以煤气化为龙头，利用所得合成气（H_2O+CO）制氢，再通过高温固体氧化物燃料电池（SOFC）和燃气轮机组成的联合循环发电系统产生电能（二次能源），能源利用率可达60%以上。合成气制氢产生的CO_2可综合利用或注入废矿坑中埋葬。这样就成了近于零排放的高效能源系统。

这种系统的建立从根本上改变了传统能源的利用模式，排除了传统能源对环境的污染。这种方案的投资是巨大的，特别是需要改造现有的庞大的电力工业，难度很大。其中CO_2生成物的处理成本也很高。但这种思想也许为今后传统能源利用发展指出了一条重要道路。

二、壳牌石油公司提出的SyngasPark（合成气园）的概念

壳牌石油公司（Shell）提出的合成气园是以煤为主要原料能源的气化为核心，用制取的合成气生产甲醇、醋酸、醋酐及合成氨、化肥等高附加值的化工产品，与洁净联合循环发电相结合以及生产城市煤气等供给用户，同时可以供给用户生活用热水。

三、煤炭坑口转化的中小型煤—电—化工综合利用模式

建立在合理利用资源、有效利用能源基础上的综合发展洁净煤技术的能源化工多联产系统。在煤矿加快实现现代化、大型化，对煤矿提出的环保要求又不断提高的压力下，建立坑口煤—电—化工综合工厂设想就将成为现实。

坑口煤—电—化工综合利用模式是集煤气化、液化、煤炭化工、烃类化工、精细化工、专用化学品及发电、发动机燃料、氢能等二次清洁能源于一体的高技术产业的划时代缩影。为了保证我国能源安全，国家确定将发展一批大型煤炭—电力基地，建立坑口煤—

油—电—化工综合企业应该是一个首选。由于我国煤炭资源相对来说是化石能源中最可靠的资源，在新能源（包括核电）尚未成为主要能源前，这种模式无疑是十分重要的。

第十二章　地质灾害治理工程常用施工工法

第一节　混凝土特别天气施工

一、雨季施工

（1）雨期施工时，应对水泥和掺和料采取防水和防潮措施，并实时监测粗、细骨料的含水率，当雨雪天气等外界影响导致混凝土骨料含水率变化时，及时调整混凝土配合比。

（2）模板脱模剂应具有防雨水冲刷性能。

（3）现场拌制混凝土时，砂石场排水畅通，无积水，随时测定雨后砂石的含水率；搅拌机棚（现场搅拌）等有机电设备的工作间都要有安全牢固的防雨、防风、防砸的支搭顶棚，并做好电源的防触电工作。

（4）施工机械、机电设备提前做好防护，现场供电系统做到线路、箱、柜完好可靠，绝缘良好，防漏电装置灵敏有效。机电设备设防雨棚并有接零保护。

（5）采用水泥砂浆及木板做好结构作业层以下各楼层水平孔洞围堰、封堵工作，防止雨水从楼层进入地下室。

（6）地下工程，除做好工程的降水、排水外，还应做好基坑边坡变形监测、防护、防塌、防泡等工作，要防止雨水倒灌，影响正常生产，危害建筑物安全。地下车库坡道出入口需搭设防雨棚、围挡水堰防倒灌。

（7）底板后浇带中的钢筋如长期遭水浸泡而生锈，为防止雨水及泥浆从各处流到地下室和底板后浇带中，地下室顶板后浇带、各层洞口周围可用胶合板及水泥砂浆围挡进行封闭。并在大雨过后或不定期将后浇带内积水排出。而楼梯间处可用临时挡雨棚罩或在底板上临时留集水坑以便抽水。

（8）外墙后浇带用预制钢筋混凝土板、钢板、胶合板或不小于240mm厚的砖模进行封闭。

（9）除采用防护措施外，小到中雨天气不宜进行混凝土露天浇筑，并不应开始大面积作业面的混凝土露天浇筑；大到暴雨天气严禁进行混凝土露天浇筑。

（10）混凝土浇筑过程中，对因雨水冲刷致使水泥浆流失严重的部位，可采用补充水泥砂浆、铲除表层混凝土、插短钢筋等补救措施。

（11）混凝土浇筑完毕后，应及时覆盖塑料薄膜等，避免被雨水冲刷。

二、混凝土高温施工

当室外大气温度达到35℃及以上时，应按高温施工要求采取措施。

（1）原材料要求。

①高温施工时，应对水泥、砂、石的贮存仓、料堆等采取遮阳防晒措施，或在水泥贮存仓、砂、石料堆上喷水降温。

②根据环境温度、湿度、风力和采取温控措施实际情况，对混凝土配合比进行调整。调整时要考虑以下因素：原材料温度、大气温度、混凝土运输方式与时间对混凝土初凝时间、坍落度损失等性能指标的影响，根据环境温度、湿度、风力和采取温控措施的实际情况，对混凝土配合比进行调整。

③在近似现场运输条件、时间和预计混凝土浇筑作业最高气温的天气条件下，通过混凝土试拌和与试运输的工况试验后，调整并确定适合高温天气条件下施工的混凝土配合比。

④宜采用低水泥用量的原则，并可采用粉煤灰取代部分水泥。宜选用水化热较低的水泥。

⑤混凝土坍落度不宜小于70mm。当掺用缓凝型减水剂时，可根据气温适当增加坍落度。

（2）混凝土搅拌与运输。

①应对搅拌站料斗、储水器、皮带运输机、搅拌楼采取遮阳措施。

②对原材料进行直接降温时，宜采用对水、粗骨料进行降温的方法；可采用冷却装置冷却拌和用水，并对水管及水箱加设遮阳和隔热设施，也可在水中加碎冰作为拌和用水的一部分。混凝土拌合时掺加的固体冰应确保在搅拌结束前融化，并应在拌和用水且其重量中扣除其重量。

③必要时，可采取喷液态氮和干冰措施，降低混凝土出机温度。

④宜采用混凝土运输搅拌车运输混凝土，且混凝土运输搅拌车宜采用白色涂装；混凝土输送管应进行遮阳覆盖，并洒水降温。

（3）混凝土浇筑及养护。

①混凝土浇筑入模温度不应高于35℃。

②混凝土浇筑宜在早间或晚间进行，且宜连续浇筑。当混凝土水分蒸发较快时，应在施工作业面采取挡风、遮阳、喷雾等措施。

③混凝土浇筑前，施工作业面应遮阳，并应对模板、钢筋和施工机具采用洒水等降温措施，但在浇筑时模板内不得有积水。

④混凝土浇筑完成后，应及时进行保湿养护，防止水分蒸发过快产生裂缝和降低混凝土强度。侧模拆除前宜采用带模湿润养护。

（4）混凝土施工质量控制与检验。

①质量检查。

混凝土施工质量检查可分为过程中控制检查和拆模后的实体质量检查。

②施工过程中控制检查。

混凝土施工过程检查，包括混凝土拌和物坍落度、入模温度及大体积混凝土的温度测控；混凝土输送、浇筑、振捣；混凝土浇筑时模板的变形、漏浆；混凝土浇筑时钢筋和预埋件位置；混凝土试件制作及混凝土养护等环节的质量。

③实体质量检查。

混凝土拆模后质量检查，包括混凝土构件的轴线位置、标高、截面尺寸、表面平整度、垂直度；预埋件的数量、位置；混凝土构件的外观缺陷；构件的连接及构造做法；结构的轴线位置、标高、全高垂直度等。

（5）混凝土缺陷修整。

现浇结构的外观质量缺陷，应由监理（建设）单位、施工单位等各方根据其对结构性能和使用功能影响的严重程度按其标准规定来确定。

①一般缺陷修整。

对于露筋、蜂窝、孔洞、疏松、外表缺陷，应凿除胶结不牢固部分的混凝土，用钢丝刷清理，浇水湿润后用1：2~1：2.5水泥砂浆抹平。

裂缝应进行封闭。

连接部位缺陷、外形缺陷可与面层装饰施工一并处理。

混凝土结构尺寸偏差一般缺陷，可采用装饰修整方法修整。

②严重缺陷修整。

应制定专门处理方案，方案经论证审批后方可实施。对可能影响结构性能的混凝土结构外观严重缺陷，其修整方案应经原设计单位同意。

露筋、蜂窝、孔洞、夹渣、疏松、外表质量严重缺陷，应凿除胶结不牢固部分的混凝土至密实部位，用钢丝刷清理，支设模板，浇水湿润并用混凝土界面剂套浆后，采用比原混凝土强度等级高一级的细石混凝土浇筑并振捣密实，且养护不少于7d。

开裂严重缺陷，对于民用建筑及无腐蚀介质工业建筑的地下室、屋面、卫生间等接触水介质的构件，以及有腐蚀介质工业建筑的所有构件，均应注浆封闭处理，注浆材料可采用环氧、聚氨酯、氰凝、丙凝等；对于民用建筑及无腐蚀介质工业建筑不接触水介质的构件，可采用注浆封闭、聚合物砂浆粉刷或其他表面封闭材料进行封闭。

清水混凝土及装饰混凝土的外形和外表严重缺陷，宜在水泥砂浆或细石混凝土修补后用磨光机械磨平。

钢管混凝土不密实部位，应采用钻孔压浆法进行补强，然后将钻孔补焊封固。

混凝土结构尺寸偏差严重缺陷，应由原设计单位制定专项修复矫正方案。

混凝土结构缺陷修整后，修补或填充的混凝土应与本体混凝土表面紧密结合，在填充、养护和干燥后，所有填充物应坚固、无收缩开裂或产生鼓形区，表面平整且与相邻表面平齐，达到修整方案的目标要求。

三、雨季钢筋混凝土施工

（一）原料准备

工程雨季施工要随时测定雨后砂石的含水率，及时调整配合比，使用拌混凝土的工程要与搅拌站签订技术合同，要求其雨后及时测定砂石的含水率，调整配合比，并做好记录。大面积、大体积混凝土连续浇灌时应预先了解天气情况，遇雨时合理留置施工缝，混凝土浇筑完毕后进行覆盖，避免被雨水冲刷。拆模后的混凝土表面及时进行养护以避免产生缩裂缝。对各类模板加强防风紧固措施，在临时停放时考虑防止大风失稳。同时，涂刷水溶性隔离剂的模板防止隔离剂被雨水冲刷，从而保证顺利隔离和混凝土表面质量。

（二）施工方法

钢筋焊接不得在雨天进行，防止焊缝或接头脆裂。垫层上应多留几处集水坑，有利于底板混凝土浇筑前的雨水排除。后浇带内也要留置集水坑。模板隔离层，在涂刷前要及时关注天气预报以防隔离层被雨水冲掉。遇到大雨应立即停止浇筑混凝土，浇筑混凝土时应根据结构情况和可能多考虑几道施工缝的位置。雨期施工时，应加强对混凝土粗细骨料含水量的测定，及时调整混凝土的施工配合比。大面积的混凝土浇筑前要了解2~3d的天气预报，尽量避开大雨，混凝土浇筑现场要预备大量防雨材料，模板支撑下部回填土要夯实并加好垫板，雨后应及时检查。

（三）施工质量控制

雨期施工期间砂石含水率变化幅度较大，要按雨前、雨中、雨后及时调整施工配合比的加水量，严格控制混凝土坍落度，确定混凝土强度。根据天气预报情况，调整浇筑混凝土时间，尽量避免下雨天露天浇筑混凝土。

（四）雨季钢筋混凝土安全施工方法

1.总体施工安全管理

暴雨、台风前后，要检查地面临时设施、脚手架、井架、机电设备、临时线路等，发现倾斜、变形、下沉、漏雨和漏电等现象应及时修理加固，有严重危险的，立即排除。凡高层建筑、烟囱、水塔的脚手架、井架及易燃、易爆仓库和塔吊、打桩机等应设临时避雷装置，对机电设备的电气开关要有防雨、防潮设施。现场道路应加强维护。夏季作业应调整作息时间。高温工作的场所及通风不良的地方加强通风和降温措施。冬季施工应符合防火要求并指定专人负责管理。

2.施工现场环境控制

原材料储存过程中，由于雨水等浸泡，胶合板中黏结材料遇水产生甲醛等有害气体，木制模板遇水变形，造成资源浪费。模板储存期间由于雨水等浸泡使钢模板产生锈迹，锈水渗入土壤后对土壤及地下水源造成污染。模板储存期间由于雨水等浸泡使模板面板开胶，造成模板损坏，浪费资源。

木质模板运输时，车辆应采用布遮蔽，避免在运输途中雨淋水浸。木质模板储存时，模板存放场地应平整硬化。模板堆放场地四周排水应通畅，场地不得出现积水浸泡模板现象。模板在水中长时间浸泡不但会损坏材料造成资源浪费，而且会产生甲醛类有毒气体，对地下水体和大气造成污染。模板安装支架、拉杆、斜撑要符合基本规定，牢固稳定。模板竖向支架的支承部位，安装在土层地基时，基土必须坚实且有排水措施，支架支校与基土接触面加设垫板。要有汛期施工防基土沉陷和冬期施工防冻胀措施。

结构施工完成后剩余的模板应集中码放整齐并采取有效的防雨措施。可二次使用的模板与废料应分开存放。剩余模板可在装修施工中作为二次结构的模板使用。

3.钢筋工程施工安全管理

钢筋堆放场地应有有效的防雨、雪措施，钢筋四周采用钢管进行支撑，上方采用石棉瓦或多层板等材料进行遮挡，保证钢筋不会受到雨、雪的锈蚀，避免由于钢筋锈蚀产生的锈水渗入地下污染土壤及地下水源。钢筋堆放场地四周应设有排水沟，确保附近地表水能够顺畅地通过排水沟排入沉淀池，避免受污染的地表水污染土层。

4.混凝土工程施工安全管理

现场应安排人员进行天气情况的监测，遇大风、降雨等天气变化时，应及时采取措施，加强对物品现场的覆盖。同时，当风力大于四级时，停止水泥、砂、石等运输、装卸、过筛作业，避免产生扬尘。雨期施工期间应班测粗细骨科的含水量，砂石材料尽可能加以遮盖，至少在使用前不受烈日暴晒，必要时可采用冷水淋洒，使其蒸发散热。雨期施工期间应根据天气预报，避开下雨天，安排混凝土施工；如不可避免时，应准备塑料薄膜在开始下雨前，对没有凝结的混凝土用塑料布覆盖，停止混凝土搅拌，防止被淋而造成材料浪费。

5.雨季施工的人员管理

现场组织施工人员、安全员、技术人员在雨期来临前对现场进行雨期安全检查，发现问题及时处理并在雨期施工期间定期检查。设专人负责检查基坑的边坡情况，特别是材料堆场附近的边坡。塔吊操作人员班前作业必须检查机身是否带电、漏电、装置是否灵敏，各种操作机构是否灵活、安全、可靠。每日下班时塔吊塔管应停在顺风方向，松开回转制动装置，将吊钩收回至大臂最上端，将小车行至大臂根部。如遇暴雨或6级以上强风等恶劣天气时，应停止塔吊、外用电梯的起重作业。外用电梯作业完毕后，吊笼必须放置至北面。机动车辆在雨期行驶要注意防滑，在基坑旁卸料要有文档装置。大雨过后4h之内不得进行塔机、外用电梯的拆装作业，如遇特殊情况，必须做好专项安全技术交底。出入施工现场的车辆应保持清洁干净，不得将泥土带出工地污染市政道路。雨期正值盛夏季节，天气闷热应适当调整作息时间，避开中午高温时间；后勤部门应采取必要的防暑降温措施，如发放解暑药品和降温饮料或饮水加防暑药品等，做好施工人员的防暑降温工作。保证现场干净整洁防止蚊蝇滋生，避免传染病的发生，为此应经常对办公室、宿舍、食堂、厕所等地进行打药、消毒。

第二节　沉井施工

在挖桩的过程中，如果遇见滑坡体发生滑动、流沙、软土、高地下水位等地质条件，护壁无法满足要求时采用沉井施工。

沉井施工就是先在地面上预制井筒，然后在井筒内不断将土挖出，井筒借自身的重量或在附加荷载的作用下，克服井壁与土层之间摩擦阻力及刃脚下土体的反力而不断下沉直至设计标高为止，然后封底，完成井筒内的工程。其施工程序包括基坑开挖、井筒制作、井筒下沉及封底。

井筒在下沉过程中，井壁成为施工期间的围护结构，在终沉封底后，又成为地下构筑物的组成部分。为了满足沉井结构的强度、刚度和稳定性要求，沉井的井筒大多数为钢筋混凝土结构。常用横断面为圆形或矩形，纵断面形状大多为阶梯形。井筒内壁与底板相接处有环形凹口，下部为刃脚。为避免刃脚切土时损坏，刃脚应采用型钢加固。为了满足工艺的需要，常在井筒内部设置平台、楼梯、水平隔层等，这些可在下沉后修建，也可在井筒制作同时完成。但在刃脚范围的高度内，不得有影响施工的任何细部布置。

一、沉井施工方法

（1）井筒制作。

井筒制作一般分一次制作和分段制作。一次制作指一次制作完成设计要求的井筒高度，适用于井筒高度不大的构筑物。而分段制作是将设计要求的井筒进行分段现浇或预制，适用于井筒高度大的构筑物。

井筒制作根据修筑地点具体情况分为天然地面制作下沉和水面筑岛制作下沉。天然地面制作下沉一般适用于无地下水或地下水位较低的情况，为了减少井筒制备时的浇灌高度，减少下沉时井内挖方量，清除表土层中的障碍物等，可采用基坑内制备井筒下沉，其坑底最少应高出地下水位0.5m。水面筑岛制作下沉适用于在地下水位高，或岸滩、或浅水中制作沉井，先用砂土或土修筑土岛，井筒在岛上制作，然后下沉。

（2）基坑及坑底处理。

井筒制备时，其重量借刃角底面传递给地基。为了防止在井筒制备过程中产生地基沉降，应进行地基处理或增加传力面积。

当原地基承载力较大时，可进行浅基处理，即在与刃脚底面接触的地基范围内，进行原土夯实，垫砂垫层、砂石垫层、灰土垫层等处理，垫层厚度一般为30~50cm。然后在垫层上浇灌混凝土井筒，这种方法称为无垫木法。若坑底承载力较弱，应在人工垫层上设置垫木，增大受压面积。

铺设垫木应等距铺设、对称进行，垫木面必须严格找平，垫木之间用垫层材料找平。沉井下沉前拆除垫木亦应对称进行，拆除处用垫层材料填平，应防止沉井偏斜。

为了避免采用垫木，可采用无垫木时刃脚斜土模的方法。井筒重量由刃脚底面和刃脚斜面传递给土台，增大承压面积。土台由开挖或填筑而成。与刃脚接触的坑底和土台处，抹2cm厚的1∶3水泥砂浆，其承压强度可达0.15~0.2MPa，以保证刃脚制作的质量。

筑岛施工材料一般采用透水性好、易于压实的砂或其他材料，不得采用黏性土和含有大块石料的土。岛的面积应满足施工需要，一般井筒外边与岛岸间的最小距离为5~6m。岛面高程应高于施工期间最高水位0.75~1.0m，并考虑风浪高度。水深在1.5m、流速在

0.5m/s以内时，筑岛可直接抛土而不需围堰。当水深和流速较大时，需将岛筑于板桩围堰内。

（3）井筒混凝土浇灌。

井筒混凝土的浇灌一般采用分段浇灌、分段下沉、不断接高的方法，即浇一节井筒，井筒混凝土达到一定强度后，挖土下沉一节，待井筒顶面露出地面尚有0.8~2m，停止下沉，再浇制井筒、下沉，轮流进行，直到达到设计标高为止。该方法由于井筒分节高度小，对地基承载力要求不高，施工操作方便。缺点是工序多、工期长，在下沉过程中浇制和接高井筒，会使井筒因沉降不均而易倾斜。

井筒混凝土的浇灌还可采用分段接高、一次下沉，即分段浇制井筒，待井筒全高浇筑完毕并达到所要求的强度后，连续不断地挖土下沉，直到达到设计标高。第一节井筒达到设计强度后抽除垫木，经沉降测量和水平调整后，再浇筑第二节井筒。该方法可消除工种交叉作业和施工现场拥挤混乱现象，浇筑沉井混凝土的脚手架、模板不必每节拆除。可连续接高到井筒全高，从而缩短工期。缺点是沉井地面以上的重量大，对地基承载力要求较高，接高时易产生倾斜，而且高空作业多，应注意高空安全。

此外，还有一次浇制井筒、一次下沉方案以及预制钢筋混凝土壁板装配井筒、一次下沉方案等。井筒制作施工方案确定后，具体支模和浇筑与一般钢筋混凝土构筑物相同，混凝土级别不低于C25。沿井壁四周均匀对称浇灌井筒混凝土，避免高低悬殊、压力不均，产生地基不均匀沉降而造成沉井断裂。井壁的施工缝要处理好，以防漏水。施工缝可根据防水要求采用平式、凸式或凹式施工缝，也可以采用钢板止水施工缝等。

（4）沉井下沉。

井筒混凝土达到70%以上可以开始下沉。下沉前要对预留孔进行封堵，沉井下沉时，必须克服井壁与土间的摩擦力和地层对刃脚的反力。

（5）排水下沉。

排水下沉是在井筒下沉和封底过程中，采用井内开设排水明沟，用水泵将地下水排除或采用人工降低地下水位方法排出地下水。它适用于井筒所穿过的土层透水性较差、涌水量不大、排水致流沙现象产生而且现场有排水出路的地方。井筒内挖土根据井筒直径大小及沉井埋设深度来确定施工方法。一般分为机械挖土和人工挖土两类。机械挖土一般仅开挖井中部的土，四周的土由人工开挖。常用的开挖机械有合瓣式挖土机、台令扒杆抓斗挖土等，垂直运土工具有少先式起重机、台令扒杆、卷扬机、桅杆起重杆等。卸土点与井壁距离一般不小于20m，以免因堆土过近使井壁坍塌，导致下沉摩擦力增大。当土质为砂土或砂性黏土时，可用高压水枪先将井内泥土冲松稀释成泥浆，然后用水力吸泥机将泥浆吸出排到井外。人工挖土应沿刃脚四周均匀而对称地进行，以保持井筒均匀下沉。它适用于小型沉井，下沉深度较小、机械设备不足的地方。人工开挖应防止流沙现象发生。

（6）不排水下沉。

不排水下沉是在水中挖土。当排水有困难或在地下水位较高的亚砂土和粉砂土层，有流沙现象产生的地区的沉井下沉或必须防止沉井周围地面和建筑物沉陷时，应采用不排水下沉的施工方法。下沉中要使井内水位比井外地下水位高1~2m，以防流沙。

不排水下沉时，土方也由合瓣式抓铲挖出，当铲斗将井的中央部分挖成锅底形状时，井壁四周的土涌向中心，井筒就会下沉。如井壁四周的土不易下滑，可用高压水枪进行冲射，然后用水泥吸泥机将泥浆吸出排到井外。为了使井筒下沉均匀，最好设置几个水枪。每个水枪均设置阀门，以便沉井下沉不均匀时进行调整。水枪的压力根据土质而定。

触变泥浆套沉井是在井壁与土之间注入触变泥浆，形成泥浆套，以减少井筒下沉的摩擦力。为了在井壁与土之间形成泥浆套，井筒制作时在井壁内埋入泥浆管，或在混凝土中直接留设压浆通道。井筒下沉时，泥浆从刃脚台阶处的泥浆通道口向外挤出。在泥浆管出口处设置泥浆射口围圈，以防止泥浆直接喷射至土层，并使泥浆分布均匀。为了使井筒下沉过程中能储备一定数量的泥浆，以补充泥浆套失浆，同时预防地表土滑塌，在井壁上缘设置泥浆地表围圈。泥浆地表围圈用薄板制成，拼装后的直径略大于井筒外径。埋设时，其顶面应露出地表0.5m左右。

选用的泥浆应具有较好的固壁性能。泥浆指标根据原材料的性质、水文地质条件以及施工工艺条件来选定。在饱和的粉细砂层下沉时，容易造成翻砂，引起泥浆漏失，因此，泥浆的黏度及静切力都应较高。但黏度和静切力均随静置时间增加而增大，并逐渐趋近于一个稳定值。为此，在选择泥浆配合比时，先考虑比重与黏度两个指标，然后再考虑失水量、泥皮、静切力、胶体率、含砂率及pH。泥浆比重在1.15~1.20。泥浆可选用的配合比为：

①纯膨润土用量23%~30%；

②水70%~77%；

③化学掺和剂碱：（Na，CO，）0.4%~0.6%；

④羧甲基纤维素0.03%~0.06%。

下沉过程中，应对已压入的泥浆定期取样检查。施工过程中，泥浆套厚度不要太大，否则易造成井筒倾斜和位移。泥浆套沉井，由于下沉摩擦力减少，容易造成下沉超过设计标高，应做好及时封底准备工作。尤其要注意在吸泥下沉过程中，避免由于翻砂而引起泥浆套破坏，应正确处理好井内、外水位及泥浆面高度等方面的关系。

（7）井筒封底。

一般来说，采用沉井方法施工的构筑物，必须做好封底，保证不渗漏。排水下沉的井筒封底，必须排除井内积水。超挖部分可填石块，然后在其上做混凝土垫层。浇注混凝土前应清洗刃脚，并先沿刃脚填充一周混凝土，防止沉井不均匀下沉。垫层上做防水层、绑扎钢筋和浇筑钢筋混凝土底板。封底混凝土由刃脚向井筒中心部位分层浇灌，每层约50cm厚。

为避免地下渗水冲蚀新浇灌的混凝土，可在封底前在井筒中部设集水井，用水泵排水。排水应持续到集水井四周的垫层混凝土达到规定强度，用盖堵封等方法封掉集水井，然后铺油毡防水层，再浇灌混凝土底板。不排水下沉的井筒，需进行水下混凝土的封底。井内水位应与原地下水位相等，然后铺垫砾石垫层和进行垫层的水下混凝土浇灌，待混凝土达到应有强度后将水抽出，再做钢筋混凝土底板。

二、质量检查与控制

井筒在下沉过程中，由于水文地质资料掌握不全、下沉控制不严，以及其他各种原因，可能发生土体破坏、井筒倾斜、筒壁裂缝、下沉过快或不继续下沉等事故，应及时采取措施加以校正。

（1）土体破坏。

沉井下沉过程中，可能产生破坏土的棱体。土质松散时，更易产生。因此，当土的破坏棱体范围内有已建构筑物时，应采取措施，保证构筑物安全，并对构筑物进行沉降观察。

（2）井筒倾斜的观测。

井筒发生倾斜的主要原因是刃脚下面的土质不均匀、井壁四周土压力不均衡、挖土操作不对称，以及刃脚某一处有障碍物等。井筒是否倾斜可采用井筒内放置垂球观测、电测等方法确定，或在井外采用标尺测定、水准测量等方法确定。

由于挖土不均匀引起井筒轴线倾斜时，用挖土方法校正。在下沉较慢的一边多挖土，在下沉较快的一边刃脚处将土夯实或做人工垫层，使井筒恢复垂直。如果这种方法不足以校正，就应在井筒外壁一边开挖土方，相对另一边回填土方，并且夯实。

在井筒下沉较慢的一边增加荷载也可校正井筒倾斜。如果由于地下水浮力而使加载失效，则应抽水后进行校正。在井筒下沉较慢的一边安装振动器振动或用高压水枪冲击刃脚，减少土与井壁的摩擦力，也有助于校正井筒轴线。

下沉过程中障碍物处理：下沉时，可能因刃脚遇到石块或其他障碍物而无法下沉，松散土中还可能因此产生溜方，引起井筒倾斜。小石块用刨挖方法去除，或用风镐凿碎，大石块或坚硬岩石则用炸药清除。

（3）井筒裂缝的预防及补救措施。

下沉过程中产生的井筒裂缝有环向和纵向两种。环向裂缝是由于下沉时井筒四周土压力不均造成的。为了防止井筒发生裂缝，除保证必要的井筒设计强度外，施工时应使井筒达到一定强度后再下沉。此外，也可在井筒内部安设支撑，但会增加挖运土方困难。井筒的纵向裂缝是由于在挖土时遇到石块或其他障碍物，井筒仅支于若干点，混凝土强度又较低时产生的。爆震下沉，亦可能发生裂缝。如果裂缝已经发生，必须在井筒外面挖土以减少该向的土压力或撤除障碍物，防止裂缝继续扩大，同时用水泥砂浆、环氧树脂或其他补强材料涂抹裂缝以进行补救。

（4）井筒下沉过快或沉不下去。

由于长期抽水或因砂的流动，使井筒外壁与土之间的摩擦力减少；或因土的耐压强度较小，会使井筒下沉速度超过挖土速度而无法控制。在流沙地区常会产生这种情况。防治方法一般是在井筒外将土夯实，增加土与井壁的摩擦力。在下沉将到设计标高时，为防止自沉，可不将刃脚处土方挖去，下沉到设计标高时立即封底。也可在刃脚处修筑单独式混凝土支墩或连续式混凝土圈梁，以增加受压面积。

沉井沉不下去的原因，一是有障碍，二是自重过轻，应采取相应方法处理。

混凝土是十分重要的建筑材料。钢筋混凝土结构在土木建筑工程中的应用是十分广泛的。如给水排水工程中的各类建筑物、构筑物及管道材料等，也大都采用钢筋混凝土来建造。所以在整个工程施工中钢筋混凝土工程占据相当重要的地位。

钢筋混凝土结构可以采用现场整体浇筑结构，也可以是预制构件装配式结构。现场浇筑整体性好、抗渗和抗震性较强，钢筋消耗量也较低，可不需大型起重运输机械等。但施工中模板材料消耗量大、劳动强度高、现场运输量较大，建设周期一般也较长。预制构件装配式结构，由于实行工厂化、机械化施工，可以减轻劳动强度，提高劳动生产率，为保证工程质量、降低成本、加快施工速度，并为改善现场施工管理和组织均衡施工提供了有利条件。无论采用哪种结构形式，钢筋混凝土工程都是由各具特点的钢筋工程、模板工程和混凝土工程所组成的它们的施工都要针对具体工程实际，选择最适宜的施工工艺和方法，采用不同的机械设备和使用不同性质的材料，经过多项施工过程由多个工种密切配合而共同完成。

随着我国科学技术的发展，在钢筋混凝土工程中，新结构、新材料、新技术和新工艺得到了广泛的应用与发展，并已取得了显著成效。

第三节　管井施工

在人工开挖抗滑桩的过程中，遇到地下水层，必须先排水才能施工。在施工现场一般采用的是管井的施工工艺。

管井是垂直安装在地下的取水构筑物。其一般由井壁管、滤水器、沉淀管、填砾层和井口封闭层等组成。管井的深度、孔径，井管种类、规格及安装位置，填砾层的厚度，井底的类型和抽水机械设备的型号等取决于取水地段的地质构造、水文地质条件及供水设计要求等。

一、管井的施工方法

管井施工是用专门钻凿工具在地层中钻孔，然后安装滤水器和井管。一般在松散岩层、深度在30m以内。规模较小的浅井工程中，可以采用人力钻孔，而深井通常采用机械钻孔。机械钻孔方法根据破碎岩石的方式不同有冲击钻进、回转钻进、锅锥钻进等；根据护壁或冲洗的介质与方法不同，分为泥浆钻进、套管钻进、清水水压钻进等。近年来，随着科学技术的发展和建设的需要，涌现出许多新的钻进方法和钻进设备，如反循环钻进、空气钻进、潜孔锤钻进等，已逐步推广应用在管井施工中，并取得了较好的效果。在不同地层中施工应选用适合的钻进方法和钻具。管井施工的程序包括施工准备、钻孔、安装井管、填砾、洗井与抽水试验等。

（一）施工前的准备工作

施工前，应查清钻井场地及附近地下与地上障碍物的确切位置，选择井位和施工时应采取适当保护措施。施工前，应做好临时水、电、路、通信等准备工作，并按设备要求范围平整场地。场地地基应平整坚实、软硬均匀。对软土地基应加固处理；当井位为充水的淤泥、细砂、流沙或地层软硬不均，容易下沉时，应于安装钻机基础方木前横铺方木、长杉杆或铁轨，以防钻进时产生不均匀下沉。在地势低洼，易受河水、雨水冲灌地区施工时，还应修筑特殊凿井基台。安装钻塔时，应将塔腿固定于基台上或用垫块垫牢，以保持稳定。绷绳安设应位置合理、地锚牢固，并用紧绳器绷紧。施工方法和机具确定后，还应根据设计文件准备黏土、砾石和管材等，并在使用前运至现场。

泥浆作业时应在开钻前挖掘泥浆循环系统，其规格根据泥浆泵排水量的大小、井孔的口径及深度、施工地区的泥浆漏失情况而定。一般沉淀池的规格为1m×1m×1m，设一个或两个。循环槽的规格为0.3m×0.4m，长度不小于15m。贮浆池的规格为3m×3m×2m。如土质松软，其四壁应以木板等支撑。开钻前，还应安装好钻具，检查各项安全设施。井口表土为松散土层时还应安装护口管。

（二）护壁与冲洗

（1）泥浆护壁作业。

泥浆是黏土和水组成的胶体混合物，它在凿井施工中起着固壁、携砂、冷却和润滑等作用。凿井施工中使用的泥浆，一般需要控制比重、黏度、含砂量、失水量、胶体率等指标。泥浆的比重越大、黏度越高，固壁效果越好，但会给将来的洗井带来困难。泥浆的含砂量越小越好。在冲击钻进中，含砂量大，会严重影响泥浆泵的寿命。泥浆的失水量大，形成泥皮则厚，会使钻孔直径变小。在膨胀的地层中如果失水量大，就会使地层吸水膨胀造成钻孔掉块、坍塌。胶体率表示泥浆悬浮程度。胶体率大，可以减少泥浆在孔内的沉淀，并且可以减少井孔坍塌及井孔缩径现象。对制备泥浆用黏土的一般要求是：在较低的比重下，能有较大的黏度、较低的含砂量和较高的胶体率。将黏土制成1∶1比重的泥浆，如其黏度为16～18S，含砂量不超过6%，胶体率在80%以上，这种黏土即可作为凿井工程配制泥浆的黏土。配制泥浆用的水，用自来水、河水、湖水、井水等淡水均可。配制泥浆时，先将大块状黏土捣碎，用水浸泡1h左右，再置入泥浆搅拌机中，加水搅拌。在正式大量配制泥浆之前，应先根据井孔岩层情况，配制几种不同比重的泥浆，进行黏度、含砂量、胶体率试验。根据试验结果和钻进岩层的泥浆指标要求，确定泥浆配方，泥浆配方应包括钻进几种岩层达到要求黏度时的泥浆比重、含砂量、胶体率值和每立方米泥浆所需黏土量。

用当黏土配制的泥浆如达不到要求，可在搅拌时加碱处理。一般黏土加碱后，可提高泥浆的黏度、胶体率，降低含砂量。通常加碱量为泥浆内黏土量的0.596%～1.0%，过多反而有害。

在高压含水层或极易坍塌的岩层钻进时，必须使用比重很大的泥浆。为提高泥浆的比重，可投加重晶石粉等加重剂。该粉末比重不小于4.0，一般可使泥浆比重提高1.4～1.8倍。在钻进中要经常测量、记录泥浆的漏失数量，并取样测定泥浆的各项指标。如不符合要求，应随时调整。遇特殊岩层需要变换泥浆指标时，应在贮浆池内加入新泥浆进行调整，不能在贮浆池内直接加水或黏土来调整指标。但由于调整相当费事，故在泥浆指标相差不大时，可不予调整。钻进中，井孔泥浆必须经常注满，泥浆面不能低于地面0.5m。一般地区，每停工4～8h，必须将井孔内上下部的泥浆充分搅匀，并补充新泥浆。泥浆既为护壁材料，又为冲洗介质，适用于基岩破碎层及水敏性地层的施工。泥浆作业具有节省施工用水、钻进效率高、便于砾石滤层回填等优点，但是含水层可能被泥壁封死，所以成井后必须尽快洗井。

（2）套管护壁作业。

套管护壁作业是用无缝钢管作套管，下入凿成的井孔内，形成稳固的护壁。井孔应垂直并呈圆形，否则套管不能顺利下降，也难保证凿井的质量。

套管下沉有三种方法。

①靠自重下沉。此法较简便，仅在钻进浅井或较松散岩层时适用。

②采用人力、机械旋转或吊锤冲打等外力，迫使套管下沉。

③在靠自重和外力都不能下沉时，可用千斤顶将套管顶起1.0m左右，然后松开下沉（有时配合旋转法同时进行）。

同一直径的套管，在松散和软质岩层中的长度，视地层情况决定，通常为30~70m，太长则拔除困难。变换套管直径时，第一组套管的管靴，应下至稳定岩层，才不致发生危险；如下降至砂层就变换另一组套管，砂子容易漏至第一、二组套管间的环状间隙内，以致卡住套管，使之起拔和下降困难。除流沙层外，一般套管直径较钻头尺寸大50mm左右。

套管应固定于地面，管身中心与钻具垂吊中心一致，套管外壁与井壁之间应填实。套管护壁适用于泥浆护壁无效的松散地层，特别适用于在深度较小、半机械化钻进及缺水地区施工时采用。在松散层覆盖的基岩中钻进时，上部覆盖层应下套管，对下部基岩层可采用套管或泥浆护壁，覆盖层的套管应在钻穿覆盖层进入完整基岩0.5~2m，并取得完整岩心后下入。套管护壁作业具有无须水源、护壁效果好、保证含水层透水性、可以分层抽水等优点，但是需用大量的套管，技术要求高、下降起拔困难、费用较高。

（3）清水水压护壁作业。

清水水压钻井是近年来在总结套管护壁和泥浆护壁的基础上发展起来的一种方法。清水在井孔中相当于一种液体支撑，其静压力除平衡土压力及地下水压力外，还给井壁一种向外的作用力，此力有助于孔壁稳定。同时，由于井孔的自然造浆作用，加大了水柱的静压力，在此压力下，部分泥浆渗入孔壁，失去结合水，形成一层很薄的泥皮，它密实柔韧，具有较高的黏聚力，对保护井壁起很大作用。清水水压护壁适用于结构稳定的黏性土及非大量露水的松散地层，且具有充足水源的凿井施工。此法施工简单，钻井和洗井效率高、成本高，但护壁效果不长久。

二、凿井机械与钻进

（一）冲击钻进

冲击钻进的工作原理是靠冲击钻头直接冲碎岩石形成井孔，主要有以下两种。

（1）绳索式冲击钻机。

它适用于松散石砾层与半岩层，较钻杆式冲击钻机轻便。目前采用的多为CZ-20型和CZ-22型，其冲程为0.45~1.0m，每分钟冲击40~50次。

（2）钻杆式冲击钻机。

它由发动机供给动力，通过传动机构提升钻具做上下冲击。一般机架高度为15~20m，钻头上举高度为0.50~0.75m，每分钟冲击40~60次。冲击钻机的常用钻头有一字、工字、十字、角锥等几种形式，应根据所钻地层的性质和深度选择使用。

下钻时，先将钻具垂吊稳定后，再导正下入井孔。在钻具全部下入井孔后，盖好井盖，使钢丝绳置于井盖中间的绳孔中，并在地面设置标志，用交线法测定钢丝绳位。钻进时，应根据以下原则确定冲程、冲击次数等钻进参数：地层越硬，钻头底刃单位长度所需重量越大、冲程越高，所需冲击次数越少。钻进时，把闸者须根据扶绳者要求进行松绳，并根据地层的变化情况适当掌握，应勤松绳、少松绳，不应操之过急。扶绳者必须随时判断钻头在井底的情况（包括转动和钻头是否到底等）和地层变化情况，如有异常，应及时分析处理。钻进时，根据所钻岩层情况，及时清理井孔。冲击钻进多用掏泥筒进行清孔。

此外，还可采用把钻进和掏取岩屑两个工序合二为一的抽筒钻进，钻进过程中，应及时采取土样，并随时检查孔内泥浆含量。

（二）回转钻进

回转钻机的工作原理是依靠钻机旋转，同时使钻具在地层上具有相当压力，而使钻具慢慢切碎岩层，形成井孔。其优点是钻进速度快、机械化程度高，并适用于坚硬的岩层钻进；缺点是设备比较复杂。国产大口径回转钻机有红星–300型、红星–400型和SPJ–300型等。回转钻机的常用钻头类型有蛇形、勺形、鱼尾、齿轮钻头等。

开钻前，应检查钻具，发现脱焊、裂口、严重磨损时，应及时焊补或更换。水龙头与高压胶管连接处应系牢。每次开钻前，应先将钻具提离井底，开动泥浆泵，待冲洗液流畅后，再慢速回转至孔底，然后开始正常钻进。钻进开始深度不超过15m时，不得加压，转速要慢，以免出现孔斜。在黏土层中钻进时，可采用稀泥浆、大泵量，并适当控制压力。在砂类地层中钻进时，宜采用较大泵量、较小钻压、中等转速，并经常清除泥浆中的砂。在卵石、砾石层中钻进时，应轻压慢转并辅助使用提取卵石、砾石的沉淀管或其他装置。操作人员应根据地层变化情况调整操作。地层由软变硬时，应少进轻压；由硬变软时，应将钻头上提，然后徐徐下放钻具再钻进，并及时取样。此外，还应常注意返出泥浆颜色及带出泥沙的特性，检查井孔圆直度，据此调整泥浆指标并采取相应措施。

（三）锅锥钻进

锅锥是人力与动力相配合的一种半机械化回转式钻机。这种钻机制作与修理都较容易，取材方便；耗费动力小，操作简单，容易掌握；开孔口径大，安装砾石水泥管、砖管、陶土管等井管方便，钻进成本较低。锅锥钻进适用于松散的冲积层，如亚砂土、亚黏土、黏土、砂层、砾石层及小卵石层等中钻进、效率较高，用于大卵石层中钻进效率较低，不适用于各类基层岩。锅锥钻进的开孔占径取决于锅锥钻头的直径，一般为550～1100mm。钻进深度一般取决于采取含水层的深度和机械的凿掘能力。机械的凿掘能力为50～100m。钻进速度因岩层的软硬和钻进深度不同而不同，一般在松散岩层，每下一次能钻进100～300mm。

三、井管的安装

（一）井管安装前的准备工作

（1）井管安装之前，先用试孔器（一般选择试孔器尺度小于井孔设计尺寸25mm）试孔，检查井孔尺度是否满足设计要求，井孔是否垂直、圆整。

（2）根据全部井管重与井管承受拉力的情况决定采用何种井管安装方法，并选择设备。

（3）检查井管有无缺陷，井管与管箍丝扣松紧程度与完好情况，并将井管与管箍丝扣刷净。

（4）按照岩层柱状图及井的结构图中井管次序排列井管，根管（沉淀管部分）在井底安好，并于适当位置装设找中器，以便后续井管下入时居于井孔中心。

（5）将井底的稠泥用掏泥筒（冲击钻进时）掏出或用泥浆泵（回转钻进时）抽出，将井孔泥浆适当换稀，但切勿加入清水。

（6）丈量各井管长度与井孔深度，确认与柱状图吻合，则开始安装井管。

（二）下管

下管方法应根据下管深度、管材强度和钻探设备等因素进行选择。

（1）井管自重（浮重）不超过井管允许抗拉力和钻探设备安全负荷时，宜用直接提吊下管法。通常采用井架、管卡子、滑车等起重设备依次单根接送。

（2）井管自重（浮重）超过井管允许抗拉力或钻机安全负荷时，宜采用浮板下管法或托盘下管法。浮板下管法常在钢管、铸铁井管下管时使用。浮板一般为木制圆板，直径略小于井管外径，安装在两根井管接头处，用于封闭井壁管，利用泥浆浮力减轻井管重量。

泥浆淹没井管的长度（L）可以有三种情况。

①在滤水管最上层密闭。

②在滤水管中间密闭。

③上述两种情况联合使用。

浮板以设置可以按需要减轻的重量与浮板所能承受的应力来决定。为了防止浮板在下管操作时突遭破坏，可在浮板上邻近的管箍处增设一块备用浮板。采用浮板下管时，密闭井管体积内排开的泥浆将由井孔溢出，为此，应准备一个临时贮存泥浆的坑，并挖沟使其与井孔相连。井管下降时，泥浆即排入此坑中。若浮板突遭破坏，井内须及时补充泥浆时，该坑应当便于泥浆倒流，避免产生井壁坍塌事故。井管下好后，即用钻杯捣破浮板。注意在捣破浮板之前，尚需向井管内注满泥浆，否则，一旦浮板捣破后，泥浆易上喷伤人，还可能由于泥浆补充不足产生井壁坍塌事故。托盘下管法常在混凝土井管、矿渣水泥管、砾石水泥管等允许抗拉应力较小的井管下管时采用。

下管时，首先将第一根井管（沉砂管）插入托盘，将钻杆下端特制反扣接头与托盘反扣钻杆接箍相连，慢慢降下钻杆，井管随之降入井孔，当井管的上口下至井口处时，停止下降钻杆，于接口处涂注沥青水泥混合物，即可安装第二根井管。井管的接口处必须以竹、木板条用铅丝捆牢，每隔20m安装一个扶正器，直至将全部井管下入井孔，将钻杆正转拧出，井盖好，下管工作即告结束。

④井身结构复杂或下管深度过大时，宜采用多级下管法。

将全部井管分多次下入井内。前一次下入的最后一根井管上口和后一次下入的第一根井管下口安装一对接头，下入后使其对口。

（三）填烁石与井管外封闭

为增强滤水能力，防止隔水层或含水层塌陷而阻塞滤水管的滤网，在井壁管（滤水管）周围应回填砾石滤层。回填砾石的颗粒大小通常为含水砂层颗粒有效直径的8～10倍。滤层厚度一般为50～75mm。滤层通常做成单层。

回填砾石的施工方法，有直接投入法和成品下入法两种。直接投入法较简便。为了顺利投入砾石，可将泥浆比重加以稀释，一般控制在1∶10左右。为了避免回填时砾石在井孔中挤塞而影响质量，除设法减小泥浆的比重外，还可使用导管将砾石沿管壁投下。

成品下入法是将砾石预装在滤水器的外围，如常见的笼状过滤器就是这种结构。此时，由于过滤器直径较大，下管时容易受阻或撞坏，造成返工事故。因此，下管前必须做好修井孔、试井孔、换泥浆及清理井底等准备工作。回填砾石滤层的高度，要使含水层通连，以增加出水量，并且要超过含水层几米。砾石层填好后，就可着手井管外的封闭。其目的是做好取水层和有害取水层隔离，并防止地表水渗入地下，使井水受到污染。封闭由砾石滤层最上部开始，宜先采用黏土球，后用优质黏土捣成碎块填上5～10m，以上部分采用一般泥土填实。特殊情况可用混凝土封闭。

四、洗井、抽水试验与验收

（一）洗井

洗井是为了清除在钻进过程中孔内岩屑和泥浆对含水层的堵塞，同时排出滤水管周围含水层中的细颗粒，以疏通含水层，借以增强滤水管周围的渗透性能，减小进水阻力，延长使用寿命。洗井必须在下管、填砾、封井后立即进行。否则将会造成孔壁泥皮固结，导致洗井困难，有时甚至失败。

洗井方法应根据含水层特性、管井结构和钻探工艺等因素确定。

（1）活塞洗井。

活塞洗井是靠活塞在孔内上下往复运动，产生抽压作用，将含水层中的细砂及泥浆液抽出，从而达到疏通含水层的目的。洗井时自上而下逐层进行，活塞不宜在井内久停，以防因细砂进入而淤堵活塞。操作时要防止活塞与井管相撞，提升活塞速度控制在 0.5～1.0m/s。此外，应当掌握好洗井的持续时间。这种方法适用于松散井孔、井管强度允许、管井深度不太大的情况。

（2）压缩空气洗井。

采用空压机作动力，接入风管，在井管中吹洗。此法适用于粗砂、卵石层中管井的冲洗。由于此法耗费动力费用大，一般常和活塞洗井结合使用。

（3）水泵和泥浆泵洗井。

在不适宜压缩空气洗井的情况下，可用水泵或泥浆泵洗井。这种方法洗井时间较长，也常与活塞洗井交替使用。泥浆泵结合活塞洗井适用于各种含水层和不同规格的管井。

（4）化学洗井。

化学洗井主要用于泥浆钻孔。洗井前首先配制适量的焦磷酸钠溶液（重量配比为水∶焦磷酸钠=100∶0.6～0.8），待砾料填完后，用泥浆泵向井内灌入该溶液，先管外，后管内，最后向管外填入止水物和回填物至井口，静止5～6h，即可用其他方法洗井。此法对溶解泥皮、稀释泥浆、洗除泥浆对含水层的封闭，均有明显的效果。此外，还有二氧化碳洗井法、高速水喷射洗井法等，也可在一定条件下使用。

（二）抽水试验

抽水试验的目的在于正确评定单井或井群的出水量和水质，为设计施工及运行提供依据。抽水试验前应完成如下准备工作：选用适宜的抽水设备并做好安装；检查固定点标高，以便准确测定井的动水位和静水位；校正水位测定仪器及温度计的误差；开挖排水设施等。

试验中水位下降次数一般为三次，最低不少于两次。要求绘制正确的出水量与水位下降值（Q-s）关系曲线和单位出水量与水位下降值（q-s）关系曲线，借以检查抽水试验是否正确。

抽水试验的最大出水量最好能大于该井将来生产中的出水量，如限于设备条件不能满足此要求，亦应不小于生产出水量的75%。三次抽降中的水位下降值分别为$S/3$，$2S/3$，

S，且各次水位抽降差和最小一次抽降值最好大于1m。

另外，抽水试验中还应做好水质、水位恢复时间间隔等各项观测工作。

（三）管井的验收

管井验交时应提交的资料包括：管井柱状图、颗粒分析资料、抽水试验资料、水质分析资料及施工说明等。

管井竣工后应在现场按下列质量标准验收。

（1）管井的单位出水量与设计值基本相符。管井揭露的含水层与设计依据不符时，可按实际抽水量验收。

（2）管井抽水稳定后，井水含砂量不得超过二百万分之一（体积比）。

（3）超污染指标的含水层应严密封闭。

（4）井内沉淀物的高度不得大于井深的0.5%。

（5）井身直径不得小于设计直径20mm，井深偏差不得超过设计井深的±0.2%。

（6）井管应安装在井的中心，上口保持水平。井管与井深的尺寸偏差，不得超过全长的±0.2%，过滤器安装位置偏差，上下不超过300mm。

五、凿井常见事故的预防和处理

（一）井孔坍塌

（1）预防。

施工中应注意根据土层变化情况及时调整泥浆指标，或保持高压水护孔；做好护口管外封闭，以防泥浆在护口管内、外串通；特殊岩层钻进时须储备大量泥浆，准备一定数量的套管；停工期间每4～8h搅动或循环孔内泥浆一次，发现漏浆及时补充；在修孔、扩孔时，应加大泥浆的比重和黏度。

（2）处理。

发现井孔坍塌时，应立即提出钻具，以防埋钻。在摸清塌孔深度、位置和淤塞深度等情况后，再行处理。如井孔下部坍塌，应及时填入大量黏土，将已塌部分全部填实，加大泥浆比重，按一般钻进方法重新钻进。

（二）井孔弯曲

（1）预防。

钻机安装平稳，钻杆不弯曲；保持顶滑轮、转盘与井口中心在同一垂线上；变径钻进时，要有导向装置；定期观测，及早发现。

（2）处理。

冲击钻进时可以采用补焊钻头，适当修孔或扩孔来纠斜。当井孔弯曲较大时，可在近斜孔段回填土，然后重新钻进。

回转钻进纠斜可以采用扶正器法或扩孔法。在基岩层钻进时，可在粗径钻具上加扶正器，把钻头提到不斜的位置，然后采用吊打、轻压、慢钻速钻进。在松散层钻进时，可选用稍大的钻头，低压力、慢进尺、自上而下扩孔。另外，还可采用灌注水泥法和爆破法等。

（三）卡钻

（1）预防。

钻头必须合乎规格；及时修孔；使用适宜的泥浆保持孔壁稳定；在松软地层钻进时不得进尺过快。

（2）处理。

在冲击钻进中，出现上卡时，可将冲击钢丝绳稍稍绷紧，再用掏泥筒钢丝绳带动捣击器沿冲击钢丝绳将捣击器降至钻具处，慢慢进行冲击，待钻具略有转动后再慢慢上提。出现下卡时可将冲击钢丝绳绷紧，用力摇晃或用千斤顶、杠杆等设备上提。出现坠落石块或杂物卡钻时，应设法使钻具向井孔下部移动，使钻头离开坠落物，再慢慢提升钻具。

在回转钻进中，出现螺旋体卡钻，可先迫使钻具降至原来位置，然后回转钻具，边转边提，直到将钻具提出，再用大"钻耳"的鱼尾钻头或三翼刮刀钻头修理井孔。当出现掉块、探头石卡钻或岩屑沉淀卡钻时，应设法循环泥浆，再用千斤顶、卷扬机提升，使钻具上下窜动，然后边回转边提升使钻具捞出。较严重的卡钻，可用振动方法解除。

（四）钻具折断或脱落

（1）预防。

合理选用钻具，并仔细检查其质量；钻进时保持孔壁圆滑、孔底平整，以消除钻具所承受的额外应力；卡钻时，应先排除故障再进行提升，避免强行提升；根据地层情况，合理选用转速、钻压等钻进参数。

（2）处理。

钻具折断或脱落后，应首先了解情况，如孔内有无坍塌、淤塞情况；钻具在孔内的位置、钻具上断的接头及钻具扳手的平面尺度等。了解情况常采用孔内打印的方法。钻具脱落于井孔，应采用扶钩先将脱落钻具扶正，然后立即打捞。打捞钻具的方法有很多，最常用的有套筒打捞法、捞钩打捞法和钢丝绳套打捞法。

第四节　钢筋工程

一、钢筋

钢筋混凝土结构中使用的钢筋种类很多，通常按生产工艺、力学性能等分为不同的品种。钢筋按生产工艺可分为：热轧钢筋、冷拉钢筋、冷拔钢丝、热处理钢筋、碳素钢丝和钢绞线等。其中后三种用于预应力混凝土结构。

钢筋按化学成分分为：碳素钢钢筋和普通低合金钢钢筋。碳素钢钢筋按含碳量多少可分为：低碳钢钢筋（含碳量低于0.25%，如3号钢）、中碳钢钢筋（含碳量0.25%～0.7%）和高碳钢钢筋（含碳量0.7%～1.4%）。普通低碳钢钢筋是在低碳钢和中碳钢的成分中加入少量合金元素，获得强度高和综合性能好的钢种，其主要品种有20锰硅、40硅2锰钒、45硅2锰钛等。

钢筋按力学性能分为：Ⅰ级钢筋（235/370级，即屈服点为235N/mm、抗拉强度为370N/mm）、Ⅱ级钢筋（335/510级）、Ⅲ级钢筋（370/570级）和Ⅳ级钢筋（540/835级）等。此外，钢筋还可按轧制外形分为：光圆钢筋和变形钢筋（月牙形、螺旋形、人字形钢筋）；按供应形式分为：盘圆钢筋（直径不大于10mm）和直条钢筋（长度为6～12m）；按直径大小可分为：钢丝（直径3～5mm）、细钢筋（直径6～12mm）、中粗钢筋（直径12～20mm）和粗钢筋（直径大于20mm）。HPB235（Ⅰ级），为热轧普通钢筋；HRB335（Ⅱ级），为热轧带肋钢筋；HRB400（Ⅲ级），为热轧带肋钢筋；RRB400（余热处理Ⅲ级），为余热处理带肋钢筋。钢筋出厂应有出厂证明书或试验报告单。钢筋运到工地后，应根据品种按批分别堆存，不得混杂，并应按施工规范要求对钢筋进行机械性能检验，不符合规定时，应重新分级。钢筋在使用中如发现脆断、焊接性能不良或机械性能显著不正常，还应检验其化学成分，检验有害成分硫、磷、砷的含量是否超过允许范围。

钢筋工程主要包括：钢筋的加工、钢筋的制备及钢筋的安装成型等。其中钢筋加工一般又包括钢筋的冷处理（现在基本不用）、调直、剪切、弯曲、绑扎及焊接等工序。

随着建筑施工预制装配化和生产工厂化的日益发展，钢筋加工一般都先集中在车间采用流水作业，以便于合理组织生产工艺和采用新技术，实现钢筋加工的联动化和自动化。

钢筋的加工包括冷拉、冷拔、调直、除锈、切断、弯曲成型、焊接、绑扎等。钢筋加工过程：钢筋的冷加工有冷拉、冷拔和冷轧，用以提高钢筋强度设计值，能节约钢材，满足预应力钢筋的需要。

（一）钢筋的冷拔、冷拉

钢筋冷拔是用强力将直径为6~8mm的Ⅰ级光圆钢筋在常温下通过特制的钨合金拔丝模，多次拉拔成比原钢筋直径小的钢丝，使其发生塑性变形。冷拉是纯拉伸的线应力，而冷拔是拉伸和压缩兼有的立体应力。钢筋经过冷拔后，横向压缩、纵向拉伸，钢筋内部晶格产生滑移，抗拉强度标准值可提高50%~90%，但塑性降低、硬度提高。这种经冷拔加工的钢筋称为冷拔低碳钢丝。冷拔低碳钢丝分为甲、乙级，甲级钢丝主要用作预应力混凝土构件的预应力筋，乙级钢丝用于焊接网片和焊接骨架、架立筋、箍筋和构造钢筋。

钢筋的冷拉是在常温下对钢筋进行强力拉伸，拉应力超过钢筋的屈服强度，使钢筋产生塑性变形，以达到调直钢筋适用于混凝土结构中的受拉钢筋；冷拉HRB335、HRB400、RRB400级钢筋适用于预应力混凝土结构中的预应力筋。

冷拉后钢筋有内应力存在，内应力会促进钢筋内的晶体组织调整，经过调整，屈服强度又进一步提高。该晶体组织调整过程称为"时效"。HPB235、HRB335钢筋的时效过程在常温下需15~20d（称为自然时效），但温度在100℃时只需2h，因而为加速时效可利用蒸汽、电热等手段进行人工时效。HRB400、RRB400钢筋在自然条件下一般达不到时效的效果，宜用人工时效。一般通电加热至150~200℃，保持20min左右即可。

不同炉批的钢筋，不宜用控制冷拉率的方法进行冷拉。多根连接的钢筋，用控制应力的方法进行冷拉时，其控制应力和每根的冷拉率均应符合规定；当用控制冷拉率方法进行冷拉时，实际冷拉率按总长计算，钢筋冷拉速度不宜过快，一般以每秒拉长5mm或每秒增加5N/mm²拉应力为宜。当拉至控制值时，停2~3min后，再行放松，使钢筋晶体组织变形较为完全，以减少钢筋的弹性回缩。预应力钢筋由几段对焊而成时，应在焊接后再进行冷拉，以免因焊接而降低冷拉所获得的强度。

冷拉设备：冷拉设备由拉力设备、承力结构、测力设备和钢筋夹具等部分组成，拉力设备可采用卷扬机或长行程液压千斤顶；承力结构可采用地锚；测力装置可采用弹簧测力计、电子秤或附带油表的液压千斤顶

（二）钢筋接头连接

钢筋接头连接方法有：绑扎连接、焊接连接和机械连接。绑扎连接由于需要较长的搭接长度，浪费钢筋，且连接不可靠，故宜限制使用。焊接连接的方法较多，成本较低，质量可靠，宜优先选用。机械连接无明火作业，设备简单，节约能源，不受气候条件影响，可全天候施工，连接可靠，技术易于掌握，适用范围广，尤其适用于现场焊接有困难的场合。

（三）绑扎连接

钢筋搭接处，应在中心及两端用20～22号铁丝扎牢。受拉钢筋绑扎连接的搭接长度，应符合相应规定。

各受力钢筋之间采用绑扎接头时，绑扎接头位置应相互错开。从任一绑扎接头中心至搭接长度的1.3倍区段范围内，有绑扎接头的受力钢筋截面面积占受力钢筋总截面面积百分率，应符合下列规定。

①受拉区不得超过25%；

②受压区不得超过50%。

绑扎接头中钢筋的横向净距s不应小于钢筋直径d且不应小于25mm。采用绑扎骨架的现浇柱，在柱中及柱与基础交接处，其接头面积允许百分率，经设计单位同意，可适当放宽。绑扎接头区段的长度范围内，当接头受力钢筋面积百分率超过规定时，应采取专门措施。

二、连接钢筋的焊接

钢筋的连接与成型采用焊接加工代替绑扎，可改善结构受力性能，节约钢材和提高工效。钢筋焊接加工的效果与钢材的可焊性有关，也与焊接工艺有关。钢材的可焊性是指被焊钢材在采用一定焊接材料和焊接工艺条件下，获得优质焊接接头的难易程度。钢筋的可焊性与其含碳及合金元素量有关，含碳量增加，可焊性降低；含锰量增加也影响焊接效果；含适量的钛，可改善焊接性能。Ⅳ级钢筋的碳、锰、硅含量较高，可焊性就差，但其中硅钛系钢筋的可焊性尚好。

钢筋的焊接效果与焊接工艺有关，即使较难焊的钢材，如能掌握适宜的焊接工艺也可获得良好的焊接质量。因此，改善焊接工艺是提高焊接质量的有效措施。钢筋焊接的方法，常用的有对焊、点焊、电弧焊、接触电渣焊、埋弧焊等。

钢筋焊接方法有闪光对焊、电弧焊、电渣压力焊和电阻点焊。此外，还有预埋件钢筋和钢板的埋弧压力焊及最近推广的钢筋气压焊。受力钢筋采用焊接接头时，设置在同开，在任一焊接接头中心至长度为钢筋直径d的35倍，且不小于500mm的区段内，同一根钢筋不得有两个接头；在该区段内有接头的受力钢筋截面面积占受力钢筋面积的百分率，应符合下列规定。

（1）非预应力筋受拉区不宜超过50%；受压区和装配式构件连接处不限制。

（2）预应力筋受拉区不宜超过25%，当有可靠保证措施时，可放宽至50%；受压区和后张法的螺丝端杆不限制。

（一）闪光对焊

闪光对焊广泛用于钢筋接长及预应力钢筋与螺丝端杆的焊接。热轧钢筋的接长宜优先用闪光对焊。钢筋闪光对焊的原理是利用对焊机使两段钢筋接触，通过低电压的强电流，待钢筋被加热到一定温度变软后，进行轴向加压顶锻，形成对焊接头。钢筋闪光对焊工艺可分为：连续闪光焊、预热闪光焊、闪光–预热–闪光焊三种。对Ⅳ级钢筋有时在焊接后进行通电热处理。闪光对焊的工艺参数包括调伸长度、闪光留量、预热留量、顶锻留量、闪光速度、顶锻速度、顶锻压力、变压器级次等。这些工艺参数取决于钢筋的品种和直径的大小。钢筋闪光对焊后，除对接头进行外观检查（无裂纹和烧伤；接头弯折不大于4；接头轴线偏移不大于1/10的钢筋直径，也不大于2mm）外，还应按同规格接头6%的比例，做三根拉伸试验和三根冷弯试验，其抗拉强度实测值不应小于母材的抗拉强度，且断于接头的外处。钢筋对焊原理是利用对焊机使两段钢筋接触，通以低电压的强电流，把电能转化为热能。在钢筋被加热到一定程度后，即施加轴向压力顶锻，便形成对焊接头。对焊广泛应用Ⅰ～Ⅳ级钢筋的接长及预应力钢筋与螺丝端杆的焊接。

常用对焊机型号有UN–75（LP–75），可焊小于36的钢筋；UN–100（LP–100）、UN–150（LP–150–2）及UN–150–1等，可焊小于50的钢筋。

（1）钢筋对焊工艺。

钢筋对焊应采用闪光焊。根据钢筋品种、直径和所用焊机功率等不同，闪光对焊可分连续闪光焊、预热闪光焊和闪光–预热–闪光焊三种工艺。

①连续闪光焊。连续闪光焊工艺过程包括连续闪光和顶锻过程。施焊时，先闭合电源，使两钢筋端面轻微接触，此时端面的间隙中即喷射出火花般熔化的金属微粒——闪光，接着徐徐移动钢筋使两端面仍保持轻微接触，形成连续闪光。当闪光到预定的长度，使钢筋接头加热到将近熔点时，以一定的压力迅速进行顶锻。先带电顶锻，再无电顶锻到一定长度，焊接接头即告完成。

②预热闪光焊。预热闪光焊是在连续闪光焊前增加一次预热过程，以扩大焊接热影响区。其工艺过程包括预热、闪光和顶锻过程。施焊时先闭合电源，然后使两钢筋端面交替地接触和分开，这时钢筋端面的间隙中即发生断续的闪光，而形成预热的过程。当钢筋达到预热的温度后进入闪光阶段，随后顶锻而成。

③闪光–预热–闪光焊。闪光–预热–闪光焊是在预热闪光焊前加一次闪光过程，以便使不平整的钢筋端面烧化平整，使预热均匀。其工艺过程包括一次闪光、预热、二次闪光及顶锻过程。钢筋直径较粗时，宜采用预热闪光焊和闪光–预热–闪光焊。

（2）对焊参数。

为了获得良好的对焊接头，应该合理选择焊接参数。焊接参数主要包括：调伸长度、闪光留量、闪光速度、顶锻留量、顶锻速度、顶锻压力及变压器级次等。采用预热闪光焊时，还要有预热留量与预热频率等参数。调伸长度、闪光留量和顶锻留量。

（3）Ⅳ级钢筋对焊。

Ⅳ级钢筋碳、锰、硅等含量高，焊接性能较差，焊后容易产生淬硬组织，降低接头的塑性性能。为了改善以上情况，可扩大焊接时的加热范围，防止接头处温度梯度过大和冷却过快，采用较大的调伸长度和较低的变压器级数，以及较低的预热频率。Ⅳ级钢筋采用预热闪光焊或闪光-预热-闪光焊，其接头的力学性能不能符合质量要求时，可在焊后进行通电热处理。

（4）质量检验。

钢筋对焊接头的外观检查，每批抽查10%的接头，并不得少于10个。对焊接头的力学性能试验，应从每批成品中切取6个试件，3个进行拉伸试验、3个进行弯曲试验。

在同一班内，由同一焊工，按同一焊接参数完成的200个同类型接头作为一批。对焊力学性能试验包括拉力和弯曲试验，拉力试验应符合同级钢筋的抗拉强度标准值。在三个试件中至少有两个试件断于焊缝之外，并呈塑性断裂。当试验结果不符合要求时，应取双倍数量的试件进行复验。当复验不符合要求时，则该批接头即为不合格品。

弯曲试验应将受压面的金属毛刺和镦粗变形部分去除，至与母材的外表齐平。弯曲试验焊缝应处于弯曲的中心点，弯曲到90°时，接头外侧不得出现宽度大于0.15mm的横向裂纹。弯曲试验结果如有两个试件未达到上述要求，应取双倍数量试件进行复验，如有三个试件仍不符合要求，该批接头即为不合格品。

（二）点焊

点焊的工作原理，是将已除锈污的钢筋交叉点放入点焊机的两电极间，使钢筋通电发热至一定温度后，加压使焊点金属焊牢。

采用点焊代替人工绑扎，可提高工效，成品刚性好，运输方便。采用焊接骨架或焊接网时，钢筋在混凝土中能更好地锚固，可提高构件的刚度及抗裂性，钢筋端部不需弯钩，可节约钢材。因此，钢筋骨架应优先采用点焊。常用点焊机有单点点焊机（用以焊接较粗的钢筋）、多头点焊机（一次可焊接数点，用以焊接钢筋网）和悬挂式点焊机（可焊平面尺寸大的骨架或钢筋网）。施工现场还可采用手提式点焊机。点焊机类型较多，但其工作原理基本相同。当电流接通踏下踏板，上电极即压紧钢筋，断路器接通电流，在极短的时间内强大电流经变压器次级引至电极，焊点产生大量的电阻热形成熔融状态，同时在电极施加的压力下，使两焊件接触处结合成为一个牢固的焊点。

（1）点焊工艺与参数。

点焊过程可分为预压、加热熔化、冷却结晶三个阶段。钢筋点焊工艺，根据焊接电流大小和通电时间长短，可分为强参数工艺和弱参数工艺。强参数工艺的电流强度较大（120～360A/mm²），通电时间短（0.1～0.5s），这种工艺的经济效果好，但点焊机的功率要大；弱参数工艺的电流强度较小（80～160A/mm²），而通电时间较长（0.5秒至数秒）。点焊热轧钢筋时，除因钢筋直径较大、焊机功率不足，需采用弱参数外，一般都可采用强参数，以提高点焊效率。点焊冷处理钢筋时，为了保证点焊质量，必须采用强参数。

钢筋点焊参数主要包括：焊接电流、通电时间和电极压力。在焊接过程中，应保持一定的预压时间和锻压时间。点焊焊点的压入深度：对热轧钢筋应为较小钢筋直径的30%～45%；对冷拔低碳钢丝点焊应为较钢丝直径的30%～35%。点焊过程中如发现下列现象，可以调整点焊参数。

①焊点周围没有铁浆挤出，可增大焊接电流；

②焊点的压入深度不足，可增大电极压力；

③焊点表面发黑（过烧），可缩短通电时间或减小焊接电流；

④焊点熔化金属飞溅，表面有烧伤现象，应清刷电极和钢筋的接触表面，并适当地增大电极压力或减小焊接电流。

（2）质量检验。

①外观检查。点焊制品的外观检查，应按同一类型制品分批抽验。一般制品每批抽查5%；梁、柱、桁架等重要制品每批抽查10%且不得小于3件。钢筋级别、直径及尺寸均相同的焊接制品，即为同一类制品，每200件为一批。外观检查主要包括：焊点处熔化金属均匀；无脱落、漏焊、裂纹、多孔性缺陷及明显的烧伤现象；量测制品总尺寸，并抽纵横方向3～5个网格的偏差。

当外观检查不符合上述要求时，则逐件检查，剔除不合格品，对不合格品经检修后，可提交二次验收。

②强度检验。点焊制品的强度检验，应从每批成品中切取。热轧钢筋焊点做抗剪试验，试件为3件；冷拔低碳钢丝焊点除做抗剪试验外，还应对较小的钢丝做拉力试验，试件各为3件。焊点的抗剪试验结果应符合规定，拉力试验结果应不低于乙级冷拔低碳钢丝的规定数值。

试验结果中如有一个试件达不到上述要求，则取双倍数量的试件进行复验。

（三）电弧焊

电弧焊是利用弧焊机使焊件之间产生高温电弧，使焊条和电弧燃烧范围内的焊件熔化，待其凝固便形成焊缝与接头。该方法广泛应用于钢筋骨架焊接、装配式结构接头的焊接、钢筋与钢板的焊接及各种钢结构焊接。钢筋电弧焊的接头形式有搭接接头（单面焊缝或双面焊缝）、帮条接头（单面焊缝或双面焊缝）、坡口接头（平焊或立焊）、熔槽帮条焊接头和水平钢筋窄间隙焊接头。水平钢筋窄间隙焊是将两钢筋的连接处置于U形铜模中，留出一定间隙予以固定，随后采取电弧焊连续焊接，填满空隙而形成接头的一种焊接方法。与其他电弧焊接头相比，可减少帮条钢筋和垫板材料，减少焊条用量，降低焊接成本。采用低氢型碱性焊条，焊条要按照使用说明书的要求进行烘焙。

弧焊机有直流与交流之分，工程中常用交流弧焊机。焊接电流根据钢筋和焊条的直径进行选择。焊条的种类很多，根据钢材等级和焊接接头形式进行选择。焊条表面涂有焊药，它可保证电弧稳定，使焊缝免致氧化，并产生熔渣覆盖焊缝以减缓冷却速度。采用帮条或搭接焊时，焊缝长度不应小于帮条或搭接长度，焊缝高度$h>0.3d$并不得小于4mm；焊缝宽度$b>0.7d$并不得小于10mm。电弧焊一般要求焊缝表面平整，无裂纹，无较大凹陷、焊瘤，无明显咬边、气孔、夹渣等缺陷。在现场安装条件下，每一层楼以300个同类型接头为一批，每一批选取三个接头进行拉伸试验。如有一个不合格，取双倍数量试件复验，如有一个不合格，则该批接头不合格。如对焊接质量有怀疑或发现异常情况，还可进行非破损方式（X射线、射线、超声波探伤等）检验。电弧焊的主要设备是弧焊机，可分为交流弧焊机和直流弧焊机两类。交流弧焊机（焊接变压器）具有结构简单、价格低、保养维护方便的优点，建筑工地多采用，其常用型号有BX-120-1、BX-300-2、BX-500-2和BX-1000等。

（1）电弧焊工艺。钢筋电弧焊接头主要形式有以下几种：

①帮条接头与搭接接头。施焊时，引弧应在帮条或搭接钢筋的一端开始，收弧应在帮条或搭接钢筋端头上，弧坑应填满。多层施焊时第一层焊缝应有足够的熔深，主焊缝与定位焊缝，特别是在定位焊缝的始端与终端应熔合良好。

采用帮条焊或搭接焊的钢筋接头，焊缝长度不应小于帮条或搭接长度，焊缝高度$h>0.3d$并不得小于4mm；焊缝宽度$b>0.7d$并不得小于10mm。钢筋与钢板接头采用搭接焊时，焊缝高度$h>0.35d$并不得小于6mm；焊缝宽度$b>0.5d$，并不得小于8mm。

②坡口焊接头适用于在施工现场焊接装配现浇式构件接头中直径16～40mm的钢筋。坡口焊可分为平焊和立焊两种。施焊时，焊缝根部、坡口端面以及钢筋与钢垫板之间均应熔合良好。为了防止接头过热，采用几个接头轮流焊接。加强焊缝的宽度应超过V形坡口边缘2～3mm，其高度为2～3mm。

如发现接头有弧坑、未填满、气孔及咬边等缺陷时，应补焊。Ⅲ级钢筋接头冷却补焊时，需先用氧乙炔焰预热。

③预埋件T形接头电弧焊的接头形式分为贴角焊和穿孔塞焊两种。采用贴角焊时，焊缝的焊脚K不小于0.5d（Ⅰ级钢筋）～0.6d（Ⅱ级钢筋）。采用穿孔塞焊时，钢板的孔洞应做成喇叭口，其内口直径比钢筋直径d大于4mm，倾斜角为45°，钢筋缩进2mm。施焊

时，电流不宜过大，以防烧伤钢筋。

（2）质量检验。

钢筋电弧焊接头外观检查时，应在接头清渣后逐个进行目测或量测，并应符合下列要求：焊缝表面平整，不得有较大的凹陷、焊瘤；接头处不得有裂纹；咬边、气孔、夹渣等数量与大小，以及接头尺寸偏差不得超过相关规定；坡口焊的焊缝加强高度为2~3mm。

钢筋电弧焊接头拉力试验，应从成品中每批切取三个接头进行拉伸试验。对装配式结构节点的钢筋焊接接头，可按生产条件制作模拟试件。接头拉力试验结果，应符合三个试件的抗拉强度，均不得低于该级别钢筋的抗拉强度标准值；至少有两个试件呈塑性断裂。

当有一个试件的抗拉强度低于规定指标，或有两个试件发生脆性断裂时，应取双倍数量的试件进行复验。

（四）电渣压力焊

电渣压力焊在建筑施工中多用于现浇混凝土结构构件内竖向钢筋的接长。与电弧焊比较，它工效高、成本低，在一些高层建筑施工中，已取得良好的效果。

电渣压力焊所用焊接电源，宜采用BX2-1000型焊接变压器。焊接大直径钢筋时，可将同型号同功率的几台焊接变压器并联。夹具需灵巧，上下钳口同心，焊接接头上下钢筋的轴线应尽量一致，其最大偏移不得超过0.1d（d为钢筋直径），同时也不得大于2mm。焊接时，先将钢筋端部约120mm范围内的铁锈除尽，将夹具夹牢在下部钢筋上，并将上部钢筋扶直夹牢于活动电极中，上下钢筋间放一钢丝小球或导电剂，再装上药盒并装满焊药，接通电路，用手柄使电弧引燃（引弧）后稳定一定时间，使之形成渣池并使钢筋熔化（稳弧）。随着钢筋的熔化，用手柄使上部钢筋缓缓下送，稳弧时间的长短视电流、电压和钢筋直径而定。如电流850A，工作电压40V左右，Φ30及Φ32钢筋的稳弧时间约50s。当稳弧达到规定时间后，在断电同时用手柄进行加压顶锻（顶锻），以排除夹渣和气泡，形成接头。待冷却一定时间后，即拆除药盒，回收焊药，拆除夹具和清理焊渣。引弧、稳弧、顶锻三个过程连续进行，约1min完成。电渣压力焊的焊接参数为焊接电流、渣池电压和通电时间，根据钢筋直径选择。电渣压力焊的接头不得有裂纹和明显的烧伤缺陷，轴线偏移不得大于0.1倍的钢筋直径，同时不得超过2mm；接头弯折不得超过4°。每300个接头为一批（不足300个也为一批），切取三个试件做拉伸试验，如有一根不合格，则再双倍数量样品，重做试验，如仍有一根不合格，则该批接头为不合格。

（五）气压焊

所谓气压焊，是以氧气和乙炔火焰来加热钢筋的结合端部，不待钢筋熔融使其在高温下加压接合。它适用于Ⅰ、Ⅱ、Ⅲ级热轧钢筋，直径相差不大于7mm的不同直径钢筋及各种方向布置的钢筋的现场焊接。气压焊的设备包括供气装置、加热器、加压器和压接器等。

（1）压接用气。压接用气是氧气和乙炔的混合气体。氧气的纯度在99.5%以上，乙炔气体的纯度在98%以上。氧气的工作压力为0.6~0.7MPa，乙炔的工作压力为0.05~0.01MPa，氧气和乙炔分别贮存在氧气瓶和乙炔气瓶内。

（2）加热器。加热器由混合气管（握柄）和火钳两段组成，火钳中火口数按焊接钢筋直径大小的不同，由4个火口增加到16个火口。

（3）加压器和压接器。加压器有电动和手动两种，均为油泵。

（4）气压焊操作工艺。施焊前钢筋端头用切割机切齐。压接面应与钢筋轴线垂直。钢筋切平后，端头周边用砂轮磨成小八字角。施焊时先将钢筋固定于压接器上，并加以适当的压力使钢筋接触，然后将火钳火口对准钢筋接缝处，加热钢筋端部至1100~1300℃表面发深红色时，当即加压油泵，对钢筋施以40MPa以上的压力。压接部分的膨胀直径为钢筋直径的1.4倍以上，其形状呈平滑的圆球形。变形长度为钢筋直径的1.3~1.5倍。待钢筋加热部分火色退消后，即可拆除压接器。

三、钢筋配料

钢筋配料就是根据结构施工图，分别计算构件各钢筋的直线下料长度、根数及质量，编制钢筋配料单作为备料、加工和结算的依据。

结构施工图中所指钢筋长度是钢筋外边缘至外边缘之间的长度，即外包尺寸，这是施工中度量钢筋长度的基本依据。钢筋加工前按直线下料，经弯曲后，外边缘伸长，内边缘缩短，而中心线不变。这样，钢筋弯曲后的外包尺寸和中心线长度之间存在一个差值，称为"量度差值"。在计算下料长度时必须加以扣除，否则会导致下料太长，造成浪费，或弯曲成型后钢筋尺寸大于要求，造成保护层不够，甚至钢筋尺寸大于模板尺寸而造成返工。因此，钢筋下料长度应为各段外包尺寸之和减去各弯曲处的量度差值，再加上端部弯钩的增加值。

（一）配料计算注意事项

（1）在设计图纸中，钢筋配置的细节问题没有注明时，一般可按构造要求处理。

（2）配料计算时，要考虑钢筋的形状和尺寸在满足设计要求的前提下有利于加工安装。

（3）配料时，还要考虑施工需要的附加钢筋。例如，后张预应力构件预留孔道定位用的钢筋井字架、基础双层钢筋网中保证上层钢筋网位置用的钢筋撑脚、墙板双层钢筋网中固定钢筋间距用的钢筋撑铁、柱钢筋骨架增加四面斜撑等。

（二）钢筋代换注意事项

钢筋代换时，应征得设计单位同意，并应符合下列规定。

（1）对重要受力构件，如吊车梁、薄腹梁、桁架下弦等，不宜用HPB235光面钢筋代换变形钢筋，以免裂缝开展过大。

（2）钢筋代换后，应满足混凝土结构设计规范中所规定的钢筋间距、锚固长度、最小钢筋直径、根数等要求。

（3）当构件受裂缝宽度或挠度控制时，钢筋代换后应进行刚度、裂缝验算。

（4）梁的纵向受力钢筋与弯曲钢筋应分别代换，以保证正截面与斜截面强度。偏心受压构件（如框架柱、有吊车的厂房柱、桁架上弦等）或偏心受拉构件作钢筋代换时，不取整个截面配筋量计算，应按受力面（受拉或受压）分别代换。

（5）有抗震要求的梁、柱和框架，不宜以强度等级较高的钢筋代换原设计中的钢筋。如必须代换，其代换的钢筋检验所得的实际强度符合抗震钢筋的要求。

（6）预制构件的吊环，必须采用未经冷拉的Ⅰ级热轧钢筋制作，严禁以其他钢筋代换。

（三）钢筋的制备与安装

钢筋的制备包括钢筋的配料、加工、钢筋骨架的成型等草工过程。钢筋的配料要确定其下料的长度；配料中又常会遇到钢筋的规格、品种与设计要求不符等问题，还需进行钢筋的代换。这是钢筋制备中需要预先解决的主要问题。

（1）钢筋的配料。

钢筋配料是根据施工图中的构件配筋图，分别计算各种形状和规格的单根钢筋下料长度和根数，填写配料单，申请加工。

钢筋因弯曲或弯钩会导致长度变化，在配料中不能直接根据图纸尺寸下料，必须了解对混凝土保护层、钢筋弯曲、弯钩等的规定，再按图纸中尺寸计算其下料长度。

直钢筋下料长度=构件长度−保护层厚度+弯钩增加长度

弯起钢筋下料长度=直段长度+斜段长度−弯曲调整值+弯钩增加长度

箍筋下料长度=箍筋周长+箍筋调整值

上述钢筋需要搭接时，还应增加钢筋搭接长度。钢筋下料长度计算式中的增加长度和整值按如下方法确定：

钢筋弯曲后轴线长度不变，在弯曲处形成圆弧。钢筋的量度方法是沿直线量外包尺寸，因此弯起钢筋的量度尺寸大于下料尺寸，两者之差值称为弯曲调整值。

钢筋的弯钩形式有：半圆弯钩、直弯钩及斜弯钩。弯钩增加长度计算值为：半圆弯钩 $6.5d$，心直弯钩$3.5d$，斜弯钩$4.9d$。

在生产实践中，由于实际弯心直径与理论弯心直径有时不一致，钢筋粗细和机具条件不同等而影响平直部分的长短（手工弯钩时平直部分可适当加长，机械弯钩时可适当缩短），因此在实际配料计算时，对弯钩增加长度常根据具体条件采用经验数据计算。

（2）钢筋的代换。

当施工中遇有钢筋的品种或规格与设计要求不符时，可按下述原则进行代换。

①等强度代换。当构件受强度控制时，钢筋可按强度相等原则进行代换。

②等面积代换。当构件按最小配筋率配筋时，钢筋可按面积相等原则进行代换。

③当构件受裂缝宽度或抗裂性要求控制时，代换后应进行裂缝或抗裂性验算。对钢筋代换后，还应满足构造方面的要求（如钢筋间距、最小直径、最少根数、锚固长度、对称性等）及设计中提出的特殊要求（如冲击韧性、抗腐蚀性等）。

四、钢筋的加工、绑扎与安装

（一）钢筋加工

钢筋加工包括调直、除锈、下料剪切、接长、弯曲等工作。

钢筋调直可采用冷拉的方法，若冷拉只是为了调直，而不是为了提高钢筋的强度，则冷拉率可采用0.7%～1%，或拉到钢筋表面的氧化铁皮开始剥落时为止。除冷拉的调直方法外，粗钢筋还可采用锤直或扳直的方法。04～14的钢筋可采用调直机进行调直。经冷拉或机械调直的钢筋，一般不必再行除锈，但如保管不良，产生鳞片状锈蚀时，则应进行除锈。除锈可采用钢丝刷或机动钢丝刷，或在沙堆中往复拉擦，或喷砂除锈，要求较高时还可采用酸洗除锈。钢筋下料时须按下料长度剪切。钢筋剪切可采用钢筋剪切机或手动剪切器。手动剪切器一般只用于直径小于12mm的钢筋，钢筋剪切机可切断直径小于40mm的钢筋。直径大于40mm的钢筋需用氧–乙炔焰或电弧割切。

钢筋下料之后，应按弯曲设备的特点及工地习惯进行画线，以便将钢筋准确地加工成所规定的（外包）尺寸。钢筋弯曲宜采用弯曲机，弯曲机可弯直径6～40mm的钢筋。为了提高工效，工地常自制多头弯曲机以弯曲细钢筋。受力钢筋弯曲后，顺长度方向全长尺寸允许偏差不应超过±10mm，弯起位置允许偏差不应超过±20mm。

（二）钢筋绑扎、安装

钢筋加工后，进行绑扎、安装。

钢筋的接长、钢筋骨架或钢筋网的成型应优先采用焊接，如不可能采用焊接（如缺乏电焊机或焊机功率不够）或骨架过重过大不便于运输安装时，可采用绑扎的方法。钢筋绑扎一般采用20~22号铁丝。铁丝过硬时，可经退火处理。绑扎时应注意钢筋位置是否准确，绑扎是否牢固，搭接长度及绑扎点位置是否符合规范要求。在同一截面内，绑扎接头的钢筋面积占受力钢筋总面积的百分比，在受压区中不得超过50%，在受拉区或拉压不明的，不得超过25%。不在同一截面中的绑扎接头，中距不得超过搭接长度。绑扎接头与钢筋弯曲处相距不得小于钢筋直径的10倍，也不得放在最大弯矩处。

钢筋网外围两行钢筋交点应每点扎牢，除双向都配主筋的钢筋网外，其中间部分可每隔一点扎一点使其成梅花形。柱或梁中箍筋转角与主筋的交点应每点扎牢，但箍筋平直部分与主筋的交点则可隔点扎成梅花形。柱角竖向钢筋的弯钩应放在柱模内角的等分线上，其他竖筋的弯钩则应与柱模垂直。如柱截面较小，为避免震动器碰到钢筋，弯钩可放偏一些，但与模板所成角度不应小于15°。钢筋安装或现场绑扎应与模板安装配合，柱钢筋现场绑扎时，一般在模板安装前进行，柱钢筋采用预制安装时，可先安装钢筋骨架，再安装柱模。或先安三面模板，待钢筋骨架安装后，再钉第四面模板。梁的钢筋一般在梁模安装好后，再安装或绑扎。对于梁断面高度较大（大于600mm）或跨度较大、钢筋较密的大梁，可留一面侧模，待钢筋绑扎（或安装）完后再钉模板。楼板钢筋绑扎应在楼板模板安装后进行，并应按设计先画线，然后摆料、绑扎。

钢筋在混凝土中应有一定厚度的保护层（一般指主筋外表面到构件外表面的厚度）。保护层厚度应按设计或规范确定。工地常用预制水泥砂浆垫块垫在钢筋与模板间，以控制保护层厚度。垫块应布置成梅花形，其相互间距不大于1m。上下双层钢筋之间的尺寸可通过绑扎短钢筋或垫预制块来控制。钢筋工程属于隐蔽工程，在灌筑混凝土前应对钢筋及预埋件进行验收，并记好隐蔽工程记录，以便查考。

五、钢筋车间工艺布置

随着工程施工生产工厂化的日益发展，钢筋加工一般都集中在车间采用流水作业进行，以便于合理组织生产工艺和采用新技术，实现钢筋加工的联动化和自动化。钢筋车间工艺布置，应根据所承担的任务特点、设备条件、原材料供应方式、施工习惯等加以设计。

（一）工程队钢筋车间工艺布置

钢筋车间工艺线由细钢筋一条线、粗钢筋一条线和预应力钢筋冷拉一条线组成。细钢筋一条线是加工6~8mm的盘圆钢筋，通过附墙式放线机，用卷扬机冷拉调直后，按下料长度用钢筋切断机切断，再送到四头弯筋机弯曲成型。

粗钢筋一条线加工10mm以上的直条钢筋，先用钢筋切断机下料切断，然后用钢筋弯曲机弯曲成型。必要时，粗钢筋需在工作台上平直，并用对焊机接长。

预应力钢筋一条线由钢筋切断机（设在原材料场内）、对焊机和卷扬机、冷拉设备等组成。由于预应力钢筋冷拉一条线不经常使用，因此该线布置在车间外，其设备部分设在坡屋内。此外，车间内还配备一台钢筋调直机和点焊机，供制备少量冷拔低碳钢丝网片。

（二）公司钢筋车间工艺布置

车间布置由粗钢筋、中粗钢筋和细钢筋各一条线及冷拔低碳钢丝两条线等组成。其主要特点是热轧钢筋全部经过冷拉，以节约钢材并提高工效；冷拔低碳钢丝调直与点焊设备较多，并采用点焊网片生产联动线。

第五节　模板工程

一、定型模板

定型模板一般有木定型模板、钢木定型模板、钢定型模板、竹木定型模板和钢丝网水泥定型模板等。

（一）木定型模板

可利用短、窄、废旧板材拼制，构造简单，制作方便。其缺点是耐久性差。模板尺寸一般为1000mm×500mm。

（二）钢木定型模板

钢边框的制作尺寸及钻孔位置要准确，面板可用防水胶合板或木屑板，板面要与边框做平，钢材表面涂防锈漆。模板尺寸一般为1000mm×500mm。

（三）钢定型模板

钢定型模板由钢模板和配件两部分组成，称为组合钢模板。其中钢模板包括平面模板、阴角模板、阳角模板和连接角模板。配件的连接件包括U形卡、L形插销、钩头螺栓、紧固螺栓、对拉螺栓、扣件等；配件的支承件包括柱箍、钢楞、支柱、斜撑、钢桁架等。钢板厚度宜采用2.3mm或2.5mm，封头横肋板及中间加肋板厚度用2.8mm。定型模板的连接除木模采用螺栓与圆钉外，一般采用U形卡、L形插销、钢板卡等。定型模板使用的卡具和柱箍如下。

（1）钢管卡具。

适用于矩形护面墙、承重挡土墙等模板，用以将侧模板固定于底板上，节约斜撑等木料，也可用于侧模上口的卡固定位。

（2）板墙撑头。

撑头是用来保持模板与模板之间的设计厚度的，常用的有：

①钢板撑头：用来保持模板间距。

②混凝土撑头：带有穿墙栓孔的使用较普遍。单纯作支撑时，有采用两头设有预埋铁丝，将铁吊在横向钢筋上。

③螺栓撑头：用于有抗渗要求的混凝土墙，由螺帽保持两侧模板间距，两头用螺栓拉紧定位，待混凝土达到一定强度后，拆去两头螺栓，脱模后用水泥砂浆补平。

④止水板撑头：用于抗渗要求较高的工程，拆模后将垫木凿去，螺栓两端沿止水板面割平，用水泥砂浆补平。

（3）柱箍：常用的有木制柱箍、角钢柱箍、扁钢柱箍等。

（4）支承工具。

改革模板支架系统的结构形式是节约材料、扩大施工空间的一个重要措施。目前许多工地已普遍采用工具式支模，如各种定型桁架（支柱、托具等代替传统的木料）支架。

（5）支架系统。

①钢桁架：可根据施工常用尺寸制作。可搁置在钢筋托具上、墙上、梁侧模板横挡上、柱顶梁底横挡上，用以支承梁或板的模板。使用前应根据荷载作用对桁架进行强度和刚度的验算。

②钢管支柱（琵琶撑）：由内外两节钢管制成。其高低调节距数为100mm，支柱底部除垫板外，均用木楔调整零数，并利于拆卸。

③钢筋托具：混合结构楼面的梁、板模板可以通过钢筋托具支撑在墙板上以简化支架系统，扩大施工空间。托具随墙体砌筑时安放在需要位置。

二、现浇钢筋混凝土结构模板系统的构造

在现浇钢筋混凝土工程中，现已广泛采用了定型木模板、木制和钢制定型模板，以及与之配套的体系。通常是预先加工成元件，在施工现场拼装。现结合工地上常见的一些结构物支设模板系统的构造介绍如下。

（一）基础模板的支设

基础模板的特点是高度不大，但体积一般较大。当土质较好时，基础模板可利用地基或基坑进行支撑，其最下一级可不支模板在原槽内灌筑。阶梯形基础支设模板要保证上下层不发生相对移动。

（二）柱模板的支设

柱子的特点是断面尺寸不大而比较高，其模板构造和安装主要考虑须保证垂直度及抵抗混凝土的水平侧压力；此外，还要考虑方灌筑混凝土和钢筋绑扎等。

木模一般用两块长柱头板加两面门子板，或四面均用柱头板。为了抵抗混凝土侧压力，在柱模外面每隔50～100cm加柱箍。钢模板已大量用于矩形柱的施工，尤其是组合式定型钢模。柱子的四面边长均按设计宽度由钢平模拼装，四角采用连接角模或阳角模板，上下左右均用U型卡（或拉紧螺栓）连接。提升模板由四块贴面模板用螺栓连接而成。使用时将四块贴面模板组成柱的断面尺寸，安装在小方盘上，四根柱子组成一组，校正固定用木料搭牢，每次浇筑混凝土为1节模板高度。待混凝土强度达到不致因拆模而损坏表面及棱角时即可拆模。拆除时松动两对角螺栓即可使模板脱开，然后由人工或提升架提升模板到上一段，其下口与已浇捣混凝土搭接30cm，拧紧螺栓并校正固定，继续浇筑上段混凝土。此种模板对柱面宽为30～80cm的矩形柱、高度4m以内是适用的。

（三）冠梁模板的支设

梁模板由底板加两侧板组成，一般有矩形梁、T形梁、花篮梁及圈梁等模板。梁底均有支承系统，采用支柱（琵琶撑）或桁架支模。

（四）墙体模板

墙体模板一般由侧板、立挡、横挡、斜撑和水平撑组成。为了保持墙的厚度，墙板内加撑头。防水混凝土墙则加有止水板的撑头或采用临时撑头，在混凝土浇灌过程中逐层逐根取出。在混凝土墙体较多的工程中，宜采用定型模板施工，以利于多次周转使用。

（五）水池定型组合钢模板

在现浇钢筋混凝土水池施工中，已推广使用定型组合钢模板（如SZ系列模板）。定型组合钢模板由钢模面板、支撑结构和连接件三部分组成。组装后的池壁模板，板的侧压力主要靠对拉螺栓承担，池壁支模，采用的花梁和连接件，池顶浇筑混凝土模板的支设，支撑结构采用桁架梁及支撑杆件。支撑杆件包括立柱和斜杆两部分。立柱为$8×3.5$钢管，长度有3m、1.5m、1m、0.5m四种规格。立柱上部焊有卡板，为连接横杆用，上端铆438mm插头，为纵向连接用。斜杆的截面尺寸同立柱，轴距长度有3.1m、2.5m、2m三种规格，两端铆有万向挂钩，可与立柱任一部位扣接，最后用螺栓拧紧。

（六）拉模

大型钢筋混凝土管道施工，可在沟槽内利用拉模进行混凝土浇筑。拉模分为内模和外模两部分。内模是根据管径、一次浇筑长度和施工方法等因素，采用钢模和型钢连接而成的。一般内模由三块拼板组成，各拼板间由花篮螺栓固定，脱模时将花篮螺栓收缩后，使板面与浇筑的混凝土脱离。外模为一列车式桁架，浇筑混凝土时，在操作中从外模上部的缺口将其灌入。浇筑时可采用附着式及插入式振动器。当混凝土达到一定强度后，将已松动的内模由沟槽内的卷扬机拉到另一架设完成的钢筋模板上，将外模移位至下一段，继续浇筑。

三、模板的隔离剂与模板的拆除

（一）模板的隔离剂

为了减少模板与混凝土构件之间的黏结，方便拆模，降低模板的损耗，在模板内表面应涂刷隔离剂。常用的隔离剂有：肥皂下脚料、纸筋灰膏、黏土石灰膏、废机油、滑石粉等。

（二）模板的拆除

及时拆除模板，将有利于模板的周转和加快工程进度，拆模要掌握时机，应使混凝土达到必要的强度。

不承重的侧模，只要能保证混凝土表面及棱角不致因拆模而损坏，即可拆除。对于承重模板，应在混凝土达到设计强度的一定比例以后，方可拆除。这一期限取决于构件受力情况、气温、水泥品种及振捣方法等因素。当构件的混凝土强度达到设计标号的百分数后，就可拆去承重模板。已拆除承重模板的结构，应在混凝土达到设计标号以后，才允许承受全部设计荷载。拆除模板时不要用力过猛过急，拆模程序一般应是后支先拆，先支后拆，先拆除非承重部分，后拆除承重部分。重大复杂模板的拆除，事先应制定拆模方案。拆除跨度较大的梁下支柱时，应先从跨中开始，分别拆向两端。定型模板特别是组合钢模板，要加强保护，拆除后逐块传递下来，不得抛掷，拆下后立即清理干净，板面涂油。按规格分类堆放整齐，以利于再次使用。倘若背面油漆脱落，应补刷防锈漆。

模板支设应符合下列要求。

（1）模板及其支承结构的材料、质量，应符合规范规定和设计要求。

（2）模板及支撑应有足够的强度、刚度和稳定性，并不致发生不允许的下沉与变形，模板的内侧面要平整，接缝严密不得漏浆。

（3）模板安装后应仔细检查各部构件是否牢固，在浇灌混凝土过程中要经常检查，如发现变形、松动要及时修整加固。

（4）现浇整体式结构模板安装的允许偏差不超过规范要求。

（5）固定在模板上的预埋件和预留洞均不得遗漏，安装必须牢固，位置准确。

（6）组合钢模板在浇灌混凝土前，还应检查下列内容。

①扣件规格与对拉螺栓、钢楞的配套和紧固情况；

②斜撑、支柱的数量和着力点；

③钢楞、对拉螺栓及支柱的间距；

④各种预埋件和预留孔洞的规格尺寸、数量、位置以及固定情况。

第六节　混凝土工程

混凝土工程施工包括配料、搅拌、运输、浇筑、养护等过程。各个施工过程紧密联系又相互影响，任一施工过程处理不当都会影响混凝土的最终质量。而混凝土工程一般是建筑物的承重部分，因此，确保混凝土工程质量非常重要。要求混凝土构件不但要有正确的外形，而且要获得良好的强度、密实性和整体性。混凝土的强度等级按规范规定为14个，即C15、C20、C25、C30、C35、C40、C45、C50、C55、C60、C65、C70、C75、C80。C50及其以下为普通混凝土；C50以上为高强混凝土。

一、混凝土施工配制强度的确定

混凝土的施工配料，除了应保证结构设计对混凝土强度等级的要求外，还要保证施工对混凝土和易性的要求，并应符合合理使用材料、节约水泥的原则。必要时，还应符合抗冻性、抗渗性等的要求。

二、混凝土的施工配料

施工配料必须加以严格控制。因为影响混凝土质量的因素主要有两个方面：一是称量不准；二是未按砂、石骨料实际含水率的变化进行施工配合比的换算。这样必然会改变原理论配合比的水灰比、砂石比（含砂率）及浆骨比。当水灰比增大时，混凝土黏聚性、保水性差，而且硬化后多余的水分残留在混凝土中形成水泡，或水分蒸发留下气孔，使混凝土密实性差，强度低。若水灰比减少，则混凝土流动性差，甚至影响成型后的密实，造成混凝土结构内部松散，表面产生蜂窝、麻面现象。同样，含砂率减少时，则砂浆量不足，不仅会降低混凝土流动性，而且更严重的是将影响其黏聚性及保水性，产生粗骨料离析、水泥浆流失，甚至溃散等不良现象。而浆骨比反映混凝土中水泥浆的用量多少（每立方米混凝土的用水量和水泥用量），如控制不准，亦直接影响混凝土的水灰比和流动性。所以，为了确保混凝土的质量，在施工中必须及时进行施工配合比的换算和严格控制称量。

三、施工配合比换算

混凝土实验室配合比是根据完全干燥的砂、石骨料制定的，但实际使用的砂、石骨料一般都含有一些水分，而且含水量又会随气候条件发生变化。所以施工时应及时测定现场砂、石骨料的含水量并将混凝土的实验室配合比换算成在实际含水量情况下的施工配合比。

四、施工配料

求出每立方米混凝土材料用量后，还必须根据工地现有搅拌机出料容量确定每次需用几整袋水泥，然后按水泥用量来计算砂石的每次拌用量。为严格控制混凝土的配合比，原材料的数量应采用质量计量，必须准确。其质量偏差不得超过以下规定：水泥、混合材料为±2%；细骨料为±3%；水、外加剂溶液±2%。各种衡量器应定期校验，经常保持准确。骨料含水量应经常测定，雨天施工时，应增加测定次数。

五、混凝土搅拌机

混凝土搅拌机按搅拌原理分为自落式搅拌机和强制式搅拌机两类。根据其构造的不同，又可分为若干种。自落式搅拌机搅拌筒内壁装有叶片，搅拌筒旋转，叶片将物料提升一定高度后自由下落，各物料颗粒分散拌和均匀，是重力拌和原理，宜用于搅拌塑性混凝土。锥形反转出料和双锥形倾翻出料搅拌机还可用于搅拌低流动性混凝土。

强制式搅拌机分为立轴式和卧轴式两类。

强制式搅拌机是在轴上装有叶片，通过叶片强制搅拌装在搅拌筒中的物料，使物料沿环向、径向和竖向运动，拌和成均匀的混合物，是剪切拌和原理。强制式搅拌机拌和强烈，多用于搅拌干硬性混凝土、低流动性混凝土和轻骨料混凝土。立轴式强制搅拌机是通过底部的卸料口卸料，卸料迅速；但如卸料口密封不好，水泥浆易漏掉，所以不宜用于搅拌流动性大的混凝土。

混凝土搅拌机以其出料容量（m^3）×1000标定规格。常用的为150、250、350（L）等数种。搅拌机型号，要根据工程量大小、混凝土的坍落度和骨料尺寸等确定，既要满足技术上的要求，也要考虑经济效果和节约能源。

六、搅拌作业

为了获得均匀优质的混凝土拌和物，除合理选择搅拌机的型号外，还必须正确地确定搅拌时间、投料顺序以及进料容量等。

（1）搅拌时间。

搅拌时间为从全部材料投入搅拌筒起，到开始卸料为止所经历的时间。它与搅拌质量密切相关。搅拌时间过短，混凝土不均匀，强度和易性将下降；搅拌时间过长，不但降低搅拌的生产效率，同时会使不坚硬的粗骨料在大容量搅拌机中因脱角、破碎等而影响混凝土的质量。加气混凝土也会因搅拌时间过长而使所含气泡减少。

（2）投料顺序。

投料顺序应从提高搅拌质量，减少叶片、衬板的磨损，减少拌和物与搅拌筒的黏结，减少水泥飞扬，改善工作环境，提高混凝土强度，节约水泥等方面综合考虑确定。常用一次投料法、二次投料法和水泥裹砂法等。

①一次投料法。这是目前最普遍采用的方法。它是将砂、石、水泥和水一起同时加入搅拌筒中进行搅拌。为了减少水泥的飞扬和水泥的粘罐现象，对自落式搅拌机常采用的投料顺序是将水泥夹在砂、石之间，最后加水搅拌。

②二次投料法。它分为预拌水泥砂浆法和预拌水泥净浆法。预拌水泥砂浆法是先将水泥、砂和水加入搅拌筒内进行充分搅拌，成为均匀的水泥砂浆后，再加入石子搅拌成均匀的混凝土。预拌水泥净浆法是先将水泥和水充分搅拌成均匀的水泥净浆后，再加入砂和石子搅拌成混凝土。国内外的试验表明，二次投料法搅拌的混凝土与一次投料法相比较，混凝土强度可提高约15%。在强度等级相同的情况下，可节约水泥15%～20%。

③水泥裹砂法。又称为SEC法，用这种方法拌制的混凝土称为造壳混凝土（又称为SEC混凝土）。这种混凝土就是在砂子表面造成一层水泥浆壳。主要采取两项工艺措施：一是对砂子的表面湿度进行处理，控制在一定范围内；二是进行两次加水搅拌。第一次加水搅拌称为造壳搅拌，就是先将处理过的砂子、水泥和部分水搅拌，使砂子周围形成黏着性很高的水泥糊包裹层。加入第二次水及石子，经搅拌部分水泥浆便均匀地分散在已经被造壳的砂子及石子周围、这种方法的关键在于控制砂子表面水率及第一次搅拌时的造壳用量。国内外的试验结果表明：砂子的表面水率控制在4%～6%，第一次搅拌加水为总加水量的20%～26%时，造壳混凝土的增强效果最佳。此外，与造壳搅拌时间也有密切关系。时间过短，不能形成均匀的低水灰比的水泥浆，使之牢固地黏结在砂子表面，即形成水泥

浆壳；时间过长，造壳效果并不十分明显，强度并无较大提高，所以以45～75s为宜。在对造壳混凝土增强机理以及对二次投料法做进一步研究的基础上，我国又开发了裹石法、裹砂石法、净浆裹石法等，这些方法都在搅拌过程中生成了紧挨骨料的一层水灰比较小的浆体，造成了浆体内水灰比的梯度，都可以达到提高混凝土强度、节约水泥等目的。

（3）进料容量。

进料容量是将搅拌前各种材料的体积累积起来的容量，又称为干料容量。进料容量为出料容量的1.4～1.8倍（通常取1.5倍）。进料容量超过规定容量的10%以上，就会使材料在搅拌筒内无充分的空间进行掺和，影响混凝土拌和物的均匀性；反之，装料过少，则不能充分发挥搅拌机的效能。

（4）搅拌要求。

严格控制混凝土施工配合比。砂、石必须严格过秤，不得随意加减用水量。在搅拌混凝土前，搅拌机应加适量的水运转，使拌筒表面润湿，然后将多余水排干。搅拌第一盘混凝土时，考虑到筒壁上黏附砂浆的损失，石子用量应按配合比规定减半。搅拌好的混凝土要卸尽，在混凝土全部卸出之前，不得再投入拌和料，更不得采取边出料边进料的方法。

混凝土搅拌完毕或预计停歇1h以上时，应将混凝土全部卸出，倒入石子和清水，搅拌5～10min，把粘在料筒上的砂浆冲洗干净后全部卸出。料筒内不得有积水，以免料筒和叶片生锈，同时应清理搅拌筒以外的积灰，使机械保持清洁完好。

七、混凝土的浇筑成型

混凝土的浇筑成型工作包括布料摊平、捣实和抹面修整等工序。它对混凝土的密实性和耐久性、结构的整体性和外形正确性等都有重要影响。混凝土浇筑前应做好必要的准备工作，对模板及其支架、钢筋和预埋件、预埋管线等必须进行检查，并做好隐蔽工程的验收，符合设计要求后方能浇筑混凝土。

八、混凝土浇筑的一般规定

（1）混凝土浇筑前不应发生初凝和离析现象，如已发生，可重新搅拌，使混凝土恢复流动性和黏聚性后再进行浇筑。

（2）为了保证混凝土浇筑时不产生离析现象，混凝土自高处倾落时的自由倾落高度不宜超过2m。若混凝土自由下落高度超过2m，要沿溜槽或串筒下落。当混凝土浇筑深度超过8m时，则应采用带节管的振动串筒，即在串筒上每隔2～3节管安装一台振动器。

（3）为了使混凝土振捣密实，必须分层浇筑，每层浇筑厚度与捣实方法、结构的配筋情况有关。

（4）混凝土的浇筑工作应尽可能连续作业，如上、下层或前、后层混凝土浇筑必须间歇，其间歇时间应尽量缩短，并要在前层（下层）混凝土凝结（终凝）前，将次层混凝土浇筑完毕。间歇的最长时间应按所用水泥品种及混凝土凝结条件确定，即混凝土从搅拌机中卸出，经运输、浇筑及间歇的全部延续时间不得超过210min（气温不高于25℃）的规定，当超过时，应按留置施工缝处理。在竖向结构（如墙、柱等）中浇筑混凝土，若浇筑高度超过3m时，应采用溜槽或串筒下料。

（5）浇筑竖向结构混凝土前，应先在底部填筑一层50～100mm厚、与混凝土内砂浆成分相同的水泥浆，然后浇筑混凝土。这样既使新旧混凝土结合良好，又可避免蜂窝麻面现象。混凝土的水灰比和坍落度，宜随浇筑高度的上升酌予递减。

（6）施工缝的留设与处理。如果因技术上的原因或设备、人力的限制，混凝土不能连续浇筑，中间的间歇时间超过混凝土的凝结时间，则应留置施工缝。留置施工缝的位置应事先确定。由于该处新旧混凝土的结合力较差，是构件中薄弱环节，故施工缝宜留在结构受力（剪力）较小且便于施工的部位。柱应留水平缝，梁、板应留垂直缝。根据施工设置的原则，柱子的施工缝宜留在基础与柱子交接处的水平面上，或梁的下面，或吊车梁牛腿的下面，或吊车梁的上面，或无梁楼盖柱帽的下面。框架结构中，如果梁的负筋向下弯入柱内，施工缝也可设置在这些钢筋的下端，以便于绑扎。高度大于1m的混凝土梁的水平施工缝，应留在楼板底面以下20～30mm处，当板下有梁托时，留在梁托下部；单向平板的施工缝，可留在平行于短边的任何位置处；对于有主次梁的楼板结构，宜顺着次梁方向浇筑，施工缝应留在次梁跨度的中间1/3范围内。施工缝处继续浇筑混凝土时，应待混凝土的抗压强度不小于1.2MPa方可进行。混凝土达到这一强度的时间取决于水泥标号、混凝土强度等级、气温等，可以根据试块试验确定，也可查阅有关手册确定。

施工缝处浇筑混凝土之前，应除去表面的水泥薄膜、松动的石子和软弱的混凝土层，并加以充分湿润和冲洗干净，不得有积水。浇筑时，施工缝处宜先铺水泥浆（水泥：水=1：0.4）或与混凝土成分相同的水泥砂浆一层，厚度为10～15mm，以保证接缝的质量。浇筑混凝土过程中，施工缝应细致捣实，使其结合紧密。

（7）框架结构混凝土的浇筑。框架结构一般按结构层划分施工层和在各层划分施工段分别浇筑，一个施工段内的每排柱子应从两端同时开始向中间推进，不可从一端开始向另一端推进，预防柱子模板逐渐受推倾斜使误差积累难以纠正。每一施工层的梁、板、柱结构，先浇筑柱和墙，并连续浇筑到顶。停歇一段时间（1～1.5h）后，柱和墙有一定强度后再浇筑梁板混凝土。梁板混凝土应同时浇筑，只有梁高1m以上时，才可以单独先行浇筑。梁与柱的整体连接应从梁的一端开始浇筑，快到另一端时，反过来先浇另一端，然后两段在凝结前合拢。

九、混凝土的密实成型

混凝土拌和物浇筑之后，需经密实成型才能赋予混凝土制品或结构一定的外形和内部结构。强度、抗冻性、抗渗性、耐久性等皆与密实成型的好坏有关。混凝土密实成型的途径有以下三种：一是利用机械外力（如机械振动）来克服拌合物的黏聚力和内摩擦力而使之液化、沉实；二是在拌和物中适当增加用水量以提高其流动性，使之便于成型，然后用离心法、真空作业法等将多余的水分和空气排出；三是在拌和物中掺入高效能减水剂，使其坍落度大大增加，可自流成型。

（1）机械振捣密实成型。

混凝土振动密实的原理在于产生振动的机械将一定频率、振幅和激振力的振动能量通过某种方式传递给混凝土拌合物时，受振混凝土中所有的骨料颗粒都受到强迫振动，它们之间原来赖以保持平衡并使混凝土拌和物保持一定塑性状态的黏聚力和内摩擦力随之大大降低，受振混凝土拌和物呈现出所谓的"重质液体状态"，因而混凝土拌和物中的骨料犹如悬浮在液体中，在其自重作用下向新的稳定位置沉落，排除存在于混凝土拌合物中的气体，消除空隙，使骨料和水泥浆在模板中得到致密的排列和迅速有效的填充。振动机械按工作方式分为内部振动器、表面振动器、外部振动器和振动台。

内部振动器又称为插入式振动器，其工作部分是一个棒状空心圆柱体，内部装有偏心振子，在电动机带动下高速转动而产生高频微幅的振动，多用于振实梁、柱、墙、厚板和大体积混凝土等厚大结构。表面振动器又称为平板振动器，它由带偏心块的电动机和平板（木板或钢板）等组成。在混凝土表面进行振捣，适用于楼板、地面等薄型构件。外部振动器又称为附着式振动器，它通过螺栓或夹钳等固定在模板外部，通过模板将振动传给混凝土拌和物，因而模板应有足够的刚度。它宜用于振捣断面小且钢筋密的构件。振动台是混凝土制品厂中的固定生产设备，用于振捣预制构件。

（2）挤压法成型。

挤压成型是生产预应力混凝土多孔板的一种工艺，多用于长线台座的先张法。这种工艺的构件成型用挤压机来完成，挤压机工作原理是用旋转的螺旋绞刀把由料斗倒下的混凝土向后挤送，在挤送过程中，由于受到振动器的振动和已成型的混凝土空心板的阻力（反作用力）而被挤压密实。挤压机也在这一反作用力的作用下，沿着与挤压方向相反的方向被推动自行前进，在挤压机后面即形成一条连续的预应力混凝土空心板带。用挤压机连续生产空心板，有两种切断方法：一种是在混凝土达到可以放松预应力筋的强度时，用钢筋混凝土切割机整体切断；另一种是在混凝土初凝前用端头挡板把混凝土隔开。

（3）离心法成型。

离心法成型是将装有混凝土的模板放在离心机上，使模板以一定转速绕自身的纵轴线旋转，模板内的混凝土由于离心力作用而远离纵轴，均匀分布于模板内壁，并将混凝土中的部分水分挤出，使混凝土密实，如此法一般用于管道、电杆、桩等具有圆形空腔构件的制作。离心机有滚轮式和车床式两类，都具有多级变速装置。离心成型过程分为两个阶段：第一阶段是使混凝土沿模板内壁分布均匀，形成空腔，此时转速不宜太高，以免造成混凝土离析现象；第二阶段是使混凝土密实的阶段，此时可提高转速，增大离心力，压实混凝土。

（4）真空作业法成型。

真空作业法成型是借助真空负压，将水从刚成型的混凝土拌和物中排出，同时使混凝土密实的一种成型方法，可分为表面真空作业与内部真空作业两种。此法适用于预制平板、楼板、道路、机场跑道、薄壳、隧道顶板、墙壁、水池、桥墩等混凝土成型。

十、混凝土的养护

浇捣后的混凝土之所以能逐渐凝结硬化，主要是水泥水化作用的结果，而水化作用需要适当的湿度和温度。如气候炎热、空气干燥，不及时进行养护，混凝土中水分蒸发过快，出现脱水现象，使已形成凝胶体的水泥颗粒不能充分水化，不能转化为稳定的结晶，缺乏足够的黏结力，从而会在混凝土表面出现片状或粉状剥落，影响混凝土的强度。此外，在混凝土尚未具备足够的强度时，其中水分过早蒸发还会产生较大的收缩变形，出现干缩裂纹，影响混凝土的整体性和耐久性。所以，浇筑后的混凝土在初期阶段的养护非常重要。在混凝土浇筑完毕后，应在12h以内加以养护；干硬性混凝土和真空脱水混凝土应于浇筑完毕后立即进行养护。养护方法有自然养护、蒸汽养护、蓄热养护等。

（1）自然养护。

对混凝土进行自然养护，是指在平均气温高于5℃的条件下使混凝土保持湿润状态。自然养护又可分为洒水养护和喷洒塑料薄膜养生液养护等。洒水养护是用吸水保温能力较强的材料（如草帘、芦席、麻袋、锯末等）将混凝土覆盖，经常洒水使其保持湿润。养护时间长短取决于水泥品种，普通硅酸盐水泥和矿渣硅酸盐水泥拌制的混凝土，不少于7d；火山灰质硅酸盐水泥和粉煤灰硅酸盐水泥拌制的混凝土不少于14d；有抗渗要求的混凝土不少于14d。洒水次数以能保持混凝土具有足够的润湿状态为宜。

喷洒塑料薄膜养生液养护适用于不易洒水养护的高耸构筑物和大面积混凝土结构及缺水地区。它是将养生液用喷枪喷洒在混凝土表面上，溶液挥发后在混凝土表面形成一层塑料薄膜，使混凝土与空气隔绝，阻止其中水分的蒸发，以保证水化作用的正常进行。在夏季，薄膜成型后要防晒，否则易产生裂纹。对于表面积大的构件（如地坪、楼板、屋面、路面等），也可用湿土、湿砂覆盖，或沿构件周边用黏土等围住，在构件中间蓄水进行养护。混凝土必须养护至其强度达到$1.2N/mm^2$以上，才准在上面行人和架设支架、安装模板，且不得冲击混凝土。

（2）蒸汽养护。

蒸汽养护就是将构件放置在有饱和蒸汽或蒸汽空气混合物的养护室内，在较高的温度和相对湿度的环境中进行养护，以加速混凝土的硬化，使混凝土在较短的时间内达到规定的强度标准值。蒸汽养护过程分为静停、升温、恒温、降温四个阶段。

①静停阶段。混凝土构件成型后在室温下停放养护叫作静停。时间为2~6h，以防止构件表面产生裂缝和疏松现象。

②升温阶段。这是构件的吸热阶段。升温速度不宜过快，以免构件表面和内部产生过大温差而出现裂纹。对薄壁构件（如多肋楼板、多孔楼板等）每小时不得超过25℃，其他构件不得超过20℃，用干硬性混凝土制作的构件，不得超过40℃。

③恒温阶段。此阶段是升温后温度保持不变的时间。此时强度增长最快，这个阶段应保持90%~-100%的相对湿度；最高温度不得大于95℃，时间为3~8h。

④降温阶段。这是构件散热过程。降温速度不宜过快，每小时不得超过10℃，出池后，构件表面与外界温差不得大于20℃。

十一、混凝土质量的检查

混凝土质量的检查包括施工过程中的质量检查和养护后的质量检查。施工过程中的质量检查，即在制备和浇筑过程中对原材料的质量、配合比、坍落度等的检查，每一工作班至少检查两次，遇有特殊情况还应及时进行检查。混凝土的搅拌时间应随时检查。

混凝土养护后的质量检查，主要包括混凝土的强度、表面外观质量和结构构件的轴线、标高、截面尺寸和垂直度的偏差。如设计上有特殊要求，还需对其抗冻性、抗渗性等进行检查。

混凝土强度的检查，主要指抗压强度的检查。混凝土的抗压强度应以边长为150mm的立方体试件，在温度为20±3℃和相对湿度为90%以上的潮湿环境或水中的标准条件下，经28d养护后试验确定。评定结构或构件混凝土强度质量的试块，应在浇筑处随机抽样制成，不得挑选。试件留置规定为：①每拌制100盘且不超过100m²的同配合比的混凝土，其取样不得少于一次；②每工作班拌制的同配合比的混凝土不足100盘时，其取样不得少于一次；③每一现浇楼层同配合比的混凝土，其取样不得少于一次；④同一单位工程每一验收项目中同配合比的混凝土，其取样不得少于一次。每次取样应至少留置一组标准试件，同条件养护试件的留置组数根据实际需要确定。预拌混凝土除应在预拌混凝土厂内按规定取样外，混凝土运到施工现场后，应按上述规定留置试件。若有其他需要，如为了抽查结构或构件的拆模、出厂、吊装、预应力张拉和放张，以及施工期间临时负荷的需要，还应留置与结构或构件同条件养护的试块，试块组数可按实际需要确定。每组三个试件应在同盘混凝土中取样制作，并按下列规定确定该组试件的混凝土强度代表值。

（1）取三个试件强度的平均值；

（2）当三个试件强度中的最大值或最小值之一与中间值之差超过中间值的15%时，取中间值；

（3）当三个试件强度中的最大值和最小值与中间值之差均超过中间值的15%时，该组试件不应作为强度评定的依据。

混凝土结构强度的评定应按下列要求进行：

混凝土强度应分批进行验收。同一验收批的混凝土应由强度等级相同、生产工艺和配合比基本相同的混凝土组成，对现浇混凝土结构构件，应按单位工程的验收项目划分验收批，每个验收项目应按现行国家标准《建筑安装工程质量检验评定统一标准》确定。对同一验收批的混凝土强度，应以同批内标准试件的全部强度代表值来评定。

十二、混凝土质量缺陷的修补

（1）表面抹浆修补。

对于数量不多的小蜂窝、麻面、露筋、露石的混凝土表面，主要是保护钢筋和混凝土不受侵蚀，可用1∶2～1∶2.5水泥砂浆抹面修整。在抹砂浆前，须用钢丝刷或加压力的水清洗润湿，抹浆初凝后要加强养护工作。对结构构件承载能力无影响的细小裂缝，可将裂缝处加以冲洗，用水泥浆抹补。如果裂缝开裂较大较深，应将裂缝附近的混凝土表面凿毛，或沿裂缝方向凿成深为15～20mm、宽为100～200mm的V形凹槽，扫净并洒水湿润，先刷水泥净浆一层，然后用1∶2～1∶2.5水泥砂浆分2～3层涂抹，总厚度控制在10～20mm，并压实抹光。

细石混凝土填补：当蜂窝比较严重或露筋较深时，应除掉附近不密实的混凝土和突出的骨料颗粒，用清水洗刷干净并充分润湿后，再用比原强度等级高一级的细石混凝土填补并仔细捣实。对孔洞事故的补强，可在旧混凝土表面采用处理施工缝的方法处理，将孔洞处疏松的混凝土和突出的石子剔凿掉，孔洞顶部要凿成斜面，避免形成死角，然后用水刷洗干净，保持湿润72h后，用比原混凝土强度等级高一级的细石混凝土捣实。混凝土的水灰比宜控制在0.5以内，并掺水泥用量万分之一的铝粉，分层捣实，以免新旧混凝土接触面上出现裂缝。

（2）水泥灌浆与化学灌浆。

对于影响结构承载力，或者防水、防渗性能的裂缝，为恢复结构的整体性和抗渗性，应根据裂缝的宽度、性质和施工条件等，采用水泥灌浆或化学灌浆的方法予以修补。一般对宽度大于0.5mm的裂缝，可采用水泥灌浆；宽度小于0.5mm的裂缝，宜采用化学灌浆。化学灌浆所用的灌浆材料，应根据裂缝性质、缝宽和干燥情况选择。作为补强用的灌浆材料，常用的有环氧树脂浆液（能修补缝宽0.2mm以上的干燥裂缝）和甲凝（能修补0.05mm以上的干燥细微裂缝）等。作为防渗堵漏用的灌浆材料，常用的有丙凝（能灌入0.01mm以上的裂缝）和聚氨酯（能灌入0.015mm以上的裂缝）等。

第七节　预应力混凝土工程

预应力混凝土是近几十年发展起来的一门新兴科学技术，自1928年法国的弗来西奈首先研究成功预应力混凝土以来，经过数十年的推广应用与改进提高，已成为一项专门技术。预应力混凝土按施工方法不同可分为先张法、后张法两大类；按钢筋张拉方式不同又可分为机械张拉、电热张拉与自应力张拉。

一、先张法

先张法是在浇筑混凝土前张拉预应力筋，并将张拉的预应力筋临时固定在台座或钢模上，待混凝土达到一定强度，混凝土与预应力筋已经具备有足够的黏结力时，即可放松预应力筋。先张法一般适合生产中小型预应力混凝土构件，其生产方式有台座法和机组流水法（模板法）。

（一）墩式台座

墩式台座由台墩、台面与横梁等组成。目前常用的是台墩与台面共同受力的墩式台座。台座的长度宜为100～150m，这样既可利用钢丝长的特点，张拉一次可生产多根构件，又可减少因钢丝滑动或台座横梁变形引起的应力损失。台墩一般由现浇钢筋混凝土制成。台座稍有变形、滑移或倾角，均会引起较大应力损失。台座的强度与刚度应符合设计的要求，对稳定性的验算包括抗倾覆验算与抗滑移验算。

（二）槽式台座

槽式台座由钢筋混凝土压杆、上下横梁和砖墙等组成，既可承受张拉力，又可作蒸汽养护槽，适用于张拉吨位较高的大型构件，如吊车梁、薄腹梁等。槽式台座长度一般为45m（可生产6根6m吊车梁）或76m（可生产10根6m吊车梁）。为便于混凝土运输与蒸汽养护，台座宜低于地面。

（三）夹具

夹具是先张法施工过程中为保持预应力筋拉力并将其固定在台座上的临时性锚固装置。按其作用分为固定用夹具和张拉用夹具。对各种夹具的要求是：工作方便可靠、构造简单、加工方便。夹具种类很多，各地使用不一。

（四）张拉设备

先张法张拉设备常用油压千斤顶、卷扬机、电动螺杆张拉机等。对张拉设备的要求是：工作可靠、能准确控制张拉应力、能以稳定的速率加大拉力。

采用油压千斤顶张拉时，可从油压表读数直接求得张拉应力值。千斤顶一般张拉力较大，适于预应力筋成组张拉。单根张拉时，由于拉力较小，一般多用电动张拉机张拉。应力控制可采用弹簧测力计或电杠杆测力计进行。目前，随着电阻应变测试技术的日益广泛应用，有些预制厂已采用电阻应变式传感器控制张拉，可达到很高的精度。

（五）先张法施工工艺

先张法施工工艺可大致分为：张拉预应力筋—浇筑混凝、养护—预应力筋放张。张拉前应先做好台面的隔离层，隔离剂不得玷污钢丝，以免影响钢丝与混凝土的黏结。预应力筋的张拉控制应力应符合设计要求，施工中预应力筋需要超张拉时，可比设计要求提高5%。

预应力筋的张拉程序可采用两种不同的方式：在第一种张拉程序中，超张拉5%并持荷2min，其目的是加速钢筋松弛早期发展，以减少应力松弛引起的预应力损失（约减少50%）；第二种张拉程序，超张拉3%，是为了弥补应力松弛所引起的应力损失。预应力钢筋张拉后，一般应校核其伸长值，其理论伸长值与实际伸长值的误差不应超过+10%~-5%。若超过，则应分析其原因，采取措施后再继续施工。

预应力筋实际伸长值，宜在初应力为张拉控制应力10%左右时开始量测，但必须加上初应力以下的推算伸长值（推算方法见后张法）。采用钢丝作预应力筋时，不做伸长值校核。但应在钢丝锚固后，用钢丝测力计检查其钢丝应力，其偏差按一个构件全部钢丝的预应力平均值计算，不得超过设计值的5%。预应力筋发生断裂或滑脱的数量严禁超过结构同一截面内预应力钢材总根数的5%，且严禁相邻两根断裂或滑脱。在混凝土浇筑前发生预应力筋断裂或滑脱必须予以更换。预应力筋的位置不允许有过大偏差，其限制条件是：偏差不大于5mm，且不得大于构件截面最短边长的4%。

预应力筋的放张：预应力筋放张时，混凝土应达到设计规定的放张强度，若设计无规定，则不得低于设计的混凝土强度标准值的75%。预应力筋的放张顺序应符合设计要求，当设计无要求时，应符合下列规定。

（1）对承受轴心预压力的构件（如压杆、桩等），所有预应力筋应同时放张。

（2）对承受偏心预压力的构件，应先同时放张预应力较小区域的预应力筋，再同时放张预压力较大区域的预应力筋。

（3）当不能按上述规定放张时，应分阶段、对称、相互交错地放张，以防止在放张过程中构件发生翘曲、裂纹及预应力筋断裂等情况。对配筋不多的中小型预应力混凝土构件，钢丝可用剪切、锯割等方法放张；配筋多的预应力混凝土构件，钢丝应同时放张。如逐根放张，最后几根钢丝将由于承受过大的拉力而突然断裂，且构件端部易发生开裂。预应力筋为钢筋时，若数量较少可逐根加热熔断放张，数量较多且张拉力较大时，应同时放张。

采用千斤顶放张是利用千斤顶拉动单根钢筋，松开螺母。放张时由于混凝土与预应力筋已结成整体，松开螺母所需间隙只能是最前端构件外露钢筋的伸长，故所需施加的应力往往超过控制应力约10%，因此应拟定合理的放张顺序并控制每一循环的放张吨位，以免构件在放张过程中受力不均。

（六）楔块放张方法

楔块装置放置在台座与横梁之间，放松预应力筋时，旋转螺母使螺杆向上运动，带动楔块向上移动，钢块间距变小，横梁向台座方向移动，便可放松所有预应力筋。砂箱放张。砂箱装置由钢制套箱和活塞组成，内装石英砂或铁砂，将其放置在台座与横梁之间。张拉时，砂箱中的砂被压实，承受横梁反力。预应力筋放张时，将出砂口打开，砂缓慢流出，从而使预应力筋慢慢地放张。砂箱装置中的砂应采用干砂，选用适宜的级配，防止出现砂子压碎引起流不出的现象，或者增加砂的空隙率，使预应力筋的预应力损失增大。楔块装置放张方法适用于预应力筋张拉力不超过300kN的情况，砂箱放张可用于张拉力超过1000kN的情况。

二、后张法

后张法的施工程序是先制作混凝土构件，后张拉，并用锚具将预应力筋锚固在构件端部，后张法由此而得名。后张法施工不受地点限制。

（一）锚具与张拉机械

（1）锚具。

锚具是进行张拉预应力筋和永久固定在预应力混凝土构件上传递预应力的工具。要求锚具工作可靠、构造简单、施工方便、预应力损失小、成本低廉。按锚固性能不同分为两类：Ⅰ类锚具：适用于承受动载、静载的预应力混凝土结构；Ⅱ类锚具：仅适用于有黏结预应力混凝土结构，且锚具只能置于预应力筋应力变化不大的部位。锚具的静载锚固性能，应由预应力锚具组装件静载试验测定的锚具效率系数和达到实测极限拉力时的总应变确定，其值应符合规定。

　　静载锚固性能试验采用的预应力筋锚具组装件，应由锚具的全部零件和预应力筋组装而成。组装应符合设计要求，预应力筋应等长平行，使之受力均匀，其受力长度不得小于3m。

　　对于锚具有下列要求。

　　①当预应力筋锚具组装件达到实测极限拉力时，除锚具设计允许的现象外，全部零件均不得出现肉眼可见的裂缝或破坏；

　　②除能满足分级张拉及补张拉工艺外，宜具有能放松预应力筋的性能；

　　③锚具或其附件上宜设置灌浆孔道；

　　④Ⅰ类锚具组装件应满足疲劳性能试验，若使用在抗震结构中，还应满足周期荷载试验。

　　（2）锚具的种类。

　　后张法锚具种类较多，各种锚具适用于锚固不同类型预应力筋。

　　①螺丝端杆锚具。螺丝端杆锚具适用于锚固直径不大于36mm的冷拉Ⅱ与Ⅳ级钢筋，其由螺丝端杆、螺母及垫板组成螺丝端杆锚具与预应力筋对焊，用张拉设备张拉螺丝端杆，然后用螺母锚固。螺杆用冷拉的同类钢筋制作，或用冷拉45号钢或热处理45号钢制作。用冷拉钢材制作时，先冷拉后切削加工，冷拉后的机械性能不得低于预应力筋冷拉后的性能。用热处理45号钢制作时先粗加工至接近设计尺寸，再进行热处理，然后精加工至设计尺寸，热处理后不能有裂纹和伤痕。螺母可用3号钢制作。螺丝端杆与预应力筋的焊接，应在预应力筋冷拉前进行。

　　②帮条锚具。帮条锚具一般用在单根粗钢筋作预应力筋的固定端，由一块方形衬板与三根帮条组成。衬板采用普通低碳钢板，帮条采用与预应力筋同级别的钢筋。帮条的焊接，可在预应力筋冷拉前或冷拉后进行。帮条安装时，三根帮条与衬板相接触的截面应在一个垂直平面上，以免受力时产生扭曲。

　　③锥形螺杆锚具。锥形螺杆锚具适用于锚固14～28根ΦS5组成的钢丝束，由锥形螺杆、套筒、螺母、垫板组成。

　　④锻头锚具。锻头锚具适用于锚固任意根数Φ5钢丝束。其形式与规格，可根据需要自行设计。常用的锻头锚具有A型与B型两种。A型由锚环与螺母组成，用于张拉端。B型为锚板，用于固定端。

　　⑤钢质锥形锚具。钢质锥形锚具（又称为弗氏锚具），适用于锚固6～30ΦP5或

12～24ΦP7的高强钢丝束。由锚环与锚塞组成。

⑥KT-Z型锚具（可锻铸铁锥形锚具），适用于锚固直径12mm的螺纹钢筋束与钢绞线束。

⑦JM型锚具。JM型锚具适用于锚固3～6Φ12钢筋束和4～6Φ12钢绞线束。

⑧单根钢绞线锚具。单根钢绞线锚具。它适用于锚固12和15钢绞线，也可用作先张法夹具。

⑨XM型锚具。XM型锚具是中国建筑科学研究院结构所研制的一种新型锚具，适用于锚固1~12根直径为15mm的预应力钢绞线束和钢丝束。这种锚具的特点是每根钢绞线都是分开锚固的，任何一根钢绞线锚固失效（如钢绞线拉断、夹片碎裂等），不会引起整束锚固失效。

⑩QM型锚具。QM型锚具也是中国建筑科学研究院结构所研制的一种新型锚具，适用于锚固4～31根ϕj12和3～19根ϕj15钢绞线束。

（3）张拉机械。

后张法的张拉设备主要有各种型号的拉杆式千斤顶、锥锚式千斤顶和穿心式千斤顶，以及高压油泵。

①拉杆式千斤顶。拉杆式千斤顶主要用于张拉带有螺丝端杆锚具的单根粗钢筋，其工作原理是当高压油液从油孔进入主缸时，推动主缸活塞而张拉钢筋，待钢筋张拉完毕用螺帽锚固在构件端部后，则改由副缸油孔进入副缸，使主缸活塞恢复到张拉前的位置。目前工地上常用的为600kN拉杆式千斤顶。

②锥锚式千斤顶。锥锚式千斤顶主要用于张拉KT-z型锚具锚固的预应力钢筋束（或钢绞线束）和使用锥形锚具的预应力钢丝束。其张拉钢筋和推顶销塞的原理是当主缸进油时，主缸被压移，使固定在其上的钢筋被张拉。钢筋张拉后，改由副缸进油，随即由副缸活塞将锚塞顶入锚圈中。主缸和副缸的回油，则是借助设置在主缸和副缸中弹簧的作用来进行的。

③YC-60穿心式千斤顶。YC-60穿心式千斤顶主要由张拉油缸、顶压油缸、顶压活塞和弹簧四个部分组成。预应力筋通过沿轴线的穿心孔道用工具锚锚固在张拉油缸的端头上，当张拉油缸进油时，钢筋被张拉。当顶压油缸进油时，顶压活塞即将夹片顶入锚环锚固钢筋。当张拉油缸回油时，顶压油缸同时进油即可放松工具锚，将张拉油缸恢复到初始位置。当顶压油缸回油时，则由于弹簧作用而将顶压活塞推回到初始位置。

YC-60穿心式千斤顶适用于张拉JM12型锚具的钢筋束或钢绞线束和KT-Z型锚具的钢绞线束，还可改装成拉杆式千斤顶使用。

④高压油泵。高压油泵的作用是向液压千斤顶各个油缸供油，使其活塞按照一定速度伸出或回缩，油泵与千斤顶一起工作组成预应力张拉机组。高压油泵按驱动方式分为手动

与电动两种。电动油泵因工作效率高、操作方便、劳动强度小等优点，在一般工程中得到普遍采用。手动油泵只是在无电源情况下使用。采用千斤顶张拉预应力筋，预应力的大小是通过油压表的读数控制的。油表读数表示千斤顶活塞单位面积的油压力。

由于千斤顶活塞与油缸之间存在一定的摩阻力，故实际张拉力往往比计算值小，为保证预应为筋张拉应力的准确性，应定期校验千斤顶与油表读数的关系。校验时千斤顶活塞方向应与实际张拉时的活塞运行方向一致。校验期不应超过半年。

（二）预应力筋的制作

后张法使用的预应力筋种类有：单根粗钢筋（冷拉热轧钢筋）、钢筋束或钢绞线束、钢丝束。预应力筋的下料长度，应该由计算确定。

（1）单根预应力筋。

单根预应力粗钢筋一般为冷拉Ⅱ～Ⅲ级热轧钢筋，其制作包括配料、对焊、冷拉等工序。配料时应根据钢筋的品种测定冷拉率，若在一批钢筋中冷拉率变化较大时，应尽可能把冷拉率接近的钢筋对焊在一起，以保证钢筋冷拉力的均匀性。由于预应力筋的对焊接长是在冷拉前进行的，因此预应力筋下料长度应计算准确。

（2）钢筋束或钢绞线束。

钢筋束由直径12mm的细钢筋（光圆或螺纹）编束而成，钢绞线束由直径12mm或者15mm的钢绞线编束而成。每束36根，一般不需对焊接长，下料是冷拉后进行，（钢筋束），下料长度是构件孔道长度再增加张拉端与固定端的留量。

（3）钢丝束。

钢丝束的制作随锚具形式的不同，其方法也有差异。用锥形锚具的钢丝束，其制作和下料长度计算基本上与钢筋束相同。用锥形螺杆锚具和锻头锚具的钢丝束，则应保证每根铜丝下料长度相等，以保证张拉时各钢丝应力均匀，控制应力为3000MPa。为了防止钢丝扭结，必须进行编束，先用22号铅丝将钢丝每隔1m编成帘子状，然后每隔1m放置1个螺旋衬圈，再将编好的钢丝帘绕衬圈围成圆束。

（三）后张法施工工艺

后张法预应力制作过程，可分为三个阶段：混凝土构件制作（预留孔道）—预应力筋张拉、锚固—孔道灌浆。

预留孔道一般采用钢管抽芯法、胶管抽芯法和预埋管法等方法。

（1）钢管抽芯法。

本法是预先把钢管埋设在模板内的孔道位置处，在混凝土浇筑过程中和浇筑后，间隔一定时间慢慢转动钢管，避免混凝土黏结钢管，待混凝土初凝后、终凝前将钢管抽出，形成孔道。此法适用于直线孔道。

使用的钢管必须表面光滑，预埋前除锈、刷油。然后将钢管埋设在模板内孔道位置处。为保证钢管位置准确，可使用钢筋井字架固定，井字架间距不宜大于1m。混凝土浇筑时，每隔十几分钟转动钢管，破坏混凝土对钢管的黏结。要正确掌握抽管时间。抽管过早，会造成塌孔事故；抽管过迟，混凝土与钢管黏结力过大，造成抽管困难，甚至抽不出来。

抽管顺序宜先上后下、先曲后直。抽管可由人工或卷扬机，注意速度均匀，边抽边转。抽管用力方向应与孔道在同一直线上。抽管后应及时检查孔道，进行适当清理，以利于预应力筋穿筋张拉。

（2）胶管抽芯法。

胶管一般有五层或七层夹布胶管和供预应力混凝土专用的钢丝网橡皮管两种。前者质软，必须在管内充气或充水后才能使用。后者质硬，且有一定弹性，预留孔道时与钢管一样使用，不同的是灌注混凝土后不需转动，抽管时利用其有一定弹性的特点，在拉力作用下使断面缩小，即可把胶管抽拔出来。

胶管抽芯不仅可以预留直线孔道，而且可留曲线孔道。用钢筋井字架固定胶管的位置，井字架间距不大于0.5m。灌注混凝土前，往胶皮管中充入压力为0.6~0.8N/mm²的压缩空气或压力水，此时胶皮管道直径可增大3mm左右，然后灌注混凝土。待混凝土初凝后，放出压缩空气或压力水，胶管孔径变小并与混凝土脱离，以便于抽出形成孔道。

（3）预埋管法。

预埋管法是将与孔道直径相同的金属管埋入混凝土构件中，无须抽出。一般采用黑铁皮管、薄钢管或镀锌双波纹金属软管制作。预埋管法省去了抽管工序，且孔道留设的位置、形状也易保证，故目前应用较为普遍。金属波纹管因质量轻、刚度好、弯折方便且与混凝土黏结好，不但用于直线孔道，更适用于各种曲线孔道。留设孔道的同时还要在设计规定位置留设灌浆孔。一般在构件两端和中间每隔12m留一个直径为20mm的灌浆孔，并在构件两端各设一个排气孔。

三、预应力筋张拉

预应力筋张拉时，结构的混凝土强度应符合设计要求，当设计无具体要求时，不应低于设计强度标准值的75%。

（一）张拉控制应力

控制应力直接影响预应力的效果，控制应力越高，建立的预应力值就越大，构件的抗裂性也越好。如果控制应力过高，则预应力筋在使用过程中经常处于高应力状态，构件出现裂缝的荷载与破坏荷载很接近，往往构件破坏前没有明显预兆，这是不允许的。而且控制应力过高，构件混凝土预应力过大而导致混凝土的徐变应力损失增加。故控制应力应严格按照设计要求确定。在施工中预应力筋需超张拉时，可比设计要求提高5%。

下列情况可考虑采用超张拉。

（1）为了提高构件在施工阶段的抗裂性能而在使用阶段受压区内设置的预应力筋。

（2）为了部分抵消由于应力松弛、摩擦、钢筋分批张拉以及预应力钢筋与张拉台座之间的温差因素产生的预应力损失。

（二）张拉端设置

预应力筋张拉端的设置应按设计要求确定。当设计无具体要求时，应符合下列规定。

（1）抽芯形成孔道：对曲线预应力筋和长度大于24m的直线预应力筋，可在一端张拉。

（2）预埋波纹管孔道：对曲线预应力筋和长度大于30m的直线预应力筋，宜在两端张拉；对长度不大于30m的直线预应力筋可在一端张拉。

当同一截面中有多根一端张拉的预应力筋时，张拉端宜分别设在结构的两端，以使构件受力均匀。

（三）张拉顺序

张拉过程中，为避免产生过大偏心力，预应力筋应对称张拉。对配筋较多的构件，要分批、分阶段对称张拉，张拉顺序应符合设计要求。

分批张拉时，由于后批张拉的作用力，使混凝土再次产生弹性压缩而导致先批预应力筋应力下降，此应力损失可计算后加到先批预应力筋的张拉应力中。

（四）预应力筋伸长值校核

预应力筋在张拉时，通过伸长值的校核，可以综合反映出张拉应力是否满足，孔道摩阻损失是否偏大，以及预应力筋是否有异常现象等。因此，规范规定当采用应力控制方法张拉时，应校核预应力筋伸长值。如实际伸长值比计算伸长值大10%或小5%，应暂停张拉，分析原因并采取相应措施。

（五）叠层构件的张拉

后张法预应力混凝土构件，一般在工地平卧重叠制作，重叠层数一般限制在3～4层。由于构件混凝土接触面摩阻力的存在，使得张拉时构件的弹性压缩变形受到限制，而当构件起吊后摩阻力消失，构件混凝土弹性压缩变形将产生一个增量引起预应力损失。该损失值与构件形式、隔离层和张拉方式有关。为减少和弥补该项预应力损失，可自上而下逐层加大张拉力。底层张拉力，对钢丝、钢绞线、热处理钢筋不宜比顶层张拉力大5%；对冷拉Ⅱ、Ⅲ、Ⅳ级钢筋不宜比顶层张拉力大9%。为了使逐层加大的张拉力符合实际情况，最好在正式张拉前对某叠层第一、二层构件的张拉压缩值进行实测。

（六）孔道灌浆

预应力筋张拉锚固后，即可进行孔道灌浆。孔道灌浆的目的是防止钢筋的锈蚀，增加结构的整体性和耐久性，提高结构的抗裂性和承载能力。灌浆用的水泥浆应有足够强度和黏结力，且应有较好的流动性、较小的干缩性和泌水性。应采用强度不低于42.5MPa普通硅酸盐水泥，水灰比宜控制在0.4左右，搅拌后3h泌水率宜控制在2%，最大不得超过3%。由于纯水泥浆的干缩性和泌水性都较大，凝结后往往形成月牙空隙，故对空隙大的孔道可采用砂浆灌浆。砂浆宜选用细砂，并宜掺入水泥重量万分之一的铝粉或0.25%的木质素磺酸钙，以增加灌浆的密实性和灰浆的流动性。水泥浆及砂浆强度，均不应小于20N/mm²。灌浆用的水泥浆或砂浆要过筛，在灌浆过程中应不断搅拌，以免沉淀析水。灌浆工作应连续进行，不得中断，并应防止空气压入孔道而影响灌浆质量。灌浆压力以0.5～0.6N/mm²为宜，如压力过大，易胀裂孔壁。灌浆前，应用压力水将孔道冲刷干净，湿润孔壁。灌浆顺序，应先下后上，以免上层孔道漏浆把下层孔道堵塞。直线孔道灌浆时，应从构件一端灌到另一端。曲线孔道灌浆时，应从孔道最低处向两端进行。如孔道排气不畅，应检查原因，待故障排除后重灌。当灰浆强度达到15N/mm²时，方能移动构件，灰浆强度达到100%设计强度时，才允许吊装。

第八节　电热张拉法

电张法的原理：对预应力钢筋通以低电压的强电流，由于钢筋电阻较大，致使钢筋遇热伸长，当伸长到一定长度时立即进行锚固并切断电源，断电后钢筋降温而冷却回缩，则使混凝土建立预压应力。

电张法施工的主要优点是：操作简便，劳动强度低，设备简单，效率高；在电热张拉过程中不仅对冷拉钢筋起到电热时效作用，还可消除钢筋在轧制过程中所产生的内应力，故对提高钢筋的强度有利。它不仅可应用于一般直线配筋的预应力混凝土构件，而且更适合于生产曲线配筋及高空作业的预应力混凝土构件。但由于电张法是以控制预应力筋伸长而建立预应力值，而钢筋材质不均匀又严重影响预应力值建立的准确性，故在成批施工前，应用千斤顶对电张后的预应力筋校核应力，摸索出钢筋伸长与应力间的规律，作为电张时的依据。电张法适用于冷拉Ⅰ、Ⅱ、Ⅲ级钢筋的构件，可用于先张，也可用于后张。当用于后张时，可预留孔道，也可不预留孔道。不预留孔道的做法是：在预应力筋表面涂上一层热塑冷凝材料（如沥青、硫黄砂浆），当钢筋通电加热时，热塑涂料遇热熔化，钢筋可自由伸长，而当断电锚固后，涂料也随之降温冷凝，使预应力筋与构件形成整体。

一、预应力筋伸长值计算

伸长值的计算是电张法的关键，构件按电张法设计，在设计中已经考虑了由于预应力筋放张而产生的混凝土弹性压缩对预应力筋有效应力值的影响，故在计算钢筋伸长时，只需考虑电热张拉工艺特点。电热张拉时，由于预应力筋不直以及钢筋在高温和应力状态下的塑性变形，将产生应力损失。

对抗裂要求较高的构件，在成批生产前，根据实际建立的预应力值的复核结果，对伸长值进行必要的调整。

二、电热设备选择

电热设备的选择包括：预应力筋电热温度的计算，变压器功率计算与选择，导线与夹具选择。

三、变压器应符合下列要求

一次电压为220～380V，二次电压为30～65V。电压降应为23V/m；二次额定电流值不宜小于：冷拉级钢筋为120A/cm²；冷拉Ⅲ级钢筋为150A/cm²；冷拉Ⅳ级钢筋为200A/cm²。

四、导线和夹具的选择

从电源接至变压器导线叫作一次导线，一般采用绝缘硬铜线；从变压器接至预应力筋的导线叫作二次导线。导线不应过长，一般不超过30m。导线的截面积由二次电流的大小确定，铜线的控制电流密度不超过5A/mm²，铝线不超过3A/mm²，以控制导线温度不超过50℃。夹具是供二次导线与预应力筋连接用的工具。对夹具的要求是：导电性能好，接头电阻小，与预应力筋接触紧密，接触面积不小于预应力筋截面积的1.2倍，且构造简单，便于装拆。夹具用紫铜制作。

五、电热法施工工艺

电热张拉的预应力筋锚具，一般采用螺丝端杆锚具、帮条锚具或锻头锚具，并配合U形垫板使用。预应力筋应做绝缘处理，以防止通电时电流的分流与短路。分流系指电流不能集中在预应力筋上，而分流到构件的其他部分；短路是指电流未通过预应力筋全长而半途折回的现象。因此，预留孔道应保证质量，不允许有非预应力筋与其他铁件外露。通电前应用绝缘纸垫在预应力钢筋与铁件之间，做好绝缘处理，不得使用预埋金属波纹管预留孔道。

预应力筋穿入孔道并做好绝缘处理后，必须拧紧螺母，以减小垫板松动和钢筋不直的影响。拧紧螺母后，量出螺丝端杆在螺母外的外露长度，作为测定伸长的基数。当达到伸长控制值后，切断电源，拧紧螺母，电热张拉即告完成。待钢筋冷却后再进行孔道灌浆。

预应力筋电热张拉过程中，应随时检查预应力筋的温度，并做好记录，并用电流表测定电流。冷拉钢筋作预应力筋反复通电次数不得超过三次，否则会影响预应力筋的强度。为保证电热张拉应力的准确性，应在预应力筋冷却后，用千斤顶校核应力值。校核时预应力值偏差不应大于相应阶段预应力值的−5% ~ 10%。

六、无黏结预应力混凝土的施工

在高层或超高层建筑中，一般采用大空间。为解决大柱网现浇楼盖问题，大都采用后张无黏结预应力混凝土梁、板结构。所谓无黏结预应力混凝土，就是在浇筑混凝土之前，将钢丝束的表面覆裹一层涂塑层，并绑扎好钢丝束，埋在混凝土内。待混凝土达到设计强度之后，用张拉机具进行张拉，当张拉达到设计的应力后，两端再用特制的锚具锚固。这方法借用锚具传递预先施加的应力，无须预留孔道，也不必在孔道内灌浆，使之产生预应力效果。

这样做的优点：一是可以降低楼层高度；二是空间大，可以提高使用功能；三是提高结构的整体刚度；四是减少材料的用量。

七、无黏结预应力筋的制作

无黏结预应力筋一般由7根 φ5mm高强度钢丝组成，或成钢丝束，或拧成钢绞线，通过专用设备，涂包防锈油脂，再套上塑料套管。

（1）涂料及外包层：涂料层：一是使预应力筋与混凝土隔离，减少张拉时的摩擦应力损失；二是阻止预应力筋的锈蚀。这就要求涂料具有以下特性：

①不流淌，不变脆产生裂缝；

②化学成分稳定；

③对周围材料无腐蚀；

④不透水，不吸潮。

外包层具有以下特点：

①高温时，化学性能稳定，低温时，不变脆；

②韧性和耐磨性强；

③对周围材料无腐蚀作用。

（2）无黏结预应力筋的制作：用于制作无黏结筋，钢丝束或钢绞线要求不应有死弯，每根必须通长，中间没有接头。其制作工艺为：编束放盘—涂上涂料层—覆裹塑料套—冷却—调直—成型。

八、无黏结预应力筋的敷设

敷设之前，仔细检查钢丝束或钢绞线的规格，若外层有轻微破损，则用塑料胶带修补好；若外包层破损严重，则不能使用。敷设时，应符合下列要求。

（1）预应力筋的绑扎。

与其他普通钢筋一样，用铁丝扎牢固。

（2）双向预应力筋的敷设。

对各个交叉点比较其标高，先敷设下面的预应力筋，再敷设上面的预应力筋。总之，不要使两个方向的预应力筋相互穿插编结。

（3）控制预应力筋的位置。

在配制预应力筋时，为使位置准确，不要单根配置，而要成束或先拧成钢绞线再敷设；在配置时，为严格竖向、环形、螺旋形的位置，还应设支架，以固定预应力筋的位置。

九、预应力筋的端部处理

根据锚具而定。采用锻头锚具时，锚环被拉出后，塑料套管会产生空隙，必须注满防腐油脂。当采用夹片式锚具时，张拉后，切除多余外露的预应力筋，只保留200~600mm的长度，并分散弯折在混凝土的圈梁内，以加强锚固。

十、预应力筋的张拉

（1）张拉前的准备。

检查混凝土的强度，达到设计强度的100%时，才开始张拉；此外，还要检查机具、设备。

（2）张拉要点。

①张拉中，严防钢丝被拉断，要控制同一截面的断裂不得超过2%，且一束钢丝只允许发生一根。

②当预应力筋的长度小于25m时，宜采用一端张拉；当长度大于25m时，宜采用两端张拉。

③张拉伸长值，按设计要求进行。

十一、张拉设备的测定及选用

（1）所用张拉设备与仪表，应由专人负责使用与管理，并定期进行维护与检验。

（2）张拉设备应配套，以确定张拉力与表读数的关系曲线。

（3）测定张拉设备用的试验机或测力计精度不得低于±2%，压力表的精度不宜低于1.5级，最大量程不宜小于设备额定张拉力的1.3倍。

（4）测定时，千斤顶活塞运行方向应与实际张拉工作状态一致。

（5）设备的测定期限不应超过半年，否则必要时及时重新测定。

（6）施工时，根据预应力筋种类等合理选择张拉设备。

（7）预应力筋张拉力不应大于设备额定张拉力。

（8）所用高压油泵与千斤顶应符合产品说明书的要求。

（9）严禁在负荷时拆换油管或压力表。

（10）接电源时，机壳必须接地，经检查绝缘可靠后方可试运转。

十二、预应力的施工

（1）先张法施工。

①张拉时，张拉机具与预应力筋应在一条直线上；顶紧锚塞时，用力不要过猛，以防钢丝折断；拧紧螺母时，应注意压力表读数，一定要保持所需张拉力。

②台座法生产，其两端应设有防护设施，并在张拉预应力筋时，沿台座长度方向每隔45m设置一个防护架，两端严禁站人，更不准进入台座。

③放张前，应先拆除构件侧模，使其能自由伸缩。

④放张时钢丝回缩值不应超过0.6mm（冷拔低碳钢丝）或1.2mm（碳素钢丝）。测试数据不得超过上述规定的20%。

（2）后张法施工。

①预应力筋张拉时，任何人不得站在预应力筋两端，同时在千斤顶后面设立防护装置。

②操作千斤顶的人员应严格遵守操作规程，应站在千斤顶侧面工作。在油泵开动过程

中，不得擅自离开岗位，如需离开，应将油阀全部松开或切断电路。

③张拉时应做到孔道、锚环与千斤顶三对中，以使张拉工作顺利进行。

④钢丝、钢绞线、热处理钢筋及冷拉Ⅳ级钢筋，严禁采用电弧切割。

（3）电热张拉。

①做好钢筋的绝缘处理。

②调好初应力，使各预应力筋松紧一致，初应力值为（5%～10%）且做好测量伸长值的标记。

③先进行试张拉，检查线路及电压、电流是否符合要求。

④测量伸长值应在一端进行，另一端设法顶紧或用小锤敲紧预应力筋。

⑤停电冷却12h后，将预应力筋、螺母、垫板等互相焊牢，然后灌浆。

⑥构件两端必须设置安全防护设施。

⑦操作人员必须穿绝缘鞋，戴绝缘手套，操作时站在构件侧面。

⑧电热张拉时如发生碰火现象应立即停电，查找原因，采取措施后再进行。

⑨冷拉钢筋采用电热张拉时，重复张拉不得超过三次。

⑩采用预埋金属波纹管作预留孔洞时不得采用电热施工。孔道灌浆必须在钢筋冷却后进行。

十三、后张法施工质量事故

在后张法施工中，常发生的质量事故有：孔道位置不正，孔道塌陷、堵塞，预应力值不足，孔道灌浆不通畅、不密实，无黏结预应力，混凝土摩阻损失大，构件产生弯曲变形等。

第十三章 矿山边坡保护与控制爆破

第一节 矿山边坡保护与控制爆破概述

在深孔爆破中，控制爆破主要有两种：一种是预裂爆破，另一种是光面爆破。它们用来控制爆破方向，降低爆破地震效应和减少超欠挖，以获得所需的良好开挖形状，确保边坡及构筑物的稳定和安全，同时提高爆区岩石的破碎质量和控制爆堆的宽度。

一、边坡稳定的意义

在冶金露天矿的开采中，由于矿岩较硬，设计最大采深可以达到500m以上。而在露天煤矿的开采中，由于岩性相对较软，煤层埋藏相对较浅，开采深度比不上冶金矿，如我国海州露天煤矿和抚顺西露天煤矿最大采深200多米。但开采深度浅并不意味着边坡就相对稳定，抚顺西露天煤矿采用单-铁道间断式开采工艺，采深不足百米深，由于北帮边坡多次发生顺层滑坡，为此抚顺煤科所就此课题开展了多年研究，尝试了多种办法控制滑坡的趋势。

在深凹露天矿，边坡设计过陡，虽然剥离量减少了，但边坡稳定性变差，易产生大滑坡，会给生产造成严重危害。国内外矿山曾发生过多起滑坡事故。由此可见，露天矿边坡角的陡缓和边坡是否稳定，极大地影响露天矿开采的经济效益及人员和设备的安全，甚至威胁露天矿的寿命。分析和观察边坡滑坡实例发现，在许多滑坡实例中，放炮振动使边坡产生裂缝，在弱层和节理裂隙作用下，由于最终边坡角等设计参数选取不当是造成边坡滑坡的主要因素之一。如何使放炮振动减小，形成比较归整的台阶坡面，从而构成比较稳定的最终坡面，是许多露天矿急需解决的重大问题之一。

二、露天矿的滑坡类型

露天矿的滑坡类型主要受地质因素，特别是岩体结构弱面控制。按破坏形态，滑坡可分为以下几种类型。

（一）平面滑坡

平面滑坡是边坡岩体沿单一结构面如层理面、节理面或断层面发生滑动。当坡面中有单一结构面，它的下部被坡面切割，即当结构面与边坡同倾向，且其倾角小于边坡角而大于内摩擦角时，则容易发生平面滑坡。

（二）楔体滑坡

当边坡中有两组结构面相互交切成楔体的失稳体，即当两结构面的组合交线倾向与边坡倾向相近或相同，且倾角小于坡面角而大于内摩擦角时，则容易发生楔体滑坡。

这类滑坡常发生在节理裂隙发育的坚硬岩体中。

（三）圆弧滑坡

圆弧滑坡是指滑动面基本为圆弧状的滑坡。土体滑坡一般为此形式，散体结构的破碎岩体或软弱的沉积岩边坡也常以此形式产生滑坡。

（四）倾倒滑坡

当边坡岩体中结构面倾角很陡时，岩体可能发生倾倒。它的破坏机理与以上3种不同，它是在重力作用下岩块发生转动而产生的倒塌破坏。

（五）复合滑坡

复合滑坡是上述几种形式组合而成的滑坡。

三、露天矿山边坡保护

露天矿山开采由于矿体埋藏深、开采时间长、边坡高度大等特点致使最终边坡处于不断变化和调整的过程中，加之矿山频繁的生产、爆破振动和复杂的工程地质环境不可避免地使边坡产生崩塌、滑移破坏。当采场开采至某一深度时，边坡变形可能会发生突变，导致台阶局部发生变形破坏甚至该变形会逐渐增大引起数个台阶坡发生破坏。一旦形成大规模的边坡滑体，将对矿山的正常生产造成极为不利的影响。因此，为了确保矿山正常生产和人员设备的安全，有必要对露天矿高边坡的稳定状态进行分析，找出潜在变形的区段进行加固治理。

随着边坡的形成及时进行加固，可收到事半功倍的效果，否则随着滑体规模的扩大，工程难度及投资都会大大增加，并对采矿生产产生巨大影响。因此，需将露天矿采场边坡治理纳入边坡管理中。

开采阶段边坡管理工作包括：执行边坡设计控制边坡形成；跟踪采场延深收集有关边坡新的地质资料，修正或充实原边坡设计，完善边坡设计；建立边坡体位移、地下水压和爆破震动力的监测系统进行边坡实时稳定性预报；根据已形成边坡的形状和工作状态，预测近几年的边坡稳定动态以便矿山安全组织生产；针对具体边坡工程问题，采取适当的边坡加固措施。

（一）边坡靠界管理

边坡靠界是边坡形成的重要阶段，对边坡形成后的稳定性有直接影响。实践表明：台阶规模的滑塌大多是由于靠界不适当爆破或超采欠挖对边坡的伤害较大，因此必须对靠界的全过程进行控制。靠界管理主要包括以下内容。

（1）靠界台阶清理。靠界台阶清理是保证台阶按设计靠界的前提，清理靠界台阶确保设计穿孔位置。

（2）采矿设计境界现场标定。将设计境界线放到现场坐标点距一般为20m转弯处加密；上台阶靠界时放设坡顶线，下台阶并段时放设坡底线；台阶标高与设计标高不一致时应做相应调整。

（3）靠界爆破设计及施工。爆破设计应采用预裂爆破设计为主，预裂孔和缓冲孔，倾斜角度与设计坡面角一致，孔径不大于200mm，最大一段起爆药量应不超过爆破振动的限值，起爆方式以逐孔间隔起爆为宜。应根据岩性、地质构造条件不断优化爆破设计，提高靠界爆破质量。

（4）靠界采掘与验收。要求不得超挖和欠挖，坡面采掘干净，不留浮石和伞岩，经靠界验收合格后方可调离设备。

（二）日常边坡检查及维护

对已形成的边坡实行人工检查，建立健全巡检制度，及时发现边坡异常情况并采取措施。重点放在固定公路、重要设施、生产台阶等上方边坡区域，对经常发生落石的边坡应重点关注分析其原因，及时安排对危险区域的清理治理，保证坡面及台阶的稳定和安全。

（三）边坡截排水工作

边坡岩体中裂隙水的存在会产生静水压力，不仅降低岩体不连续面抗剪强度，而且对岩体产生朝向临空面方向的水平推力。包钢集团巴润矿业公司矿区地处位置霜冻期较长，基岩裂隙水的反复冻融对岩体形成的冻涨力均会形成对边坡稳定不利的诱因，如果边坡岩体的不连续面陡倾，其破坏作用将更加明显。当存在汇水地形时遇大雨、暴雨迅速形成地表径流，直接沿边坡冲刷，则将对边坡产生更大的危害。因此，应加强对边坡地表径流条件、地下水状态等的调查分析，合理安排截排水措施，改善边坡稳定条件。

（四）岩移监测及地下水位监测

岩移监测是边坡防护的一项重要工作，分为三级监测：Ⅰ级监测是对总体边坡稳定性监测，旨在查明不稳定区域；Ⅱ级监测是对不稳定区域进一步监测，旨在查明滑体的范围；Ⅲ级监测是对滑体的监测，旨在查明滑体的变形及位移趋势和规律。随着边坡的形成，采场应逐步建立岩移监测网，对总体边坡进行全面定期监测，测定边坡的初始状态，较早发现不稳定区段，以便对不稳定边坡进一步观测，作出年度边坡稳定性预报。对不稳定边坡进行重点监测，确定不稳定区域的范围，研究边坡破坏模式及破坏过程，预测边坡破坏发展趋势，作出边坡稳定性预报，防止意外滑坡。

地下水位监测是对边坡的地下水压进行监测，以了解地下水压力及水位的变化情况分析其对边坡稳定性的影响。

（五）开展边坡稳定性研究

随着采场的延深和岩体的不断揭露，应不断收集工程地质和水文地质等有关方面的资料，加强边坡稳定性研究分析，不断补充和完善已取得的研究成果。对出现的滑坡应进行成因机制分析，提出边坡治理的建议。

四、大型矿山边坡滑坡

滑坡是广泛发生在山区的地质灾害之一。山体的岩石和土层受重力影响，打破了原有的平衡状态，整体向相对薄弱的方向滑动甚至坍塌。这种现象对社会稳定发展造成了极大的危害，其所在位置不同，产生的危害程度也不尽相同。造成滑坡的因素有很多，包括自然方面、人为方面等，可分为自然因素和人为因素等。

针对滑坡的核心成因而言，一是下滑力增大，二是抗滑力减小。下滑力增大的主要是因为坡形的改变，例如，对坡脚的过度开采、河流的侵蚀冲刷等；抗滑力减少则主要是因为地下水位变化引起对滑带土强度的溶蚀，滑带土强度减弱降低了抗滑阻力，同时周边地带的地震或爆破振动也会严重影响其山体结构和土层分布。

矿山四周的倾斜表面，大规模进行资源开采活动后形成挖掘台阶，这些台阶组成的总斜坡被称为矿山边坡。近些年我国经济飞速发展，基础设施建设进程不断加快，为适应基础设施建设进程，资源开采活动也加快了步伐。欲速则不达，大规模的资源开采活动逐渐暴露出了诸多问题。对资源的过度和不合理开采不仅造成了许多自然资源匮乏，还对地质结构的稳定性造成了极大影响。矿山边坡滑坡事故频繁发生，甚至在同一地区反复多次发生坍塌事故，逐渐使大型矿山边坡滑坡的分析和治理技术研究工作得到重视。

（一）大型矿山边坡滑坡分析

影响边坡稳定性的因素不仅包括地质条件、自然灾害等自然因素，而且包括各种人为因素。虽然地质条件是检测边坡稳定性的基础，但人为对地质条件的改变和破坏、大型自然灾害对土层结构的分解和重塑也都对边坡稳定性产生重大影响。

对大型矿山边坡滑坡成因，从自然因素和人为因素两个角度进行分类分析，自然因素大体包括岩土体性质的影响、地形地貌的影响、自然灾害的影响等，人为因素主要包括不合理开采和爆破破坏两个方面。

从岩土体性质角度分析，矿山边坡的岩土体主要由矿渣或风化残积土组成，而矿渣和风化残积土本身性质特殊，其密度小、易于压缩、黏性弱、容易引起溃散，致使滑坡事故产生。另外，矿渣和风化残积土具有较强透水性，降雨渗入边坡表层，对岩土构造进行冲击，减轻了滑坡阻力，进一步降低了边坡稳定性。

从地形地貌角度分析，如果矿山边坡坡度达到一定程度，坡面岩土体向下滑移，坡脚的矿层物质就会因为无法承受而呈挤压状态。此外，坡度越高，其暴露于空气表面的面积就越大。受外界环境如降雨冲刷或人为因素影响的程度也随之增大。

从自然灾害因素角度分析，暴雨的下渗对地下水状况产生了影响，对边坡表层和土层内部结构的冲蚀也破坏了土层的稳定性。经过暴雨之后，大量雨水透过矿渣和风化残积土，下渗到深层土层，减小了抗滑阻力，增强了土层的下滑推力，对坡体稳定性产生了较大影响。除暴雨外，地震也会严重影响边坡稳定性，通过对地质结构的重构改变整体边坡土层，如果地震级别偏大，在剧烈震动下边坡极易产生崩塌。

从不合理开采角度分析，目前在我国各地广泛存在的大规模开采活动也破坏了坡体的稳定程度。不节制的、没有经过科学规划的不合理开采使边坡稳定性进一步被破坏。

例如，对矿山边坡进行地下开挖会破坏坡脚稳定性，坡顶或坡腰增加的过大荷载，会增加滑坡下坠的重力作用，促使边坡变形。

从爆破破坏角度分析，爆破对于边坡稳定性的破坏程度丝毫不亚于一场中等程度的地震。受目前开采条件限制，大多地区采取的开采方式都包括爆破，而在矿山本身或矿山周边地区的爆破操作会严重破坏矿山的岩体稳定性。而矿山开采过程中通常多次使用爆破手段，这使边坡的土层结构遭到重复性破坏。

（二）边坡滑坡治理技术研究

由于边坡滑坡的形成因素极其复杂。各矿山边坡所处地势、地形不同，所面对的自然条件和人为因素影响存在差异，对其采取的治理措施不能完全照本宣科而不考虑其现实情况，一味照搬照抄其他地方的治理方案，不仅不能有效改善边坡稳定性，甚至还可能造成反效果。因此，对其的治理技术研究也应从多角度进行综合分析，全面看待这一问题。大体研究思路如下：

在解决方案时间设置上将长期与短期治理相结合。一方面，不能贪图成效，试图短期内彻底解决问题，矿山边坡滑坡问题的成因包括其土层结构等自然因素的影响，具有复杂性，一味求快必然导致进一步对土层造成破坏。应当建立对边坡滑坡问题的长期治理机制，培养起长久攻坚的思想认识和决心。另一方面，面对部分极其不稳定可能存在重大风险的滑坡应及时采取应急措施予以处理，以保护周边地区人员的生命财产安全，防止重大事故的发生。应当安排专业人员对边坡稳定性等方面进行定期检测，出具检测报告，这样不仅有利于及时了解边坡安全性，防患于未然，大大降低风险程度，也有利于针对边坡具体问题进行及时处理，防止一些隐患进一步扩大化。

在对矿山边坡进行治理工程时将治理工作和资源合理开发利用相结合。我国虽然地大物博，但也面临着人口基数过大，为满足庞大人口基数的生活发展需要而导致的资源严重匮乏问题，对资源的不合理开采活动和过度开采活动是导致边坡滑坡问题的重要因素之一。面对越来越多的经济发展需要和基础设施建设需要，如何合理有效利用资源，在不破坏自然、不影响可持续发展的基础上进行资源开采活动，是每一个相关人员需要思考的问题。对资源开采行为进行合理规划，禁止对边坡坡脚进行肆意开采，不在边坡坡顶安置其无法承载的开采设施，都能有效改善目前开采活动对土层稳定性的破坏现状。在进行必要的开采活动时，也应当配合相应的保护措施，例如，在坡脚增加加固措施，设置抗滑桩、使用抗滑挡土墙等。

在对边坡滑坡问题进行治理时还需要考虑周边其他设施的稳定与美观程度。当边坡滑坡治理工程周边有人文自然景观时，应注意实施对景观的回避或采取保护措施。对滑坡的治理活动不能对周边景观产生破坏，这既是对自然资源的进一步保护，也是为了维护边坡周边土层结构的稳定性。同时，还需要注意维护边坡治理工程周边的公路、建筑等基础设施的稳定性和安全性。边坡滑坡治理工程一定程度上也会对土层结构进行重构，需要注意不要影响其他基础设施，防止造成重大事故。

（三）滑坡治理技术实验论证分析

为保证本文提出的边坡滑坡治理技术对改善边坡滑坡问题的有效性，设置如下模拟实验进行论证，实验论证采用两块相同土层结构的矿山边坡模型实验。其中一块模型不进行处理，另一块使用本文提出的滑坡治理技术进行改进，作为实验论证对比，对其经过水流冲刷以及周边同等幅度振动之后的稳定程度进行统计。

第二节　影响边坡稳定的主要因素

随着露天矿的不断降深、深凹露天矿的不断形成和最终边坡的逐渐到界，自上而下形成由几个或几十个台阶组成的最终边坡。同时，由于爆破振动、岩性、结构面、水文地质条件和边坡高度、风化作用、边坡几何形状等多种因素影响，边坡岩体的原始应力平衡状态受到了破坏，可能出现个别失稳体，从而导致露天矿产生滑坡。

一、岩性对边坡稳定的影响

（一）岩石结构与构造的影响

岩性系指组成边坡之岩石的基本属性，它是确定岩体强度和边坡稳定性的重要因素。

岩石的力学性质除取决于岩石的矿物成分外，还取决于矿物颗粒之间的联结类型：即结晶还是非结晶联结（胶结、松散），以及结晶颗粒大小。属于结晶连结且结晶颗粒小者，其力学强度高。对于沉积岩，由于结晶颗粒的强度远大于颗粒间胶结物的强度，因此，在外力作用下，岩石总是沿胶结物破坏，而不是结晶颗粒破坏。硅质胶结物胶结的沉积岩，其强度也较大。

岩石的构造对岩石的力学性质也有明显影响。如沿沉积岩的层理、变质岩的片理方向及垂直方向的力学性质相差很大，为各向异性体。

（二）岩石强度的影响

坚硬致密的岩石抗水、抗风化能力强，且强度高，故不易发生滑坡，只有当边坡角过大和边坡高度过高时才产生滑坡。通常的滑坡往往发生在砂质岩、页岩、泥岩、灰岩及片理化的岩层中。

二、结构面的影响

（一）结构面的概念

结构面的影响直接制约边坡岩体的变形、破坏的发生和发展过程。岩体失稳往往沿结构面发生。

结构面常指岩体内具有一定方向、一定规模、一定形态和特性的面、缝、层、带状的地质界面。面是指岩块间刚性接触，无任何充填的劈理、节理、层面、片理等；缝是指有充填物，并且具有一定厚度的裂缝；层是指岩层中相对较弱的夹层，不仅由不同物质组成，而且明显存在上、下两个层面；带是指具有一定厚度的构造破碎带、接触破碎带、古风化壳和风化槽等。可见，这里所说的结构面并非几何学上的面，而是具有一定的厚度，或者说上、下两个面所限制的缝、层、带，并为某些物质所充填。但是，这个厚度与相邻的岩块厚度相比是极小的，所以，从宏观来看可视为面。因此，可将岩体视为由结构面及其所包围的结构体共同组成的。

（二）结构面对边坡稳定的影响

结构面是对边坡稳定起控制作用的因素，其影响表现如下。

（1）岩体的结构面是弱面，比较破碎，较易风化。结构面中的缝隙往往被易风化的次生矿物所充填，因此其抗剪强度较低。

（2）孔隙、裂隙、节理等结构面发育的岩体，为地下水的渗入和地下水的活动提供了良好的通道。水活动的结果使岩体抗剪强度进一步降低。

结构面的作用并非是孤立的，它是相互影响、相互制约的，应对具体情况作具体分析。

三、爆破振动影响

由于爆破设计不合理和最终边坡角选取不当，造成爆破以后边坡产生松动和裂缝，加上弱层作用或节理裂隙的存在，使边坡产生滑坡的实例很多。解决爆破设计问题的关键就是从穿孔爆破入手，采用控制爆破的方法，使爆破以后台阶坡面归整、平顺，没有凸、凹现象发生，爆破振动影响最小。

在考虑动力因素对边坡稳定影响时，国内外普遍重视爆破振动。因为，爆破作业是矿山生产中经常进行的，它使露天矿边坡长期经受反复的爆破振动。由于目前露天矿山生产规模越来越大，普遍采用大型钻机，炮孔直径甚至提高到了310mm以上，随着炮孔直径的加大，使每个孔的爆破半径以及产生的振动水平亦加大，从而产生的爆破振动载荷也加大，当爆破地震波通过边坡岩体时，给岩体的潜在破坏面以附加的动力，可使原生结构面和构造结构面的规模增大、条件恶化，并可以产生次生结构面（爆破裂隙），而促使边坡被破坏，严重影响边坡的稳定性。因此，在确定露天矿最终边坡角时，应考虑爆破振动对边坡稳定的影响。

四、其他因素

（一）边坡高度

在已知的地质条件下，露天矿边坡是否足够稳定，取决于边坡高度和边坡角的大小。

岩体中的自重应力是随着深度的增加而递增的，某一深处的垂直应力为岩体的单位体积和深度的乘积，无论是土质边坡还是岩石边坡，边坡高度越高，自重应力就越大，边坡稳定性就越差。因此，欲保持边坡稳定，就必须随边坡高度的增加而相应减缓最终边坡角。

（二）风化作用

风化作用亦会使原生结构面和构造结构面的规模增大、条件恶化，并可以产生风化裂隙等次生结构面；同时，长时间的风化作用还会使岩石自身强度降低，尤其是对于一些抗风化能力较差的软岩，强度降低得更多。因此，长时间的风化作用势必对边坡稳定性产生不利影响。

（三）边坡几何形状

边坡在平面上的几何形状对边坡岩体的应力状态也有影响，直接影响到边坡的稳定性。

当边坡向采场突出成凸形时，边坡岩体内出现侧向拉力，由于岩石的抗拉强度较低，故此种的边坡稳定性差；反之，当边坡凹向采场时，边坡岩体内出现侧向压应力，因岩石的抗压强度比抗拉强度大得多，故这种形状的边坡对边坡稳定有利。同理，圆形或接近圆形的露天采场边坡要比其他形状的边坡稳定条件好。

边坡有三种断面形态，即直线形边坡、凹形边坡和凸形边坡。直线形边坡的设计计算和绘制比较简单，并且便于露天采场的确定，故在国内外的边坡设计中经常采用此种形状。但它是按组成边坡岩体的平均岩性考虑的，并没有考虑随边坡高度的增加自重应力递增的影响。同时，深度大一些的露天矿中，组成边坡的岩体上部和下部往往岩性不同且差较大，如仍按岩石的平均性质确定边坡，即便采取了较大的稳定系数，也难免在弱岩层处发生滑坡。

第三节　控制爆破

采用多种控制爆破的方法，其目的就是减少并更好地分配炸药，用它来控制爆破方向，降低爆破地震效应和减少超欠挖，以获得所需的良好的开挖形状，确保边坡及构筑物的安全和稳定，提高岩石的破碎质量和控制爆堆宽度。

实践表明，岩体构造和爆破作用是紧密相连的。为了减少超挖，保证边坡稳定，就要寻找二者之间的关系，但必须强调这样一个事实，即控制超挖的问题，这个问题在很大程度上要受到地质构造条件的限制，不可能在各种地质构造中都能获得良好的控制超挖的效果。如果岩体不能自撑，则不论采用何种爆破方法，超挖都是不可避免的。就如同一种爆破方法不可能在层理发达的沉积岩中同时获得成功。因此，应根据岩石性质设计边坡决定采用何种爆破方式。

光面爆破是在轮廓或挖掘边界上钻一排（圈）较密集的炮孔，使其抵抗线大于孔距，爆破时沿炮孔连线形成破裂带，而获得较平整的破裂面。要求在密集孔中，装入少量均匀分布的炸药，全部充填，在主炮孔爆破后或清渣后再一次起爆。起爆时充填物起缓冲作用，减少对壁面的冲击，最大限度地减少壁面上的应力与破碎，切断炮孔之间的岩石，控制炸药爆轰对孔壁的压力，以便不破坏炮孔周围的岩石，形成超挖量最小的光面。

一、参数的选择与确定

主要参数有钻孔直径、孔间距、抵抗线、不耦合系数和线装药密度。

（一）钻孔直径 d

孔径大小取决于岩石的普氏系数和对爆破质量的要求。一般来说，孔径小些，光面爆破效果会好些。经验表明，在露天矿边坡开挖中，光面爆破和预裂爆破孔的直径以 $50 \sim 100mm$ 较为合适。也有些矿山为利用现有设备而采用大孔径，如眼前山铁矿采用 $250mm$ 的孔径，在某些条件下，也取得了良好的爆破效果。

（二）不耦合系数

不耦合装药是指炮孔直径和炸药直径的比值，在装满炸药时是 1.00。光面爆破时药卷直径要小于炮孔直径，装药孔内壁和药卷之间留有间隙。因此，炮孔越粗，不耦合系数越大。

研究表明，在距炸药一定距离处测定的变形波振幅，在药量相同时，随着不耦合系数增大而呈指数减少，同时径向变形波的基本周期也受不耦合值的影响。

（三）线装药密度

线装药密度又叫作装药集中度，为每米装药长度的药量（kg/m或g/m），不包括堵塞长度，它对光面和预裂爆破的效果有比较大的影响。如果线装药密度过大，光面和预裂孔壁在炸药爆炸时会过分破坏，即孔壁外会产生超挖；线装药密度过小，会使岩石爆不下来，或者孔与孔之间形成硬坎，造成坡面不平整和欠挖。

二、影响因素与施工

通常，光面爆破和预裂爆破是配合深孔爆破进行的，它的设计属于深孔爆破的一部分，因此，与深孔的主爆孔之间的关系很重要。光面孔与主爆孔距离过远，形成光面孔的抵抗线过大，起不到光面效果；而距离太近，会使光面孔的抵抗线过小，出现主爆孔爆破时拉坏光面孔，破坏光面爆破网路而引起光面孔拒爆的情况。

一般来说，露天矿在削坡中，当遇到岩体整体性差、节理裂隙多，且岩石风化程度不一致、难以形成预裂光面的地段时，在只有一两排孔的情况下，可以使用光面爆破获得较为平整的光面。但在具体施工中采用光面爆破时，则必须考虑一些技术因素对光面爆破的结果产生的影响，分述如下。

（一）准确钻孔

准确钻孔极为重要，是获得平整、规则的边坡的基本条件，可以说离开准确钻孔就不可能实现光面爆破。

要求钻孔质量符合设计的爆孔位置、方向和深度。为了达到这些要求，应该准确测量并标出孔位，钻孔前对每个孔都要校准钻孔角度并固定好钻机。若不采取措施，开孔偏差、钻孔本身的偏差、钻孔的扇形偏斜都会使穿凿断面偏离设计轮廓。

开孔偏差的发生是因为钻头没有对准规定的炮孔位置。钻孔本身的偏差通常以cm/m计算，部分与钻头的照准方向有关，也与钻机的供气压力、岩石的性质等因素有关。周边孔必须稍微向外倾斜，以便在钻一个循环的炮孔组时，为钻孔设备提供足够的空间。

在实际操作中，最大的开孔偏差为10cm，钻孔本身的偏差为5cm/m，最小的扇形偏斜为±3cm/m。

（二）钻孔位置

在设计钻孔布置图时，使钻孔间距小于最小抵抗线是有利于边坡稳定的。最小抵抗线过小时，孔与孔之间的光面裂缝来不及贯通，各孔就已朝自由面形成爆破漏斗，结果产生凸凹不平的破裂面；相反，最小抵抗线过大时，光面裂隙容易形成，但在自由面方向的爆破效果可能会恶化，多出大块岩石或土块。

（三）炸药种类

光面爆破对所使用的炸药要求非常严格。因为反映爆破局部作用的炸药猛度决定了炮孔附近的岩石破碎条件。炸药猛度越高，则装药附近表面的破坏就越大。因此，使用低猛度、低爆速炸药（爆速为2000～3000m/s），或者采用一定措施以降低炸药猛度，例如，在装药的周围造成空气间隙，或者充填松散堵塞物，以防装药附近表面的破坏过大。

（四）装药密度

最好采用低密度、弱性装药结构。因为，炸药密度越大，则爆速就越高，从而对孔壁的各种爆炸压力也就越高。炸药按设计线密度沿孔长均匀分布。

（五）装药形式

孔口附近的岩石一般比较破碎或有风化现象，同时，由于受到地表这个自由面的影响，如果在孔口有炸药爆炸，就容易产生爆破漏斗。为了保证孔口段的爆破效果，在孔口0.8～1.5m处不应装药，可以用炮泥堵塞，不装药段长度视岩石性质、风化程度而定。如果风化层较厚，或岩石较破碎、节理裂隙较发育，则在不装药段以下1～2m内把线装药密度减为设计值的1/3～1/2，以防止岩层被松动。孔底部为了克服岩石的夹制作用，加强孔底抵抗线方向岩石的破碎，要采用加强底部药包，根据岩石性质及底部抵抗线大小，在底部1～2m处的线装药密度可按设计值的1～5倍选取。

根据施工工程的具体条件，装药结构可以分为以下几种。

（1）中间部分用小直径长药卷均匀连续装药，孔底部分加粗药卷，孔口部分不装药，用雷管或导爆索起爆。

（2）如果没有小直径长药卷，可把普通标准药卷按设计线密度分散或连续捆扎在导爆索上，为了确保孔底部断裂，孔底的装药量通常为上部药量的2～3倍。为了获得最大的缓冲效果，炸药应尽可能装在紧靠爆破剥离的一侧，达到沿孔深长度上大致均匀分布炸药的要求。

（3）在一些对坡面要求不高的削坡中，可采用间隔装药进行光面爆破，即用散药分段装在孔内，不装药部分用炮泥及砂土堵塞，整个孔用导爆索或雷管起爆。这种装药结构光面效果不太好，装药部位的孔壁总有一些粉碎，而且要求用低爆速、低威力的炸药。如控制得好，仍能得到一个大致平整的坡面。

（六）装药步骤

（1）根据孔深，量出各孔所需的导爆索。导爆索要比孔深1.2~1.5m，其中留作孔间网路连结的长度为0.2~0.5m，另外1m作为端头打结，加强底药起爆作用。

（2）在导爆索上做出装药标志，标出孔口不装药段、正常装药段和孔底加药段位置。每根导爆索编上孔号。

（3）按设计要求将炸药卷用细麻绳牢固地绑在导爆索上。为了固定药串，可以在药串上绑木板或竹片。

（4）装药前仔细检查孔眼，做好对炮孔的处理。

（5）装药时应保持药串在孔的中间或稍靠近需要开挖的一边，以减弱对保留孔壁的破坏作用。

（6）孔口不装药处用细砂或砂土堵塞，孔内可以不堵塞，也可以全堵塞，堵塞时要防止砸断导爆索。

（7）全部装药完毕后，进行爆破网路的联结和起爆。

（七）起爆网路与间隔时间

一般有两种起爆方法，一种与主爆分开起爆，这种起爆方法网路简单；另一种与主爆同时起爆，这就要求按一定间隔时间延迟起爆，采用微差爆破使光面孔延迟主爆孔起爆。在爆破中，只要不发生光面孔破坏主爆孔的起爆网路现象，就应尽可能加大间隔时间。间隔时间太短，可能在光面孔还未完全形成之前，主爆孔的爆破作用就在预裂处引起破坏，使边坡受到损坏。岩石越软，间隔时间应该越长。在坚硬岩石中，间隔时间应小于50~75ms，在软岩中应大于150ms。一般来讲，光面孔与主爆孔分开起爆效果总比同时起爆的效果好些。

三、爆破效果评价

由于施工要求岩石性质、地质构造、开挖方式、爆破材料、施工条件的不同，在各种条件下，应有各自相应的标准，相同的爆破质量检验标准尚未明确规定。

在地质条件复杂、地质构造面发育或者是砂砾互层类的岩石中，只要爆破后能达到坡面平整，不论多少裂缝，可以说爆破基本上都是成功的。

在一般石质坡面，好的爆破效果应该满足下列要求。

（1）坡面成形规则、平整，基本符合设计要求，爆破时在坡面上产生的超（欠）挖量，即坡面岩石的不平整度应小于±20cm；

（2）爆破后坡面上残留的半孔痕迹应占整个孔数的80%以上；

（3）爆破后坡面外用肉眼观察不到明显的裂缝；

（4）坡面上岩石仅轻微破坏，开挖后坡面上基本没有浮石。

在以上几项要求中，主要的而且能提出定量要求的是坡面岩石的平整度（凸凹度）。实践结果表明，只要参数合理，爆破产生的坡面不平整度不会大于光面孔的孔径，而钻孔精度直接控制着坡面的不平整度。钻孔的偏差分为两部分：一部分是对坡面前后的偏差，另一部分是在坡面内左右的偏差，前一部分的偏差形成了坡面的不平整，因而在钻孔中尤其要控制好钻孔角度和坡面角度之间的误差。

第十四章　硐室爆破设计与施工

第一节　硐室爆破基本知识

一、硐室爆破的特点及应用范围

硐室爆破具有以下特点。

（1）可以在短期内完成大量土石方的挖运工程，有利于加快工程施工速度。

（2）与其他爆破方法比较，其凿岩工程量少，相应的设备、工具及材料和动力消耗也少。

（3）所需的机具简单、轻便，一些小工程甚至可以全由人工完成；工效高，可以节省大量劳动力，适用于交通不便的山区。

（4）工作条件较艰苦，劳动强度高。

（5）与其他爆破方法相比，大块率较高，二次爆破量大。

（6）一次爆破药量较多，安全问题比较复杂，在工业区、居民区、重要设施、文物古迹附近进行硐室爆破需要十分慎重。

（7）大型硐室爆破工程施工组织工作比较复杂，需要有熟练的、经验丰富的技术力量才能在保证安全的前提下顺利完成爆破任务。

上述特点决定了硐室爆破的应用范围，下列条件下适宜采用硐室爆破。

（1）在山区，山势较陡，土石方工程量较大，机械设备上山有困难时适宜采用硐室爆破。

（2）在狭谷、河床两侧有较陡山地可取得大量土石方量时，可采用硐室爆破修筑堤坝。

（3）在工程建设初期，如果地形有利而又有足够的土石方量时，适宜采用硐室爆破剥离土岩和平整场地，以缩短建设工期。

（4）在山区修筑铁道和公路时，宜用硐室爆破修筑路堑和平整场地。

二、硐室爆破分类

（1）按地域分：地表硐室爆破、井下硐室爆破、水下硐室爆破。

（2）按用途分：矿山硐室爆破、路堑硐室爆破、定向爆破筑坝、采石硐室爆破、建港硐室爆破、平场硐室爆破、建筑物拆除硐室爆破。

（3）按爆堆破碎程度和堆积形态分：抛掷（扬弃）爆破、加强松动爆破、松动爆破、崩塌爆破、一侧抛掷一侧松动爆破。

（4）按总药量分：A级（大于1000t）、B级（500～1000t）、C级（50～500t）、D级（小于50t）。

（5）按药室形态分：集中药包硐室爆破、条形药包硐室爆破、平面药包硐室爆破、分集药包硐室爆破、混合药包硐室爆破。

（6）按起爆方式分：齐发爆破、秒差爆破、毫秒差爆破、分秒差爆破。

三、岩体断层位置对硐室爆破效果影响

在我国新疆，大多数露天矿位于偏僻山区或荒漠地带，干旱、少雨、多风，岩体节理、裂隙发育，软弱夹层互存边坡，岩体材料多为非均质、不连续的。在此类矿山爆破施工过程中，常遇到爆破块度不均匀、大块率高等问题，许多专家学者也对爆破效果的评价和优化做了大量研究，提出了多种改善爆破效果的方法如间断装药、微差爆破、增大炸药单耗等，却往往忽略了大块形成的本质——岩体结构。本文在此基础上针对非均质露天矿全面分析了岩体裂隙与不同装药位置对爆破效果的影响，并提出相应的改善措施，对实践生产具有一定的理论指导意义。

（一）岩体裂隙对爆破效果的影响

根据岩石的爆炸破碎机理可知，炸药爆炸对岩石的破碎作用主要表现在两个方面：一方面表现为应力波的动作用，炸药在岩石中爆炸产生的冲击波与应力波破坏岩石颗粒之间的胶接结构，使岩石内部结构破裂，在应力波的扩张和延伸遇到自由面后反射成拉伸波，与之前应力波相互叠加作用，引起径向和环状断层的相互交错，使完整岩石产生裂隙；另一方面表现为爆生气体的准静作用，炸药爆炸产生的气体吸收能量后急剧膨胀，在冲撞孔壁的过程中这些爆生气体渗入岩石原生的或应力波产生的裂隙中，产生背向药包的推力，使这些裂隙扩张和延伸进一步破碎岩石。因此，岩石爆破效果的好坏不仅与炸药的物理化学性能、爆破参数的设计、爆破工艺的优化有关，还与被爆岩石自身的性质密切相关。

岩石的基本性质，从根本上说取决于其生成条件、矿物成分、结构构造状态和后期地

质的营造作用。与爆破有关的岩石物理力学参数主要有以下几个方面：密度、堆积密度、孔隙率、岩石的波阻抗、岩石的风化程度、岩石的抗冻性、岩石的变形特征、岩石的强度特征、弹性模量、泊松比、裂隙性。

岩体的裂隙性反映了岩石结构面的密集程度。在露天矿山爆破过程中，岩石的裂隙性不但包括受周期性爆破施工作业所产生的次生裂隙，而且包括岩石在生成过程中以及后期的地质作用下产生的原生裂隙，它们包括片理、节理、层理、褶曲、裂缝、断层等软弱结构面。裂隙不同的分布情况将岩体分割成各种界面。对于岩石爆破来说，这些结构弱面有正反方面的影响：一方面，这些弱面增加了爆破应力波的反射作用，弹性应力波和反射拉伸应力波相互叠加共同破坏了岩体的完整性，且易于从弱面破裂、崩落，有利于降低炸药的消耗量；另一方面，爆生气体和压力可能沿着弱面泄漏降低爆破聚能的作用影响爆破效果，同时可能引起冲炮和飞石造成安全事故。

（二）断层产状与药包位置的关系对爆破效果的影响

在露天矿实施爆破过程中，结构面影响程度取决于结构面的性质及其产状与爆破药包位置的关系。在节理裂隙比较发育的岩体中实施爆破时，对爆破效果起导向作用的往往是具有优势破裂方向的节理断层面，它们通过影响爆破作用方向及爆破漏斗的形状进而影响炸药能量的吸收和分配。以露天硐室大爆破为例，根据断层与药包位置的情况，可分以下几种情况讨论。

1.断层通过药包位置

（1）断层通过药包位置且通过最小抵抗线。如果断层带较宽且胶结性不好，高温高压爆生气体通过膨胀做功，沿岩体强度最小的软弱带高速倾入，在断层处产生应力，集中将使岩体沿软弱带发生锲形块裂破坏。而作用在断层两侧岩体的能量相对减弱，导致爆破漏斗范围缩小，甚至可能引起冲炮引起安全事故。

（2）断层通过药包位置且通过漏斗上半部分或下半部分。此时，断层带对爆破同样存在泄能的影响，其影响取决于它与爆破漏斗最小抵抗线的夹角。夹角越小，则影响程度越大，夹角越大，其影响效果越小。当断层位于上爆破范围时，漏斗上爆破半径可能会位于断层层带，部分岩体可能爆不下来容易出现伞岩；当断层位于下爆破范围时，爆破能量会从断层中泄漏漏斗下，爆破半径位于断层层带，部分岩体爆破不彻底，容易出现根底；当断层位于漏斗上爆破半径或下爆破半径位置时，可以起到减弱爆轰对爆破漏斗以外岩体的破坏作用，有利于控制爆破，但其是附近岩体没有得到充分破碎，爆破能量转换为振动或爆生气体的推力作用将岩体抛掷出去，爆破大块也相应会增加。

（3）断层通过药包位置但不经过爆破漏斗。此时，将会扩大爆破漏斗范围，漏斗底部沿断层向两侧扩张，这种情况一般不会造成冲炮等安全事故，但整体的爆破效果不佳，块度不均匀，大块率高。

2.断层与最小抵抗线相交

断层离药包越近，其影响程度越大，反之越小；断层与最小抵抗线的夹角越小，其影响程度越大，反之越小。

同时，由于断层界面的反射作用和软弱带介质的压缩变形与破裂，使靠近药包附近岩体吸收软弱带反射应力波增强挤压作用，爆破效果较好，块度平均粒径较小；而应力波经过断层后能量发生泄漏和吸收，使得远离药包一侧岩体破碎不均匀容易产生大块。对于岩体自身断层比较发育，岩体内已包含被原生或次生断层所切割的线性尺寸比较大的岩块时，只有药包附近的大块可以得到有效的破碎效果，而远离药包的大块在爆破过程中得不到充分破碎，在爆破振动或爆生气体的推力作用下，脱离岩体、移动、抛掷成大块。

3.断层截切爆破漏斗

这种情况类似于断层过药包且截切漏斗上或下半部分的情况，但是影响程度略小。爆破后其上、下破裂线必沿结构面发展，使实际破裂范围比原设计缩小，减少了爆破石量，抛掷作用加强，容易出现伞岩和根底。

4.断层在爆破漏斗范围以外

断层在爆破漏斗范围以外时，其对爆破作用的影响取决于药包位置关系。一般来说，处于边坡内部的大型断层到药包中心的距离若大于其最小抵抗线，或出露地表的断层到药包中心的距离比不溢出半径最大时，其影响可以忽略不计。当断层的走向与边坡的走向大体一致，倾角与边坡坡度一致时，药包在断层之前位置爆破，断层对减弱边坡岩体的破坏可起到积极有利的作用，爆破后沿着裂缝清坡可保持边坡稳定性。

（三）克服断层影响的方法

从上述分析中可看出，当药包放置在胶结疏松的断层附近时，爆破能量会沿着断层带大量释放，爆破效果急剧下降，甚至会引起严重的安全事故。另外，断层对爆破地震波的传播起到能量吸收的作用，可以降低地震效应对断层另一侧基岩和其上人工构建物的破坏作用。因此，当露天矿山在穿孔爆破过程中遇到断层时，应当提高重视，合理处理好药包与断层产状之间的关系。矿山克服断层的影响主要可以采取以下措施：

（1）能避则避。尽量避免断层位于爆破漏斗范围以内，尤其是药包避免安放在断裂面内。

（2）能控则控。当无法避免断层的不利影响时，应当合理地分配药包的位置，降低断层的影响。可将药包分别布置在断层的两侧，两药包同时起爆，或者使断层接近上、下爆破作用边界线。对于大块要求不高的抛掷爆破，应尽量使最小抵抗线方向与断层面的夹角较大，最好使其其接近于垂直，因为这样的断层有助于岩石面向外破裂，增加爆落石方量。

（3）能炸则炸。对于无法避免和控制的断层，可选择在断层上侧后面布置辅助药包，把断层炸掉。爆破后可改善断层的密实度，提高岩体的胶结程度，对爆破效果有明显的改善。

四、降低硐室爆破有害效应的控制措施

硐室爆破具有设备轻、投资少、进度快、工期短、见效快，且不受地形条件限制，一次性爆破工程量大，能够很快为挖运创造作业条件等优越性。但因炸药量大，爆破振动、飞石、空气冲击波、有害气体等爆破有害效应表现突出，应采取科学、有效的措施，才能达到安全准爆。

（一）对爆破振动的控制

爆破振动是硐室爆破中主要有害效应之一，在采用微差爆破的过程中爆破振动的大小，主要与群药包中的最大单响药量有关，还与各药包之间爆破振动的叠加有关。为了有效地控制其爆破产生的破坏性振动，主要采取以下几种措施降低爆破振动。

1.分区爆破

例如，本次爆破工程，总爆破方量为234.97万m³，共需炸药为1880t。为有效控制爆破振动，根据周围建（构）筑物的安全防护要求，经计算，最大单响药量为55t，这样如果采用一次性爆破，共需35个药包。在实际药包布置中，药包数量远不止35个，如此多的药包个数，对爆破起爆网路的技术要求很高，。为了从根本上解决这一问题，经专家充分论证，决定采用分区爆破方案，以降低爆破规模、降低爆破的技术要求，确保周边环境的安全。整个爆区分为3个爆区，此外，采用分区爆破还有提前爆破、挖运与爆破同时作业的优点。这样可以早爆破、早挖运、早竣工，缩短了工期，增加了效益。

2.类型选用

在爆区的西北两侧是上山公路和密集的民居住宅，而东南两侧为山沟，为了降低总药量和减少夹制作用，决定采用松动爆破和抛掷爆破相结合的方案，即西北西侧采用松动爆破，这不仅降低了总药量，而且保护了厂房和民宅，减少了上山公路的清方量，加快了工程进度。在东南西侧采用抛掷爆破，为整个爆区提供一个动态的补偿空间，减少了夹制作用，提高了爆破效果。

3.微差爆破

毫秒微差爆破，作为国内群药包硐室爆破的先进爆破技术，已普遍采用。此技术不仅起到降低爆破振动的作用，同时为后排药包创造了临空面，大大改善了爆破效果。根据微差爆破理论，两个药室的起爆时差小于18ms时，会造成各药室爆破的叠加作用，爆破

振动比较大。根据抵抗线的大小适当地延长起爆时差，可以削弱爆破振动的作用。因此，为防止过大的振动，结合每个药室的抵抗线大小，采用分段延期起爆，并尽量减少每个分段同时起爆的药室数，从而充分利用新的瞬间动态自由面，产生较好的效果。具体微差段别应视总药量大小而定。本工程各区硐室爆破采用高精度等间隔导爆管雷管；间隔时间为25ms，长条形药包分为分集药包起爆，降低最大单响药量等。3个爆区中二爆区规模最大，总药量为659.4t，共分为16个条形药包，14个集中药包、分两个水平布置，起爆顺序为先上后下、先表后内，逐个药包起爆，为了保证周边建筑的安全，二爆区经计算单响最大药量为55t时，两个药包间隔时差为20ms以上。经振动仪器现场监测，爆破振动完全控制在爆破安全要求范围内。

4.振动监测

为了对爆破实际振动有一个确切的了解，爆破时，爆破专业技术人员在东川河隧洞和马路沟村等关键点设置了监测点，经仪器显示，监测得到的振动数据都小于2.5cm/s，达到了爆破振动安全允许标准和设计要求。

（二）对爆破飞石的控制

爆破飞石是硐室爆破中另一个主要的有害效应，造成远距离飞石的原因主要是地形图与实际地形相差很大，使药包的最小抵抗线明显变小，致使飞石过远；另外，药包处地质构造存在弱面，导致在弱面处泄漏炸药能量，造成大量远距离的飞石；再就是导硐的堵塞质量差，使大量爆炸能从硐口溢出，即所谓的"冲炮"。在对爆破飞石的方向控制方面，主要采取的措施如下。

1.地形图的测量

由于山坡陡、悬崖多、沟壑纵横，加之树高林密、地形图测量质量较差，为了能够更准确地把药包布置在合适的部位，对地形进行了复测。复测时，首先将爆区的树木全部砍光，另外根据爆破特点，考虑所有影响药包最小抵抗线的因素，即把突出的崖嘴和大块孤石排除在外，并对所有沟壑的谷底和山梁的脊背等地形全部布点测量，彻底消除了由于抵抗线不准而产生大量远距离飞石的隐患。

2.抵抗线的校核

为了更精确地控制飞石的方向和距离，对各药室的实际抵抗线进行校核，尤其是陡崖和沟壑处的地形复杂，变化大，难以控制，对其药室抵抗线校核要特别注意。

3.地质素描图的绘制

地质素描是硐室爆破装药结构调整的重要依据之一，一般情况下，对爆区的地质勘察工作做得较少。把导硐、药室作为勘察工程进行地质编录是既经济又快速的办法，它把能把爆区内的地层分布、岩石性质以及地质构造都清楚地反映出来了。本次工程有专门的地质人员对导硐和药室等巷道进行地质编录，为装药量和装药结构的调整提供了详尽、真实、可靠的依据。

4.导硐药室的测量

测量工作是硐室爆破成功的关键，贯穿硐室爆破的整个过程。导硐掘进前，先要进行书面技术交底，告诉施工人员导硐的断面尺寸、长度和方位；在硐室掘进过程中，及时测量放线，准确定位硐口位置、导硐和药室的拐点，加快施工进度，减小药室位置的偏差。尤其是导硐口的方位确定，通过在硐口上方5～10m处打方位桩，这样既有利于方向桩的保护，又方便了施工。

5.装药结构的调整

根据地形的复测、抵抗线的校核结果以及导硐药室的地质素描，及时对爆破参数和装药结构进行调整。

6.施工的严格控制

（1）在硐室掘进过程中，相关技术人员的跟踪检查和现场技术指导，保证了导硐和药室中心线的偏差小于0.3m，导硐、药室断面尺寸误差小于0.2m²。

（2）装药和堵塞作为爆破的重要工序，必须进行全过程质量控制，管理人员跟班作业以保证装药堵塞工程的质量。在装药前，对各药室核定的装药量、装药结构、起爆网路、堵塞方式绘制专门的分解图，并在各硐室进行药室长度标定，现场监督和技术指导，要求装药人员严格按图施工。在巷道掘进时，首先在硐口修好集碴平台，把掘进运出的部分石料堆积在硐口，并先用编织袋装好码齐，这样既方便堵塞，缩短了装堵的时间，又保证堵塞料的质量，防止施工人员偷工减料用山皮腐殖土做堵塞料。同时在装药过程中，一定要保护好起爆网路。

五、硐室爆破个别飞石产生原因及预防措施

应用硐室大爆破施工方法能够在大爆破工程实施过程中达到高效、高质、安全的效果，大大加快工程建设步伐，因此，近年来随着经济建设的发展，在开发矿业、水利和水电建设、兴建公路及铁路等岩土工程中，采用硐室大爆破的越来越多。但是在硐室爆破中如果设计施工不当也容易造成爆破公害，如爆破振动、飞石、噪声等。其中飞石危害是发生较为频繁的事故之一。因此，在爆破设计与施工组织中首先要分析可能造成飞石的原因，并提出有效控制爆破飞石产生的安全措施。

（一）个别飞石产生的原因

硐室爆破过程中产生个别飞石的原因，主要有如下几个方面。

1.现场方面因素

（1）地形测量误差。由于地形测量误差太大，在设计作图时，其最小抵抗线W就可能会增大或减小，因此爆破设计就不能正确反映最小抵抗线方向、大小。

（2）地质构造调查不详。对岩体个别部位性质发生变化，特别是岩石中有软夹层、断层、裂隙、溶硐等情况不了解，以致在设计中不能正确选择硐室位置，恰当地选择爆破参数，尤其是单位炸药消耗量等。这一点在实际过程中出现的情况特别多，大多数是由于在硐室大爆破设计前未进行地质钻探，对上述隐蔽地质情况无法进行了解而造成飞石危害。

（3）对地面已有空硐、碎石、较厚泥土的覆盖层等隐蔽地质构造的信息不清晰，特别是已开挖过的地方不了解，当然也无法采取相应措施防止飞石危害。

（4）当硐室爆破在地形高低悬殊较大时，爆破飞石落地后会弹跳一段距离而造成飞散较远。

2.设计方面因素

（1）由于设计不当，在选取单位炸药消耗量K可能会过大或过小。当K值选取过小时，爆破效果就达不到预期的目的；当K值选取过大时，则产生大量的飞石超出安全距离而出现事故。这种情况主要是因为在进行硐室爆破设计时，设计人员没有进行现场试验，因此，选用K值没按被爆介质状况和周围环境实际情况考虑，而是主观决定选取K值。这样就会产生两种情况。

①为了达到爆后块度要求，爆破单耗K值选取过大，结果在只能进行松动爆破的环境条件下，则会变为抛掷爆破，产生大量飞石，个别飞石远远超出安全距离。

②为了节约炸药或因周围环境限制，怕产生个别飞石，把单耗K值取得很小，结果从导硐口抛出的堵塞物或其他薄弱处逸出飞石，造成危害。

（2）施工不当，引起最小抵抗线W方向改变。

①施工现场实际抵抗线的方向、大小与设计不符。主要原因有以下几方面：

前一次爆破后的边坡没有事先处理或前一次爆破的大量堆渣未处理，难以确定真实的最小抵抗线的方向和大小，而最小抵抗线W与其他方向抵抗线相差较大时，就有可能改变最小抵抗线方向，在最小抵抗线方向则易产生飞石，在大抵抗线方向则导致大块率增加。若介质中存在薄弱处或堵塞质量差，还有可能发生冲炮。

在多层多排药室设计中，先起爆的上层或前排药室，因选用单耗过低或起爆顺序不当等原因，没有为后排药室起爆创造好自由面，就会造成最小抵抗线方向、大小发生变化，也容易造成冲炮，致使导硐内堵塞物飞散较远。

②药室间距和起爆间隔时间设计不合理。当相邻两药室之间的间距a太小，而两药室的起爆间隔时间$\triangle t$太大，先起爆的药室已经形成爆破漏斗时，就有可能产生抵抗线值变

小、方向改变，易发生冲炮。

③装药结构形式不合理。有的设计不管地质条件如何，统统设计成条形装药，结果有的地段抵抗线不一致，就容易在地质薄弱处发生冲炮。

（3）药室内炸药传爆能力太低，其主要原因有：

①使用了低价格炸药或低爆速炸药，如铵油炸药；

②使用了不合格炸药或受潮炸药；

③条形结构装药，未采取加强炸药的传爆能力措施。在这种情况下爆破在岩体中未形成鼓包前，炸药产生的高温、高压气体直接作用于堵塞物，若导硐堵塞物长度未按设计严格施工，缩短堵塞长度，就会造成个别飞石大量逸出，产生危害。

（4）堵塞质量太差，施工未按设计将导硐内堵塞物密实，堵塞长度不足、堵塞物含水量较大或导硐顶部留有空硐等，都有可能将堵塞物从导硐冲出，产生大量飞石。

（二）硐室爆破飞石的预防措施

综上所述，硐室爆破产生个别飞石的原因是多方面的，预防措施也应该是全方位的。针对上述问题，笔者认为应采取如下措施来控制飞石或减少飞石危害。

1.对地形地质构造应认真勘察，对特殊地质条件的岩体应采取相应措施

（1）对爆破区域地表应仔细踏勘，对特殊地段应进行必要的调查，如坟硐、溶硐、断层、裂隙、碎石或较厚泥土覆盖层等。

（2）对环境复杂、质量要求高、工程量大的爆破工程，一定要有地质勘察资料。查明爆破区岩土介质的类别、性质、成分和产状分布及物理力学指标（如岩石的容重、波速、抗压强度、普氏系数等）。

（3）导硐、药室开挖过程中和开挖好后，要对介质内部结构及岩性、水文地质进行调查，重点摸清介质内部有无断层、裂隙、溶硐、软夹层和不稳定岩体及其分布、形状等。

勘测资料是初步设计的依据，在导硐开挖好后应根据地质及岩性资料变化修改爆破参数设计及提出补充措施，如调整抵抗线方向、调整抵抗线大小、药包间距大小等办法来避开薄弱部位，如果发现断层、裂隙、溶硐，可将条形药包改为分集药包或集中药包，将薄弱部位装药段改为填塞段。

2.提高地形地质条件测量精度

测量精度是设计最小抵抗线与实际抵抗线能否相符的主要决定因素。为了提高测量精度，重点应抓住以下几点。

（1）要尽可能给设计提供小比例的爆破区域地形图。一般要求用1/200地形图，最低要求是1/500地形图。

（2）爆破区域地形测量时，对地形凹陷部位、薄弱部位或特殊地段，应在图纸上标明。

（3）导硐、药室开挖过程中要经常测量，防止导硐、药室偏离设计。在实施装药前，对各药室应补测量小抵抗线方向1/200地形图，以保证最小抵抗线的精确性，为爆破设计确定合理的装药量。

3.正确选取爆破参数

（1）爆破参数中，最小抵抗线W、爆破作用指数n和单耗K是产生飞石的主要影响因素，正确选取这三个参数不仅能预防飞石等爆破危害，还会取得理想的爆破效果。

（2）单位炸药消耗量K的选取要符合爆破介质的实际情况。选取单耗K的方法很多，如计算法、查表法、类比法等，对爆破质量要求高、周围环境差的爆破，必须先进行爆破漏斗试验再选取K值，然后在使用中根据被爆岩体各部位地形地质变化情况、爆破质量、环境保护要求等情况综合考虑再适当调整，但绝不能凭主观要求随意选取K值的大小。

（3）爆破作用指数n值主要针对爆破目的、抛距要求、周围环境条件和经济效益等诸方面综合考虑后确定。n值取得过大，不仅易产生飞石危害，而且经济上也不合理；n值取得过小，易产生冲炮，而且大块率也高。

4.确定合理的起爆顺序和间隔时间

合理确定起爆顺序和毫秒差雷管起爆间隔时间，应做到前排药包起爆并形成爆破漏斗后，后排药包再起爆，以保证最小抵抗线的方向、大小以及药包的自由面与设计相符。

5.保证药室内炸药的稳定传爆

药室内炸药爆速高，爆炸产生的瞬间能量就高，炸药利用率也就高。在单耗较低时，就需相对提高炸药单耗，避免从导硐和其他薄弱处首先突破，产生飞石。保证药室内炸药稳定传爆的措施，除选用质量好、爆速高的炸药外，在施工时要注意以下几点。

（1）药室内炸药的堆放密度要适中；

（2）选用防水炸药或做好防水处理工作；

（3）适当增加起爆药包数量；

（4）用导爆索连接药室内同段起爆的药包，并在导爆索上间隔一定距离捆扎一个质量好、爆速高的药包。

6.提高装药质量和堵塞质量

堵塞长度应严格按设计要求进行，装填时不能图快、省事而降低堵塞长度和堵塞质量，堵塞材料可用潮湿的黄黏土、砂石，其含水量不能太高，绝对不能用稀泥、石块作堵塞材料。装药时严格掌握装药质量，装药后堵塞时由专人负责检查堵塞质量，堵塞完毕要进行验收。

第二节 设计程序

一、设计原则和基本要求

硐室爆破是完成土石方开挖工程的一种手段。作为工程整体的一个环节，必须有整体观点，不应人为地扩大爆破规模，以免给后期工程留下隐患。在经济上要合理，切忌造成资金积压。一般来说，应按以下几点原则进行设计。

（1）大爆破设计应根据上级机关批准的任务书和必要的基础资料进行编制。

（2）依据循环利用、多快好省的原则，确定合理的方案。

（3）贯彻安全生产的方针，提出可靠的安全技术措施，以确保施工安全和爆区周围建筑物、构筑物和设备等不受损害。

（4）尽可能采用先进的科学技术，合理地选择爆破参数，以达到良好的爆破效果。

（5）爆破应符合挖掘工艺技术要求，达到设计的效果。保证爆破方量和破碎质量，爆堆分布均匀，底板平整，以便于装运。同时要保护边坡不受破坏。

（6）对大型或特殊的爆破工程，其技术方案和主要参数应通过实验确定。

二、设计基本资料

大中型硐室爆破工程必须具备以下四个方面的基本资料，才能做出切实可行的设计。小型工程，亦应有必要的基本资料后再做爆破设计，以避免设计的盲目性。

（1）工程任务资料。包括工程目的、任务、要求；有关工程设计的合同、文件、会议纪要以及有关领导部门的批复、决议。

（2）地形地质资料。

①爆区、爆岩堆积区地形图，比例尺1：500。

②大区地形图，其范围包括爆破影响区内的建筑物、构筑物、高压线、公路、铁路等，比例尺1：1000或1：5000。

③露天矿开采终了平面图。

④爆破区内地质平面图及地质纵剖面图。

⑤爆破区工程地质勘测报告和附图，以及有关钻探、槽探详细资料，裂隙与溶洞资料，岩石力学试验资料等。

（3）周围环境调查资料。包括爆破影响区内工业设施及建筑物的重要程度、完好程度；爆区附近的隐避工程（包括军事设施、电缆、管线、地下室、巷道等）分布情况；附近高压线、电台、电视塔的分布及功率；气象条件（是否是雷区）等。

（4）试验资料。

①爆破材料说明书、合格证及检测结果；

②爆破漏斗试验报告；

③爆破网路试验资料；

④为确保环境安全而进行的爆破试验和观测报告；

⑤针对边坡、预留保护层而进行试验的有关资料。

三、爆破方案

在现场踏勘、研究地形图和地质资料以及有关建设文件的基础上，再考虑爆破方案。首先应确定有没有进行爆破工程的条件，如果有条件，则用工程类比法估算需要使用、多少资金、多长时间、多少机具和劳动力等，在此基础上，与其他施工方法（人工、机械化施工等）来进行比较，以确定最终方案。该方案是进行药包布置设计的前提，按以往的设计经验，确定方案应考虑以下四个方面的问题。

（1）爆破范围和规模。

①明确整体工程设计对土石方工程的要求，允许的最大可爆范围，最佳的底板形状和抛掷堆积形态；

②不同规模爆破方案的经济效益；

③考虑资金、物资供应和技术条件，论证大量爆破后是否会造成投资积压；

④环境安全所允许的最大爆破规模及单响最大药量；

⑤靠近边坡的爆破工程在确定爆破规模时更需十分慎重，以免留下后患。

（2）爆破方式。

在做布药设计之前，应明确是按抛掷爆破、松动爆破还是按崩塌爆破方式布置药包，一般的选择是：

①凡崩塌后就可以靠自重滚出采场境界或形成所需要的爆堆者，应优先考虑崩塌爆破。

②凡条件允许布置抛掷药包能将部分岩石抛出境界的（或者形成有益的抛掷堆体），应考虑抛掷爆破方案或一侧抛掷一侧松动的爆破方案。

③爆破面积较大或以爆松为目的的爆破工程，一般考虑松动爆破或加强松动爆破。在节理裂隙发育的矿岩中，可以考虑松动爆破；节理裂隙中等发育的矿岩，用加强松动爆破，可适当降低大块率；厚层坚硬岩体或大块状构造的岩体不宜采用松动爆破或加强松动

爆破方案。在选择爆破方式时，应估计大块产出率，结合铲、运设备的能力，综合比较各种方式爆破的铲装工效及经济效益指标。

（3）药室形式。

近年来的工程实践及研究分析表明，条形药包施工简单，爆破效果也好，凡能布置条形药包的地方，应布置条形药包或部分布置条形药包；当地形变化较大或地质构造复杂时，若条形药包不好布置可考虑布置集中药包群。

（4）起爆方式。

①抛掷爆破按堆积要求考虑起爆顺序，应尽量利用齐爆的药包群，它能增加抛距，使堆积集中。可以把爆区规划成几个药包群延时起爆。

②对于松动爆破或加强松动爆破，因同时起爆的药包有应力叠加效应，微差爆破有"预应力"和"后推作用"，有利于岩石的破碎，应尽量考虑齐发爆破或微差爆破。

③当一次起爆药量受限制的时候（安全要求或环保要求），可以考虑微差爆破或秒差爆破。

④当上、下层之间采用延迟爆破时，应认真分析下层药包的受夹制状态和上层药包起爆后为下层药包创造的"临空面"的实际状态，以免下层药包因无预计的临空面而变成内部作用药包。

四、设计步骤

《大爆破安全规程》规定，A、B级硐室大爆破的设计分为可行性研究、技术设计和施工图设计三个阶段进行；C级硐室大爆破设计按技术设计和施工图设计两个阶段进行；D级硐室大爆破设计可采用一个阶段完成施工图设计。

（1）可行性研究阶段。

可行性研究阶段的设计工作内容包括：根据工程的客观现实条件，明确是否可用硐室爆破方法；用工程类比法估算出硐室爆破方案的用药量、爆破方量及爆堆大体形态，估算硐挖、明挖工程量及后期工程量，估算爆破费用、工期和对环境的影响。在此基础上，与其他施工方法进行比较，有明显的经济效益或有某一方面的突出优点时（如缩短工期）则进行下一阶段设计。

（2）技术设计阶段。

技术设计阶段的任务是全面评审地形、地质勘测资料，根据工程整体的要求，进行不同爆破规模或不同爆破方式的2～3个技术方案进行比较，从技术可行性、经济合理性和安全可靠性方面论证所推荐的方案，供设计审查会审核。

（3）施工图设计阶段。

技术设计审查批复后，转入施工图设计阶段。该阶段的设计内容是根据审查批复意见以及在方案设计阶段后补充的探测地质工作获得的新资料，修改被选中的设计方案，或者根据批复意见在某一推荐方案的基础上进一步展开，制定出新的方案提供施工。施工图设计阶段的设计工作内容和技术设计阶段有重复，但必要的重复工作是在更高的认识水平上进行的，它是提高设计水平所不可或缺的，该阶段还要完善施工工作所必需的设计内容，例如，作导硐及药室开挖施工图、装药堵塞施工图、爆破网路施工图及施工组织、施工安全的若干内容等。

第三节　药包布置

药包布置是硐室爆破设计的核心工作，设计水平的高低、经济效益的好坏，都是由药包布置的合理程度决定的。下面介绍一些药包布置的原则。

一、剥离爆破的药包布置

（1）窄而陡的山脊。

先在主山脊的正下方布置主药包，然后在其两侧布置辅助药包。例如，德兴铜矿水龙山剥离大爆破，先在主山脊最高峰下确定1#主药包的位置，以它为起点，顺序布置2# ～ 12#药包，再在1# ～ 12"药包两侧布置辅助药包，使爆区形成平整的底板，以便于铲装。

（2）山脊较平缓厚实。

可在山脊下布置两排对称的主药包，再围绕主药包布置辅助药包。例如，永平铜矿天排山试验爆破的设计方案就是先在山脊下布置1# ～ 8#等对称于山脊的主药包，再在其周围布置辅助药包。

（3）有大断层穿过爆区。

当有大断层穿过爆区时，为避免在断层中或离断层很近的地方开挖药室（容易塌方且爆破效果不好控制），可先布置对称于断层的药包，再布置其他药包。

例如，永平铜矿火烧岗大爆破的试验爆破，先在断层两侧布置对称于断层的1# ～ 8#药包，再在这些药包周围布置其他药包，火烧岗千吨大爆破也采用这种布药方法，都取得了良好的爆破效果。

（4）孤山头。

当爆破孤山头时，先在山峰下布置一个或几个主药包，再围绕主药包布置一圈或几圈辅助药包。例如白银万吨级大爆破的第四爆区布药时就是用这种方法，在山峰下布置一个主药包，然后在其周围又布置了三圈半辅助药包。

（5）爆区有多个小山峰。

当爆区有多个小山峰时，则首先在每个山峰下布置主药包，再围绕这些主药包布置辅助药包。贵阳铝厂甘冲石灰石矿剥离大爆破，爆区内共有五个小山头需要削平，在底板标高确定后，按上述方法布药，取得了预期的爆破效果。

（6）平顶山地形。

宜在平顶山之下布置梅花形分布的集中药包或平行分布的条形药包，边缘部位根据要求布置抛掷药包或辅助药包。例如，狮子山万吨级大爆破要求把 1375m 标高以上的约 20 万 m 范围内 60m 高的台地爆松，设计分上下两层布药，部分地段布条形群药包，部分地区布梅花形分布集中药包，且上、下层药包的平面投影错开，上层主药包的最小抵抗线为 25m，下层主药包的最小抵抗线为 33.5m，均为向上爆破。爆后上层和边缘药包爆破效果很好。

（7）边坡爆破。

沿着露天矿边坡进行的大爆破工程，应先把最终边坡及公路投到平面图和剖面图上，考虑好保护边坡的措施及预留保护层的范围，再按可爆矿岩的范围，由下层向上逐层布置药包。在布置药包时，还应考虑同时形成公路路基的可能性，以减少爆后清坡修路的工程量。在平整的山坡，要首先考虑布不耦合装药条形药包，以减弱对边坡的破坏。

（8）条件复杂的大型剥离爆破工程。

一般分为几个爆区，综合运用上述药包布置方法，做出合理的药包布置设计。例如，白银大爆破总药量达一万余吨，共分了10个爆区，布置药室500多个，最大的第八号爆区有132个药包，最小的第一号爆区只有9个药包。这10个爆区包括孤山包、山脊、山嘴、边坡等各类地形条件，它们各自独立成体系而又相互关联。金川龙首山1600t级大爆破，地形条件也比较复杂，分两个爆区共布置了400个药室。

（9）在溶洞和采空区附近布药。

方法是先布置与溶洞或采空区距离近的药包，使之不至于向溶洞和采空区方向逸出，然后布置与之距离较远的药包，这种布药方法可以减少布药设计中的反复工作，避开溶洞和采空区的影响。

（10）抛掷爆破。

在进行抛掷爆破设计时，要尽量利用群药包的联合作用，以取得良好的抛掷效果。一般不需要设计许多排的延发抛掷爆破，以避免后排药包设计最小抵抗线受积累误差影响。最小抵抗线改变了，不仅影响抛掷方向和堆积形态，还容易造成飞石事故。例如西南某矿千吨级剥离大爆破，设计六排逐次前抛，结果后排药包抛掷效果很差，没有把岩石抛出采场，爆堆出现若干峰和谷，还造成了飞石事故。

（11）山脊较宽。

一侧抛掷一侧松动的爆破工程布药方法可参考云浮硫铁矿剥离爆破设计，其山脊西侧布置抛掷药包（一排和两排），东侧布置松动药包，取得了良好的爆破效果。

（12）压顶药包。

为了减少大块产出率，在群药包作用弱的部位，可布置顶部辅助药包，永平铜矿火烧岗大爆破在山脊的靠上部位置布置过这种加强破碎作用的"压顶药包"。在边坡爆破时，有时为了避免上破裂线大量的坍塌物堆积在爆破漏斗范围内，也布置顶部小药包来控制后破裂线，增强抛掷效应。

（13）周边药包的布置。

当药包布置到爆区边缘时，都会遇到周边留下岩坎的问题，如果不留岩坎或把岩坎留得很小，则要布置许多小硐室，增加硐挖工程量。这时应当综合分析岩石性质和铲装设备的能力。当周边岩石破碎，铲装设备能力较大，可以挖掉部分风化岩时，设计留岩坎可以大一些，最小药包的最小抵抗线取7～8m（不布置最小抵抗线小于7～8m的药包），其下破裂线以下的岩坎用电铲挖掉。白银万吨级大爆破最小药包的最小抵抗线为8m，金川大爆破为7m，永平铜矿大爆破为8.5m，渡口万吨级大爆破为10m。

当岩石坚硬完整、第四纪覆盖又很薄时，应多布置一些周边小药包，以保证底板平整，利于铲装作业，一般控制最小药包的最小抵抗线为5m左右。

二、路堑爆破药包布置

（1）单层单排药包（线性分布的集中药包或单条条形药包）是路堑爆破最经常采用的布药方式。

（2）当路基较宽时，为了保护边坡，减少大药量药包对边坡的破坏，采用单层双排的布药方式布两排集中药包或条形药包，延迟起爆。

（3）在陡坡上，多采用单排双层的布药形式开挖路堑。

（4）地形较陡，开挖路基（站场）又较宽时，若布置大药包对边坡影响较大，一般多投入一些硐挖工程，采用多层多排的布药方式，前后排用延发雷管起爆。

（5）双层单排延迟爆破的药包布置。在斜坡上（小山头下）开挖双臂路堑时，为保护边坡，减少对边坡的振害，一般把上层药包设计成抛掷药包，下层药包设计成松动药包，上层先响、下层后响。

（6）在平地开挖双臂路堑时，常用单排集中药包（或条形药包）齐发爆破，以提高扬弃效果。

（7）当平地堑沟底宽大于沟深且开口宽度大于3倍沟深时，用双排等量对称药包齐发爆破，可以取得较佳的扬弃效果。

（8）平地宽堑沟要求向一侧抛掷大量土石方时，可用双排延迟爆破。

（9）深而窄的堑沟，一般用双层布药，上层扬弃，下层加强松动，计算下层装药量时应考虑夹制作用和回落岩碴影响。

三、定向抛掷爆破的药包布置

由于硐室爆破广泛使用廉价的铵油炸药，采用定向爆破方法把爆岩抛出采矿场、基建范围或抛出爆破漏斗而堆积成工程要求的爆堆，这在经济上是合理的，并可缩短工期，因此定向抛掷爆破技术在矿山剥离爆破、筑坝、筑路堤、平整工业场地中得到越来越多的应用。

定向抛掷爆破一般是按爆堆要求确定爆破范围，进行药包布置和参数选择，以及药量、漏斗和抛掷堆积计算，并以爆堆的优劣评价药包布置的合理程度。

（1）在凸出的或不整齐的坡面上设计定向抛掷爆破工程时，应设计修整坡面的辅助药包。辅助药包起爆后形成的凹面不宜太窄，否则对后排主药包夹制作用大，影响后排抛掷率并易造成侧向逸出破坏，凹面接近平面时，主药包布置成等量对称药包也不会抛散。辅助药包不宜过大，尤其是药包埋深H不宜超过最小抵抗线W的1.5倍，以免辅助药包开创的自由面上堆积过多岩石而影响后排主药包的抛掷距离和减少抛出率。例如，浙江某水库定向抛掷爆破筑坝工程，前排辅助药包的最小抵抗线为26m，后排主药包最小抵抗线为30m，$W/H=0.5\sim0.6$，结果后排主药包上坝率很低，都堆在爆破漏斗之内。

（2）在有小冲沟的地方，可以对称于冲沟布置等量对称药包，小冲沟可以起到有利于定向的作用。山西里册峪水库定向抛掷爆破筑坝就是在小冲沟两侧布置主药包的。

四、药包布置对边坡的影响

硐室大爆破装药量多而集中，爆破的裂缝区和地震影响区都比较大，露天矿、路堑等对边坡的稳定性要求又都很高，凡进行过硐室大爆破的地方，一旦出现边坡事故，总要归结到爆破影响，使人们产生了一种错觉。因此，对硐室大爆破与边坡稳定性的关系进行科学的分析，无论对设计人员还是施工、管理人员都是很必要的。在20世纪60年代中期，铁路系统曾组织专家团对318处大爆破形成的路堑边坡进行了调查分析。统计表明，48.8%属于稳定边坡，46.2%为基本稳定边坡，5%为不稳定边坡，在雨季和解冻季常发生落石和坍塌。对统计资料的分析证实，在发生过各种事故的边坡中，进行过室爆破的占57.1%，没进行大爆破的占42.9%，确因爆破不当引起的边坡不稳仅占不稳边坡总量的15%，由此看来，爆破作用是影响边坡稳定的重要因素，但不是决定因素。

爆破对边坡的作用可归纳为以下几个方面。

（1）由药室向外延伸的径向裂缝和环向裂缝破坏了边坡岩体的整体性；

（2）部分岩体爆除之后，破坏了边坡的稳定平衡条件；

（3）爆破漏斗上侧方和侧向出现的环状裂隙向深部延伸影响边坡稳定；

（4）爆破地震波在小断层或裂隙面反射造成裂隙张开或地震附加力使部分岩体失稳而下滑；

（5）爆破地震促使旧滑体活动。

第四节　爆破参数选择与计算

（1）炸药消耗量K（单位kg/m³）：形成标准爆破漏斗（漏斗深度等于漏斗半径）需2号岩石炸药的单位耗药量。对特定的岩石，K是常数。在设计中，所选用的K值应尽量反映真实情况，根据我国露天大爆破的实践，推荐采用以下几种方法确定K值。

①参照已经做过的效果良好的工程，用工程类比法选取K值，对大型工程可以通过工业试验选取K值。

②设计选取的K值，在硐挖工程结束后，应根据在硐挖工程中实际揭露的地质情况，对K值再做一次调整。对松动爆破，取（0.4～0.6）K，可以取得较好的破碎效果。

（2）药包最小抵抗线W。

选择药包的最小抵抗线W，是布药的核心问题。W的选择范围取决于爆区的地形，其具体取值取决于设计者的经验和个人偏好。在选取W值时应考虑以下几个问题。

①爆区四周不留岩坎：对风化程度较强的岩石，又采用大型铲装设备的矿山，可以考虑最小边部药包的最小抵抗线为8～10m，爆后可以利用设备能力清除岩坎，对坚硬完整的缓坡岩体，有的工程边部最小药包的最小抵抗线小到5m，增加了许多硐挖量。

②W/H值要控制在合理的范围之内，W/H越小，属于"崩塌"的部分越大，如果山体较完整，崩塌部分必然出现许多大块石，对露天矿剥离和平整工业场地的露天硐室爆破工程，一般取W/H=0.7～0.9。

③最大药包的最小抵抗线W，一般在25～40m。大药包可以节省硐挖工程量，但应增加药量以克服因重力作用而增加的负担。而且药包大了，破碎均匀性必然会下降。

④条形药包的最小抵抗线实际上是一个平均值，不同部位的最小抵抗线差异控制在±7%之内，不影响爆破效果。

第五节 施工设计

硐室爆破不仅需要设计与计算各种爆破参数，而且要精心地组织施工，其中包括导硐及药室的设计、装药填塞设计、起爆网路和安全距离的计算等。

一、药室

（1）药室规格与类型。

药室的形状分集中装药和条形装药两类。集中装药的药室形状一般为正方形和矩形。当药量大、地质条件差、岩石不稳固时，可用T形、十字形和回字形。条形药室即采用一条平巷。

（2）导硐及其类型。

导硐是药室与地表的连接通道，分平硐和小井两种。导硐与药室之间一般用横巷相连；横巷一般与导硐相垂直。

药室高度以不超过2.5m为宜，以利于装药；其宽度以小于5m为宜，以保证施工安全。

导硐类型的选择主要依爆区的地形、地质、药室位置及施工条件等因素确定。从施工方便来说，应尽量用平硐。在地形较缓或爆破规模较小时，可采用小井。选择硐室位置以施工方便、安全和工程量小为原则。导硐不宜过长，以利于掘进、装药和填塞。导硐断面的大小也应以有利于掘进、装填工程量小为原则。平硐断面一般为（1.8×2.0）m²，小井断面为（1.2×1.4）m²。平硐应向硐口呈3%~5%的下坡，以利于排水和出碴。硐口不应正对附近的重要建筑物。

二、装药和药包结构

装药结构是指炸药在药室中堆放的方式、起爆体的构造和安放位置、药包与药室的相对空间关系。药室爆破的装药一般是偶合的；仅当药室的淋水较大或采用条形药包时才采用不偶合装药。实践证明，在均质密实的软质土岩中，采用不偶合装药能降低炸药消耗量和增大抛掷距离。

装药时，炸药应堆放紧密，以保证规定的装药密度。若所用炸药的品种不同，优质炸药应堆放在起爆体周围，一般炸药在外围。起爆体原则上应放在药包中心，但为装药方便，小于20t的药包，起爆体常放在药室的前部。大药包常在主起爆体之外还设有若干个副起爆体。主、副起爆体之间用导爆索连接。

起爆药量占药包总量的1%～2%；起爆体的个数一般不超过10个。通常将起爆炸药装在木箱内，在有水的药室中可用铁皮箱。起爆体由导爆索束或雷管束来引爆。导爆索、非电导爆管及电雷管的引线从起爆药箱引出后，要在箱外的横木上加以固定，以使索线在导硐中拽引时不致脱离起爆体。

三、填塞设计

填塞设计包括填塞长度和填塞方法的确定。填塞工作是药室爆破中一项极其繁重的工作，因此，在设计填塞长度时，既要保证爆破的安全与质量，又要减少填塞工作量。

从理论上讲，填塞长度应大于最小抵抗线，但在实际施工中因为药室与导硐多数用横巷连接，因此，可采用局部填塞的方法。我国露天矿在实践中创造的多种形式的填塞方法证明是行之有效的。

当导硐很短时，需要填塞长度最大，但仍可小于最小抵抗线，其长度为8～12m即可；当单侧横巷较长时，则横巷满填塞，导硐部分填塞2～4m即可；当双侧有横巷时，横巷要满填塞，导硐部分填塞1～2m即可；大药室无横巷但导硐较长时，邻近药室部分填塞5～8m，在硐口再填塞3～5m即可。

减少填塞的依据是导硐填塞物是否会发生"冲炮"，并不完全取决于填塞长度，而取决于爆炸气体把填塞物从导硐中射出所需的时间与岩体沿最小抵抗线方向破裂移动所需时间之比。当前者大于后者时，不易发生"冲炮"现象。可见，与药室连接的横巷有关。由于横巷的作用，即使只填塞1～2m，填塞物受到爆炸气体的强大压力而被压实，从而大大延长了填塞物从导硐中射出所需的时间。当然，双侧横巷比单侧横巷更好。

第六节　装药堵塞

装药堵塞工作具有时间短、任务重的特点，若作业人员疲劳，容易发生安全事故。为保证作业安全，各项工作必须在大爆破指挥部的统一领导下有条不紊地进行。

一、装药堵塞分解图的绘制

根据硐室验收提供的药室最小抵抗线，影响爆破效果的地质构造等资料调整装药量及堵塞段，然后按导硐作出分解施工图，一式三份，其图面应包括以下内容。

（1）装药图。

各药室总装药量是多少；条形药包的每米装药量是多少；不同品种的炸药各是多少，安放在什么位置。

（2）网路图。

导爆索共几根，有多长，如何搭接；起爆体共几个，什么编号，装何段雷管，安放在什么位置，加电线后阻值是多少；电线共多少段，每段多长，什么编号，各配哪一个起爆体，线路在什么地方接头，采用什么保护方式；本导硐的总电阻值是多少。

（3）堵塞图。

堵塞从什么地方开始，到什么地方结束；采用什么堵料，堵料多少，用什么堵塞方式。

二、硐内的标定工作

分解施工图完成后，交各硐的装药堵塞负责人（硐长）到硐内壁上用红油漆做出标记，标明起爆体位置，各装药段、堵塞段的起始位置。

三、起爆体加工

大型爆破工程，由于导画多、网路规模大，一般都将整个大网路分为几个区域，每个区负责若干硐。这样，整个施工过程均按区划分范围。区长负责本区的施工技术领导和验收工作，硐长负责本硐的施工技术管理工作。

各区长凭本区分解施工图向现场施工负责人领取各段雷管、导爆索、电线、起爆箱、线路保护器材及工具，组织本区各硐长按分解施工图的要求加工电线、导爆索、起爆体并分别编号，统一保管，需要时由硐长领出安放。为保证安置起爆体时的安全，必须一人安放一人监护。

起爆体一般用长方形木箱，可装10~20kg优质炸药，其作用是：

防止外部拖拽导线或导爆索时直接作用于雷管；防止炸药被压头钝化；防止起爆药受潮失效。

在加工起爆体时要特别注意防止将药粉撒落到电线接头处，因硝酸铵是比较强的氧化剂，在接头潮湿的条件下，容易造成接头锈蚀。

在历次大爆破工程中，都是将起爆雷管绑在导爆索结上，导爆系索结固定在起爆箱中间，整个起爆体做防水处理。使用铵油炸药时采用防油导爆索。

四、准备工作

装药堵塞前的准备工作包括有：完善岗位责任制；做好网路模拟试验和火工品质检；准备好硐内外照明和通风设施；检查运输道路和工具；制作装药标牌；有水硐室应先采取防水措施；落实警戒标志；备足堵料。

五、装药堵塞

装药硐口应设专人记录入硐炸药品种和数量，按设计装药。起爆体周围应放置较高威力炸药，装药时现场负责人应进行检查，装药完毕后由硐长签字验收。装入带电雷管的起爆体后应撤掉照明线路，改用绝缘手电筒照明。

硐室堵塞主要靠堵料的惯性约束，所以要求堵料密度大、摩擦角大。一般都是用硐室开挖出来的石碴作堵料，事先将编织袋装石碴摆放在硐口，数量按施工设计给定，如剩余较多，一般是堵塞段空顶或空段等偷工减料造成的，必须搬开检查并重新堵塞。

堵塞长度为硐径的3～5倍。集中药室用大值，条形药室用小值。集中药室在施工设计中应考虑药室与导硐之间留有横巷，以减少堵塞量。一个条形药室需要间隔成两个条形药包时，间隔段堵塞长度不小于3m。对硐口与药室直通者，堵塞长度应大于最小抵抗线。

六、保护线路

硐内起爆线路的保护：药室内通常将导爆索压在药包中间。电线和导爆管沿顶部引出直到硐口，为防止落地触水，尽量在硐内不出现接头，保证绝缘性能良好。线路穿过堵塞段时，应用线槽、旧胶管或毛竹保护起来。

硐外线路采用线杆架线保护以防止触地，过海过河时要架空，不得触水。在堵塞过程中，要求每堵完一段必须检测一次线路电阻，测完后将线头短接，锁入接头箱中。若发现阻值不稳定，应查明原因并立即进行处理。

七、验收

现场施工负责人领导各区长对各条作业硐的装药堵塞质量进行验收。各硐装药完毕后，由各硐长将线头交区长，区长按分解图的电阻进行验收，各区长负责将本区的线路连接完毕交出该区总接头。现场施工负责人按照各区施工分解图的总阻值进行验收，并对线路进行巡视，合格后签收。最后由现场施工负责人按总指挥长的命令，领导网路组成员将各区线头并入主线路，测定主线路电阻，应完全与施工分解图的总电阻值一致，并向总指挥长汇报，等待起爆。

第七节　起爆网路与警戒

一、网路的形式

在大爆破工程中广泛采用的是双电爆网路，因为它便于随时监测，做到心中有数。电爆与导爆索相混合网路也常被采用。惠州港两次大爆破采用了双电爆网路并在条形药包中辅以导爆索传爆，以保证爆轰效果。全导爆索网路只宜在雷击区采用，个别工程也成功地使用了非电导爆管网路。

在大爆破工程中，多数起爆体个数较多，采用分区并联、区内串联的网路形式；个别起爆体少的工程也采用大串联的网路形式。

二、网路施工

网路施工最重要的是线路保护和接头搭接，为保证不错接，必须一人接线、一人检查监督。所有电线接头必须采用电工接头法，由技术熟练的电工操作，先用纱布除锈，然后接线，特别要防止伤了线芯，造成假接。

硐内线路必须选用优质铜芯线，禁用铝芯线。因硐内潮湿，铝线容易出现接触电阻过大或电阻不稳现象。

导爆索的搭接实行一人操作、一人监督并登记，防止漏接。接头必须坚持按以下规范要求进行。

（1）导爆索只朝雷管聚能穴方向传爆；

（2）导爆索拐弯传爆，必须用辅助导爆索段接成钝角；

（3）交叉传爆导爆索应用大于20cm厚的砂土层分隔开；

（4）导爆线搭接长度应不小于20cm；

（5）切口应用防水胶布包扎。

三、起爆电源

大药量硐室爆破工程不用起爆器起爆，因起爆器电压高、电容量小，在硐内潮湿条件下，接头容易漏电、造成拒爆。一般采用380V工业电起爆。起爆电源的容量应满足设计要求。

四、起爆站

起爆站应靠近起爆电源，尽量设在能看到爆破场景的地方。如在飞石安全圈之内应做好防护，但不宜在爆区下风向毒气影响大的地方。起爆站除起爆电源外，不得有其他电源，如电台、高压线等。起爆开关的过流能力和耐压能力应满足设计要求。

五、警戒与起爆

在装药堵塞期间，警戒人员封锁爆区，检查进出施工现场人员的标志和随身携带物品。堵塞完成后对各硐口线头进行看守。在施爆当天，警戒人员按指挥部规定时间进行清场，自里向外扩大封锁范围直至设计规定范围。各个警点及起爆站定时通过无线对讲机向指挥台汇报情况。

指挥台将按照安民告示规定的信号发布预告，准备起爆及解除警戒等信号。

第八节　药壶爆破法

一、药壶爆破法的原理和应用条件

药壶爆破法是利用集中药包爆破的一种特殊形式。它是将已钻凿好的深孔或浅眼，先少量装药，多次爆破，或者利用火钻把炮孔底部或某一部位扩大成葫芦形药室，再利用这种药室装入更多的炸药进行爆破的方法。此种方法，实质上是把普通炮孔爆破法中的长柱形药包变成了近似圆球形药包，使得爆炸时所产生的能量更加集中，从而有利于克服台阶底板的阻力。药壶爆破俗称葫芦炮或坛子炮爆破，都形象地反映了这种方法采用集中药包的特点。

药壶爆破法使用的集中药包与普通浅眼和深孔爆破使用的长柱形药包比较，钻眼工作量小，每孔装入的药量较多，能一次爆落较多的土岩量，提高了爆破效率。药壶爆破法在以下几种条件下应用，可以收到较好的效果。

（1）在台阶爆破中，垂直炮孔与台阶坡面之间的水平距离随孔深的增加而加大，至台阶底部时水平距离最大，此距离通常称为底盘抵抗线。炮孔装药量应该随着抵抗线的增大而逐步增加，但是普通炮孔的直径是上下一致的，单位长度上的装药量基本上不能改变。在这种条件下，采用药壶爆破法，增加炮孔底部装药量，便会大大提高爆破效果。

（2）在路堑或堑沟开挖中，常用药室大爆破进行扬弃爆破。但它需要开掘竖井和药室，如果开挖深度在7~8m，在经济上是合理的；若开挖深度仅有5~6m，药室装药量较少（一般只有几百千克），而掘进竖井和药室又很费工时。此时，如果改用钻机打孔，然后在孔底扩大成药壶，也即用药壶代替药室进行扬弃爆破是可行的，在经济上是合理的。

（3）在某些情况下，用药壶爆破代替浅眼爆破，能减少钻眼工作量、缩短钻眼时间，增加一次爆破方量，提高爆破效果。例如，用手持式凿岩机钻浅眼时，炮眼深度一般为2.5~3m，炮眼间距一般不超过1.5~2m，如果改用药壶爆破法，增加单眼装药量，炮眼间距就可增加到2.5~3m，这种眼网参数较浅眼爆破时可以减少钻眼数量50%左右。

用浅眼药壶爆破代替一般浅眼爆破，对于一些特大孤石爆破效果特别好。因为，用一般浅眼爆破特大孤石，往往要钻较多的浅眼才能满足装药要求，将孤石炸碎，然而用药壶爆破法，只需少量药壶，甚至用一个药壶装药，即可将孤石炸碎，而且破碎块度均匀。

采用药壶爆破法要有较高的技术水平，因为利用炸药爆炸扩大药壶，需要掌握一定的爆破技术和经验。

药壶爆破法不宜用在很坚固的岩石中，因为在坚固岩石中扩大药壶很困难；也不宜用在节理、裂隙很发育的软岩中，因为在这种岩石中扩大药壶易将炮孔损坏。此外，在地下开挖、隧道施工中，由于扩大药壶时爆破次数多、时间长，而排烟又困难，所以也不宜采用药壶爆破法。在水下爆破时，药壶会被水和泥沙填满，所以药壶爆破法无法在水下爆破中使用。

二、扩大药壶的工艺

药壶爆破法最主要的施工工序是扩大药壶。就是在钻好的炮孔中，每次少量装药，经过多次爆破，逐渐将孔底或需要扩大的部位，扩大成具有一定容量的药壶。药壶体积需满足设计装药量的要求，不能过小或过大。体积小了，容纳不了设计的装药量；体积大了，一方面浪费了炸药，另一方面会使药壶有多余的空间，从而减少药包的装药密度。这两种情况都会降低爆破效果。在扩大药壶的过程中，还要防止炸塌孔壁。

第十五章　硐室爆破施工组织管理

第一节　施工设计

一、巷道布置原则

（1）大型硐室爆破一般采用平硐和装药室连接，只有在平地或很缓的山坡进行爆破工程而药包埋深又不大于15m时，才考虑通过小竖井开挖装药硐室，但在地下水发育时亦不宜用竖井。

（2）平硐和药室之间、小竖井和药室之间都要有横巷相连，横巷的方向与主硐垂直，长度不小于5m，以保证堵塞效果。

（3）主硐不宜过长，当主平硐超过50m时，应考虑通风措施；各主要平硐负担的装药、堵塞工程量最好趋于平衡。

（4）在增加工程量不大的前提下，可以考虑把底部靠近的平硐打通，以便在开挖横巷和药室以及装药堵塞时的通风。

（5）平硐一般要设计0.5%～1%的坡度，以便于出碴和排水。

（6）在布置施工平硐时，可以考虑平硐应同时起地质探察的作用，把爆区地质构造完全探清。

（7）平硐开口的位置要慎重选择，施工时应全面考虑施工道路、明挖量、硐挖量、回填取方位置等条件，使开挖工程总造价低且施工方便。平硐硐口不要正对重要建筑物和重要设施。上层平硐出渣不要滚落到下层平硐洞口。

二、巷道断面设计

设计导硐断面时要考虑施工方法和施工队伍的习惯。当采用机械装岩时，断面大小要满足装岩机作业的最低要求；当由人工装岩时，巷道高度最好能满足人员直立行走的要求，宽度满足单向运输即可。横巷断面可略小于主平硐。

三、药室设计

（一）集中药包的药室设计

施工中常用的药室形状有以下几种。

（1）方形药室。高2~4m，长宽相等，尺寸按装药量的要求设计，一般装药量小于50t的药室设计成正方形。

（2）长方形药室。高2~4m，宽2~4m，长度按装药量要求设计。

（3）"十"字形药室。它是方形药室的变形，多用于大型药室，将方形变成"十"字形可减小跨度，改善药室稳定条件。

（4）"十"字形和"日"字形药室。它们是方形药室的变形，目的是利用当中岩柱改善大药室的稳定条件，但因岩柱往往遭受破坏，不能很好地起到支柱的作用，在工程中使用不多。

（二）条形药包的药室设计

条形药包多采用不耦合装药，不耦合比一般指药室断面与药包断面的面积之比。根据地形条件，条形药包设计成直线形和折线形，设计断面为方形或马蹄形，断面大小按装药量设计，当装药量少时，断面不宜过小，不耦合系数控制在10以内都是可行的。

四、装药堵塞设计

（一）装药结构

（1）起爆体放在正中，其周围装2#岩石炸药，2#岩石炸药的外围装铵油炸药。

箱子内装有雷管、导爆索结和优质、密度均匀的2#岩石炸药。箱体的作用是保持装药密度，防止拖拽或塌方造成雷管意外爆炸。为便于搬运，一般装药量不超过20kg。

（2）条形药包装药结构。条形药包除了置于装药中心或交叉口（靠堵塞处）的起爆体外，还要沿着装药长度设置几个副起爆体，沿装药长度敷设几根导爆索，导爆索与主起爆体和副起爆体相连接。副起爆体中没有雷管，由导爆索引爆，用以加强条形药包的起爆能力，防止爆轰不完全。

（二）装药方法

小型爆破工程可由人工传递装药，包括由硐外堆放场地向硐口背运在内，装药工效可按500kg/工·日考虑。

一般爆破工程由人工手推车装药，运装工效按2t/工·日考虑。

由炸药临时堆放处向硐口运药，公路不通，到硐口时一般由人工背运或担运，有条件的可以架设临时索道或设置斜坡卷扬运药。

在装药过程中，一般要预留起爆体位置，副起爆体在装药过程中随时装好，最后安放起爆体。

装药照明应采用蓄电池矿灯、绝缘手电筒或36V的电灯照明，禁止用明火照明。电雷管起爆体进硐后，必须撤出36V照明线路。

装药之前应当对药室进行全面检查，清除残炮，排除塌方危险，药室中若有水，应采取防水防潮措施。

（三）堵塞

堵塞的作用是防止能量损失，减少飞石破坏，保障炸药爆炸后爆堆能达到预期的堆积形态。堵塞时应注意以下问题。

（1）堵塞长度。靠近平硐口的小药室，堵塞长度一般大于最小抵抗线，药室封口应严密；非靠近平硐口的药室，一般只堵塞横洞，堵塞长度为横硐断面长边的3~5倍；直筒条形药室头部堵塞长度要大于其最小抵抗线。定向爆破工程，堵塞长度应适当加长，当需要严格控制飞石危害时更应适当增加堵塞长度。

（2）堵塞料可用开挖导硐的石碴或其他堆积物。

（3）堵塞时应先垒墙封闭药室（可用垒石、石笼、木板、黏土等），然后隔段打墙，墙之间用石碴或其他堆积物充实，也可全用编织袋（装满土石）垒砌，工效可取1.0m/工·日。

（4）在堵塞过程中要注意保护起爆网路，保护方法可采用线槽、毛竹或草袋包扎。保护好的起爆网路可悬挂在导硐顶板，也可置于导硐的下角，并在其上敷细料保护层。

（5）集中药包装药后有部分空间时，可以不堵，但如果因冒落空间较大而影响药包抵抗线时，必须调整装药量。

五、起爆网路

硐室爆破工程采用的起爆网路有双重电爆网路、电爆与导爆索网路，在多雷地区亦有双重导爆索网路、非电导爆管起爆网路等。但是几十年来，使用最广泛的仍是电爆网路和电爆与导爆索的复式网路。这是因为硐室爆破的起爆网路要求万无一失，而只有电爆网路能用仪表检查，做到心中有数。

硐室爆破起爆网路在施工中有如下特点。

（1）设置起爆体和副起爆体，一般用木箱加工，内装导爆索结和起爆雷管（副起爆体不装雷管，用导爆索和正起爆体连接）以及质量好的2#岩石炸药。

（2）同时爆炸的药包多用导爆索相连接。

（3）在堵塞段用线槽保护电线和导爆索，线槽一般放在导硐下角，用土袋压好，线头都收在线头箱内，线头箱亦用土袋压好，在堵塞过程中，定期检查起爆线路。

（4）电爆网路起爆多用交流电，有专用变压器。在计算线路电阻时，应计算起爆站到变压器的线路电阻。

第二节　施工组织设计

硐室爆破工程施工特点是工期短、任务紧且有较大的危险性。因此，做好施工组织设计，保证紧张而有秩序的工作，是确保安全和效益的重要一环。

一、施工现场布置

施工现场布置应包括以下几点。

（1）施工道路。施工道路包括开挖巷道和药室的道路、向药室运药和堵塞料的道路以及与外部连接，向工地运送施工机具和器材的道路。施工道路应在保证安全、方便的前提下尽量从简，节省投资，如有可能，应尽量把临时施工道路和后期清运工程的公路或永久公路结合起来。

（2）风、水、电和压气管（线）及设备的布置。动力设备和其他固定的机械设备的安装位置应当尽可能靠近施工现场，以最大可能缩短管线的长度。

（3）大、中型工程应考虑在施工现场设置临时工房、器材仓库及临时机修与加工房等。

（4）若在现场冷混铵油炸药，要考虑加工场地或加工房、临时堆放场或库房，外购炸药也要考虑现场的临时堆放场。

（5）大型工程还应考虑指挥部、高速摄影掩体、测震站等临时设施的修建。

二、开挖阶段的施工组织

（一）巷道开挖的劳动组织

硐室爆破开挖工程是工期紧、作业面较多的临时性施工，一般用移动式空压机带轻型凿岩机凿岩，由人工出碴，其基本施工组织是作业组。

一个作业组一般有两个风钻工、一台风钻、两个出碴工，每班放两排炮，进尺2.0～3.0m，人均每班硐挖1.0m³左右。

一班可以安排一个作业组，也可以多个作业组同时作业，这取决于作业面多少和施工工期要求，一个作业组应当保证有两个作业面。整个施工工期取决于工程量最大的硐口的施工周期，每个班作业组的安排也应与之相适应。一个工作日可以安排三班或两班。

辅助工种有支护工、空压工、机修工、测量工。开硐口时一般要架设几架明棚，巷道及药室遇有断层、软弱带时，一般用木支撑支护，支护工的人数视工作量而定，工效可按一架棚子两个工班考虑，其他辅助工种人数视现场施工的规模而定。

（二）组织领导及分工

开挖阶段现场应设指挥机构，最少应由1～3人组成，每班有负责调度、施工技术的和安全的值班人员，负责协调各工种之间的工作和作业技术、安全工作。

在安排开挖顺序时，应注意作业面的平衡，避免后期出现作业组多工作面少的矛盾。

三、装药爆破阶段组织

（一）指挥部的组织和分工

硐室爆破工程在装药爆破阶段都组织大爆破指挥部，下设若干职能机构，其分工如下。

1.指挥部由总指挥和若干成员组成

其职责是：

（1）指挥大爆破工程按计划进行；

（2）领导、协调各职能组的工作；

（3）发出起爆和解除命令；

（4）处理影响全局的工作；

（5）组织职工的安全教育、监督和检查施工安全。

2.起爆网路组由组长和成员若干人组成

其职责是：

（1）加工、试验、验收爆破器材，做网路试验；

（2）负责导硐、药室的验收及装药堵塞的验收；

（3）制作、安装起爆体和副起爆体；

（4）连接、检验、监测起爆网路并负责起爆；

（5）若发生拒爆事故，负责处理。

3.施工组由组长和成员若干人组成

其职责是：

（1）由堆放场向硐内运送爆破器材；

（2）做药室防水处理；

（3）准备堵塞料；

（4）装药、堵塞并协助起爆网路线安放、保护线槽。

4.材料组由组长和若干成员组成

其职责是：

（1）按设计要求购置、运输、保管、发放工程需要的机具、仪器、材料；

（2）施工临时需要的器材的采购供应；

（3）爆破危险区内有关器材的回收和转移；

（4）现场临时设施的修建和拆除。

5.安全保卫组由组长和若干成员组成

其职责是：

（1）按安全规程的要求负责监督施工安全，严格制止违章作业；

（2）发放通行证，负责装药堵塞期间的现场保卫工作；

（3）负责警戒区内人员撤离及爆破前后危险区内建筑物的安全状态调查；

（4）有关安全事宜与地方政府的联系。

6.后勤组由组长和若干成员组成

其职责是：

（1）施工作业人员的劳保及现场生活服务；

（2）安排救护车和值班医生；

（3）安排协作单位工作人员的食宿和交通。

7.科研组由组长和若干成员组成

其职责是：

（1）协调各观测单位的工作；

（2）负责各观测点的动力和联系工作；

（3）组织整理观测成果及成果交流；

（4）负责爆后地形测量、录像资料整理等。

（二）工程进度的安排

1.装药前的准备工作

（1）巷道及药室验收及装药准备。包括危石处理，个别地段加固、防水，药室容积和坐标核实，最小抵抗线实测核实，扫雷，测杂散电流并按设计在硐壁上做好标记。

（2）爆炸器材检验。雷管起爆导爆索和炸药性能的现场检验，导爆索起爆炸药能力的检验以及优质炸药起爆钝感炸药的检验，炸药起爆试验和爆破漏斗试验，起爆系统使用工具、仪表的检验，1∶1的网路试验。

（3）加工起爆体、副起爆体、电线、导爆索以及保护线槽、线接头盒、闸刀盒。

（4）根据药室验收及有关试验情况，最后调整装药量、堵塞长度和方式，并按作业组分别作出施工图。

（5）施工道路修整和堵塞料准备。

（6）在爆破漏斗边缘和爆堆边缘做一些记号，以便及时观察爆破效果。

2.工程进度

一般按工程量（装药、堵塞）最大的硐口安排施工工期和进度，该硐口是整体工期的控制因素，因只有一个口进出，每班的装药和堵塞量就受到了限制，应以最优势的人力、运输设备配备该硐口的施工，计算出所需时间，参照该时间安排其他硐口的施工队伍和时间。

按现场人力条件和硐口多少组织作业组，各作业组一包到底，完成硐口的装、堵作业，应分班作业，每班有一个组长或副组长负责安全和进度，处理劳动力组织和有关技术问题，每个硐口设一个专职统计员，控制装药数量。装药完成后应进行验收，验收后安放起爆体、敷设起爆电线和导爆索（硐内部分）并用线槽保护好。

（三）接线起爆的安排

各硐口的引出线线头锁在线头箱内，在堵塞过程中应定时检查。

硐口间的连接线应事先选好走线线路，按长度加工好，待堵塞完成后接线，各接线点都应监测杂散电流。

起爆站要预先安排好下述工作：起爆站应设在危险区范围以外的安全地点，如在危险区内应搭设掩体，由外引入符合要求的电源，装设线接头盒和开关盒，引出爆破母线，装设对外通信联络器具。由起爆站至爆区的母线应事先敷设好，最好用简易架空线。

起爆时间最好安排在中午，便于组织附近村民临时撤离和对一些非安全因素（如房屋震裂）妥善处理。如果爆破线路出现故障，也有充分时间处理。这样，就要求把最后的接线起爆工作量压缩到最少。

（四）现场警戒及信号

（1）从炸药进场开始，施工现场应按设计要求设置警戒，给作业人员发放通行证。

（2）为保证爆区附近居民、来往行人、施工人员安全，在大爆破之前必须做好人员撤离工作。事前，应将危险区范围、要求撤离时间和地点、起爆时间、爆破地点、爆破药量、爆破方法、起爆信号等以书面形式正式通知当地政府和有关单位，以便做好撤离准备。在人员撤离前，应将房屋门窗关好上锁，熄灭一切火源。对老、弱、病、残、孕妇、幼儿要提前组织撤离，人员撤离的地点应在爆区上风向的安全地点。

（3）爆破信号。爆破前必须同时发出音响和视觉信号，使处在危险区的人员能够清楚地听到、看到。音响信号可用警报器和信号药包，视觉信号可用红旗和信号弹。一般爆破信号共三次，三次音、视信号应有区别。

①第一次信号：预告信号。现场施工已基本完成，除了连线起爆作业人员外，其他人员均撤离危险区，派在危险区边界上的警戒人员上岗。禁止一切车辆和人员进入危险区。

②第二次信号：起爆信号。在确认人员设备全部撤到安全地点，已具备安全起爆条件时，才可发出该信号。起爆作业人员进入起爆站，站好岗位，听从爆破指挥长的起爆命令，合闸起爆。

③第三次信号：解除警戒信号。经爆破组认真检查，确认无拒爆、无险情后，发出解除警戒信号，警戒人员可以离岗，人员和车辆可以通行。

四、爆破后的注意事项

（一）现场检查

爆后检查一是确定有无瞎炮，二是确认有无险情。硐室爆破出现瞎炮的有关迹象是：

（1）应该炸开的地方没有炸开；

（2）爆破方量、爆堆范围、漏斗开裂范围与设计有较大出入；

（3）现场发现有导爆索或散炸药；

（4）在爆堆或爆破漏斗内有地方冒烟。

所谓险情一般是指：

（1）有拒爆或燃烧的药包；

（2）边坡不断塌方，危及人员安全；

（3）爆区附近的隧洞发生连续塌方，滑坡体开始活动，桥梁和道路受到严重损害等。

（二）拒爆药包的处理

按爆破安全规程的规定，处理硐室爆破的盲炮可采用以下两种方法。

（1）如能找出从拒爆药包中引出的电线、导爆索或导爆管，经检查确认仍可起爆，可重新测量最小抵抗线，重新确定警戒范围，连线起爆；

（2）无上述条件，应沿平巷或竖井清除堵塞物，重新敷设起爆网路，连线起爆，或者取出炸药和起爆体。

（三）危石及危坡的处理

危石处理方法一般是由人工撬除或敷药爆除。

爆破漏斗形成的边坡的处理方法是由上到下逐次撬除浮石，如还不能形成稳定边坡，需补充一些边坡工程，综合国内工程实例有如下方法。

（1）在边坡上清理出平台，形成台阶；

（2）砌块石护坡；

（3）用喷锚方法护坡；

（4）用抗滑桩护坡；

（5）部分补浇混凝土护坡；

（6）在堆石坝的坝面上修筑引槽，将滑塌的风化岩土引到坝的下游。

五、硐室大爆破施工组织设计

硐室爆破根据装药规模被划分为A、B、C、D四级，硐室大爆破（1000t以上的为A级）的特点是：规模大、工期短、一次性实施。

（一）爆破设计资料和施工准备工作

硐室大爆破不同于常规爆破作业，需要有详尽的技术资料，前期需做大量工作。

1.地质地形资料

根据爆破的技术要求，先对爆区爆破工程地质进行勘探和素描，设计爆区地形图不低于1/2000精度，大爆破需要1/500～1/200沿药包抵抗线方向的实测地形剖面。

2.爆破设计资料

在爆破设计的基础上，施工组织设计应补充完善以下几个方面的技术工作。

（1）药包的平面布置图。应注明每个药室的坐标位置、高程并进行编号。

（2）硐室施工分解图。在药包平面图的基础上，根据施工的均衡性和地形条件布置施工导硐，以施工导硐为单元绘出硐室施工分解图。注明导硐口、硐内支点拐点和药包端部的坐标、高程。标识出各直线段段长度，绘出导硐和药室的标准断面。

（3）药量分布图。根据设计资料以导硐为单元绘出单个硐的炸药，标识出袋装药量（袋/米）、层排装药总量等有关技术参数。

（4）其他施工图。堵塞施工图应注明堵塞长度、堵塞材料、堵塞技术要求。

网路施工图应注明网路内各支路区间段别编号、支导线规格长度以及电阻理论值等有关技术参数。

安全警戒图注明陆地、水域等警戒范围，以及除警戒范围外的主要区域。

（5）实验资料。在施工设计阶段，硐室大爆破要有爆破振动观测资料、爆破网路试验资料、炸药爆破漏斗试验资料，对设计要求较高的大爆破还要进行实爆以取得合理的爆破设计参数。

3.施工准备工作

（1）施工平面布置。根据施工进度要求安排施工设备和施工导硐，充分协调好各工区各支硐的施工计划，合理安排好风、水、电供应和施工临时交通，按规范要求设置炸药库、雷管仓库、硐料库，以确保总工期的实现。

（2）大爆破的施工组织机构。大爆破的施工组织原则：施工分组承包、集中完成主要硐、管理人员分片管理、技术人员现场指导、设备材料统配供应。

（二）硐室施工

1.硐室施工技术要求

（1）定位放线。硐室定位放线技术要求是水准测量药室轴线偏差定向爆破不超过50cm，一般硐室爆破不超过80cm，施工时及时纠正。

（2）硐室掘进要求。开挖断面应满足设计要求，最小断面应满足施工要求不小于0.8m×1.2m。硐室施工应有至少2%的坡度便于排水。其余施工技术要求参照一般硐室施工技术规范。

2.硐室验收

硐室开挖完成后装药前应对药室的大小、位置、高程进行验收，发现施工偏差应立即通知设计人员进行药量调整。同时对药室进行安全检查，清除硐内金属性残留物和废弃雷管炸区，测试硐内杂散电流。以上工作均需填写硐室施工验收单。

（三）起爆体的加工和硐室装药

1.起爆体的加工和安装

起爆体是硐室大爆破的核心，要精心制作，其加工安装工艺如下：

（1）选择坚固结实的起爆箱。起爆箱的材料一般为木质，尺寸为25cm×25cm×400cm，装药量约20kg，箱体应有编号。

（2）精心制作起爆雷管。精心挑选的雷管经过防水处理后（一般用橡胶套）和导爆索结进行捆扎，装入起爆箱中心，周围管装炸药填实后封箱，雷管脚线和导爆索分别从箱体两侧穿出。

（3）起爆体的安装。按箱体编号由专人装入药室内，集中药包布置在药包中心，条形药包可装在支硐岔口封堵段2m以内，放在一层炸药下面，同时将药室内导爆索与起爆体连接。支导线悬挂硐顶至封堵线以外。

2.硐室装药

（1）严格遵照规范作业。

（2）专人负责，每个导硐口设专业技术员负责清点核查各药室装药的型号和数量。

（3）铵油炸药与2#岩石炸药均匀分配。

药室内要连续装药，要保证起爆体周围为2#岩石炸药，药室内每3～5m导爆索结均压放至少1～2袋2#岩石炸药。

（四）封堵设计与施工

1.集中药包的封堵长度

集中药包多为L形硐室，依据规范和经验，其主硐封墙长度不少于0.85m。

2.条形药包封堵长度

条形药包多为T形硐室，以笔者施工经验，封墙型式如下：支硐内每侧封堵2m，主硐内前排药包封堵长度为4m，后排药包堵塞长度可减少为2m。

3.封堵技术要求

硐室大爆破封堵可采用袋装土、石屑，靠近药室部分1～2m要用湿土填塞砂袋空隙进行封闭，其余封堵段采用大小砂袋配合填塞至设计长度。

（五）大爆破网路的设计与施工

硐室大爆破网路多选择电力起爆，其设计工艺如下。

1.精心挑选雷管

大爆破采用的雷管应优先选用同厂同型号康铜桥丝电雷管，雷管脚线长20～30cm，雷管电阻值相差不超过0.3Ω，检测后按药室编号及时短路。

2.网路的设计

大爆破网路一般为并串并复式网路，即每个起爆体两发并联雷管，在支线内串联一定数量的起爆体，经电阻平衡后，若干区域线相并联，主线至起爆站。

根据网路设计算出总电阻(R)、总电流(I)，要求流经每个雷管的最低电流不少于2.5(A)（直流电），大爆破一般选择功率稳定的直流发电机，发电机功率$P \geqslant U$，或$P \geqslant I^2R$。

3.爆破网路

爆破网路1：1网路试验，硐室开挖阶段即按设计的网路和选定的电源进行1：1网路试验，并模拟实爆操作演练，以确保大爆破万无一失。

4.网络的保护

在网路施工时应注意其不受破损，封堵时采用防护材料（胶管或硬质管材）裹护，主硐内应吊挂，硐外区域均应有明显的标志。

5.网路的检测

网路检测贯穿从雷管挑选、起爆体制作和安装、网路施工、装药封堵至施爆整个过程，要专人负责定时检测、标识、记录。主要记录各变化情况，并和设计值相比较，有异常及时报告网路负责人进行排查。检查的时间没有规定的约束，一般是装药封堵阶段每2h检查一次，硐口施工完毕每班检测一次，施爆前10min应向起爆站和爆破技术负责人报告实测电阻值、起爆电压，应准确无误。

（六）硐室大爆破的安全问题

硐室大爆破的安全问题贯穿大爆破立项、设计、施工、实爆全过程，个别A类大爆破要专项论证审查。

1.施工阶段的安全问题

硐室施工阶段主要解决施工技术难题，充分考虑地质、地形、气象等自然因素。在装药阶段应注意火工产品的仓储、加工、运输等各环节的规范操作，制定相应的安全守则，要让大爆破每个施工人员都理解。

2.硐室大爆破的安全警戒范围

硐室大爆炸有害气体扩散范围和爆破冲击波的影响均不大，主要考虑不同情况下陆上、水上安全警戒范围。

3.硐室大爆破的警戒工作

硐室大爆破实爆期间应做好安民告示；在主要部位设置明显标志，配合当地公安机关，设立主要检查哨负责安全检查和保卫工作；清撤安全警戒范围内的人员；有效飞石距离内的财产防护以及施爆后短时期内的安全处理工作。

第三节　施工准备

开工前的准备工作包括施工组织设计，开通道路，场地布置，机械、器材、人员准备，有关证件申领等。

（1）施工组织设计：施工组织设计是施工单位根据工程的工期及环境要求，结合本单位的技术及管理水平，参照有关规程和标准编制而成的，包括施工工艺、施工管理与施工安全三大部分。其主要内容有施工工艺，施工进度，劳力组织安排，施工机械设备的配备，爆破器材准备及性能检验、网路试验，指挥机构的组成，安全警戒及防范措施等。它对开工前的准备工作逐一进行安排，对各施工阶段应完成的任务及进度作出具体规定，在安全方面提出具体措施。

（2）施工道路的开通：大型爆破工程一般都要修筑临时公路，有的还要修筑环爆区简易公路。在不能修路的山区，可用架空索或斜坡卷扬道进行短途运输，海岛施工可用渡船进行短途运输。

在需人力运输的山坡上，应开通人行便道，陡峻山坡应设扶手栏杆。

（3）场地布置：场地布置主要包括炸药库、临时工棚、发电机房、施工材料及油料保管库房的布置。

炸药库应充分利用地形，选在既安全可靠又方便存取的地方。所有设施应布置于爆破危险区以外，并能满足安全距离及防火要求。

如属现场加工炸药的工程还应考虑加工场地及原料和成品堆放场地。工棚应能满足高峰期职工人数的使用要求。

（4）供风、供电、供水：供风一般都选用移动式空压机，尽量靠近用风地点，保证供风压力。有些工程为保证风压稳定，另加一个风包起稳压作用，供风线路长时可用钢管送风以减少压力损失。空压机的台数应满足工期需要。

供电一般用柴油发电机，有条件的可引用市电经变压后使用。供电量应满足通风、照明及其他动力用电的需求，同时兼顾起爆时的容量。发电机房或变压器应设于起爆站附近。在架设供电线路时，可以考虑利用和保留照明线路来代替起爆网路中的区域线路。

供水包括生活用水、凿岩机除尘用水及机械冷却用水。一般爆破工程很少用自来水，主要靠山泉水。生活用水应建蓄水池，除尘用水可在高地设储水池，用水泵往高处抽水，海岛施工淡水紧缺时，除尘水可多次复用。

（5）器材准备：大爆破工程的器材主要包括交通运输车辆，通信设备，供电设备，动力及照明线路，洞内低压灯泡，通风设备，凿岩设备，供水设施，临建材料，办公生活用品，劳保用品，爆破器材，起爆网路，网路施工用具，起爆站用具，爆破测试仪表，堵塞材料（一般可用编织袋），支护材料，洞内运输工具，测量仪器，各种机械用油及必要的零配件等。

（6）施工人员的准备：大型爆破工程属突击性工程，有许多工程需请民工队或部队战士协助，但爆破员和炸药仓库保管员必须持证上岗，参加装药堵塞的工人必须先培训后上岗。

组织施工人员时，工效考虑指标是：开挖工效1.0m²/工·日，装药工效2.0~4.0t/工·日，堵塞工效1.0~2.0m/工·日。

（7）公关工作：大爆破工程的影响范围较大，应取得当地政府部门的支持，争取在公安部门的配合下与受影响单位签订赔偿协议，并事先做好调查登记工作。居民的疏散与交通水电的封锁，必须紧紧依靠公安部门的协助。为降低成本，现场冷混铵油炸药，应征得公安、国防工办的同意。对爆区附近的重要设施或文物应事先查清并请专家进行安全评估。

（8）证件申领：施工单位中标开工前，应到当地建委登记注册，承包和分包合同应向当地生产安全办公室备案，以防工程安全事故处理造成纠纷。有条件的工程可向保险公司申请承保。向当地公安机关申请爆破员作业证，属流动爆破专业队伍也可由当地公安机关在原爆破证上增加"同意在××处爆破作业"的意见，申请爆炸物品使用许可证。炸药仓库经公安机关验收合格发爆破物品存储许可证。上述证件办齐，即可申请购买爆炸物品开工。

第四节　硐室开挖及验收

一、导硐药室的形态

大爆破工程中的导硐有平硐和小井。因小井提升、运输、排水都比较困难，所以只有在缓坡地形中采用小井，但小井深度不宜大于15m，断面不小于1m²。一般情况下，都用平硐，平硐的断面一般不小于0.8m×1.5m。集中药室是将导硐的端部刷大而成的，有正方形和长方形。当药量大时可开挖成十字形或"T"字形，以防跨度太大引起冒顶塌方。条形药室一般是垂直于施工导硐的横洞。

二、硐室开挖设计

（1）尽量减小硐挖施工工程量。

（2）控制工期的主要硐口，其负担的工程量可以在规定期限内完成。

（3）上下硐口交错，避免上部碎碴危及下层硐口。硐口应避开在冲沟、地层破碎带、悬崖和缓坡等不利地带，并应留有一定的平台面积，临时堆放炸药和堵塞料。

（4）导硐最小断面：在装岩机械运输条件下可取1.6m×1.8m，在手推车运输条件下可取0.8m×1.5m。

（5）硐室有一定的自流水坡度，一般为3‰～5‰。

三、硐室开挖

硐室一般用气腿式风钻打眼，多用火雷管起爆，起爆顺序按掏槽眼、辅助眼、周边眼和翻碴眼进行。

当平硐深度大于20m时，自然通风较困难，应采用机械通风；也可用空压机高压风管送风。一般用轴流压入式通风机，风机功率依通风距离长短可选用2～5.5kW。

硐内应采用36V以下低压照明或矿灯照明，不得采用明火照明。硐内排水应沿底板一侧开挖排水沟，硐口支护长度不少于2m。

为保证开挖方向和高度，每隔4～6m应测定一次中线和腰线。硐挖速度按每个硐每日进尺3～6m计。

四、硐室验收

硐室验收应由设计、施工和测量人员共同进行，验收时要对超挖欠挖进行处理；对不稳定顶板及危石进行处理；对残眼、金属物、杂物进行清除；排除积水，测杂电及扫雷。

第五节　装药堵塞

一、装药结构

集中药包装药结构：起爆体放在正中，其周围装硝铵炸药（或乳化炸药），硝铵炸药外围装铵油炸药。

条形药包装药结构：袋装铵油炸药沿药室外侧（最小抵抗线方向侧）整齐码放，相互密接，起居体置于装药中心，整个药包断面的高度A和宽度B之比为1：0.7～1：1。端部加药时，也是沿药室外侧主药包上部在加药长度内均匀布放，不能将其集中堆放于药包端头。条形装药两端及沿着装药长度设置几个副起爆体，各个主、副起爆体之间及同段各药室之间用双股导爆索串联。当条形药包长度超过10m时，为可靠起爆，一般在药室两端（离端头3～4m）各放置一个主起爆体。

二、堵塞

在药室、导硐设计中，应考虑堵塞自锁作用，即药室应尽可能放置在主导硐的两侧，主导硐与药室的夹角应尽可能等于或接近直角。堵塞时应注意以下问题。

（1）堵塞工作开始前，应在导硐或小井口附近备足堵塞材料。

（2）堵塞材料宜利用开挖导硐和药室时的弃碴，或外挖碎块砂石土；不应使用腐殖土、草根等相对密度小的材料。

（3）堵塞时，药室口和堵塞段各端面应采用装有砂、碎石的编织袋堆砌，其顶部用袋料码砌填实，不应留空隙。

（4）在有水的导硐和药室中堵塞时，应在堵塞段底部留一排水沟，并随时注意堵塞过程中的流水情况，防止排水沟堵塞。

（5）堵塞长度要符合规定。靠近平硐口的小药室，堵塞长度一般要大于最小抵抗线，药室封口应严密；其他平硐口的药室，一般只堵横硐，堵塞长度为横断面长边的3～5倍；定向爆破工程，堵塞长度应适当加长；对最小抵抗线W20m的各种条形药包药空爆破，主导硐与药室之间堵塞长度可参见经验布置法。

第六节　起爆网路设计与测试

一、起爆网路设计方案选择

硐室爆破应采用复式起爆网路系统，以确保安全。采用复式网路时应以电爆网路与导爆索网路相配用，或电爆网路与非电导爆管网路并行配用为佳。但近十几年来有的也采用双套导爆索或非电导爆管起爆网路系统。工程实践经验表明，由于电力起爆系统具有起爆元件及网路参数可精确测定性，因此爆前可以检查起爆网路是否正确可靠。万一发现网路参数不正常，也较易通过对各支路检查，找出原因并加以处理，待恢复正常状态后起爆，但电力起爆网路需要事前查清爆区受外界电源干扰影响因素等。

二、起爆网路的测试工作

无论采用何种起爆网路都必须对所用的起爆元件、连接件逐一进行外观检查、参数测定和整体网路模拟试验以及真实网路试爆检验等。

参考文献

[1]李超，周锃杭，曹立扬.地质勘查与探矿工程[M].长春：吉林科学技术出版社，2020.

[2]杨震，李明星，滕飞.地质勘探与探矿工程技术研究[M].哈尔滨：哈尔滨出版社，2023.

[3]冯状雄，胡传宏，刘海洋.探矿工程与地质灾害防治技术[M].长春：吉林科学技术出版社，2020.

[4]李新民.新形势下地质矿产勘查及找矿技术研究[M].北京：原子能出版社，2020.

[5]雍洪宝.建设工程检测取样方法及不合格情况处理措施[M].北京：中国建材工业出版社，2021.

[6]师明川，王松林，张晓波.水文地质工程地质物探技术研究[M].北京：文化发展出版社，2020.

[7]谢强，郭永春，李娅.土木工程地质[M].4版.成都：西南交通大学出版社，2021.

[8]徐智彬，刘鸿燕.地质灾害防治工程勘察[M].重庆：重庆大学出版社，2019.

[9]曹方秀.岩土工程勘察设计与实践[M].长春：吉林科学技术出版社，2022.

[10]张宏兵，蒋甫玉，黄国娇.工程地球物理勘探[M].北京：中国水利水电出版社，2019.

[11]刘洪立，俞志宏，李威逸.地质勘探与资源开发[M].北京：北京工业大学出版社，2021.

[12]储王应，刘殿蕊，张党立.地质勘探与岩土工程技术[M].长春：吉林科学技术出版社，2021.

[13]田晓明，张勇，鲍克飞.地质勘探技术与管理研究[M].长春：吉林科学技术出版社，2021.

[14]王建军.石油钻井工[M].北京：中国石化出版社，2023.

[15]徐宏祥.煤炭开采与洁净利用[M].北京：冶金工业出版社，2020.

[16]刘文秋，李海军.煤炭加工技术与清洁利用创新研究[M].天津：天津科学技术出版社，2019.

[17]段中会.煤炭绿色开发地质保障技术研究[M].北京：煤炭工业出版社，2019.

[18]矿区煤层气开发项目组.煤层气与煤炭协调开发理论与技术[M].北京：科学出版社，2021.

[19]郑鹏，李建兵，程海兵.矿井遗留煤炭资源安全高效开发技术与实践[M].徐州：中国矿业大学出版社，2023.

[20]高旭，刘鹏，翟晓雁.地质灾害治理工程施工研究[M].西安：西安地图出版社，2022.

[21]郑泽忠，何勇，刘强，等.滑坡地质灾害风险性评价与治理措施[M].成都：西南财经大学出版社，2022.

[22]孙华芬，侯克鹏.金属非金属露天矿山高陡边坡监测预警预报理论及应用[M].北京：冶金工业出版社，2021.

[23]陈国山.矿山爆破技术[M].2版.北京：冶金工业出版社，2019.

[24]李钢，魏杰.金属非金属矿山爆破作业[M].北京：气象出版社，2022.

[25]张耿城.露天矿工程爆破技术与实践[M].北京：冶金工业出版社，2019.